高等院校应用型本科实验课规划教材编委会名单

主　编　向梅梅

副主编　朱立学　石玉强

编　委（按姓氏笔画排序）

王　钧　王旭东　邓开野

石玉强　宋光泉　蔡　马

高等院校应用型本科实验课规划教材

邓开野 主编

fajiao gongcheng shiyan

发酵工程实验

暨南大學出版社
JINAN UNIVERSITY PRESS
中国·广州

图书在版编目（CIP）数据

发酵工程实验／邓开野主编．—广州：暨南大学出版社，2010.6
（高等院校应用型本科实验课规划教材）
ISBN 978－7－81135－530－7

Ⅰ.①发…　Ⅱ.①邓…　Ⅲ.①发酵工程—实验—高等学校—教材　Ⅳ.①TQ92－33

中国版本图书馆 CIP 数据核字（2010）第 103180 号

出版发行：暨南大学出版社

地　址：中国广州暨南大学
电　话：总编室（8620）85221601
　　　　营销部（8620）85225284　85228291　85220693（邮购）
传　真：（8620）85221583（办公室）　85223774（营销部）
邮　编：510630
网　址：http：//www.jnupress.com　http：//press.jnu.edu.cn

排　版：暨南大学出版社照排中心
印　刷：佛山市浩文彩色印刷有限公司

开　本：787mm×1092mm　1/16
印　张：19.5
字　数：507 千
版　次：2010 年 6 月第 1 版
印　次：2010 年 6 月第 1 次
印　数：1—2000 册

定　价：39.00 元

总 序

高等院校应用型本科实验课规划教材在参加教材编写的全体同仁共同努力下正逐步推出。每年推出五种左右。实验教学是培养学生实践能力、科学精神和创新意识的重要实践教学环节，改革开放以来，实验教学成为新一轮教学改革的重要课题。实验教材是科学基本原理和操作技术的集成，是确保实验教学效果，提高实验教学质量的基础，也是学生验证消化基础理论，获得科学研究方法的重要指导材料。长期以来，我们秉承何香凝“扶助农工”、“注重实验”，培养“有真实学识之实业人才”的办学思想，以培养高素质应用型人才为己任，十分重视实践教学环节，注重提高学生的实践能力和创新能力。近年来，为推动实验教学改革，提高应用型人才培养质量，学校将实验教材建设纳入“十一五”教材建设规划，鼓励广大教师总结实验教学经验，改革实验教学内容与方法，编写出版实验教材。这些实验教材的推出，是学校坚持实践教学与理论教学并重、实践教育与创新教育结合的重要成果。

高等院校应用型本科实验课规划教材的编写人员都是具有多年教学工作经验的教师，在教材编写过程中，他们不仅全面总结多年的实践经验，而且注意吸收学科发展和科学研究的最新成果，加大新技术的应用，力求使所编教材具有系统性、新颖性、先进性和适用性，有利于培养学生的实验素养和创新能力。希望通过这些教材的出版，能促进实验教材的建设，与学术同仁共同推进、提高实验教材的编写水平；希望这些教材能受到广大师生的关注和欢迎。编写过程中虽然不遗余力，但难免会有不足和疏漏之处，恳请学术同仁和广大读者批评指正。

最后，衷心感谢参加教材编写的全体同仁，正是由于他们的辛勤劳动，编写工作才得以顺利完成。还要特别感谢暨南大学出版社的领导和有关同志，正是由于他们的大力支持，这些教材才能如期与读者见面。

高等院校应用型本科实验课规划教材编委会

2010 年 4 月 16 日

前　言

生物技术是一门多学科、综合性的科学技术。生物工业是生物技术领域的重要分支之一，是以在受控条件下利用生命过程本身作为产品生产和加工的手段，由此产生数以千万计的产品，形成新的现代工业。与之相对应的生物工程专业的学生在学习过程中，往往由于缺乏相关的实验技能方面的教科书，使之对于相关知识的学习非常困难。出版《发酵工程实验》一书，正是为了与生物工程专业教学相配合，通过实践教学，培养学生的理论联系实际、实事求是的学风和分析、解决问题的能力，掌握本专业的专业实验技术和操作技能，提高自学能力、独立思考的能力和创新能力。

《发酵工程实验》是一本关于生物工程实验技能方面的教材，在编写过程中注意强调实验研究过程的多种能力和素质的培养与训练、增强创新意识，所以实验内容涉及的面较宽。全书共十三章，内容包括实验室规模生物反应器的使用、消毒灭菌技术，微生物的纯种分离、诱变育种技术，各类发酵制品的制备技术，如酒精发酵、柠檬酸发酵、抗生素发酵、乳制品发酵、调味品发酵、葡萄酒酿造、生物活性物质的分离及固定化酶技术。每章均有理论知识的简介，在每部分理论知识之后有相对应的实验，安排的实验有80多个。考虑到各学校的实际情况不同，可从这些实验中选取部分实验使用。也可根据需要，按照工艺过程或单元的形式组合成大的生物工程实验。

本书适于高等院校和师范院校生物科学、生物技术、生物工程及食品科学等专业本科生和硕士生的学习使用，也可供其他有关科技人员查阅参考。

本书由仲恺农业工程学院邓开野主编。各章编写人员如下：刘功良（第一章）、刘锐（第二章）、邓开野（第三、四、五、七、八章）、刘巧瑜（第六章）、彭欣莉（第九章）、吴晓光（第十章）、赵翾（第十一章）、于立梅（第十二章）、李南薇（第十三章）。全书由邓开野统稿。

本书在编写过程中参考了国内同行、专家和学者的科研成果与著作，在此深表谢意。由于编者水平有限，书中难免有不妥或错漏之处，恳请读者批评指正。

邓开野

2010年5月

目 录

第一章　实验室规模生物反应器的使用

第一节　概　述

一、生物反应器及其分类

利用生物催化剂（酶、微生物细胞或动植物细胞等）进行生物技术产品生产的反应装置称为生化反应器或生物反应器。生物反应的目的可归纳成三种：一是生产细胞；二是收集细胞的代谢产物；三是直接酶催化得到所需产物。按照细胞或组织生长代谢要求、生物反应的目的等要素的不同，生物反应器可分为以下几种：

（一）厌气生物反应器

该类反应器包括酒精发酵罐、啤酒发酵罐、沼气发酵罐等，其特点是在发酵过程中不需要通入氧气或空气，有时可能会通入二氧化碳或氮气等惰性气体以保持罐内正压，防止染菌。

（二）通气生物反应器

该类反应器分为搅拌式、气升式、自吸式等，前两者需要在反应过程中通入氧气或空气，后者则可自行吸入空气满足反应要求。搅拌式反应器靠搅拌器提供动力使物料循环、混合，气升式反应器以通入的空气上升产生动力，自吸式反应器则是利用特殊搅拌叶轮在搅拌过程中产生真空而将空气吸入反应器内。

（三）光照生物反应器

该类反应器壳体部分或全部采用透明材料，使得光可照射至反应物料，进行光合作用。一般配有照射光源，白天可直接利用太阳光。

（四）膜生物反应器

反应器内安装适当的部件作为生物膜的附着体，或者利用超滤膜将细胞控制在某一区域内。根据反应器的结构形式不同可分为罐式、管式、塔式、池式生物反应器等；根据物料混合方式则可分为非循环式、内循环式和外循环式生物反应器。

二、实验室规模生物反应器

实验室规模生物反应器主要用于新产品开发的理论研究，筛选发酵的新菌种，开发发酵的新原料，解决工艺问题以及工程放大。一般来说，实验用台式发酵罐的工作容积可达 3 L，容器多由玻璃制成，通常不采用原位方式进行灭菌。而实验室用的小型发酵罐通常工作容积为 5 ~ 50 L，通常在原位灭菌，容器由不锈钢或玻璃制成或是二者的组合。

近年来科学家已经研发出几种先进的小型发酵罐，包括机械搅拌罐式反应器、气升式发酵罐、塔式发酵罐、流化床反应器及转盘式发酵罐。此外，也有实验室规模的固态发酵设备。

每种发酵设备的配置可具有某种应用上的优点。本章以下各节重点介绍实验室规模生物反应器，包括小型发酵罐、固定化酶（细胞）反应器及固态发酵设备的基本类型及其操作方法。

第二节　实验室规模发酵罐的种类及使用

用于实验室规模发酵罐的主要工具是摇瓶、带搅拌器的玻璃容器、带搅拌器的不锈钢容器，最典型的是不锈钢小型发酵罐（搅拌罐），其实际上是 100 m^3 发酵罐的缩小形式。

（一）摇瓶

摇瓶在发酵实验中具有多种用途，包括最初的菌种筛选、正交实验和种子的培养。摇瓶在发酵实验中具有多种用途，以微生物细胞为发酵罐的接种物时，至少有一个阶段会涉及摇瓶中微生物的培养。相对于在发酵罐中培养，摇瓶具有许多明显的不利因素，例如其较低的氧传递速率、需较精密地控制环境条件和无菌取样困难等。

氧的溶解度较低（在 25 ℃，O_2 的饱和度为 9×10^{-3} g/L），氧传递到液体的速率可由式 1－1 描述：

$$N_a = K_L a\ (C_g - C) \qquad (1-1)$$

式中 N_a——氧吸收速率，mmol · L^{-1} · h^{-1}；

K_L——传质系数，m · h^{-1}；

a——单位体积的液体中气液两相的总界面积，m^2/m^3；

C_g——氧气在液体中的饱和度，mmol · L^{-1}；

C——实际溶解度，mmol · L^{-1}。

体积传质系数 $K_L a$ 可针对不同发酵设备进行计算，表 1－1 给出一些常用发酵设备中的 $K_L a$ 值。摇瓶中的主要限制因素是氧传递速率（Oxygen Transmission Rate，OTR），OTR 受 $K_L a$ 控制。

表 1－1　各种系统中的 $K_L a$ 典型值

发酵容器	$K_L a$/h	发酵容器	$K_L a$/h
试管	20	摇瓶（带折流板）	1 200
摇瓶	500	小型发酵罐	3 000～4 000

（二）搅拌式发酵罐

搅拌式发酵罐是顶部或底部带有驱动的搅拌器的圆柱形管，对于较小的小型发酵罐（如台式发酵罐），可用硼硅酸盐玻璃制作圆柱罐，容积可为 1～30 L，用不锈钢顶盘夹紧。该类型发酵罐易于在高压灭菌锅中灭菌；罐体、培养基和传感器同时灭菌，减少了无菌操作步骤。为确保操作安全，玻璃容器通常在高压灭菌锅中灭菌。有时也可在原位灭菌，玻璃容器可用可移动的不锈钢网或夹套加以保护。

实验室中最常用的发酵罐为不锈钢发酵罐，它是带有顶部或底部驱动的中空钢柱，可进行原位清洗和灭菌。这些搅拌罐容积为 1～100 L，其强度大，性能可靠，具有很长的使用寿命。发酵过程中经常需要采集大量的试样进行分析，故选择发酵罐时需考虑这些试样的体积。图 1－1 为不锈钢发酵罐的简略示意图。发酵罐可采用多种搅拌转速，如果进行某好氧菌丝体的发酵，需要用较高的搅拌转速来增强混合及氧的传递效果；而在细菌发酵中，则可采用较低的搅拌转速。

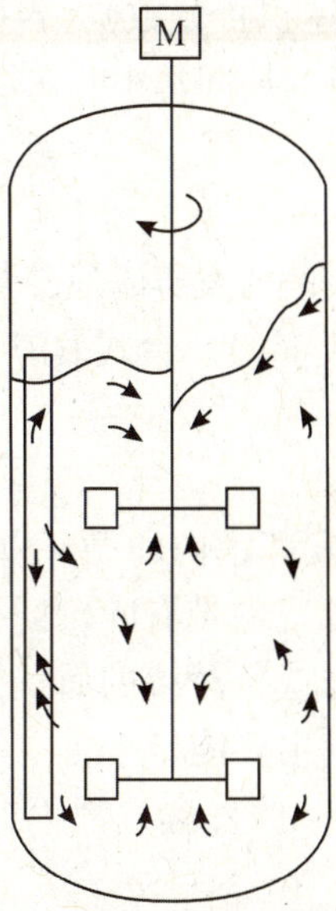

图 1－1　不锈钢发酵罐的简略示意图

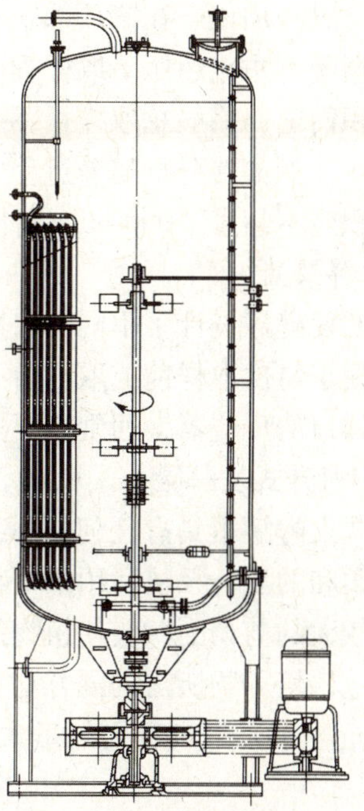

图 1－2　机械搅拌发酵罐的示意图

机械搅拌发酵罐（Stirred Tank Reactor，STR）的应用广泛，几乎任何类型的微生物、植物或动物细胞均可在基本相同的罐内生长。如图 1－2 所示。只要对叶轮的型式、搅拌速度及气流速度等稍做调整，就可以使营养要求相对复杂的细胞培养得以进行。发酵罐主体须由高级内表面抛光的不锈钢制成，以尽量减少细胞在容器内壁上的吸附；对焊接要求很高，不能存在任何小孔；通过夹套来精确控制发酵的温度，夹套还可以用于浸没式加热或冷却。

1. 自动化及性能

小型的实验室台式发酵罐通常比滚轮安装或滑道安装的发酵罐便宜。这主要是由于其装置不如实验室研究用发酵罐先进，后者安装了 pH 计、温度计及搅拌器等，具有先进的参数控制装置。尽管小型发酵罐在无菌操作等方面较为可靠，但如果没有其他控制装置，发酵罐也不能发挥其全部潜力。

2. 搅拌及通气

搅拌桨应该具有双重机械密封，确保培养基和空气不会在轴套处泄漏。搅拌桨一般有 2～3 组叶轮，根据不同的混合需求，每组叶轮装有 4 片或 6 片桨叶。通入的空气需要进行过滤，除去粒径大于 0.2 μm 的颗粒，为发酵过程提供无菌空气；无菌空气由发酵罐底部的空气喷射器进入并分散，通过搅拌系统彻底地混合进入培养基。排气口可用类似的方法过滤，但要注意由于泡沫形成而导致排气口堵塞的问题。借助于泡沫控制系统、配套的机械消泡装置或添加消泡剂（如聚硅氧烷类化合物或聚丙二醇）可有效防止排气口的堵塞。排气口装上冷凝器可有效地减少排气口过滤器堵塞的现象。所有发酵罐均应在排气口或进气口安装过滤器（0.2 ～ 0.45 μm 的孔径）。

3. 辅助设备

pH 计和溶氧传感器的安装口可位于容器的顶部或侧面。进料口和接种口位于发酵罐的顶部。在较大的容器上（>20 L），通常可在顶部安装照明灯，以便于观察培养物的生长情况。发酵罐灭菌时需加压，在罐顶部安装压力表和手动排气阀可调节灭菌过程中的压力，在罐顶部安装安全阀可防止超压。取样管应安装在罐的侧部或顶部，取样频率可根据实验要求及培养物的体积而定，一般总取样量不超过发酵液体积的 10%（体积百分数），否则氧传递速率等会受影响。例如在分批培养过程中，培养液体积为 10 L，24 h 期间每小时均须进行取样时，取样总容积应不超过 1 000 mL，每次取样不能超过 40 mL。

4. 取样装置

不同的发酵罐设计了不同的取样装置。较大的原位蒸汽灭菌的发酵罐通常装有倒 U 形取样装置，便于每次取样前或取样后灭菌（至少需要蒸汽灭菌 5 min）。台式发酵罐，尤其是那些没有取样口的反应器，通常需要更精细的取样装置。

（三）气升式发酵罐

气升式发酵罐不具有任何机械搅拌系统，仅利用空气在发酵罐内的循环以搅拌培养物。这一相对柔和的混合系统适用于植物细胞及动物细胞培养。标准的带有叶轮搅拌的小型发酵罐会产生较大的剪切力，会使植物细胞或动物细胞破碎。气升式发酵罐的通气提供了培养基及氧扩散进入培养物所需的混合动力。耗能可大幅度降低，其主要能量来自空气压缩机。采用真菌的抗生素发酵过程需氧量大，气升式发酵罐对这种类型的发酵过程不够有效，因为

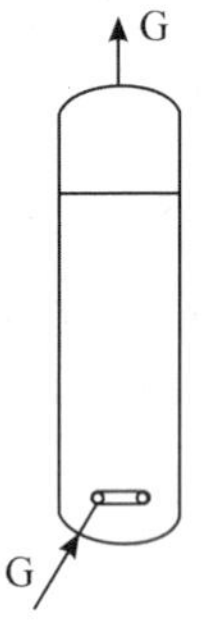

（a）一般气升式发酵罐

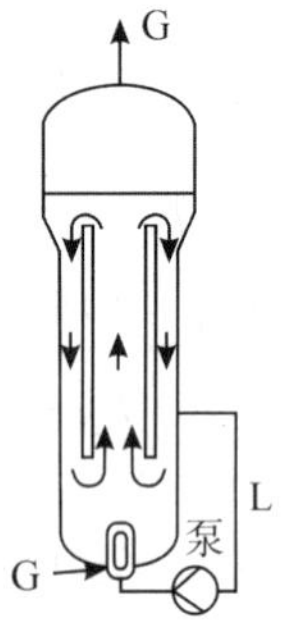

（b）气液双喷射气升环流式发酵罐

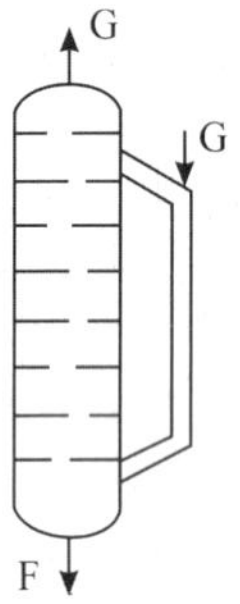

（c）多层空气分布板气升环流式发酵罐

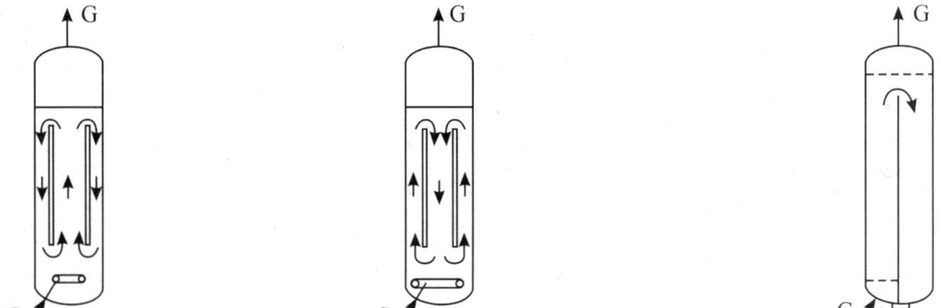

（d）气升内环流式发酵罐

图 1-3　气升式发酵罐示意图

相对于 STR 发酵罐来说，其搅拌性能相对较差。

气升式发酵罐的原理是基于含气量高和含气量低的培养物之间比重的差异，在发酵罐通气过程中，使含气量较低的培养基产生一上流的推力，导致培养基的循环。循环的类型取决于发酵罐内的装置，如图 1－3 所示。实验室规模的气升式发酵罐的基本设计为外部采用玻璃中空管，内部采用不锈钢管。气升式发酵罐的一个变型是管式循环发酵罐，以便增加发酵容积，维持停留时间，也可以几个串联运行。

（四）塔式发酵罐

塔式发酵罐可用于连续的酵母发酵过程，啤酒的连续发酵也可在塔式发酵罐中进行。其设计相当简单，价格比常规的 STR 发酵罐便宜。30 ~ 50 L 容积的塔式发酵罐可用于实验室研究开发。图 1－4 为用于抗生素发酵的高位筛板式发酵罐示意图。塔式发酵罐这一设计观念可用于连续生产单细胞蛋白，如图 1－5 所示。在气升式及塔式发酵罐中，由于不需要复杂的机械搅拌系统，因而比 STR 发酵罐易于在实验室规模下应用。

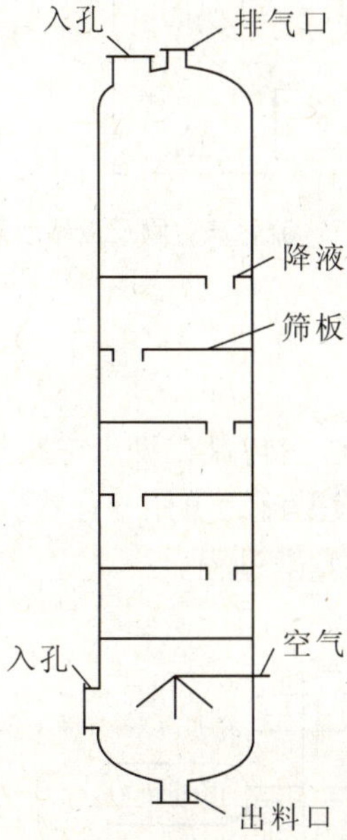

图 1－4　用于抗生素发酵的高位筛板式发酵罐示意图

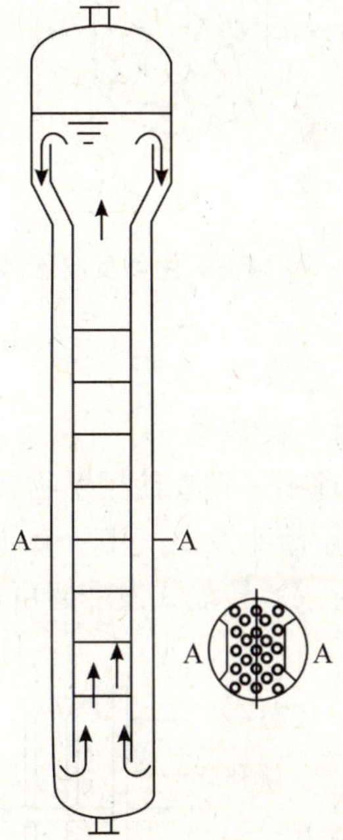

图 1－5　生产单细胞蛋白的高位筛板式发酵罐

（五）利用固定化细胞的生物反应器

在实验室规模下开发并应用了多种类型的生物反应器，但一方面，一些反应器的设计不够实用或不够经济，难以放大到生产规模；另一方面，如滴滤器等传统的方法已被进一步开发，流化床已整合进生物反应器中。固定化细胞涉及将微生物吸附到较大的颗粒如岩石、玻璃珠或塑料珠上，所固定的细胞数量取决于惰性颗粒表面积、脱落效应、通气及循环效率等因素。

1. 固定床反应器

滴滤器在废水处理中已被应用了近一百年，惰性的石粒、矿渣或砖片等可用于微生物细胞的吸附。与搅拌罐中发酵属均相反应不同，这类发酵属多相反应。现已开发了几种可用于实验室中的反应器系统，如管式填充床反应器，如图 1－6 所示。该类反应器的主要问题是使固定床充分通气，如果空气有限，厌氧微生物会取代好氧微生物而占优势。

2. 流化床

流化床是一类在中空的容器中混合或循环了含有微生物膜或微生物团块的惰性密实颗粒的反应器，如图 1－7 所示。一些传统的发酵如乙酸发酵就是应用了这一类反应器。

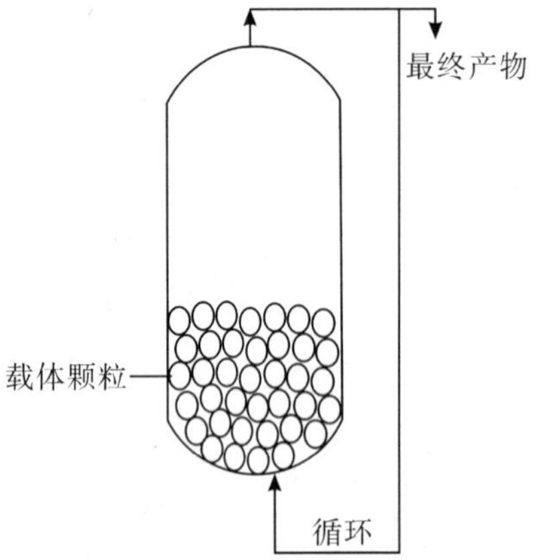

图 1－6　填充床生物反应器示意图

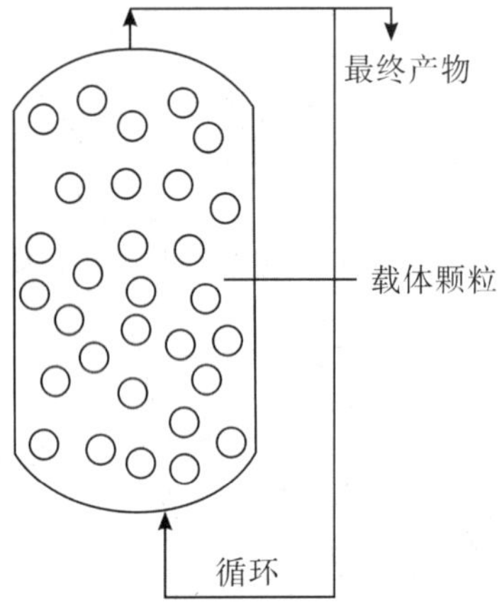

图 1－7　流化床生物反应器示意图

3. 转盘式发酵罐

废水处理中一直在使用生物转盘。微生物吸附在盘上，这些转盘在废水中缓慢旋转，微生物膜暴露于废水及空气中。有研究者设计了小规模转盘式发酵罐，可用于丝状真菌的发酵，如图 1－8 所示。转盘式发酵罐可进一步开发用于工业规模的发酵过程。

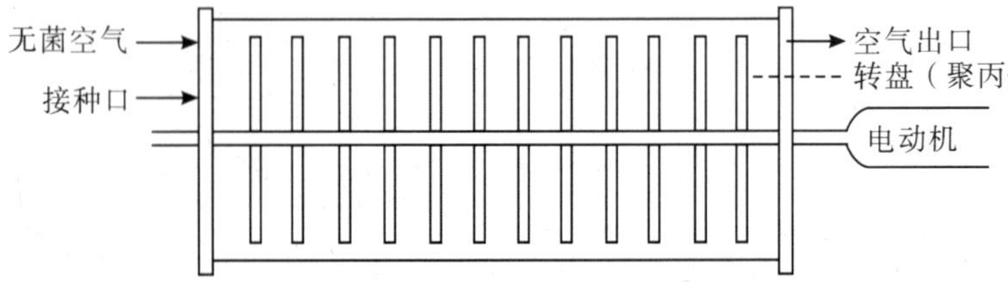

图 1－8　实验室规模转盘式发酵罐示意图

[实验 1－1] 实验室用发酵罐的无菌取样操作

如图 1－9 所示，通常的运行条件下，夹子 A 和 B 是打开的，而夹子 C、D 和 E 是关闭的。取样方法如下：①打开夹子 E 和 C，关闭夹子 B，冲洗取样管以去除前次取样时残留的细胞；②关闭夹子 A 和 E，然后小心地开启夹子 D，允许培养物流入取样瓶中置换出其内的空气，或轻轻地松开取样瓶的盖以放出多余的空气，关闭夹子 D；③小心地打开夹子 A，缓慢降低发酵罐中的压力；④打开夹子 E，让空气吹过取样管；⑤开放夹子 B，关闭夹子 E 和 C；⑥使用无菌技术，从部件中去除取样瓶，换上另一个无菌取样瓶。

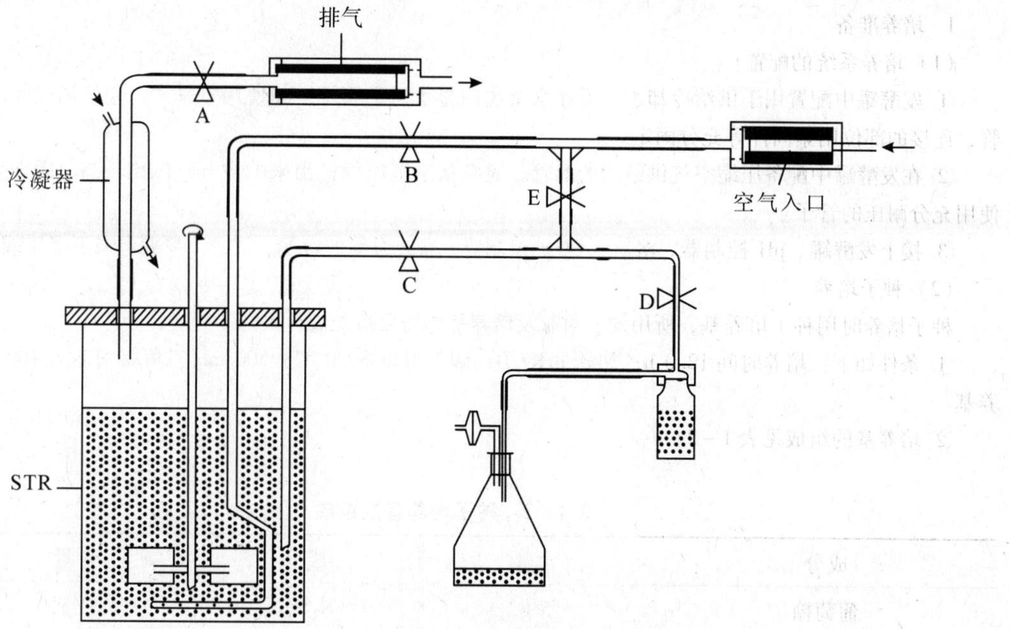

图 1－9 实验室规模 STR 取样装置示意图

[实验 1－2] 5 L 发酵罐进行大肠杆菌的增殖培养实验

微生物的发酵培养方法主要有静置培养、浸透培养和通气搅拌培养等，下面以 5 L 发酵罐为例，说明进行通气搅拌培养的发酵罐的用法及其操作方法。如图 1－10 所示。首先说明通气搅拌发酵罐培养法的特征：①可大量生产菌体及发酵产物；②能在很大范围内调节氧气供给速度；③pH 控制及消泡装置的连续操作较容易；④能在同一容器采样，因而易于跟踪培养过程中各参数随时间的变化。

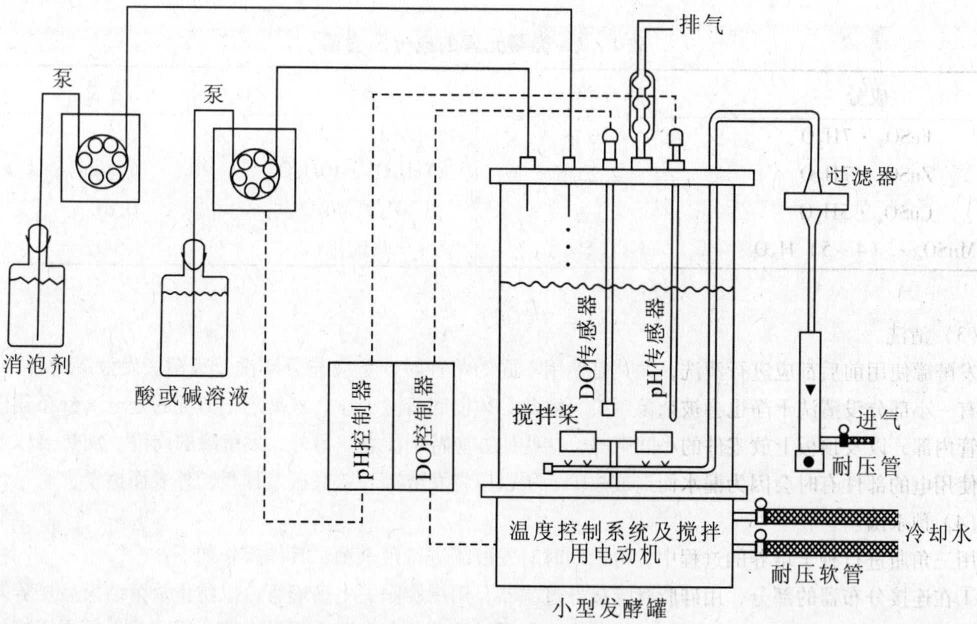

图 1－10 实验室规模发酵罐系统示意图

1. 培养准备

（1）培养系统的配置。

① 发酵罐中配置用于供给冷却水、循环水及通向排水口的管子。如使用自来水，应使用比较耐压的软管，连接的部位用紧固件等充分固定。

② 在发酵罐中配备压缩空气供给用的配管。通常从空气压缩机出来的空气气压比较高，因而更要注意使用充分耐压的管子。

③ 接上发酵罐、pH 控制器、溶氧（DO）控制器、管式泵等的电源，注意不要漏电或者接错线路。

（2）种子培养。

种子培养时用种子培养基，所用的三角瓶及培养基均需要事先进行灭菌。

① 条件如下：培养时间 12.0 h；初始 pH 7.0；培养温度 30.0 ℃；500 mL 三角瓶中装入 100 mL 的培养基。

② 培养基的组成见表 1－2。

表 1－2　种子培养基的组成

成分	含量	成分	含量
葡萄糖	5 g	K_2SO_4	2 g
$(NH_4)_2HPO_4$	10 g	微量元素液	0.4 mL
$MgSO_4 \cdot 7H_2O$	0.2 g	蒸馏水	1 L
NaCl	0.3 g		

按照表 1－2 所示的成分配制培养基，每只三角瓶分装 100 mL，然后在高压灭菌锅内 105 ℃下灭菌 10 min。表 1－3 为微量元素的组成。接种于种子培养基的菌种保存于斜面中，每个三角瓶接种一环。发酵罐中接种量为工作体积的 5%，与此相应，种子培养过程必须准备最低限度体积的种子，以确保接种量。

表 1－3　微量元素的成分及含量

成分	含量	成分	含量
$FeSO_4 \cdot 7H_2O$	10 g	$CaCl_2 \cdot 2H_2O$	2 g
$ZnSO_4 \cdot 7H_2O$	2.25 g	$NaB_4O_7 \cdot 10H_2O$	0.4 mL
$CuSO_4 \cdot 5H_2O$	1 g	$(NH_4)_6Mo_7O_{24}$	0.01 g
$MnSO_4 \cdot (4\sim5)H_2O$	0.5 g	蒸馏水	1 L

（3）清洗。

发酵罐使用前后都应进行清洗，尤其是使用不同的菌种时，更应充分清洗及灭菌。发酵罐的各种部件，即使有一小部分没清洗干净也会被杂菌污染，因此必须彻底清洗干净。容易忘记清洗的是空气分布器内部和采样管内部，以及顶板上放零件的小间隙等，这些地方应特别注意。另外，发酵罐的周围、加热器以及电动机等使用电的部件有时会因为漏水而造成故障，所以应将发酵罐外壁底板及顶板的外表面擦干。

（4）预杀菌。

用三角瓶进行种子培养的过程中，可以同时对发酵罐进行预杀菌，具体操作如下：

①在连接分布器的部分，用硅胶管连接好过滤器，用螺旋阀关上玻璃管，以防止杀菌结束后培养基通过分布器时发生倒流以及灭菌后从过滤器中漏出。如果过滤器与分布器之间已有截止阀，就无须再用螺旋阀关闭。在过滤器的另一端，顶端塞上棉花，用牛皮纸包好，使用橡皮圈连接上固定好的长 5～6 cm 的硅胶管。

②在排气管上装配同样塞入 5～10 cm 棉花的玻璃管，使蒸汽能自由出入发酵罐内，而杂菌却无法进入。

③取样管上安装硅胶管，接上采样用的连接管，弯曲的硅管的中间部分用螺旋阀关闭，以避免杀菌时培养基通过管路溢出。

④在 pH 电极及 DO 电极上放入盲栓，装上盖子。

⑤发酵罐中放入占总容积 70% 的水，取出发酵罐体并放入高压灭菌器内进行预灭菌。通常在 120 ℃ 下灭菌 20 min。灭菌结束后，冷却至常温，倒掉发酵罐内的水，准备进行正式灭菌。

⑥用 pH 标准液、氮气及空气对 pH 电极、DO 电极等进行校正。

2. 小罐培养

（1）培养条件。

初始 pH 7.0；培养温度：30.0 ℃；初始工作体积：2 L；发酵罐体积：5 L。将培养基各组分分别溶解在蒸馏水中，放入发酵罐中灭菌（培养基的组成见表 1－4），105 ℃下灭菌 10 min。

表 1－4　发酵培养基的组成

成分	含量	成分	含量
$(NH_4)_2HPO_4$	12.5 g	K_2SO_4	2.4 g
$FeSO_4 \cdot 7H_2O$	0.2 g	$CaCl_2 \cdot 2H_2O$	0.075 g
NaCl	0.375 g	微量元素液	5 mL
$MgSO_4 \cdot 7H_2O$	0.375 g	蒸馏水	1.5 L

微量元素的成分及含量见表 1－5，将表 1－5 中需单独灭菌的微量元素溶液放入三角瓶灭菌后，在接种操作开始前加入已灭菌的发酵罐中，与表 1－3 的培养基在发酵罐中混合。

表 1－5　微量元素的成分及含量

成分	含量	成分	含量
$CuSO_4 \cdot 5H_2O$	7.5 g	$(NH_4)_6Mo_7O_{24}$	0.75 g
$MnSO_4 \cdot (4\sim5)\ H_2O$	3.8 g	蒸馏水	0.5 L
$NaB_4O_7 \cdot 10H_2O$	1.7 g		

（2）正式灭菌。

按表 1－4 中所示的比例配成培养基放入发酵罐，准备电极和管子，将一端浸于发酵液中的取样管用节流夹关闭，以避免培养液漏出。如管子太粗，很难装上节流夹，这时可以用螺旋阀。正式灭菌与预灭菌一样，将准备好的发酵罐放入高压灭菌锅内进行灭菌。灭菌前，应检查排气管的一端是否已在螺旋阀上连接棉栓，以及是否已经安装了防水罩。灭菌时，排气管起保持发酵罐内外均压的作用，因此不能用节流夹将之关闭。

（3）接种前的准备。

当高压灭菌锅的温度降到 60 ℃以下时，打开盖子，检查里面的管子等是否偏移，然后从灭菌锅内取出发酵罐进行安装操作。迅速接上进气阀管路，检查排气管路是否已充分开放。待充分开放后，将通气速度调节至 0.3～0.5 L/min，接上冷却水的管路，打开冷却水，接上电源低转速搅拌使培养液冷却，注意冷却时间不能太长。使用温度调节装置，接上各种传感器与其他检测装置，开始进行测定。在供给酸、碱、消泡剂的管式泵上各装配带有支管的硅胶管。

确认发酵罐内的温度能维持在所设定的值以后，对接种前的培养液采样，使用校正后的台式 pH 计测定正确的 pH，用零点调整钮将 pH 计控制器的指示值调至上述测定值。接下来进行 DO 控制器的校正，进行通气搅拌，使 DO 与空气中的氧气处于气液平衡状态（饱和溶解氧浓度），确认发酵罐内温度控制在恒定值，在一定温度下，饱和溶解氧浓度下用斜率调整钮来进行调整。

（4）接种操作。

在发酵罐顶板的接种口进行。降低通气量，接着在接种口周围塞上脱脂棉以贮存酒精，注入少量酒精，点火后移开接种口盖子，在火焰中迅速加入其他已灭菌的培养基并进行接种操作。接种完成后立即用火焙烧接种口盖子的内侧，盖上，拧紧，使搅拌转速和通气量回到正常值，开始进行发酵罐培养。

（5）培养开始时应注意的问题。

培养开始后几个小时是最易发生故障的时期，因此应检查一下，尽量使发酵罐及其周围的装置运转正常。在刚开始就取样处理的时候，应尽量不停止对发酵罐的监控。应特别注意 pH 、温度、发泡等。

（6）发酵过程中应注意的问题。

在培养的过程中故障的发生率比刚开始培养时低，这时应注意夜间漏水以及管子弯曲所引起的阻塞。尤其在细胞增殖和产物合成的高峰期，因为那时发泡比较剧烈。每次采样时最好进行上述检查。

（7）发酵结束时的操作。

发酵结束后，将发酵液取出进行灭菌。当培养液无害时，可取出电极后再灭菌。灭菌结束，等发酵液充分冷却后，首先取出电极，将残留的培养液倒弃至特定的地方。培养液会因为温度较高而产生恶臭，应充分冷却后再倒掉，清洗按照上述清洗步骤进行。

3. 采样及分析方法

（1）采样。

培养开始后约 3 h 左右，应立即采样，采样操作首先在取样管上接一个注射器，弃去初放出的 15 mL 发酵液，然后再收集 10 mL，将样品在 10 000 r/min 条件下离心 10 min，取上清液保存于冰箱中。沉淀物用纯水洗净、稀释后，用 OD_{610}（在 610 nm 处测得的光密度）测定其浊度。根据事先所作的菌体浓度与浊度之间的关系图算出菌体浓度。

（2）葡萄糖浓度的测定。

发酵液中的葡萄糖浓度用酶法来测定比较简单。例如用市场上出售的酶试剂，首先在上述 1 mL 的发酵液上清液中加入酶试剂 1 mL，蒸馏水 1 mL，在 37 ℃下加热 20 min，然后用 OD_{505} 测定吸光度，由预先所作的标准曲线换算出葡萄糖浓度。

4. 结果总结

（1）用图表示干燥菌体浓度（g/L）、残留葡萄糖浓度（g/L）、pH、DO 等随时间变化的趋势。

（2）用图表示比生长速率（$\mu = X^{-1} \cdot \frac{dx}{dt}$），比消耗速率（$\rho = -X^{-1} \cdot \frac{dx}{dt}$）等随时间变化的趋势。

［实验 1－3］30 L 发酵罐的使用操作步骤

1. 培养装置

图 1－11 是体积为 30～100 L 的发酵罐示意图。该类发酵罐通常是用不锈钢材料制成的圆筒形容器，在罐底配备有供加热和冷却用的管路系统。体积较大的发酵罐在其内部也装有冷却管。发酵罐的搅拌器主要有电动搅拌器和磁力搅拌器两种。

各种设备的优缺点如下所述。

（1）空气过滤器。空气过滤器有玻璃棉充填型和高分子膜型（如 PVA 过滤器）两种，后者价格较为昂贵，但所占的空间少，使用方便。

（2）消泡装置。为了避免消泡装置反应慢而导致消泡剂过量地添加，最好将添加消泡剂的装置与定时器并用，间断性地添加。现在已经开发出的消泡剂有天然油脂、山梨聚糖诱导体、聚醚、聚硅油等多种，但最适用的是聚硅油，因为它对微生物是惰性的，而且几乎没有毒性。另外，在一定程度上，发酵液上方的消泡器所起的机械消泡作用也很有效。

（3）pH 控制装置。最好使用能够进行蒸汽灭菌的玻璃复合电极。如果一台 pH 控制装置使用两个泵，则能同时进行酸或碱中任何一种的添加。

（4）排气分析。排气中的氧气分压用氧气分析仪测定，二氧化碳分压用红外分析仪进行测定较为方便。

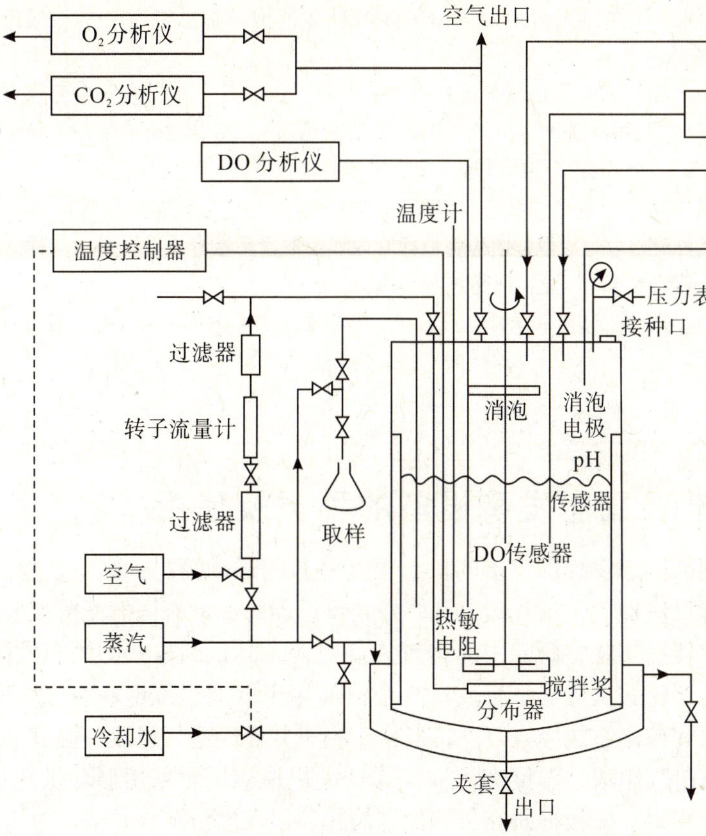

图 1－11　30～100 L 发酵罐示意图

（5）溶解氧分析仪。溶解氧分析仪有极谱式、原电池式、管道式、蛇电极式等。发酵过程中使用原电池形成的复合电极较为方便，原因是该电极可进行蒸汽灭菌，但分析过程一般比极谱式慢。

（6）其他。如果需要，还可设置氧化还原电位测定电极（铂金复合电极）以及溶解 CO_2 测定电极等。此外，进行连续培养时需要进行培养基的流入与流出，定量泵中使用的管子可用蒸汽灭菌，一般可使用经久耐用的硅胶管。

2. 操作

（1）准备。洗净发酵罐内部（特别是空气分布器内部和采样管内部，这些部位很有可能残留上批实验用培养基的残渣），盖上盖子，固定。加水至发酵罐容积的 20%～30% 后，通过过滤器将加热蒸汽通入罐中，在 121 ℃下灭菌 15 min 。灭菌期间保持各阀门进排气通畅，防止存在死角。灭菌结束后，从采样口排出发酵罐内的水。

（2）培养基配制。培养基的体积通常为罐容积的 50%～60%。准确称量培养基各组分，溶解后放入发酵罐，当达到预定体积的 80% 时开始进行灭菌。因为通入的蒸汽发生冷凝，会使发酵液的体积增加。使用合成培养基时，将糖类物质及磷酸盐溶液分别用高压灭菌锅灭菌，开始培养前放入发酵罐内，这是为了避免灭菌时糖类物质与氨基化合物反应生成褐色物质，以及防止磷酸盐与其他金属离子反应生成沉淀。

（3）控制装置的连接。pH 电极、DO 电极、消泡电极等均校正调零后插入发酵罐内。

（4）灭菌。先向夹套中通入蒸汽将发酵液加热到 80 ℃以上。随后，向发酵液中通入蒸汽，在 121 ℃下灭菌 15 min 。灭菌时保持排气畅通，使罐内空气充分排出，同时使出口管内灭菌更充分。如果不预先加热夹套，会生成大量冷凝水，导致发酵罐内发酵培养基的体积很难控制。灭菌结束后立即打开冷却水，从而使培养基冷却。如果发酵罐整体可用高压灭菌锅灭菌，放入培养基后，在空气出口处加上棉栓，放入高压灭菌锅，121 ℃下灭菌 15 min。

（5）操作条件的设定。分别在加样口无菌地加入酸、碱溶液和消泡剂后，将通气量（通常 0.5 ~ 2.0 L/min）、温度和 pH 调到设定值。

（6）接种、培养。在接种口（进料口）周围放置浸有酒精的棉花，点燃后，在火焰中将无菌水加入发酵罐内，调节发酵培养基的体积（必要时可同时加入葡萄糖、磷酸盐溶液）。然后在火焰中加入种子液，通常接种量为发酵培养基体积的 1% ~5%。拧紧接种口后，调节搅拌速度，开始发酵培养。

（7）取样。通过定时取样获得培养过程中的状态参数，以观察发酵过程。发酵过程中罐内应处于正压状态，一打开取样管，发酵液就可流出。每次取样前应将取样管内残留的发酵液弃去后再进行取样。取样完毕后一定要在取样管口通入加热蒸汽 5 min 以上，以防止杂菌污染。

（8）培养结束。发酵结束后，取出发酵液和全部电极，将发酵罐在 121 ℃下灭菌 15 min。随后充分清洗发酵罐内部，至此发酵培养结束。

第三节　固态发酵设备的种类及使用

迄今为止已有许多类型的固态发酵反应器问世。根据基质的运动情况，固态发酵设备可分为两类：①静态固态发酵反应器，包括浅盘式和塔柱式反应器；②动态固态发酵反应器。

目前静态固态发酵反应器在实验室研究中应用较为普遍，尤其是圆柱式的固态发酵反应器，多是将一个或多个静态圆柱式反应器平行放在一个恒温箱中并通以湿饱和空气。完善的静态固态发酵的供气、保温和控温系统应有以下特点：①测量并控制进气组成、温度和湿度；②测量尾气组成并反馈调节进气组成、温度和湿度；③较大规模应用时采用循环供气；④完善的气体过滤设备。具体应用时，应根据研究目的加以简化，以求经济节俭。

动态固态发酵反应器包括机械搅拌的筒式、柱式、转鼓式反应器等。转鼓式反应器的基本形式是将一个圆柱形（鼓形）容器支架在一个转动系统上，转动系统主要起支撑及提供动力的作用。常用的固态发酵反应器主要有以下几种类型。

（一）浅盘式反应器

浅盘式反应器很早就应用于作为表面培养的抗生素生产工艺中。此类反应器可分为带盖式、不带盖式及底部有强制通风和无强制通风等形式。虽然浅盘反应器操作简便、产率较高，但因其有体积过大、耗费劳动力大和无法实现机械化操作等缺点，不适合在工业生产中应用。

在日本的米曲（Rice-koji）生产酱油的工艺实例中，固态基质床层的最大厚度为 15 cm。这些浅盘通常置于培养室中，通过控制培养室的温度及湿度，使其最适于霉菌的生长。将 *A. oryzae* 的分生孢子接种于蒸煮过的大米中，堆成一堆并盖上布片，培养 20 h 后，将培养物均匀地分散在浅盘中。可以通过改变基质床层的厚度来实现温度的控制，减少床层的厚度可使水蒸气易于从床层蒸发，会导致温度下降。可以通过改变培养室的湿度来控制基质的湿含量，但响应相当慢。每隔适当的时间，可根据经验对基质进行混合并调整其厚度。图 1 - 12 为可用于分生孢子培养的组合浅盘式反应器的示意图。

为了减轻劳动强度，近年来已开发出连续浅盘式反应器系统。在这一系统中，菌种制备、灭菌、冷却、接种、装料、干燥、粉碎、装袋等操作均可连续进行。

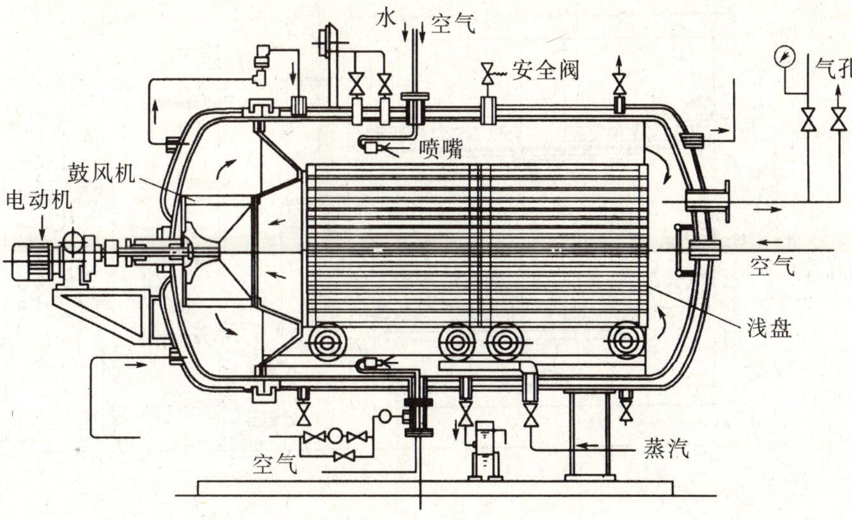

图 1－12　组合浅盘式反应器示意图

（二）填充床反应器

填充床反应器通常安装有强制通风装置。基质顶部与底部间的温度调节取决于基质床层的厚度和通风率。图 1－13 为用于米曲制备的强制通风型填充床反应器的示意图。由于不装加热器，这个发酵反应器需置于培养室中。强迫气流从底部穿过基质床层向上流动。培养温度的变化控制可以编程，基于基质床层的温度，通风在一开关控制（on-off regulation）下间歇地进行。同时需要一些经验性的操作，例如混合和补充固体床层（通常最大厚度为 20 cm），确定培养室的温度等操作。

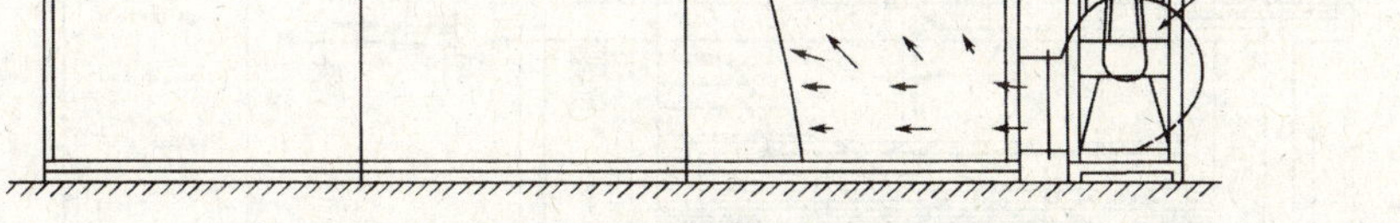

图 1－13　强制通风型填充床反应器示意图

图 1－14 为用于米曲制备的旋转式双盘反应器示意图。该反应器安装了螺旋混合器，器壁绝热，配有加热器。用冷却塔来调节循环空气，用输送机添加或卸除固态基质，每隔一段时间用螺旋桨进行搅拌。接种后的固态基质装入反应器的上层小室中，约 1 d 后输送至下层的小室中，培养温度可通过编程由计算机实现自动控制。

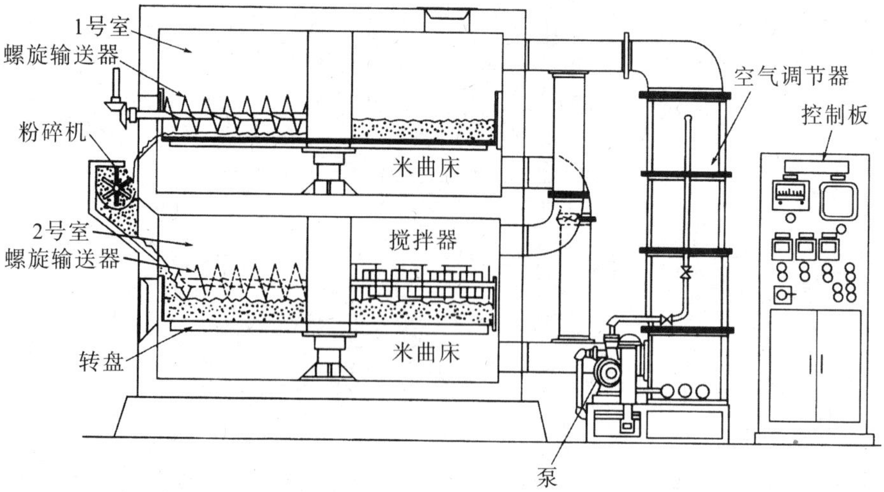

图 1－14　旋转式双盘反应器示意图

（三）转鼓式反应器

转鼓式反应器安装在支承轴上，由传动机构带动整个筒体旋转，物料在转动过程中得到搅拌。此类反应器应用较广，从实验室到工业规模的都有。日本已有 2 m^3 的转鼓式反应器。尽管转鼓式反应器中微生物的生长均匀而迅速，但在发酵初期菌丝体幼体可能因翻动而受到损伤，同时原料易结球或因底物黏稠而黏于反应器壁上，造成传质不均，易受污染。此外，反应器的放大也有一些困难。此类反应器可用于连续发酵，但易造成污染。图 1－15 为转鼓式反应器示意图。在培养过程中，通过反应器内的转鼓间歇地旋转，实现搅拌并混合基质。由于旋转过程被设计成与通风同时进行，使得基质与新鲜空气间的接触得到强化，从而易于快速地除热和供氧。通风管道中的气闸能够改变空气流向，从而使空气能循环流动。

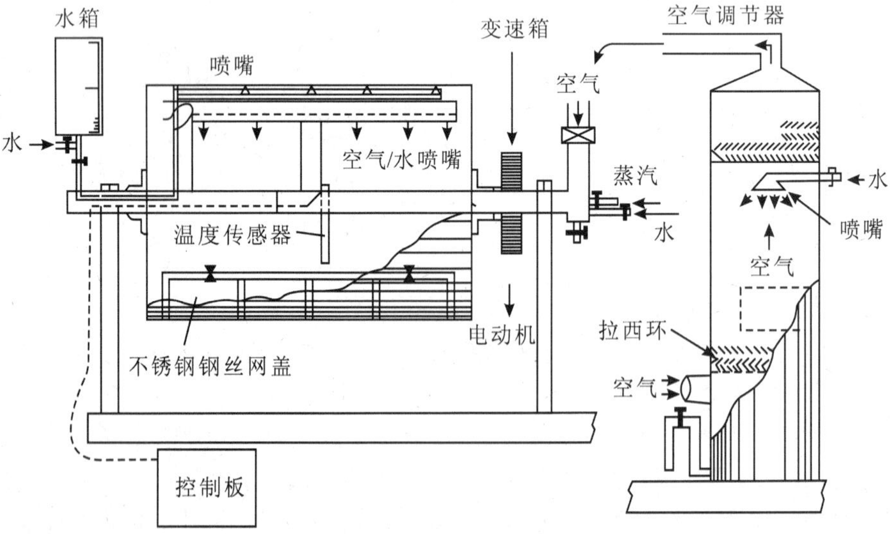

图 1－15　转鼓式反应器示意图

由于温度的精确控制难以在转鼓式反应器中很好地实现，这一反应器通常仅用于制米曲的第一阶段，基质在第二阶段被输送到具有强制通风的填充床反应器中。清洗、浸泡、排水、蒸饭、接种等全部操作均在反应器内进行。原料与水同时进入转鼓并进行蒸料，培养开始时即采用强制通风。

第四节 固定化细胞及固定化酶反应器的种类和使用

酶催化反应有两种类型：一类是在溶液中直接应用游离酶进行反应，即均相酶反应；另一类是应用固定化酶（包括固定化酶膜）进行的非均相酶反应。均相酶反应主要采用搅拌罐反应器进行分批操作。非均相酶反应则主要采用搅拌罐、固定床、流化床及膜式反应器等进行连续操作。下面对固定化酶（微生物细胞）反应器作一介绍。

一、搅拌罐式反应器

这种反应器在固定化酶颗粒用量大时被称为淤浆反应器。无论是分批操作还是连续操作，这种反应器都具有如下优点：结构简单；温度和 pH 容易控制；能处理胶状和非水溶性底物；催化剂更换方便。另外，连续搅拌罐式反应器内底物的浓度低，有利于底物抑制型酶催化反应的进行。但是对于凝胶固定化酶，搅拌桨叶轮容易打碎凝胶颗粒，此时可选用螺旋杆式或螺带式搅拌罐反应器，如图 1－16 所示。

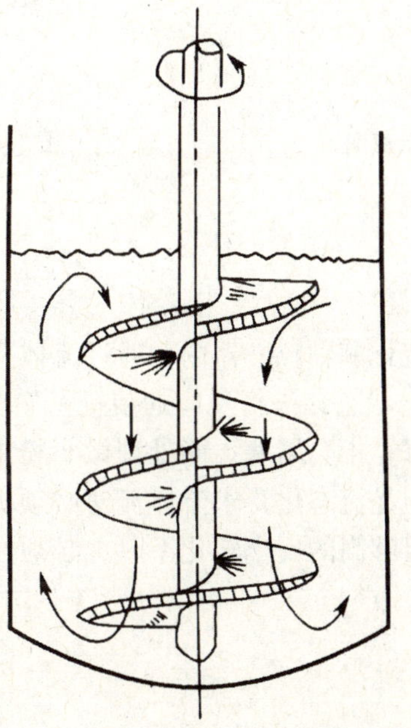

图 1－16　螺旋杆式搅拌罐反应器示意图

二、固定床反应器

用催化剂颗粒装填的填充床反应器，若填充物固定不动，则称为固定床反应器，如图1－17 所示。

固定床反应器具有以下优点：单位反应器的固定化酶颗粒装填密度高，最大可达 74%（用时一般为 50% ~60%）；构造简单，因而容易工程放大；剪切力小，故适用于容易被损坏的固定化生物催化剂；反应器内流动状态近似于平推流。

另外，固定床反应器也具有以下缺点：温度和 pH 不易控制；底物和产物浓度存在轴向分布；更换部分催化剂相当麻烦；床层内有很大的压力（压头损失），必须加压供给底物溶液。

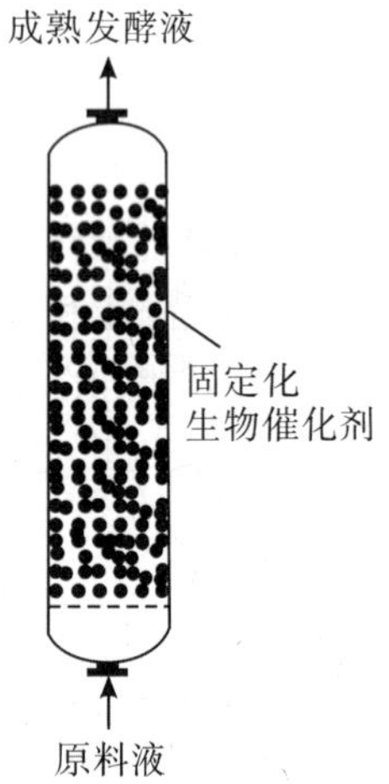

图 1－17　固定床反应器示意图

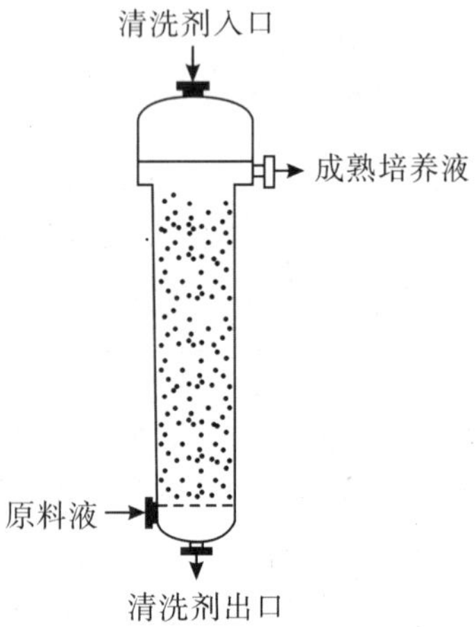

图 1－18　流化床反应器示意图

三、流化床反应器

流化床反应器是在装有固定化酶颗粒塔器内，通过流体自下而上的流动使固定化酶颗粒流体中保持悬浮状态（即流态化状态）进行反应的装置。如图 1－18 所示。流化床反应器具有以下优点：传热及传质性能好；不会堵塞；能处理微小粉末底物；即使应用微小的催化剂颗粒，压力降也不会很大等。但是流态化要求流体流速必须提高到一定程度，同时存在工程放大困难等缺点。在不能获得足够高的反应转化率时，必须在满足流态化的流速范围内将部分反应液再循环。

四、膜式反应器

酶膜生化反应器（Enzyme Membrane Biochemical Reactor，EMBR），简称为膜生化反应器，是一种几乎只应用于生物化学反应的特殊形式的反应器。酶是一种高分子化合物，因此可用适当孔径的膜将酶截留在反应器内，只让产物和未反应的底物不断通过并排出。也可将酶固定在膜表面或膜与膜之间，只将产物和剩余底物通过膜分离出来，或者利用膜进行相分离，以达到同样目的。

EMBR 是一种利用膜分离功能同时完成反应和分离过程的生化反应器。EMBR 的特点可概括如下：①不需要进行特别处理即可实现酶的“固定化”；②可以进行无菌操作。这一点是常规酶固定化方法无法实现的，是 EMBR 的一大优点；③多数情况下，无须对酶进行任何化学修饰，能以游离状态使用，因而没有像固定化酶那样在底物接近酶时的位阻效应，可适用于高分子底物及辅助性底物参与的偶联酶反应；④酶在游离状态使用时，其稳定性没有任何改善，对于不稳定酶，则必须采取添加剂等稳定化措施；⑤膜因污染或微孔堵塞而功能下降，为此必须有一套可靠有效的清洗手段，如反冲清洗等；⑥大规模工业生产需要很大面积的膜材料，因而导致工程放大费用增加。

可根据其分离的粒子大小对膜进行分类，按照膜的孔径由小到大依次分为：反渗透（RO）膜、超滤（UF）膜、微滤（MF）膜及普通过滤膜。UF 膜适合于将溶液中的高分子和低分子化合物进行分离。因此，EMBR 主要应用 UF 膜。UF 膜可分为对称膜（均质膜）和非对称膜（各向异性膜）两大类。非对称膜由表面附近很薄的皮层和其下面较厚的大孔层（或称海绵层）构成。过滤主要在皮层进行，大孔层只起加强膜的机械强度的作用。不过当 UF 膜用于 EMBR 时，其大孔层还具有使酶固定化的良好效果。

膜材料多数为高分子材料，但陶瓷材料最近也越来越受到重视。作为 MF 膜，目前常见的有微孔性的聚丙烯、聚乙烯、聚四氟乙烯及聚砜膜等。这些膜耐热性强，可以用蒸汽灭菌。

膜可做成螺旋状、中空纤维状、圆管状、毛细管状、平板状等形式的膜组件。选取用于 EMBR 的膜形状时，必须从便于清洗、防止微生物污染以及膜孔是否容易堵塞等角度考虑。仅从膜装填密度（指单位反应器容积的膜面积）角度来看，中空纤维膜最好，应用于工业化的 EMBR 有很大的发展前途。但是流量小时，难以使液体很均匀地流过全部中空纤维膜，容易产生沟流。

EMBR 的操作方式可分为三种类型：扩散方式、超滤方式（错流方式）及接触方式。

（一）扩散型膜生化反应器

如图 1－19 所示，底物 S 从供给液体一侧通过扩散透过膜，进入另一侧的酶（E）溶液中进行反应，生成的产物沿反方向从酶溶液的一侧透过膜进入底物溶液，然后排出。最好将酶溶液置于非对称膜的大孔层一侧。图 1－20 为中空纤维膜反应器的示意图，当中空纤维膜组件用于扩散方式的 EMBR 时，可将酶维持在中空纤维管外壳体内，在中空纤维管内通过底物溶液，也可采用相反的流动方式。但一般前一种方式比后一种更有效。底物和产物在膜层内的扩散往往是反应速率控制的关键步骤。为了满足工业生产高转化率的要求，必须大幅度延长停留时间。

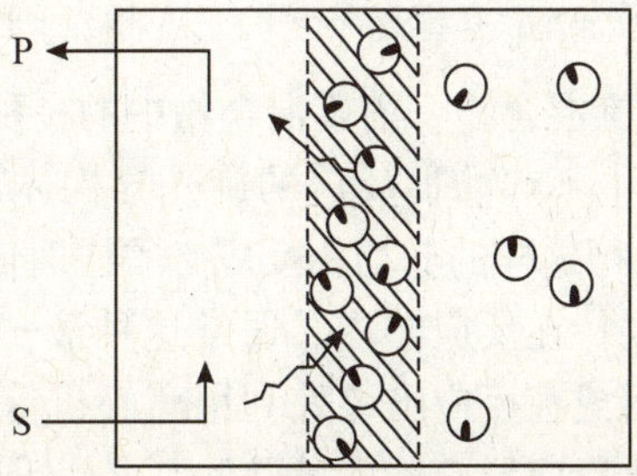

图 1－19　扩散型膜生化反应器示意图

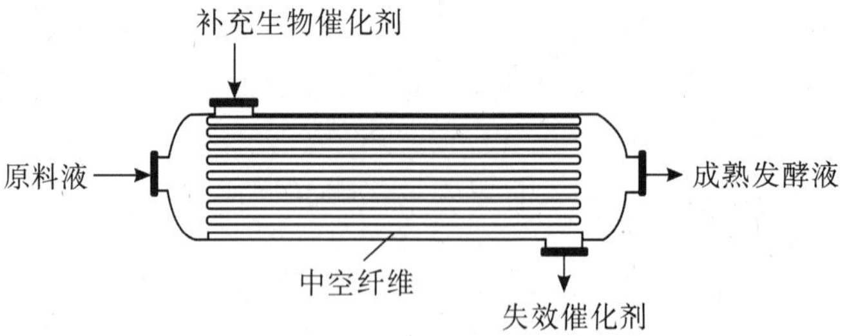

图 1-20　中空纤维膜反应器示意图

（二）超滤生化反应器

如图 1-21 所示，向酶溶液的一侧加入底物 S，产物 P 在加压下与溶剂一起通过膜进入渗透液，然后排出反应器。这种操作方式具有广阔的工业应用前景。若底物是低分子化合物，酶溶液一侧在膜表面的垂直方向存在底物的浓度梯度时，未反应的底物也可能透过膜去。所以为了提高转化率，最好与连续搅拌罐连接，以进行循环操作。这样除加强了液体在膜表面的流动，还可避免酶在膜表面形成胶层。这种操作方式的膜反应器也称为超滤膜连续搅拌罐反应器（CSTR-UF 反应器）。

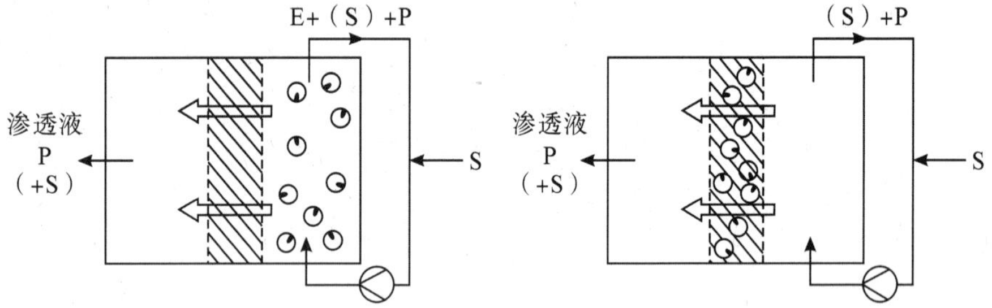

图 1-21　超滤生化反应器示意图

（三）接触型膜生化反应器

如图 1-22 所示，难溶于水的底物 S_1 与微孔性膜有一定的亲和作用，S_1 在膜表面反应，生成的产物 P_1 从膜表面向溶液主体扩散。S_2 为水溶性底物。图 1-22（a）中所示酶在溶液中循环流动，而（b）中 E 被固定在膜表面上。在非均相酶反应中，如下式所示，两种底物 S_1 和 S_2 分别存在于两相中，此时主要产物 P_1 存在于某个相内：

$$S_1（A 相）+S_2（B 相）\longrightarrow P_1（A 相）+P_2（B 相）$$

若上式中 S_2 为水，S_1 为消旋混合物，消旋混合物中的一种旋光异构体选择性地在酶催化下水解，则 P_1 即为消旋混合物中不起酶促反应的旋光异构体，P_2 为被水解的旋光异构体的水解产物（羧酸和醇）。连续进行这样的非均相反应必须同时向反应器中加入 S_1 和 S_2 两种液体，而且最好用某种方式将酶维持在反应器内。通常这种液—液非均相反应是在乳化状态下进行的。因此需要在反应结束后或在反应出口处利用离心机等分离装置将乳状液分离成两种液相。总之，作为接触型膜生化反应器应该满足以下要求：①同时完成反应和液—液相分离；②使酶停留在反应器内；③能够连续操作。

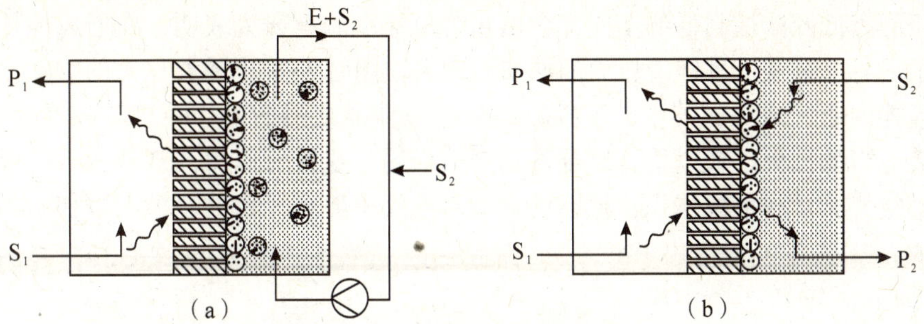

图 1-22　超滤生化反应器示意图

第五节　混合、传质和供氧

一、概述

(一) 混合与传质

浸没式培养时好氧微生物的生长取决于可利用的底物和环境条件，所培养的微生物一般为异养型微生物，反应速率受底物或产物在特定界面传递速率限制。物质可以在固—液之间、液—气之间传递或直接进入细胞，细胞也会聚集成絮状物或者固定到载体上。质量传递过程是物理过程，它与化学因素交织在一起，极大地影响着微生物的反应速率。生物反应器中的传质过程主要为气—液传递和液—固传递。气—液传递主要是好氧发酵过程中的氧气的传递和二氧化碳的释放；液—固传递主要存在于反应系统中含固定化酶、固定化细胞、生物膜、絮凝细胞的过程。在固态发酵中还存在气固传质和气液固三相传质。传质是极其复杂的问题，控制传质过程的一个主要因素是搅拌程度，这对维持生物反应器内均一的条件也是重要的。一般而言，加强搅拌意味着更好地传质，但耗能及剪切率也更大。生物反应器内一个重要的控制性步骤是氧在水中的溶解。从气相到液相的传氧速率受气液界面的大小、传质阻力、含气率及空气在反应器内的停留时间等的控制。这些因素取决于气流速率及搅拌性能（叶轮几何形状、转速、输入能量等），在设计时应充分考虑。影响 K_La 的因素主要有操作变量、反应液的理化性质及生物反应器的结构等。操作变量主要包括温度、压力、通风量、转速（搅拌功率）等。反应液的理化性质包括反应液的黏度、表面张力、氧的溶解度、反应液的组成成分、流动状态和发酵类型等。反应器结构主要指反应器的类型、反应器各部分尺寸的比例、空气的分布装置等。

采用机械搅拌有利于增大气液接触面积，延长气液接触时间，减小液膜厚度，提高溶氧效率。增加搅拌功率、搅拌转速和通气量，对于一定的设备来说都能增加溶氧，但三者之间相互关联。增加通气量虽能增加溶氧，但在转速不变的情况下会降低搅拌功率，溶氧又会随之降低，氧的溶解速率受正反两方面的影响而相互抵消，其值基本保持不变。如果在增加空气流速的同时仍需保持原来的搅拌功率，就必须增加搅拌转速，氧的传递速率便会有较大的提高。

温度的高低会改变氧的溶解度值，同时也会影响液体的特性常数。温度升高，降低了反应液的黏度，减小了液体的表面张力，增大了氧在液相中的扩散系数，有利于提高溶氧速率。

另外，罐压的高低及液柱高低的不同都会影响溶氧速率。有研究表明，在通风搅拌式反应器中通气量恒定时，溶氧速率随着压力的增加而增大，同时 $K_{L}a$ 也随着压力的增加而增大。在带有机械搅拌的通气式反应器中，搅拌器组数及搅拌器之间的最佳距离对溶氧有一定影响，一般应安装适当的挡板，或以垂直冷排管充当挡板用，这样可以提高气液混合效果，改善传递条件。当空气流量和单位体积功耗不变时，通气效率随高径比的增大而增加。当然高径比也不宜过大。

（二）混合和供氧

在好氧微生物的反应过程中，氧的传递是传质过程的关键问题。生物反应器中通风搅拌的主要目的是供给微生物生长和代谢所需的氧气。实际上所供氧气的利用率很低，如何使溶氧既经济又充分地满足微生物反应的需要是发酵过程中的关键性问题，也是反应器设计研究的关键。

1. 电动机和驱动轴

搅拌罐式生物反应器中，用电动机来驱动搅拌轴，电动机需产生足够能量以确保发酵液保持均一的混合。对于小的发酵罐（如 20 L 罐），1 kW 的电动机已足够。电动机可通过几种方式连接到发酵罐轴上：① 直接组合，这是顶部驱动装置的标准方法。② 皮带驱动组合，通常用于底部驱动的发酵罐，电动机与发酵罐保持一段距离，使溅出的液体不至于掉进电动机中。③ 弹性组合，由硫化橡胶制成，这样可补偿电动机和轴之间的间隙。④ 磁力组合，用多极陶瓷磁铁驱动搅拌，其主要优点是通过轴套的组装去除了可能产生的污染源。是否采用此种方式取决于发酵液的流变学性能，此法会明显限制发酵罐的应用范围。⑤ 齿轮组合，采用齿轮装置通常可使电动机和发酵罐之间的连接方式非常灵活，用一个电动机可驱动 3 ~ 6 个发酵罐。

叶轮驱动轴由顶盘或底盘安装到发酵罐中。驱动轴要能够自由地转动，但又不允许发酵液溅出或微生物污染物进入。通常有以下几种可用于防止污染的密封设计方式：① 机械密封。这类密封由陶瓷材料或石墨制成，采用适当的润滑则可连续使用很长时间，可由甘油或蒸汽润滑，后者也可用于防止污染。还有一设计方式是应用无菌空气而省去机械密封。② 橡胶密封。也称作唇边式密封，可由丁基合成橡胶或丁腈橡胶制成，作为防护用于连接机械密封，所用材料要能耐受反复灭菌及搅拌桨的磨损。③ 压盖密封。采用石棉型材料，通常用于较大发酵罐的驱动轴，把密封材料缠绕到轴上，而后由外部支架压紧以实现密封。

2. 挡板及通气

发酵罐内通常有 4 个可用于防止形成涡流的挡板，挡板通常固定在反应器内壁，并在挡板和内壁之间留有一定的间隙，发酵罐中会形成停滞区，引起微生物细胞的滞留。通过挡板和叶轮装置可在罐内产生轴向或径向的液体流型，流型取决于所用叶轮的类型。如图 1 – 23 所示。

借助于带有挡板的涡轮叶轮可实现最有效的混合。发酵罐内存在冷却蛇管，可起到挡板的作用，防止涡流。对于好氧发酵，通常由压缩空气供给空气，空气在一定压力下进入反应器，通过喷射管直接进入叶轮区的下部。喷射器的类型有多种，最有效的喷射器为烧结的不锈钢盘，但易于堵塞。环形喷射器或单管式喷射器比较常用，可用于菌丝体微生物的发酵过程。带孔的环状喷射器可有效地分布空气，其缺点是孔易于堵塞。

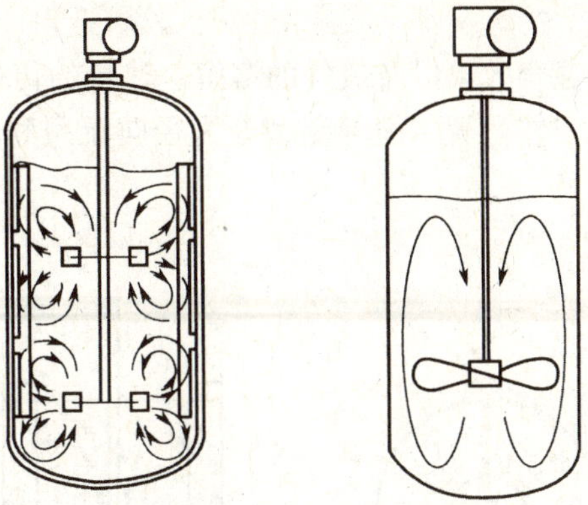

（a）六直叶涡轮　　　　（b）推进式叶轮

图 1－23　全挡板及无挡板条件下搅拌流型示意图

二、生物反应器中的搅拌器及搅拌流型

（一）搅拌器

搅拌器的形状和安装位置决定了其在发酵罐内的运行性能，搅拌器应具有如下作用：①将能量传递给液体；②使气体在液体中分散；③使气液分离；④使发酵液中所有组分发生混合，一般认为混合是搅拌器最重要的作用。搅拌器决定能量传递、气体分布、气液分布、气液分离和混合的状况，情况较为复杂，因此其速度、形状和安装位置需由实验确定。

发酵罐中的机械搅拌器可分为轴向推进和径向推进两种。前者如螺旋桨式，后者如涡轮式。发酵罐中常用的搅拌桨类型如图 1－24 所示。

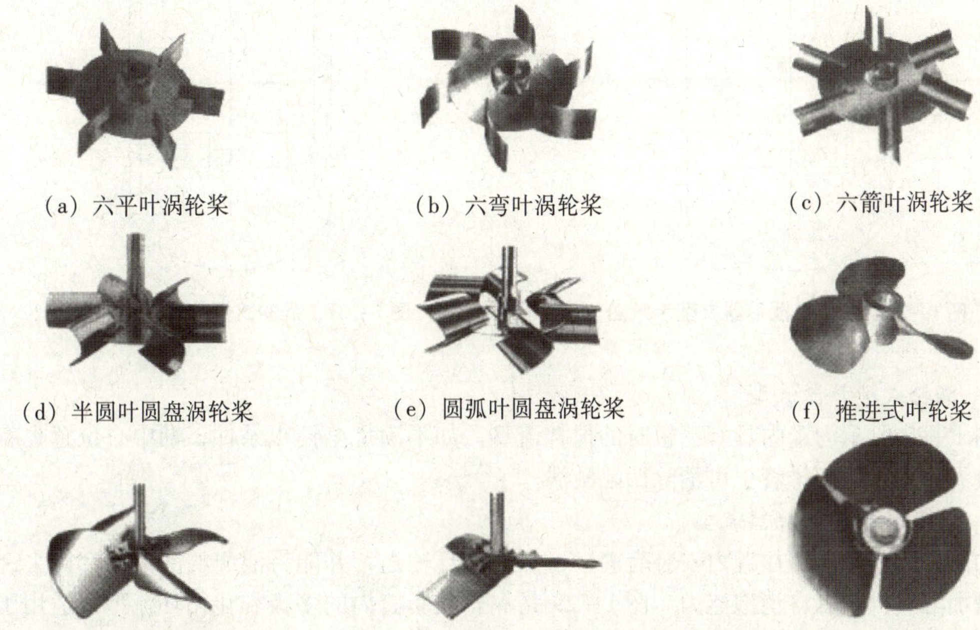

（a）六平叶涡轮桨　（b）六弯叶涡轮桨　（c）六箭叶涡轮桨

（d）半圆叶圆盘涡轮桨　（e）圆弧叶圆盘涡轮桨　（f）推进式叶轮桨

（g）四宽叶螺旋式叶轮桨　（h）机翼式叶轮桨　（i）扇形叶轮桨

图 1－24　发酵罐常用的搅拌桨结构类型示意图

（二）搅拌流型

流型与气、固、液相的混合效果以及氧气的溶解、热量的传递关系密切。流体流动的形式取决于搅拌器、附件及其安装位置。搅拌流型分为径向流型和轴向流型两种，如图 1－25 所示。

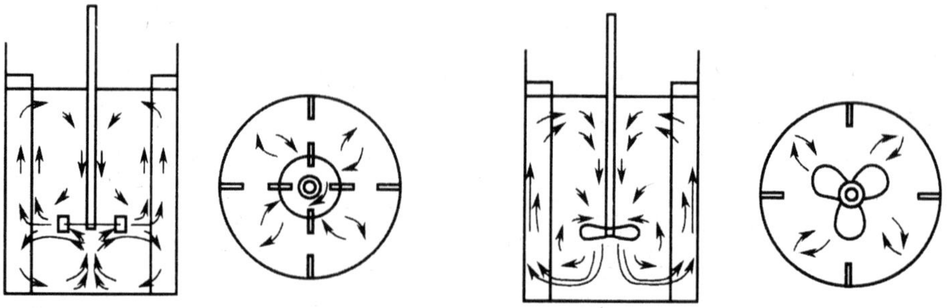

（a）径向流型　　　　（b）轴向流型

图 1－25　搅拌流型示意图

1. 螺旋桨搅拌器流型

垂直安装的螺旋桨在无挡板的情况下，形成螺旋线流动，在中心形成凹陷的漩涡。如装有挡板，则螺旋状流受挡板折流，被迫向轴心方向流动，使漩涡消失，如图 1－26 所示。

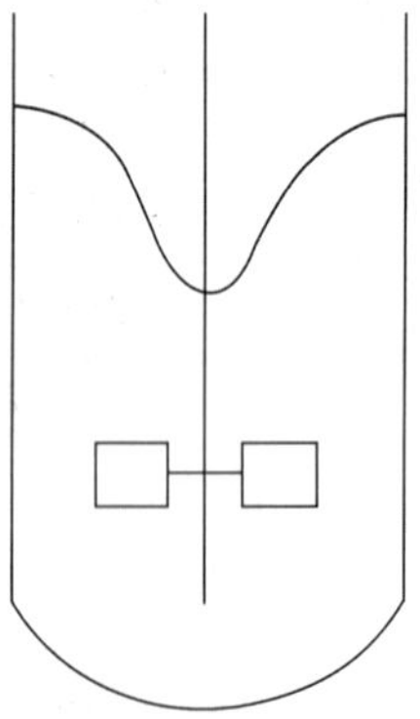

图 1－26　螺旋桨搅拌器流型示意图

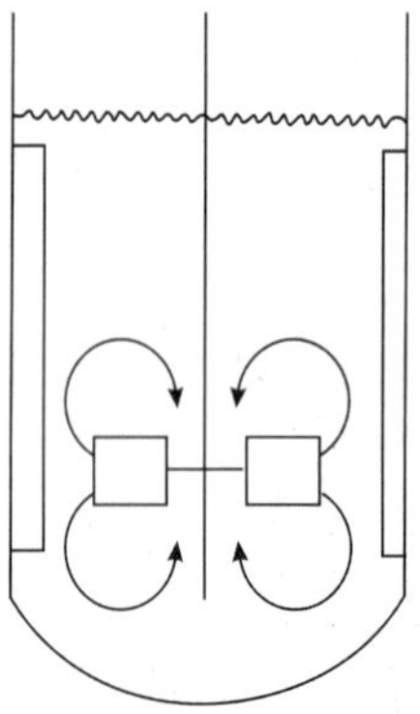

图 1－27　涡轮式搅拌器流型示意图

2. 涡轮式搅拌器流型

图 1－27 所示为罐内具有挡板时的搅拌流型。如不满足全挡板条件，轴中心位置也有凹陷的漩涡。安装冷却排管也可消除凹陷漩涡。

3. 装有套筒的搅拌器流型

如图 1－28 所示，在罐内安装套筒，可加强循环输送，并能将液面的泡沫从套筒上部吸入，增加溶氧，且有自消泡能力。图 1－29 是涡轮在套筒内的多级乳化循环流型，适用于烷烃等不溶于水的原料的搅拌混合，其溶氧速率很高。

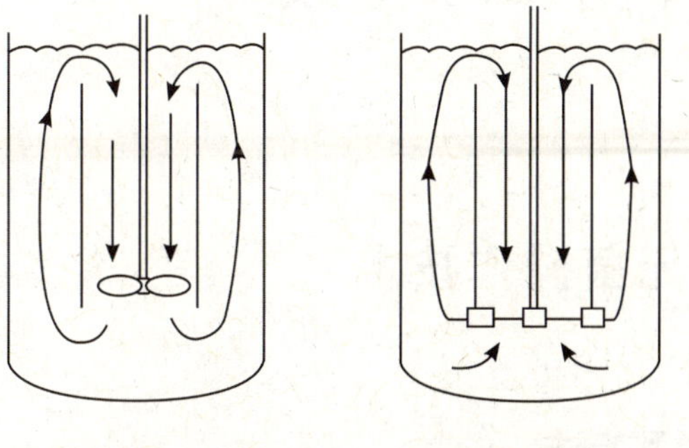

图 1-28 装有套筒的搅拌器流型示意图

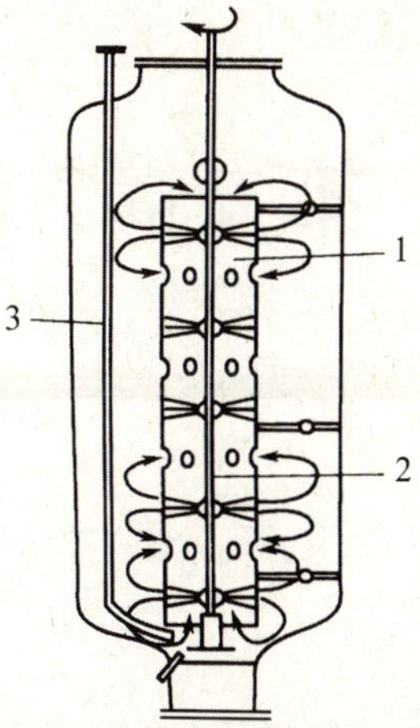

图 1-29 涡轮桨多级乳化循环流型示意图

1. 套筒；2. 多级搅拌涡轮；3. 空气管

[实验 1-4] 利用亚硫酸盐法测定体积溶氧系数 K_La

将一定温度的自来水加入实验罐内，开始搅拌，加入化学纯的亚硫酸钠晶体，使 SO_3^{2-} 浓度约为 2 mol/L，再加入化学纯的硫酸铜晶体，使 Cu^{2+} 浓度约为 10^{-3} mol/L。待完全溶解后，通空气，一开始就接近预定的流量，尽快调整至所需的空气流量，稳定后立即计时，为氧化作用开始的时间，氧化时间连续 4~10 min，到时停止通气和搅拌，准确记录氧化时间。

实验前后各用吸管取 5~100 mL 样液，立即移至新吸入的过量标准碘液中，此时吸管的下端离开碘液液面不要超过 1 cm，防止进一步氧化。然后用标准的硫代硫酸钠溶液，以淀粉为指示剂滴定至终点。

若操作时，罐压（绝对压强）$P = 1$ atm（$1.013\,25 \times 10^5$ Pa），

则 $$N_V = \frac{VN}{1\,000 \times mt \times 4}\ \left(\frac{\text{mol 氧}}{\text{mL} \cdot \text{min}}\right)$$

或 $$N_V = \frac{VN \times 60}{mt \times 4}\ \left(\frac{\text{mol 氧}}{\text{L} \cdot \text{h}}\right)$$

式中 V——两次滴定所用 $Na_2S_2O_3$ 毫升数的差值；

N——$Na_2S_2O_3$ 的浓度，常用 0.200 mol/L；

m——所取样液的体积，mL；

t——两次取样的间隔时间，min；

P——罐内绝对压强（大气压，$1.013\,25 \times 10^5$ Pa）；

N_V——溶氧速度。

用公式 $N_V = K_LaC^*$ 计算体积溶氧系数。在 25 ℃，1 个大气压下，空气中氧的分压为 0.21 大气压，与之相平衡的纯水中的溶氧浓度 $C^* = 0.24$ mmol/L。在亚硫酸盐氧化法的具体条件下，规定 $C^* = 0.21$ mmol/L。

$$K_La = N_V / (0.21 \text{ mmol/L})$$

用亚硫酸盐氧化法测定溶氧系数的优点是氧溶解速度和亚硫酸盐浓度无关，且反应速度快，不需要特殊仪器；其缺点是不如极谱法测定准确，模拟溶液的物化性质不可能与实际发酵液完全相同，因而不能在真实发酵条件下测定发酵液的溶氧。亚硫酸盐对微生物的生长有影响，且发酵液的成分、消泡剂、表面张力、温度，特别是菌体浓度均影响氧的传递，高离子浓度会使界面面积和传质系数减小。这一方法仅能测定发酵设备的溶氧系数，同时工作容积只有在 4~80 L 才比较可靠。

第二章　消毒、灭菌及除菌技术

第一节　实验室无菌操作技术

一、实验室常用的物理因素除菌的种类和方法

常用的物理除菌方法有加热灭菌、过滤除菌及紫外辐射。

（一）加热灭菌

微生物细胞主要是由蛋白质组成的，加热可以使蛋白质变性，从而达到消灭微生物的目的。由于微生物对高温很敏感，所以采用高温灭菌是一种有效的灭菌方法，加热灭菌的方法通常包括干热灭菌和湿热灭菌。

各种微生物都有一定的耐热性，多数细菌、酵母菌以及霉菌的营养细胞在 50 ℃ ~ 60 ℃ 经 10 min 即可杀死；酵母及霉菌的孢子耐热性较强，在 80 ℃ ~90 ℃ 经 30 min 可杀死；只有细菌芽孢耐热性最强，需要 120 ℃ 经 25 min 才能杀死，这是由其本身特有的结构和组成所决定的，芽孢的孢子壁极厚，含水量低，含有吡啶二羧酸钙，使其耐热性达到最高。所以灭菌是否彻底一般是以杀死细菌的芽孢作为标准的。

1．干热灭菌

干热灭菌一般是指火焰灼烧法和干热空气灭菌法。

（1）火焰灼烧法。此法利用火焰的高温，使微生物的有机体经火焰灼烧在短时间内化成灰烬。此法灭菌彻底可靠，迅速简便，但由于大部分物品经烧灼易损坏，因此使用范围受到很大限制，一般只限于小的金属用具（如接种针、接种环、接种钩、小刀等）在接种前后的灭菌，以及试管、三角瓶的管口及瓶口灭菌。对于小刀、金属小镊子、载玻片、盖玻片及玻璃棒的灭菌，应将其预先浸泡在 75% 的酒精溶液中，使用时取出，瞬间通过火焰灼烧。对一些污染物品、带菌物品或实验动物的尸体等废弃物也可用焚烧来处理。

应该注意的是，当接种完毕后，接种针灼烧应该先烧其中部，使热度由针的中部传递到端部，将微生物逐渐焦化，然后再将针端移到火焰上，直立灼烧，这样可以避免由于直接灼烧湿的微生物而使其爆散，污染接菌箱或无菌室。

（2）干热空气灭菌法。此法适用于平皿、三角瓶、试管等玻璃器皿及保藏微生物用的砂土、石蜡油、碳酸钙等的灭菌，同时，对于新制作的试管及三角瓶的棉塞具有固定形状的作用。

由于包扎试管所用的报纸及棉塞在 180 ℃ 时会发焦，甚至着火、燃烧，所以灭菌温度一般低于 180 ℃。而细菌芽孢只有在 160 ℃ 下维持 2 h 才能被杀死。所以目前常用的灭菌条件为 140 ℃ ~160 ℃ 维持 2 ~3 h。对于难以传导热的器皿，应适当延长灭菌时间。

[实验2-1] 干热灭菌的操作实验

1. 操作步骤

(1) 将待灭菌的物品包扎好，放入烘箱内，不要紧靠四壁，不要放得过挤或太满，以免妨碍热空气流通。

(2) 关闭烘箱门，打开箱顶通气孔，以便排除箱内冷空气和水汽。

(3) 接通电源加热，箱内温度升到100 ℃～150 ℃时，关闭通气孔，继续加热，直到箱内温度达到要求时，调节温度调节器，恒温维持一定时间。

(4) 关闭电源，停止加热，箱内温度下降到60 ℃以下方可打开箱门，取出被灭菌物品。

2. 注意事项

(1) 在灭菌过程中，温度上升或下降都不能过急，尤其在60 ℃以上时，勿随意打开箱门，以免引起玻璃器皿的炸裂。

(2) 箱内温度绝对不能超过180 ℃，以防纸张和棉花烤焦。用纸包裹的物品，不要紧贴四壁，并严禁用油纸包装。

(3) 灭菌后的器皿在使用前勿打开包装纸，以免被空气中的细菌污染。

(4) 带橡胶、塑料、焊接金属的物品及液体培养基不能用这种方法灭菌。

2. 湿热灭菌

湿热灭菌主要通过加热煮沸或热蒸汽杀死微生物。在同一温度下，比干热灭菌杀菌力强，因为在湿热状态下，菌体吸收水分，蛋白质易凝固，蛋白质的凝固温度随其含水量大小而有所不同（见表2-1），含水量越高，凝固温度越低；同时，蒸汽的穿透力大；湿热蒸汽有潜热的存在，当被灭菌物体的温度比蒸汽温度低时，蒸汽在物体表面上凝结为水，同时放出潜热，这种潜热能迅速提高灭菌物体的温度。

表2-1　卵蛋白含水量与凝固温度的关系

卵蛋白含水量（%）	在30 min内凝固所需温度（℃）
50	56
25	74～80
28	80～90
6	145
0	160～170

常用的湿热蒸汽灭菌法有巴斯德灭菌法、煮沸灭菌法、间歇蒸汽灭菌法和高压蒸汽灭菌法。

(1) 巴斯德灭菌法。这是一种以杀死致病菌为主，而又能保护营养成分不被破坏的消毒方法，常用于牛乳、啤酒等一些流质食品的消毒。常用的条件为62 ℃，加热30 min；或在71 ℃下，加热15 min。这种方法是基于结核杆菌在62 ℃下15 min致死而规定的，对芽孢无损害，只能杀死大多数腐生菌的营养体。

在啤酒消毒中，规定60 ℃处理1 min为1PE单位（巴斯德单位），目前国内啤酒多采用60 ℃处理20 min（即20个PE）。至于其他物品采用的低温消毒方法，具体温度和时间应根据不同物品的性状，由实验来决定。

(2) 煮沸消毒法。直接把需要消毒的物品放在水中煮沸15 min以上，温度为100℃，可杀死细菌的所有营养细胞和部分芽孢。如延长煮沸时间，并在水中加 1% 碳酸钠和 2% ~5% 石炭酸，可加强灭菌效果，提高杀灭细菌芽孢的效率。而且碳酸钠具有防止煮沸后的金属器皿生锈的作用。这种方法适用于一般食品、器材、注射器、衣服等小型日用物品的消毒，通常不能达到完全灭菌的要求，在微生物实验室中很少使用。

(3) 常压间歇灭菌法。这种方法主要利用水蒸气把培养基加热到 100 ℃，分几次蒸煮，以达到既彻底灭菌又保护培养基营养成分的目的。但缺点是灭菌周期长。

间歇灭菌装置即间歇灭菌器，是一个加热水而产生蒸汽的装置，称为阿诺氏（Arnold）灭菌器。它类似铝质或铁质的蒸笼，灭菌时，通过加热，使温度上升到 100 ℃，在不加压的情况下，使水一直保持沸腾状态，利用不断产生的水蒸气加热灭菌，并且温度不超过 100 ℃，因此对高温易发生变化的成分（碳水化合物、明胶和染料等）及不能直接放在水中煮沸的物品，可用这种常压法灭菌。

日常生活中，蒸笼就是一种很好的简易常压蒸汽灭菌器。实验室中，如果高压灭菌锅的放气阀开启，锅盖不紧固即加热灭菌，也是一种常压灭菌锅。

一般间歇灭菌法多分三次进行，第一次灭菌为 100 ℃ 蒸 30 min，然后把培养基或其他需灭菌物品置于恒温培养箱中培养一段时间，再进行第二次灭菌，条件同上，最后进行第三次灭菌。该方法是根据芽孢生长特性而设计的，因为芽孢比营养体耐高温，但芽孢成长为营养体后，耐高温的特性消失，所以反复灭菌、培养、再灭菌，即可杀死芽孢。因此，使用这种方法在第一、二次灭菌后，都必须把被灭菌的物品放在适于芽孢萌发的条件下进行培养，否则芽孢不萌发，达不到杀菌的目的。同时，开始第二、三次灭菌时，一定要选择在芽孢已经萌发成营养体，但还没有形成新的芽孢时立即进行灭菌，不然也同样达不到彻底灭菌的目的。

此法不适于玻璃器皿和沙土管的灭菌。

[实验 2 -2] 阿诺氏灭菌器灭菌的操作实验

(1) 如灭菌器是电热式的，使用前要检查电压是否与之相符。

(2) 由筒口加入水，不能超过标水线。

(3) 待蒸汽充分由顶部孔冒出，检视温度上升达 100 ℃时，开始计时。

(4) 上汽后，筒盖及端部有蒸汽喷出，注意防止烫伤。

(5) 勿使水烧干，以免器底烧坏或焊锡脱落。

(6) 对一些营养成分非常丰富的物品（如牛奶、血清、鸡蛋等）灭菌时，可适当降低温度，增加灭菌次数。

(4) 高压蒸汽灭菌法。也称饱和蒸汽灭菌法，是发酵工业、医疗保健及微生物实验中最常用的一种灭菌法，它利用水的沸点随水蒸气压的增加而上升，从而达到高温灭菌的目的。加压是为了提高蒸汽的温度，单纯的加压是不能灭菌的，很多微生物经过几十个兆帕（MPa）处理几小时后仍能正常生长，所以加压蒸汽灭菌法只有当灭菌锅内的空气完全排尽后，才能充分体现水蒸气的穿透力，达到灭菌的最佳效果。

高压蒸汽灭菌常在高压蒸汽灭菌锅中进行。它是由铁、铝、不锈钢等金属制成的圆柱形或长方形容器，能承受一定的压力，有立式、卧式和手提式三种，在实验室里以手提式和立式灭菌锅最为常用，其结构如图 2 -1 所示。

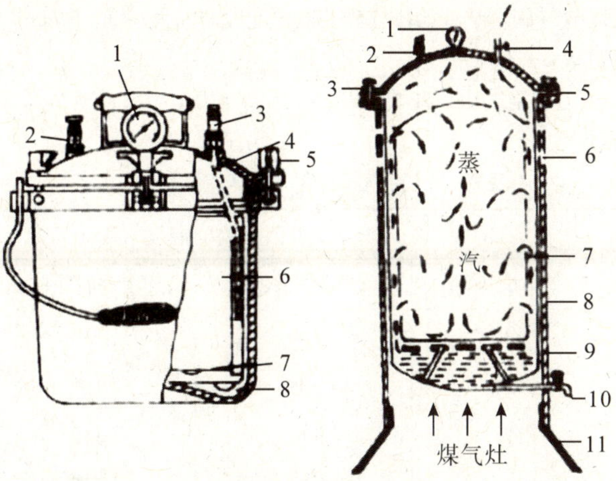

图 2-1　高压蒸汽灭菌锅结构示意图

左图：手提式灭菌锅　1. 压力表；2. 安全阀；3. 放气阀；4. 软管；5. 紧固螺栓；6. 灭菌桶；7. 筛架；8. 水

右图：立式灭菌锅　1. 压力表；2. 保险阀；3. 锅盖；4. 排气口；5. 橡皮垫圈；6. 烟通道；7. 装料桶；8. 保护壳；9. 蒸汽锅壁；10. 排水口；11. 底脚

高压蒸汽灭菌锅工作时，灭菌锅底部的水受热后不断汽化（也可直接向锅内通入蒸汽），排出锅内的空气，使水蒸气充满内部空间，此时，水蒸气与被灭菌的物品相接触后，放出汽化潜热，随着锅内压力不断增加，温度也随之增加，最终达到灭菌所要求的温度。一般蒸汽压力与温度之间的关系可参见表 2-2。

一般在试管、小三角瓶中装小容量培养基，均以 121 ℃、15 ~ 30 min 进行灭菌，大容量的固体培养基传热较慢，灭菌时间就要延长至 1 h 或更长，灭菌的时间应从达到要求的温度时开始算起。

表 2-2　蒸汽压力与蒸汽温度的关系

蒸汽压力（表压）		蒸汽温度	
kg/cm^2	MPa	℃	°F
0.00	0.00	100	212
0.25	0.025	107.0	224
0.50	0.050	112.0	234
0.75	0.075	115.5	240
1.00	0.100	121.0	250
1.50	0.150	128.0	262
2.00	0.200	134.5	274

[实验 2-3] 高压蒸汽灭菌锅的使用实验

（1）使用前锅中加入适量清水至止水线，最好是煮开过的热水，因为这样可防止水垢的积存，也可缩短灭菌的时间。

（2）将要灭菌的物品用油纸包扎好，放入锅中，盖好锅盖，扣紧螺栓。

（3）开启放气阀。

（4）加热使水沸腾（如果是大型卧式灭菌锅，可直接向锅内通入蒸汽），用水蒸气将锅内的冷空气排出锅外，待空气排完后，关闭放气阀。从开始排气到关阀，此段时间大概 3 ~ 5 min。若排气不完全，造成表压和温度不符，其影响程度见表 2 - 3。

（5）表压上升到所需压力和温度后，开始计时，使锅内压力恒定，直至达到规定的灭菌时间。

表 2 - 3　空气排除的程度与温度的关系

压力表读数 MPa	灭菌锅内的温度（℃）			
	空气完全排除	空气排除 2/3	空气排除 1/2	空气排除 1/3
0.035	109	100	94	90
0.070	115	109	105	100
0.105	121	115	112	109
0.140	126	121	118	115
0.175	130	126	124	121
0.210	135	130	128	126

（6）灭菌完毕，关闭热源，当压力降到 0.05 MPa 时，缓慢开启放气阀，以防液体培养基因骤然减压而冲湿棉塞。当压力完全降至零时，应立即启盖，取出物品，不要久放。这是因为灭菌锅为金属制品，锅盖和四壁散热较快，而锅内的培养基等灭菌物品散热较慢，水蒸气便会凝结在锅盖和四壁上形成水滴，落到被灭菌的物品上，弄湿包装纸，造成灭菌物品的染菌几率加大。

（二）过滤除菌

过滤除菌法是指将带菌的液体或气体通过一个称为滤器的装置，借助机械的办法，把微生物截留在过滤介质上，从而达到除菌的目的。此法适用于一些对热不稳定、体积小的液体培养基除菌及气体除菌，它的最大优点是不破坏培养基的化学成分。

1. 滤菌器的种类

（1）空气滤菌器。最常用的是棉纤维或玻璃纤维介质，棉纤维直径为 16 ~ 20 μm，形成的棉花网格大约为 20 ~ 50 μm。虽然微生物比网格小得多，但菌体尘埃微粒随气流经过棉花网格通道时受到阻拦，并无数次改变速度与方向，引起带菌体的尘埃微粒对滤层纤维产生惯性冲击、阻拦、重力沉降、布朗扩散、静电吸附等作用而被截留在纤维表面上。

实验室中经常使用的空气滤菌器是棉滤管过滤器，棉滤管长 10 ~ 15 cm，直径 2 cm，两端在煤气灯上吹成球形，形状如图 2 - 2 所示。

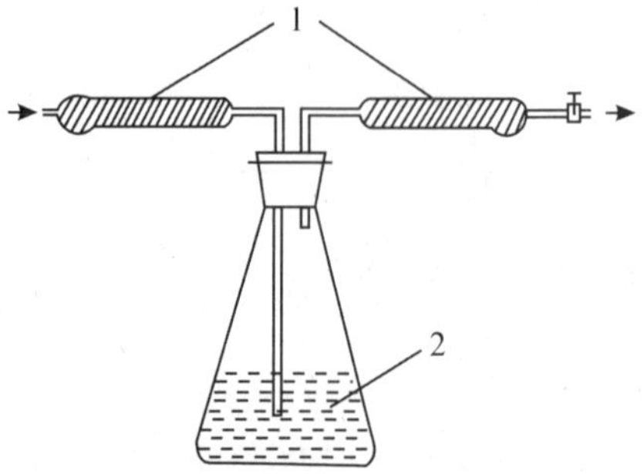

图 2 - 2　棉滤管安装装置示意图

1. 棉滤管；2. 培养液

（2）液体滤菌器。液体滤菌器种类较多，有瓷制的、玻璃制的、石棉制的以及火胶棉一类胶体制的。在每种滤菌器中，又有许多型号，但不论是哪一种类型的滤菌器，都可以按它们过滤孔径的大小，归并为几种不同的型号。

常用的滤菌器有以下几种：

① 姜伯朗氏（Chamberiand）滤菌器。这种滤菌器是用未上釉的陶瓷制成的空心圆柱体，一端开口，被滤的液体由漏斗灌入柱心，因负压（抽气瓶连有抽气装置）作用，液体慢慢被过滤，而细菌被截留，不能通过滤器。

姜伯朗氏滤菌器按滤孔的大小分为 L_1、L_1bis、L_2、L_3、L_5、L_7、L_9、L_{11}及 L_{13} 9 级，其中 L_1 孔径最大，细菌可以通过，L_3 后的滤菌器孔径较小，能截留细菌，L_{13}的孔径最小。

② 伯克非尔氏（Berkefeld）滤菌器。这种滤菌器是用硅藻土压制成的空心圆柱体，因此又称硅藻土过滤器，由于空心柱体为圆蜡烛形，又称烛式过滤器。其底部连接在金属托板上，中央有金属导管导出圆柱体外，圆柱体外装有玻璃套筒，将被过滤的液体放在玻璃套筒和圆柱体之间，圆柱体底的金属导管上插以橡皮塞，可安装于抽气瓶上。

伯克非尔氏滤菌器按滤器孔径大小可分为 V、N、W 三种，V 型滤器孔径最大，大约 8～12 μm，与姜伯朗氏滤菌器的 L_1 相当；N 型滤器孔径在 5～7 μm 之间；W 型滤器的孔径在 3～4 μm 之间，与姜氏的 L_3～L_{13}相当。

③ 赛氏（Seifa）滤菌器。它是由金属制成的滤器，包括石棉制成的滤板和一个特制的漏斗，分上、下两节，滤板放在下节金属筛板上，灭菌后拧紧三个活动螺旋，即可过滤。

赛氏滤菌器按孔径大小可分为 K 型（孔径最大，澄清用）、E－K 型（孔径较小，能除去一般细菌）和 EK－S 型（孔径最小，可阻截大病毒通过）三种规格，其中 EK－S 型是目前滤器中孔径最小的一种。

④ 玻璃滤菌器。整个滤菌器全是由玻璃制成的，滤板是用玻璃细砂在一定温度下加压而成，滤板和漏斗黏合在一起。孔径从 0.15 μm 至 250 μm 不等，据孔径大小可分为 G_1（80～120 μm）、G_2（40～80 μm）、G_3（15～40 μm）、G_4（5～15 μm）、G_5（2～5 μm）、G_6（小于 2 μm），G_5 和 G_6可阻截细菌通过。

⑤ 滤膜滤菌器。滤膜是由火胶棉、醋酸纤维素等物质做成的薄膜，将薄膜放在类似布氏漏斗的特制滤器上，或代替石棉滤板放在赛氏滤菌器上即可进行过滤。

⑥ 微孔滤膜滤菌器。微孔滤膜滤菌器是利用一定孔径的混合纤维酯薄膜为过滤介质，通过正压、负压及自然压力下过滤的一种滤器。滤菌器有不锈钢和塑料制品两种，滤膜孔径依用途而选定。作为除菌目的，一般选用 0.22～0.45 μm 孔径的滤膜。由于滤膜不重复使用，滤菌器可大可小，处理方便，因此，此设备已成为处理多种液体的最有效和最方便的过滤除菌设备而广泛用于实验室及工业生产中。

2．滤菌器的使用方法

（1）空气除菌。实验室中，一般将棉纤维或玻璃纤维固定于超净工作台中、无菌箱等设备上，然后借助鼓风机，将空气吹过棉纤维或玻璃纤维，即可获得无菌空气。

使用棉滤管滤菌器时，应先在管内充填松散的未脱脂棉，然后干热灭菌，取灭完菌的棉滤管，将其一端接在抽气机上，另一端在火焰旁装入无菌液体培养基的瓶中，要求管口刚刚伸进瓶口即可；再取一根无菌的棉滤管，一端在无菌操作下伸进培养基内，另一端暴露于空气中，作为引进空气口。操作时，空气先经棉花过滤才进入培养液中，再从另一端由抽气机抽出，这样即可完成通气培养实验。但应当注意，空气过滤用的棉花必须完全干燥，每次使用前都须重新干热灭菌。

（2）液体除菌。几种液体滤菌器的使用方法及注意事项基本相同，具体操作步骤如下：

①滤菌器的检查。滤菌器在安装前，应检查有无裂痕。其方法是先将滤菌器与空压机相连接，然后将该滤菌器投入水中，压入空气以检查有无明显漏气现象，如有大量气泡产生，即证明有裂痕，不得使用。

②清洗与灭菌。将清洗干净的滤菌器进行包扎灭菌，姜伯朗氏滤菌器可用干热灭菌，其他的用高压蒸汽杀菌。

③安装。以无菌操作将滤器和滤瓶装妥，并使滤瓶的侧管与抽气机的抽气橡皮管相连（或中间接压力计及缓冲空瓶）。

④抽滤。把滤液倒入滤器，开动抽气装置，使滤瓶中的压力渐减，滤液流入滤瓶（或滤瓶中的无菌试管内），滤毕，将抽气橡皮管从滤瓶侧管处拔下，关闭抽气装置。

⑤在无菌操作下，开启滤瓶的橡皮塞，迅速取出瓶中的滤液，移放在无菌玻璃器内；若滤瓶中已经装有试管，将盛有滤液的试管取出加塞即可。

⑥滤器用毕可先在消毒液中浸泡，再用毛刷洗净以除去所附蛋白质及其他污物，而且还应反向压入清水，充分洗涤，干燥后用纸包裹，再行灭菌，备用。

如果蛋白等物集积于细菌滤菌器，以致滤孔堵塞，为了使其复原，可根据滤菌器的种类选择处理方法。瓷土及石棉板过滤器，可以将其纳入高温炉以高温炽热方法进行清洁；多孔玻璃质滤菌器可以用含硝酸钠的浓硫酸处理，然后再彻底冲去硫酸，但切忌使用重铬酸钾洗液，因为重铬酸钾可被多孔玻璃吸附。

[实验 2－4] 微孔滤膜滤器的使用实验

1. 实验材料

（1）微孔滤膜滤器（图 2－3），已灭菌。

（2）菌种：24 h 大肠杆菌（*E. Coli*）肉汁培养物。

（3）培养基：1 管肉汁，100 mL 蒸馏水，一个含有伊红－美蓝的琼脂平皿。

（4）2 支无菌 1mL 吸管，一对无菌的镊子，真空系统。

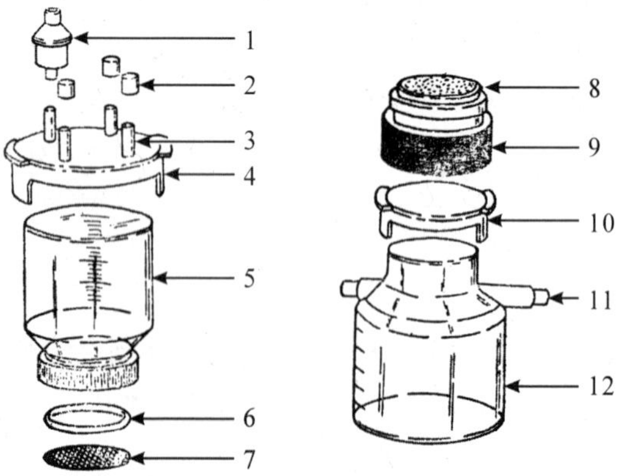

图 2－3　微孔滤膜滤器

1. 通气过滤器；2. 橡皮帽；3. 有孔柱；4. 漏斗盖；5. 200 mL 漏斗；6. 硅树脂 9 号垫圈；7. 0.22 μm 微孔滤膜；8. 膜承受部分；9. 滤器底座；10. 盖；11. 抽滤口；12. 250 mL 接瓶

2. 操作步骤

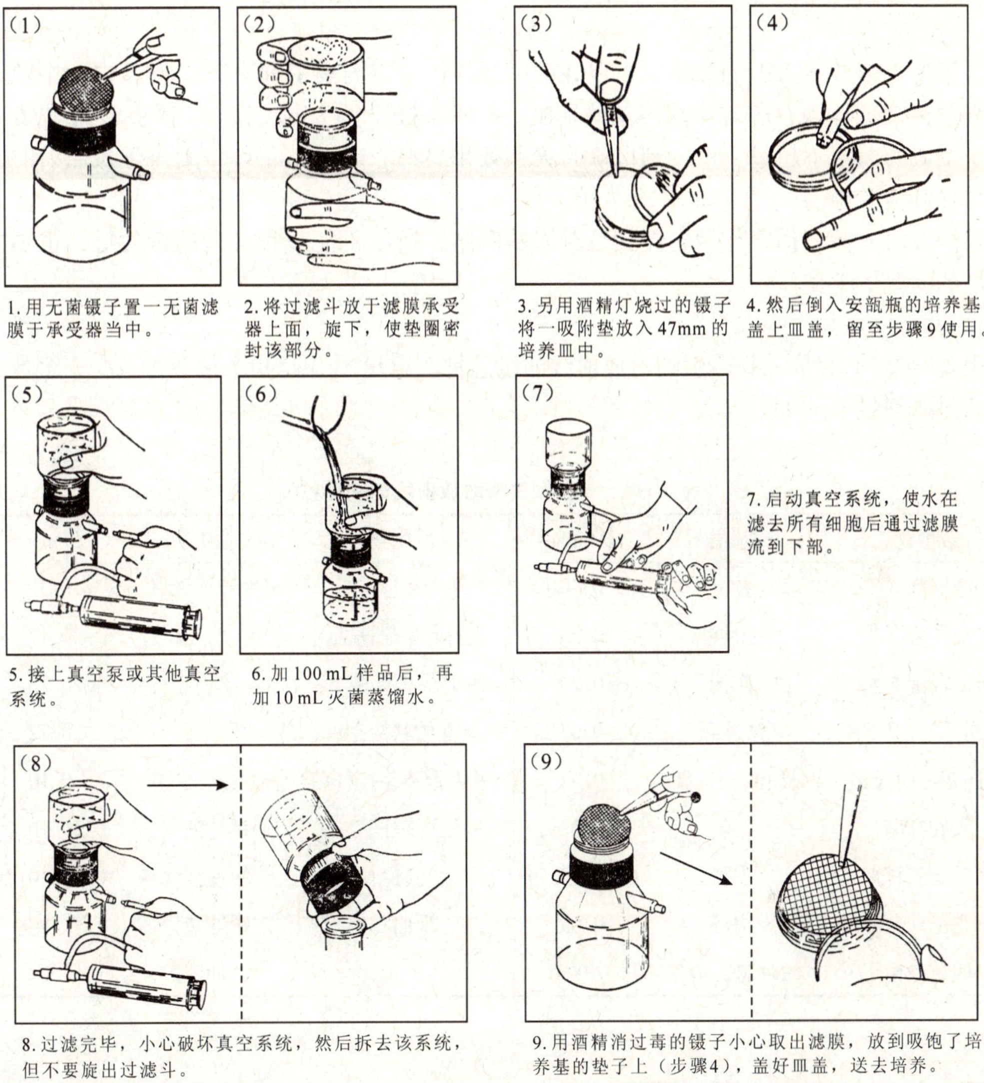

图 2－4　微孔滤膜滤器操作步骤

（三）紫外线和辐射

1. 紫外线

紫外线是位于可见光紫光区以外的、波长为 136 ~ 390 nm 的不可见光，其中波长为 260 nm 的紫外线杀菌力最强，人工制作的紫外线灯发出 253. 7 nm 的紫外线杀菌力强且稳定。

紫外线的杀菌作用一方面是因为它诱导了胸腺嘧啶二聚体的形成，从而抑制了 DNA 的复制；另一方面是空气在紫外线照射下，可产生臭氧，臭氧也有一定的杀菌作用。

紫外辐射是非电离辐射，它使被照射物质的分子或原子的内层电子提高能级，但不引起电离，因此紫外线透过物质的能力很差，只适用于空气及物体表面的灭菌，它距照射物以不超过 1. 2 m 为宜。

接种室常用紫外灯光作空气除菌，为了加强紫外线灭菌效果，在开灯以前，可以在接种室内喷洒石炭酸溶液，一方面使空气中附着微生物的尘埃降落，另一方面也可以杀死一部分细菌。接种室内的桌面、凳子等可以用2% ~3% 的来苏水擦洗，然后再开紫外光照射30 min左右。

为了检验紫外线灭菌的效果，可以在灭菌后的接种室内桌上和桌下（或屋内四个角及中央）各放一套已倾入营养琼脂培养基的平皿，把皿盖打开15 min，盖上，置于37 ℃培养。如果每个平皿的菌落不超过4 个，则可认为灭菌效果良好，若菌落很多，则需延长照射时间或同时加强其他措施。

紫外线对人体有伤害作用，尤其是对人的眼睛，所以不能直视开着的紫外灯，也不能在开着灯的情况下工作。

2. 放射性同位素

表2 -4 表示的是一些微生物对放射线的敏感性。这里的 D 是指活菌数每减少一个数量级所需的射线剂量（mrad）。

表2 -4 一些微生物对放射线的敏感性

微生物	基质	D/mrad	微生物	基质	D/mrad
肉毒杆菌 A 型	食品	0. 40	短小芽孢杆菌	缓冲液，无氧	0. 30
肉毒杆菌 B 型	缓冲液	0. 33	短小芽孢杆菌	缓冲液，有氧	0. 17
肉毒杆菌 E 型	肉汤	0. 20	耐射线小球菌 R_1	牛肉	0. 25
鼠伤寒沙门氏菌	冰冻蛋	0. 07	产芽孢梭状芽孢杆菌	缓冲液	0. 22
鼠伤寒沙门氏菌	缓冲液，有氧肉	0. 02	嗜热脂肪芽孢杆菌	缓冲液，有氧	0. 10
大肠杆菌	汤	0. 02	枯草杆菌	缓冲液	0. 20 ~0. 25
产气荚膜杆菌	肉汤	0. 21 ~0. 24	酿酒酵母	缓冲液	0. 20 ~0. 25
粪链球菌	肉汤	0. 05	米曲霉	缓冲液	0. 043
假单孢菌	缓冲液，有氧	0. 004	产黄青霉	缓冲液	0. 04

二、化学药物的消毒与灭菌

根据化学药物的效应，可将其分为灭菌剂、消毒剂和防腐剂。凡是可以杀死致病菌和其他有害微生物的化学药品均称为消毒剂；只能抑制微生物活动的药剂称为防腐剂；而灭菌剂指能杀死一切微生物的药剂。三者之间的界限有时很难分清，例如一种药物在低浓度时为防腐剂或消毒剂，而在高浓度下可起到灭菌的作用。因为微生物对不同化学药物的敏感性不同，所处环境条件及药物处理时间等对消毒或灭菌都有影响。但从本质上看，灭菌剂、消毒剂和防腐剂都是相同的。

（一）化学药物的灭菌原理

（1）一些化学药物改变了微生物细胞膜的渗透性或损伤了细胞膜，影响了微生物细胞正常代谢。

（2）一些化学药物具有氧化作用，可使细胞内的某些物质氧化，如酶中巯基被氧化成二硫键。

（3）有些化学药物能改变原生质的胶体性状，使菌体发生沉淀或凝固。

（二）常用化学灭菌剂的使用和灭菌原理

1．无机酸、碱及盐类

（1）无机酸。无机酸的消毒作用主要是由游离的氢离子引起的。无机酸的电离度越大，则杀菌效果越显著，其原因在于细菌的表面、细胞膜以及分泌到体外的多种酶都含有两性物质，而这些物质的电离情况随 pH 的变化而变化，当 pH 不适合自身的代谢条件时，必然影响到细胞对营养物质的吸收和代谢，而且氢离子可以与其他阳离子在细胞表面竞争吸附，也能妨碍细胞的正常代谢活动。

一般细菌比酵母菌或其他真菌对氢离子浓度变化更敏感，所以消毒时所选择的酸类及其电离程度应依菌种而变。

溶液的温度对酸类作用的影响很大，温度每升高 10 ℃，杀菌力提高 1～2 倍。无机酸中的硫酸、硝酸和盐酸等杀菌力很强，但由于腐蚀性大，实际上不宜作为消毒剂使用。

（2）碱类。碱类的杀菌能力也依其电离度而定，即能电离出的氢氧根离子的浓度越高，则杀菌力越大。强碱能水解蛋白质及核酸，使细胞酶系结构受到损害，还可分解菌体中糖类，使细胞失去活性。无机碱对芽孢有一定的杀死作用，但其机理不是靠电离出的氢氧根离子，而是整个不电离的分子透过芽孢外膜而发挥作用，因此要提高碱对芽孢的致死能力，应该抑制碱的电离度，如用氢氧化钠杀芽孢时，可加钠离子，以达到降低氢氧化钠电离度的目的。

碱的抑菌作用对于病毒和革兰氏阴性细菌要比革兰氏阳性细菌及芽孢敏感。

酸类可降低碱类的杀菌能力，但温度对碱类的杀菌能力没有影响。

碱类灭菌剂常用的有生石灰、氢氧化钠和碳酸钠。

（3）盐类。盐类的抑菌作用受许多因素的影响，如盐类本身的特性、浓度、pH、温度、金属离子的化合价等，也同微生物的种类有关。一般低浓度的盐类对微生物的生长有刺激作用，但较高浓度时，可抑制微生物的生长，甚至将细胞杀死，盐溶液的杀菌力与其浓度成正比。另外，二价离子的盐比单价离子盐的毒性小；重金属盐杀菌作用较其他金属盐强；在纯溶液中，盐类的杀菌能力随温度的升高而提高。

各种盐类溶液对于细菌均有相当毒性，但各盐类之间常有拮抗作用，即一种盐类的抗菌作用会被另一种盐类所中和。当盐溶液中含有蛋白质时，许多盐类杀菌力会降低，其原因是蛋白质和盐类中的某种离子结合，生成蛋白质盐类，因而失去杀菌效果。

2．重金属盐

所有的重金属盐对微生物均有毒性。汞、银、砷盐都能与细胞中的酶蛋白的巯基结合，使蛋白失去活性；重金属离子容易和带负电的菌体蛋白相吸附，使细胞中的蛋白质发生变性和沉淀。这些都是重金属盐具有杀菌作用的主要原因。正因为如此，所以溶液中含有蛋白质时，其杀菌力降低。

（1）升汞。升汞有很强的灭菌作用，常用浓度为千分之一（其溶液配制为：升汞 1 g，盐酸 2.5 mL，混合后加水稀释成 1 000 mL），用来喷雾于无菌箱、无菌室或擦玻璃器皿、木制试管架等非金属制品和非橡胶制品，不适于对含蛋白质较多的带菌物品的消毒（如对痰和粪便的消毒）。

升汞对人体有毒，使用时必须注意。实验室内一般用复红着色来识别它，但由于其毒性大，已逐渐为其他灭菌剂代替。

（2）银盐。银盐也有很强的杀菌力，常用银盐为硝酸银，如将 1% 的硝酸银溶液滴入新生儿眼中，可防止淋球菌的感染。

3. 氧化剂

某些化学物质含有较多的氧或能使其他化合物放出氧，从而使菌体某些化学成分氧化，因而呈现抑菌作用，如高锰酸钾、过氧化氢、卤素等。一般情况下，弱氧化剂可使蛋白质中的巯基变成二硫键，然后进一步氧化成磺酸盐。强氧化剂除能氧化巯基外，还可氧化氨基和其他化学基团，使得细胞中的蛋白质和酶的必需基团发生结构变化，从而使代谢途径出现障碍，最终导致菌体死亡。

（1）高锰酸钾。高锰酸钾有很强的氧化能力，0.1%的高锰酸钾溶液常用于皮肤、水果、炊具的消毒。在酸性溶液中，其氧化作用增强，如用1%高锰酸钾和1%盐酸溶液混合，可在30 s内破坏炭疽杆菌的芽孢。当遇到还原物质时，便被还原成二氧化锰，使杀菌作用消失。

（2）过氧化氢。过氧化氢是一种无毒的消毒剂，氧化作用很强，极不稳定，易水解而生成分子氧和水，分子氧具有杀菌作用。3%的过氧化氢水溶液可以洗涤被细菌污染的器具，也可为口腔黏膜消毒。

（3）卤素。所有的卤素均有显著的杀菌作用，其杀菌效果次序为：F > Cl > Br > I。

4. 有机化合物

（1）酚类。苯酚，又称石炭酸，2% ~5%的溶液可抑制和杀死大部分细菌的营养体；5%溶液灭菌作用同升汞相似，在数小时内可杀死细菌的芽孢；0.5%的溶液可作为防腐剂。苯酚的杀菌作用主要是引起蛋白沉淀和变性，形成不溶性的朊盐沉淀，一般用于无菌室喷雾或器皿及排泄物的消毒。使用时，注意不能与食品接触，也不能用手经常接触石炭酸，否则容易发生皮肤知觉神经麻痹。

来苏水是肥皂乳化甲酚的混合液，比石炭酸灭菌效果大四倍，而对皮肤的刺激性小，2%的溶液可用于皮肤消毒，3% ~5%的溶液用来处理微生物实验的废弃物。

（2）醇类。醇类具有一定的杀菌作用，这是由于醇具有脱水作用，并能使蛋白质变性和沉淀。醇类的杀菌作用依分子量的增大而递增，但常用的醇类消毒剂是乙醇。乙醇的杀菌力与其本身的浓度有关，一般认为70% ~75%的浓度最有效，若太低则达不到杀菌效果，太高反而会使菌体表面蛋白质凝固形成一层膜，妨碍乙醇进入细胞膜，达不到灭菌的目的。实验室常用75%的乙醇水溶液作为皮肤、手、金属用具的消毒。

（3）甲醛。甲醛是气体，溶于水，一般消毒用甲醛溶液为37% ~40%，它具有腐蚀性，刺激性强，是一种有效的化学灭菌剂。其杀菌作用主要是因为甲醛的还原作用，此外，甲醛还能与蛋白质的氨基结合而使蛋白质变性。0.1% ~0.2%的甲醛溶液便能杀死细菌的营养细胞；5%的甲醛溶液在1~2 h之内可杀死炭疽杆菌的芽孢；10%的甲醛溶液可作为房间熏蒸剂，如果要杀死噬菌体，甲醛熏蒸时须加入一些高锰酸钾。

（4）新洁尔灭。新洁尔灭是十二烷基卞基季铵溴盐，是一种阳离子季铵盐。新洁尔灭作为一种表面活性剂，易溶于水，有降低液体表面张力的作用，可吸附在微生物的表面，使菌体细胞壁的通透性改变，进而渗漏出原生质物质，呈现灭菌作用和防蛀抑霉的性能。其使用量只有苯酚的1/400~1/200，一般10^{-5}~10^{-4}的浓度就已有灭菌能力，而常用浓度为0.25%的水溶液（原液中含新洁尔灭为5%），用于皮肤和小型器皿的表面消毒。

（5）有机酸及其盐类。有机酸的杀菌性能由整个分子或阴离子部分起作用，一般有机酸的电离度比无机酸低，杀菌作用反而较无机酸强。

苯甲酸或苯甲酸钠为酸性类食品中常用的防腐剂；山梨酸及其钾盐、钠盐在pH为4.5

以下时，对酵母菌和霉菌显示较好的抑菌效果；丙酸及其钙盐和钠盐是一种抑霉菌剂，可以有效地抑制霉菌的生长，但必须在酸性条件下才能表现抑菌作用，对酵母菌无效，最高允许添加量不超过0.32%；脱氢醋酸及其钠盐是一类毒性低、广谱性的食品防腐剂，对霉菌、酵母菌及细菌的抑菌作用比苯甲酸效果好；3%的醋酸溶液在15 min内可杀死沙门氏菌，4%的浓度可杀死大肠杆菌，9%的浓度可杀死金黄色葡萄球菌，醋酸浓度为6%时可有效地抑制腐败菌的生长；乳酸的抑菌作用比醋酸弱，但比苯甲酸要强得多，0.3%的浓度可杀死铜绿色假单孢杆菌，0.6%的浓度可杀死伤寒杆菌，2.25%的浓度能杀死大肠杆菌，7.5%的浓度能杀死金黄色葡萄球菌。实际生产中，也可利用乳酸熏蒸或喷雾来消毒空气。

5. 硫熏蒸

硫的杀菌作用要通过燃烧氧化后才得以实现。硫燃烧产生二氧化硫，与水作用生成亚硫酸，它可以附着在菌体细胞上，夺取菌体的氧形成硫酸，同时使微生物脱氧，造成死亡。

燃烧硫黄的方法是将硫黄粉放在盛有少量木柴的小盒内，或将硫粉撒在纸上，然后点火燃烧，此时二氧化硫气体散布于空气中，和事先在室中喷洒的水结合形成亚硫酸，表现抑菌活性。硫黄的用量一般为2～3 g/m^3。

二氧化硫具有强烈的刺激性及毒性，使用时应注意安全，防止中毒。

第二节 发酵培养基的制备及灭菌方法

培养基是按照微生物生长繁殖或积累代谢产物所需要的各种营养物质，用人工的方法配制而成的营养基质。不同微生物的细胞组成成分不同，所需的营养基质也就不同，而且培养微生物的目的不同，营养物质的来源不同，对培养基的配制要求也不同。因此，就必须合理地选择特定的营养配比。

一、培养基配制原则

由于微生物种类繁多，其所需营养也各有不同，但总的来说其原则有四：

（一）根据不同微生物的营养需要，配制不同的培养基

例如，自养微生物具有较强的合成能力，能由简单的无机物合成本身需要的有机物，培养这种微生物的培养基可以由简单无机物质组成；而对于异养微生物，其合成能力较弱，培养它们的培养基中至少需要含有一种有机物质。微生物的四大主要类群之中，细菌一般采用肉汤培养基，放线菌用高氏一号合成培养基，酵母菌多用麦芽汁培养基，霉菌用查氏合成培养基。如果培养特殊微生物，还需要另外加入生长因子。

（二）应注意各种营养物质的浓度与配比

微生物只有在其所需营养物质浓度合适时才能良好地生长或代谢，培养基中碳源和氮源之比、无机盐离子浓度高低，甚至在同一培养基中多种氮源的比例，都可能影响微生物代谢，激活或抑制其生长繁殖。其中以培养基中的碳氮比（C/N）的影响最为明显。例如在微生物的谷氨酸发酵中，培养基中的C/N为4∶1时，菌体大量繁殖，谷氨酸积累少；当C/N为3∶1时，菌体繁殖受到抑制，而谷氨酸大量积累。

（三）控制培养基的pH值在一定范围内

各类微生物生长的最适pH不尽相同，一般细菌与放线菌生长的pH属中性和微碱性，酵

母菌和霉菌生长的 pH 通常偏酸。有些微生物在生长和代谢过程中，由于营养物质的利用和代谢产物的形成，会改变体系的 pH，为了维持培养基 pH 相对恒定，可在培养基中加入一些缓冲剂，如乳酸菌培养时，常常通过加入碳酸钙来中和代谢所产生的酸。

（四）应选价廉、易得的原料作为培养基的成分

培养基的价格直接决定发酵产品的价格和生产成本，因此宜选用价廉、来源广泛的原料作为培养基。

二、培养基的种类及应用

培养基的种类很多，根据营养物质的来源，可将培养基分为天然培养基、合成培养基和半合成培养基。天然培养基是利用含有丰富营养的天然有机物质制成的培养基质，常用的天然培养基有牛肉膏、麦芽汁、豆芽汁、马铃薯、胡萝卜、麸皮、玉米粉、花生粉等，天然培养基配制方便，营养丰富，而且比较经济，适合于大规模培养微生物之用，缺点在于它们的具体成分不清楚或不恒定。合成培养基是指利用已知成分和数量的化学药品，用纯净蒸馏水配制而成的培养基，适用于定量工作的研究，重复性好，但一般微生物在合成培养基上生长缓慢，而且对于一些营养要求较复杂的微生物，在合成培养基上还不能生长。因此多数微生物的培养基通常采用一部分天然有机物作碳源、氮源和生长因子，然后加入适量的化学药品而配制成半合成培养基，这种培养基在生产和实验中使用最多。

培养基按其用途可分为基础培养基、增殖培养基、鉴别培养基和选择培养基等。

（1）基础培养基。营养要求相似的微生物，所需要的营养除几种外，绝大多数是共同的。因此可制成这些微生物共同需要的一种培养基即基础培养基。然后根据这些微生物中某些菌株的特殊要求，在基础培养基中补加该菌株所需的一种或几种特殊物质。例如培养细菌的营养缺陷型菌株时，所用基础培养基成分为：K_2HPO_4 30 g，NH_4NO_3 35 g，$MgSO_4 \cdot 7H_2O$ 100 mg，KH_2PO_4 10 g，$MnSO_4 \cdot 4H_2O$ 10 mg，$FeSO_4 \cdot 7H_2O$ 10 mg，$CaCl_2$ 5 mg，蒸馏水 1 000 mL。配好后，放置冰箱备用。使用时，将该液稀释 10 倍，加入 1% 的葡萄糖，这就是基础培养基。在此培养基中根据需要补加各种氨基酸，或各种维生素，或各种嘌呤碱及嘧啶碱等，调 pH，灭菌备用。

（2）增殖培养基。增殖培养基是根据欲分离的微生物对营养的要求而专门设计的一种培养基。此培养基适合某类或某些微生物菌株生长而不适合其他类群微生物的生长，因而能达到从自然界分离出某些微生物菌株的目的。这种培养基也称加富培养基。此培养基一般是在普通培养基内加入某些特殊的营养物质，使某些微生物在其中迅速生长，逐渐淘汰掉其他微生物。常用于菌种筛选中。如纤维素酶生产菌株的筛选用增殖培养基为：K_2HPO_4 2 g，$(NH_4)_2SO_4$ 1.4g，$MgSO_4 \cdot 7H_2O$ 0.3 g，$CaCl_2$ 0.3 g，$FeSO_4 \cdot 7H_2O$ 5 mg，$MnSO_4$ 1.6 mg，$ZnCl_2$ 1.7 mg，$CoCl_2$ 2 mg，纤维素粉 20 g（或滤纸条 20 g），琼脂 20 g，水 1 000 mL，pH 5.5。在此培养基中，纤维素粉或滤纸条作为唯一碳源，不能利用纤维素为碳源的微生物不能在该培养基上生长。因此培养后得到的微生物将是能利用纤维素的一类微生物。

当然，增殖培养基的选择性是相对的，在这种培养基中生长的微生物并非一个纯种，而是营养要求相同的一类微生物。但由于它们对环境的要求不一样，如好氧性、温度、渗透压等。因此利用增殖培养基分离和培养微生物时，必须同时考虑培养基的组分和培养条件两方面的因素，才能达到预期的效果。

（3）鉴别培养基。在普通培养基中加入某种试剂或化学药品，某些微生物经培养后产生某种代谢产物，可与培养基中特定的试剂或化学药品反应，产生某种明显的特征变化，以此区分微生物，这种培养基称鉴别培养基。例如，细菌具有不同的酶系，对各种糖类的分解能力不同。区分大肠杆菌和产气杆菌可采用伊红—美蓝培养基，其组成是：蛋白胨 10 g，2% 的水溶伊红溶液 20 mL，K_2HPO_4 2g，0. 325% 的水溶甲基蓝液 20 mL，乳糖 10 g，琼脂 15 g，蒸馏水 1 000 mL。其中伊红为酸性染料，甲基蓝为碱性染料。当大肠杆菌或产气杆菌分解乳糖产酸时，细菌带正电荷，可以和带负电的酸性染料结合，即染上伊红的颜色；如果细菌因产碱性物质较多，带负电荷时，染上带正电的碱性染料，即甲基蓝，因而呈蓝色菌落。这种培养基上，大肠杆菌呈紫黑色，有金属光泽，菌落小；而产气杆菌呈灰棕色，湿润，菌落大。

（4）选择培养基。选择培养基是根据某些微生物对一些物理、化学物质的抗性而设计的一种培养基，即在培养基中加入某些抑菌剂或杀菌剂，以抑制不需要的细菌的生长，从而分离出所需菌。如在分离放线菌时，于培养基中添加 10% 的酚数滴，可抑制细菌和霉菌的生长；分离醋酸菌时，常常在培养基中加 1 : 200 000 ~ 1 : 500 000 浓度的结晶紫，能抑制大多数革兰氏阳性细菌的生长；分离酵母菌和霉菌时，在培养基中加入氯霉素、青霉素等以抑制细菌的生长。

根据培养基的物理状态不同，可将其分为固体培养基、半固体培养基和液体培养基，这三种培养基中凝固剂含量不同。常用的凝固剂有琼脂、明胶和硅胶三种。

固体培养基中含有凝固剂较多，一般实验中加 2% 左右的琼脂或 10% ~15% 的明胶。此类培养基多用于微生物分离、纯化、鉴定、保藏及检查菌落形态特性。

硅胶是由无机的硅酸钠及硅酸钾被盐酸及硫酸中和时凝聚而成的胶体，它不含有机物，因而适合于用来分离与培养自养微生物。

液体培养基中不含凝固剂，有利于微生物更快地吸收营养物质，有利于其繁殖、代谢和积累产物，可供检查微生物形态及代谢产物用，也有些微生物将其在液体培养基中的生长情况作为鉴定的依据之一。常用于大规模的工业生产。

半固体培养基含有少量凝固剂，例如用琼脂作凝固剂时，这种培养基中通常只含 0. 2% ~0. 8% 的琼脂。半固体培养基可用于检查细菌的运动性、鉴定菌种以及进行噬菌体效价的测定等，还可用作毛细管法对曲霉、青霉等真菌进行单细胞分离时的稀释液。

此外，发酵工业中，为了获得大量的微生物孢子，以便扩大生产时作种子接种用，选用小米、大米、麸皮等植物性原料制作固体培养基，原因在于这些原料含有一定的碳源、氮源、生长素和微量元素，质地疏松透气，表面积大。不加凝固剂的固体培养基还有马铃薯块、胡萝卜条、米糠等天然的固体基质。

按生产要求，又可将培养基分为种子培养基和发酵培养基。现代发酵工业所用发酵罐容积很大，要使微生物在短时间内完成发酵，强壮的种子是先决条件。一般用于培养种子的种子培养基营养完全、丰富，而且易被菌体吸收，对氮源和生长素要求较高，多为液体培养基，但应注意，霉菌扩大培养的种子培养基为固体培养基，多选营养全面的农副产品为原料。发酵培养基除需要维持菌体的正常生长外，主要目的是使菌体产生预定的发酵产物，所以发酵培养基的碳源含量往往比种子培养基的多，若产品是含氮物，氮源的含量应适当增多。为了便于大生产操作，要求发酵培养基黏度不能过高，泡沫不能过多，原料来源丰富，价格便宜等。

三、培养基的制备过程

（一）器皿的准备

在配制培养基的过程中，首先要使用一些玻璃器皿，如三角瓶、试管、培养皿、烧杯、吸管等。这些器皿在使用前都要根据不同的情况，经过一定的处理，洗刷干净，进行包装、灭菌后才能使用。

1. 玻璃器皿的清洗

新置备的玻璃器皿含有游离碱，所以应先将其浸于2%的盐酸溶液中数小时，然后用自来水冲洗干净。也可将器皿先经热水浸泡，再用去污粉或肥皂粉刷洗，最后经过热水洗刷、自来水冲洗，待干燥后灭菌备用。

用过的试管或三角瓶，因其内含大量微生物，洗刷前应先经过高压蒸汽灭菌。对只带有细菌标本或培养物的试管等玻璃器皿，用过后应立即将其浸于2%的来苏消毒水中，经24 h后才可取出洗刷。

用蜡封口的试管或石油发酵用瓶，清洗前先将其置于高压蒸汽灭菌器消毒，然后取出，趁热拔去沾蜡或油的棉花塞，立即倒去培养污物，再将试管投入温水中，稍加洗刷后浸于5%的肥皂水内，煮沸5 min，以去除试管上的油污。也可将倒空的瓶子用汽油浸泡，待油溶解后再刷洗。

加过消泡剂的发酵瓶或做过通气培养的三角瓶，一般先将倒空的瓶子用碱粉或用10%的火碱水去掉油污后再行洗刷。

管壁或瓶壁上留有培养物的痕迹，用试管刷难以去除，此时可用一根粗铁丝把顶端弯曲，捆几层纱布，浸湿，沾一点去污粉，或再沾少许细沙，擦磨管壁或瓶壁，就可把器壁的痕迹擦掉。

用过的器皿中往往有废弃的培养基，需先经高压蒸汽灭菌或沸水煮沸30 min，倒掉污物后方可洗刷。如果灭菌条件不便，可将皿中培养基刮出来，倒在一起，以便统一处理。洗刷时，先用热水洗一遍，再用洗衣粉或去污粉擦洗，然后用自来水冲洗干净，将器皿全部向下，一个压着一个，扣于洗涤架上或桌子上。

吸过菌液的吸管，用完后应放入装有5%石炭酸溶液的高玻璃筒内消毒；未吸过菌液的吸管，用后放入清水中，防止干燥；吸过带油液体的吸管，应先在10%的氢氧化钠溶液中浸泡半小时，去掉油污，方可清洗。如果吸管经以上处理仍留有污垢，可再置于洗液中浸泡1 h，再进行清洗。

吸管上端的隔离棉花，可用普通钢针制成的小钩钩出，清洗时，将直径为6～7.5 mm的橡皮管一端连在自来水龙头上，另一端套在吸管的底端，放水冲洗即可。洗净的吸管，顶端向下，下面垫一块干净的厚布或几层纱布，使吸管的水分能迅速吸干。

2. 器皿的包扎

（1）试管和三角瓶。灭菌之前，试管口和瓶口均须先塞好棉塞，棉塞不可塞得过紧，亦不得过松，和管壁（或瓶壁）紧贴的曲面不可出现裂纹，具体做法见图2－5。待棉塞做好之后，在塞棉塞的瓶口外面包一层牛皮纸，用线绳扎好。试管应10支一捆，也用牛皮纸和线绳包扎，置于烘箱，灭菌备用。

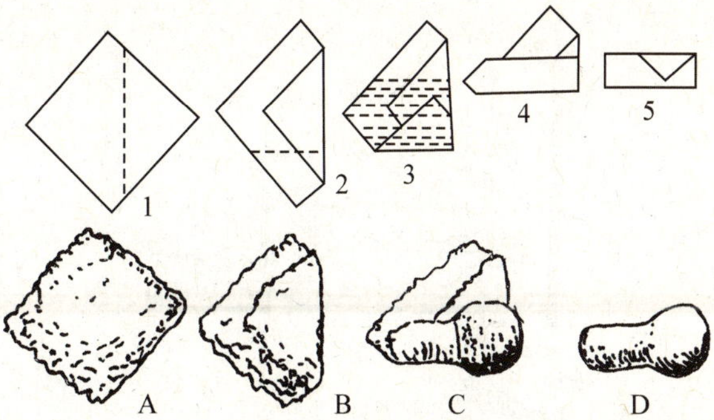

（折叠方法也可自上而下）

图 2－5　棉塞制作方法

（2）培养皿。洗净的平皿通常用报纸包装，每包 10～12 套，或将平皿每 10 套放入一个特制的铁皮圆形平皿筒中，加盖，置烘箱中，灭菌备用。

（3）吸管。包扎前吸管的粗头应先塞少许普通棉花，以避免应用时因不慎而将菌液吸入口中，或将口内物吹入培养液中。塞入的棉花应与吸管口保持 5 mm 左右的距离，若距离太近，容易被唾液浸湿，造成通气不良。一般这段棉花全长不得短于 10 mm。

塞好棉花的吸管要进行包装。将报纸裁成宽为 5～8 cm 的长纸条，先把试管的尖端放在纸条一端，呈 45°角折叠纸条，包住尖端，一手捏住管身，一手将吸管压紧在桌面上，向前滚动，以螺旋式包扎，最后将剩余的纸条打结，灭菌备用。

（二）培养基的制备

培养基的制备过程可简单描述为：溶解配料→校正 pH→加凝固剂→融化→过滤→分装→加棉塞、包扎→灭菌→无菌检查。

1．*溶解配料*

制备培养基时，先在烧杯中放入所需水量的一半，按培养基配方称取各项材料，依次加入水中，逐个溶解，最后加足水量。在加料过程中，各种成分溶解的顺序应该是先加缓冲化合物，然后是主要元素、微量元素，最后加维生素等。

2．*调 pH*

将配料溶解并冷却到室温，用精密 pH 试纸或酸度计测试溶液的 pH，然后根据要求的 pH 确定是否需加酸或加碱。当加入酸或碱时，要缓慢、少量、多加搅拌，防止局部过碱或过酸而破坏营养成分。常用 10% NaOH 或 6 mol/L HCl 调整 pH。

3．*加凝固剂*

配制固体培养基时，需加入凝固剂（如琼脂、明胶等）。

4．*过滤*

在二层纱布中间夹入脱脂棉，趁热过滤。

5．*分装*

按照实验要求进行分装，装入试管中的固体培养基不宜超过试管高度的五分之一，装入三角瓶中的培养基以三角瓶总体积的一半为限。在分装过程中，应注意勿使培养基玷污管口、瓶口，以免弄湿棉塞造成污染。培养基的分装装置见图 2－6。

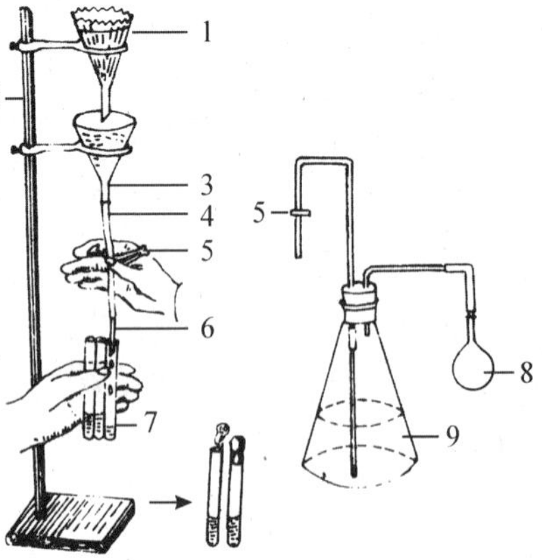

图 2-6　培养基的分装装置图

1. 过滤漏斗；2. 铁架；3. 三角漏斗；4. 乳胶管；5. 弹簧夹；
6. 玻璃滴管；7. 试管；8. 洗耳球；9. 培养液

6. 包扎

将分装好的试管、三角瓶上加棉塞，若需通气培养，可用 6 ~ 8 层纱布代替棉塞，然后于其上包一层油纸。

7. 灭菌

根据要求，将包扎好的培养基灭菌。灭菌完毕后，斜面试管摆放时，斜面长度不得超过试管长的一半。

8. 无菌检查

将经灭菌的培养基放入培养箱中作无菌检查。

[实验 2-5] 麦芽汁培养基的配制实验

（1）实验材料：大麦芽、琼脂。

（2）实验器材：水浴锅、烧杯、碘液、糖度计、滤布、量筒、恒温箱等。

（3）操作步骤：

①取麦芽烘干、粉碎。

②称取一定量的麦芽粉，加 4 倍于麦芽粉量的 60 ℃的自来水，放于 55 ℃ ~ 60 ℃的恒温箱中保温糖化 4 ~ 6 h，并不断搅拌。玻棒定时沾糖化液于白色比色盘内，与碘液（一滴）混合，颜色反应由紫逐步成碘色，即为糖化完毕。

③将糖化液用纱布过滤，去残渣，收回滤液并煮沸，再用滤布或脱脂棉过滤一次，即得澄清的麦芽汁。

④用糖度计测量原麦芽汁的糖浓度，一般为 15 ~ 18 °Bé，然后加水稀释至糖度 10 ~ 12 °Bé，即得麦芽汁液体培养基，pH 自然。

固体麦芽汁培养基须加 2% 的琼脂，煮沸、溶解、分装、灭菌，条件为 121 ℃，蒸汽灭菌 15 ~ 20 min。

⑤将灭菌完的麦芽汁培养基放于 28 ℃的恒温箱中，培养 24 ~ 28 h，观察无杂菌长出，即为合格的培养基。

（三）常用培养基的配制

1. 肉膏汤蛋白胨培养基

（1）成分：牛肉膏5 g，蛋白胨10 g，氯化钠5 g，蒸馏水1 000 mL；

（2）于1 000 mL水中加入上列成分，混合加热溶解；

（3）调pH至7.2～7.4；

（4）分装于适当容器内，0.1 MPa灭菌20 min；

在上述液体培养基中加入15～20 g琼脂，为固体培养基；若加入0.5%的琼脂，为半固体培养基。

（5）用途：供一般细菌培养用，并可作无糖基础培养基。

2. 高氏1号培养基

（1）成分：可溶性淀粉硝酸钾1 g，氯化钠0.5 g，磷酸氢二钾0.5 g，硫酸镁0.5 g，硫酸铁0.01 g，琼脂20 g，蒸馏水1 000mL；

（2）先用少量水将淀粉调成糊状，倒入煮沸的水中，在火上加热，边搅拌边加入其他成分，溶解后，补足水分至1 000mL；

（3）校正pH至7.2～7.4，分装到试管或烧瓶内，高压灭菌0.1 MPa 20 min；

（4）用途：供放线菌培养用。

3. 马丁（Martin）琼脂培养基

（1）成分：葡萄糖10 g，蛋白胨5 g，磷酸二氢钾1 g，硫酸镁0.5 g，孟加拉红（1%）3.3 mL，链霉素（1%）3.3 mL，琼脂20 g，水1 000 mL，pH自然；

（2）于1 000 mL水中依次加入除链霉素外的各成分，加热溶解（不必校正pH）后，高压灭菌0.06 MPa 15～20 min；

（3）待冷却至50 ℃时，加入链霉素，每100 mL培养基中加1%链霉素液0.3 mL，充分混匀后，倾倒平板，凝固后备用；

（4）用途：供分离真菌用（培养基中的孟加拉红和链霉素可抑制细菌和放线菌的生长，对真菌无抑制作用）。

4. 查氏培养基

（1）成分：硝酸钠2 g，磷酸氢二钾1 g，氯化钾0.5 g，硫酸镁0.5 g，硫酸铁0.01 g，蔗糖30 g，琼脂20 g，水1 000mL，pH自然；

（2）将上述各成分依次溶解在少于总量的蒸馏水中，待各成分完全溶化后，补足水分到所需体积（不必校正pH）；

（3）将培养基分装于试管或烧瓶内，高压灭菌0.1 MPa 20 min；

（4）用途：培养霉菌用。

5. 马铃薯培养基

（1）成分：马铃薯200 g，葡萄糖20 g，琼脂20 g，水1 000 mL，pH自然；

（2）将马铃薯去皮，切成小块煮沸半小时，然后用纱布过滤，加水补足至1 000 mL；

（3）加入葡萄糖和琼脂，溶化后，0.1 MPa、20 min灭菌备用；

（4）用途：供培养真菌用。

6. 淀粉培养基

（1）成分：蛋白胨10 g，牛肉膏5 g，可溶性淀粉2 g，氯化钠5 g，琼脂20 g，水1 000 mL；

（2）取少量水将淀粉调成糊状，再加入到已溶解好的培养基中，定容到1 000 mL；

（3）调 pH 至7.2，分装于三角瓶，0.1 MPa 20 min 灭菌备用；

（4）用途：供淀粉水解实验用。

7. 蛋白胨水培养基

（1）成分：蛋白胨20 g（或胰蛋白胨10 g），氯化钠5 g，水1 000 mL；

（2）将上述成分混合于蒸馏水中加热溶解，调 pH 至7.4～7.6；

（3）分装于试管内，每管1～1.5 mL，0.06 MPa 灭菌30 min；

（4）用途：供作靛基质实验用（靛基质实验的蛋白胨以胰胨制成最好，因色氨酸含量丰富）。

8. 糖、醇发酵培养基

（1）成分：蛋白胨水培养基或肉膏汤培养基（pH 7.4～7.6）100 mL，所需糖或醇类物质0.5～1 g，1.6%溴甲酚紫乙醇溶液0.1 mL；

（2）取蛋白胨水培养基（pH 7.4～7.6）1.00 mL，加入糖或醇类1 g，加热溶解后再加入1.6%溴甲酚紫乙醇溶液0.1 mL 混匀；

（3）分装于试管内，每管分装约5 mL，管内倒置杜氏小管，使其充满培养液；

（4）高压灭菌0.06 MPa 30 min；

（5）用途：观察细菌对糖、醇发酵能力，用于鉴定细菌。

9. 合成培养基

（1）成分：磷酸铵1 g，氯化钾0.2 g，硫酸镁0.2 g，豆芽汁10 mL，琼脂20 g，水1 000 mL；

（2）将上述各成分加到1 000 mL 蒸馏水中，加热溶化，调 pH 至7.0后分装烧瓶内，0.1 MPa 20 min 灭菌备用；

（3）用途：用于筛选营养缺陷型的细菌。

10. 麦芽汁培养基

（1）麦芽汁制备：取大麦芽一定数量，粉碎，加4倍于麦芽量的60 ℃的水，在55 ℃～60 ℃下保温糖化，不断搅拌，经3～4 h 后，用纱布过滤，除去残渣，煮沸后再重复用滤纸或脱脂棉过滤一次，即得澄清麦芽汁（每1 000 g 麦芽粉能制得15～18Bx 麦芽汁3 500～4 000 mL）；

（2）将上述麦芽汁稀释至10～12Bx，加2%琼脂，溶化后调 pH 至6.4，0.06 MPa 30 min 灭菌后备用；

（3）用途：用于培养酵母菌和乳酸杆菌。

11. 伊红美蓝琼脂（EMB 琼脂）

（1）成分：肉膏汤琼脂培养基（pH 7.4）100 mL，乳糖1 g，2%伊红水溶液（灭菌）2 mL，0.5%美蓝水溶液（灭菌）1 mL；

（2）加热融化琼脂（并加入乳糖1 g）；

（3）待冷却至50 ℃ 左右，加入伊红及美蓝溶液，混匀倾注平板，凝固后备用；

（4）用途：分离肠道致病菌用。

注：乳糖，伊红、美蓝溶液高压灭菌0.07 MPa 20 min。

（四）培养基湿热灭菌的影响因素及灭菌操作

1. 影响灭菌的因素

灭菌是一个复杂的过程，它包括热量传递以及微生物细胞内的一系列生化、生理变化过程，受到多种因素的影响，影响灭菌的因素主要如下：

（1）培养基成分。培养基中脂肪、糖分和蛋白质的含量越高，微生物的热死亡速率就越慢，这是因为在热致死温度下，脂肪、糖分和蛋白质等有机物质在微生物细胞外面形成一层薄膜，该薄膜能有效保护微生物细胞抵抗不良环境，所以灭菌温度相应要高些。相反高浓度的盐类、色素等的存在则会削弱微生物细胞的耐热性，故一般较易灭菌。

（2）培养基的物理状态。实践证明，培养基的物理状态对灭菌具有极大的影响，固体培养基的灭菌时间要比液体培养基的灭菌时间长，假如100 ℃ 时液体培养基的灭菌时间为1 h，而固体培养基则需要2～3 h 才能达到同样的灭菌效果。其原因在于液体培养基灭菌时，热的传递除了传导外还有对流作用，固体培养基则只有传导作用而没有对流作用，况且液体培养基中水的传热系数要比有机固体物质大得多。实际上，对于含有小于1 mm 颗粒的培养基，可不必考虑颗粒对灭菌的影响，但对于含有少量大颗粒及粗纤维的培养基的灭菌，则要适当提高温度，且在不影响培养基质量的条件下，可采用粗过滤的方法预先处理，以防止培养基结块而造成灭菌不彻底。

（3）培养基的pH。培养基的pH 越低，灭菌所需的时间就越短。培养基的pH 与灭菌时间的关系可见表2－5。

表2－5 培养基的pH与灭菌时间的关系

温度/℃	孢子数量/个·mL^{-1}	灭菌时间/min				
		pH 6.1	pH 5.3	pH 5.0	pH 4.7	pH 4.5
120	10 000	8	7	5	3	3
115	10 000	25	25	12	13	13
110	10 000	70	65	35	30	24
100	10 000	340	720	180	150	150

（4）培养基中的微生物数量。培养基中微生物数量越多，达到要求的灭菌效果所需的灭菌时间也越长，表2－6为培养基中含不同数量的微生物孢子在105 ℃ 下灭菌所需的时间。因此在实际生产中，不宜采用严重霉腐的原料和腐败的水质，因为这类原料中不但有效成分少而且微生物数量多，彻底灭菌比较困难。

表2－6 培养基中微生物孢子数目对灭菌时间的影响

培养基中微生物孢子数量/个·mL^{-1}	9	9×10^2	9×10^4	9×10^6	9×10^8
105℃时灭菌所需的时间/min	2	14	20	36	48

（5）微生物细胞中水含量。微生物湿热死亡的原因是由于菌体蛋白质的凝固失活，而蛋白质凝固的温度与水分有密切关系。表2－7为卵蛋白凝固时水分与温度的关系。

表2－7　卵蛋白凝固时水分与温度的关系

水分/%	50	25	18	6	0
凝固温度/℃	56	74～80	80～90	145	160～170

由表2－7可知，在一定范围内，微生物细胞含水分越多，则蛋白质的凝固温度越低，也就越容易受热凝固而丧失生命活力。

（6）微生物细胞菌龄。微生物细胞菌龄不同对高温的抵抗能力也不同，年老细胞对不良环境的抵抗力要比年轻细胞强，这与细胞中蛋白质的含水量有关，年老细胞中水分含量低，年轻细胞水分含量高，因此年轻细胞容易被杀死。

（7）微生物的耐热性。各种微生物对热的抵抗力是不同的，细菌的营养体、酵母、霉菌的菌丝体对热较为敏感，而放线菌、酵母、霉菌孢子比营养细胞的抗热性要强，细菌芽孢的抗热性就更强。一般来讲，无芽孢的细菌或霉菌孢子在100 ℃以下加热3～5 min都可以被杀死，但是有些细菌芽孢的热阻很大，100 ℃、30 min仍未被杀死，所以灭菌的彻底与否应以杀死细菌芽孢为标准。

（8）空气排除情况。蒸汽灭菌过程中，温度的控制是通过控制罐内的蒸汽压力来实现的。压力表显示的压力应与罐内蒸汽压力相对应，压力表的压力所对应的温度应是罐内的实际温度。但是如果罐内空气排除不完全，则压力表所显示的压力就不单是罐内蒸汽压力，还包括了空气分压，因此此时罐内的实际温度就低于压力表显示所对应的温度，以致造成灭菌温度不够而灭菌不彻底，见表2－3。

（9）搅拌。在整个灭菌过程中，必须保持培养基在罐内始终均匀地充分翻动，使培养基不致因翻动不均匀而造成局部过热，从而过多地破坏营养物质或造成局部（亦称死角）温度过低而杀菌不彻底等。要保证培养基翻动良好，除了搅拌外，还必须正确控制进气、排气阀门，在保持一定的温度和罐压的情况下，使培养基得到充分的翻动，这是灭菌的要点之一。

（10）泡沫。在培养基的灭菌过程中，培养基中发生的泡沫对灭菌极为不利，要注意防止培养基出现泡沫，因为泡沫中的空气形成隔层，使热量难以传递和渗透进去，不易达到微生物的致死温度，从而导致灭菌不彻底。泡沫的形成主要是由于进气排气不均衡而致。如果在灭菌过程中突然减少进气或加大排气，则立即会出现大量泡沫，对极易发泡的培养基应加消泡剂以减少泡沫量。

2. 间歇灭菌及操作

培养基的间歇灭菌就是将配制好的培养基放在发酵罐或其他装置中，通入蒸汽将培养基和所用设备一起进行加热灭菌的过程，通常也称为实罐灭菌。

间歇灭菌过程包括升温、保温和冷却三个阶段，图2－7为培养基间歇灭菌过程中的温度变化情况。

间歇灭菌的操作如下。间歇灭菌是在所用的发酵罐或其他培养装置中进行的，它是在配制罐中配好培养基后，通过专用管道输入发酵罐等培养设备中，然后开始灭菌。在进行培养基的间歇灭菌之前，通常先将发酵罐等培养装置的分过滤器进行灭菌，并且用空气将过滤器吹干。

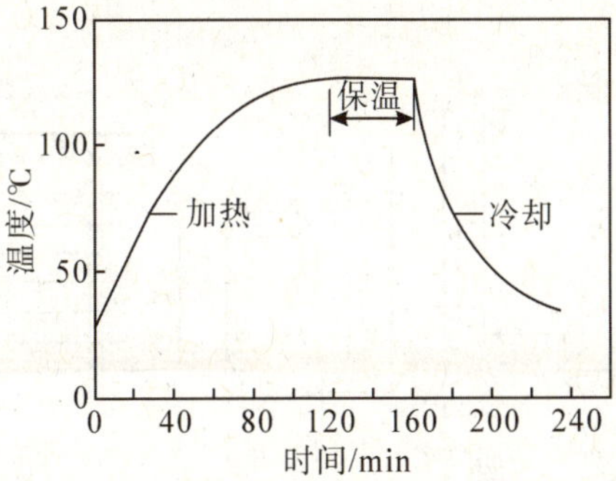

图 2-7　培养基间歇灭菌过程中温度变化情况

开始灭菌时，应先放去夹套或蛇管中的冷水，开启排气管阀，通过空气管向发酵罐内的培养基通入蒸汽进行加热，同时也可在夹套内通蒸汽进行间接加热。当培养基温度升到 70 ℃左右时，从取样管和放料管中向罐内通入蒸汽进一步加热，当温度升至 120 ℃，罐压为 1×10^5 Pa（表压）时，打开接种、补料、消泡剂、酸、碱等管道阀门进行排气，并调节好各进气和排气阀门的排气量，使罐压和温度保持在一定水平上进行保温。当然在保温过程中，应注意凡在培养基液面下的各种进口管道都要通入蒸汽，而在液面以上的其余各管道则应排放蒸汽；这样才能不留死角，从而保证灭菌彻底。保温结束后，依次关闭各排气、进气阀门，待罐内压力低于无菌空气压力后，向罐内通入无菌空气，在夹套或蛇管中通入冷水降温，使培养基的温度降到所需的温度，进行下一步的发酵和培养。

由于培养基的间歇灭菌不需要专门的灭菌设备，投资少，对设备要求简单，对蒸汽的要求也比较低，且灭菌效果可靠，因此间歇灭菌是中小型生产工厂经常采用的一种培养基灭菌方法。

3. 连续灭菌及操作

培养基的连续灭菌就是将配制好的培养基在向发酵罐等培养装置输送的同时进行加热、保温和冷却而进行灭菌。图 2-8 为连续灭菌过程温度的变化情况。由图可以看出，连续灭菌时，培养基可在短时间内加热到保温温度，并且能很快地被冷却，因此可在比间歇灭菌更高的温度下进行灭菌，而由于灭菌温度很高，保温时间就相应地可以很短，极有利于减少培养基中的营养物质的破坏。

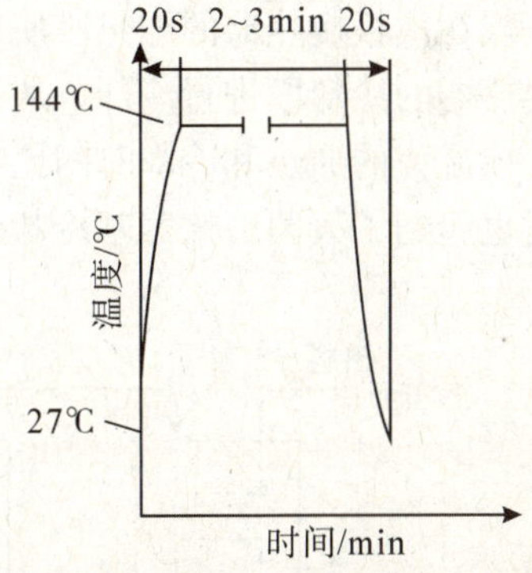

图 2-8　培养基连续灭菌过程中温度变化情况

培养基连续灭菌的基本流程如图 2-9 所示。连续灭菌的基本设备一般包括：① 配料罐，将配制好的料液预热到 60 ℃~70 ℃，以避免连续灭菌时由于料液与蒸汽温度相差过大而产生水汽撞击声；② 加热塔，加热塔的作用主要是使高温蒸汽与料液迅速接触混合，并使料液的温度很快升高到灭菌温度（126 ℃~132 ℃）；③ 维持罐，加热塔加热的时间很短，光靠这段时间的灭菌是不够的，维持罐的作用是使料液在灭菌温度下保持 5~7 min，以达到灭菌的目的；④ 冷却管，从维持罐出来的料液要经过冷却排管进行冷却，生产上一般采用冷水喷淋冷却，冷却到 40 ℃~50 ℃后，输送到预先已经灭菌过的罐内。

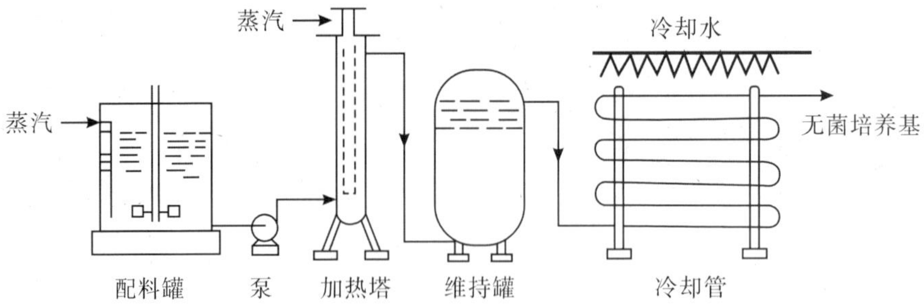

图 2－9　培养基连续灭菌的基本流程

除了上述的基本灭菌流程之外，实际生产中还有其他两种流程，如图 2－10 和 2－11 所示。

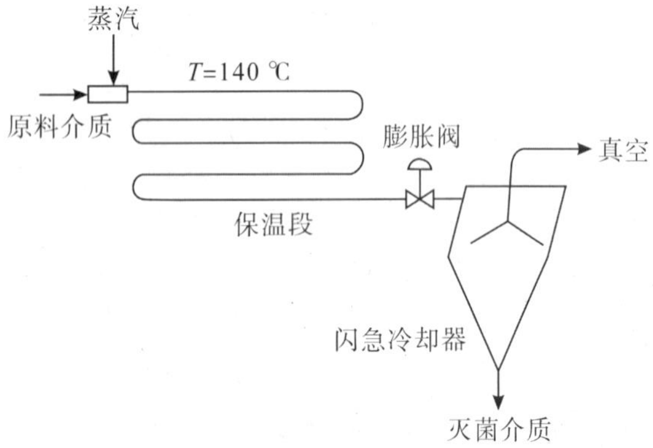

图 2－10　喷射加热连续灭菌流程

图 2－10 为喷射加热连续灭菌流程，流程中采用了蒸汽喷射器，它使培养液与高温蒸汽直接接触，从而在短时间内可将培养液急速升温到预定的灭菌温度，然后在该温度下维持一定时间灭菌，灭菌后的培养基通过一膨胀阀进入真空冷却器急速冷却，从图中可以看出，由于该流程中培养基受热时间短，营养物质的损失也就不是很严重，同时该流程保证了培养基物料先进先出，避免了过热或灭菌不彻底等现象。

图 2－11 为薄板换热器连续灭菌流程，流程中采用了薄板换热器作为培养液的加热和冷却器，蒸汽在薄板换热器的加热段使培养液的温度升高，经维持段保温一定时间后，培养基在薄板换热器的冷却段进行冷却，从而使培养基的预热、加热灭菌及冷却过程可在同一设备内完成。该流程的加热和冷却时间比喷射加热连续灭菌流程要长些，但由于在培养基的预热过程同时也起到了灭菌后培养基冷却的作用，因而节约了蒸汽和冷却水的用量。

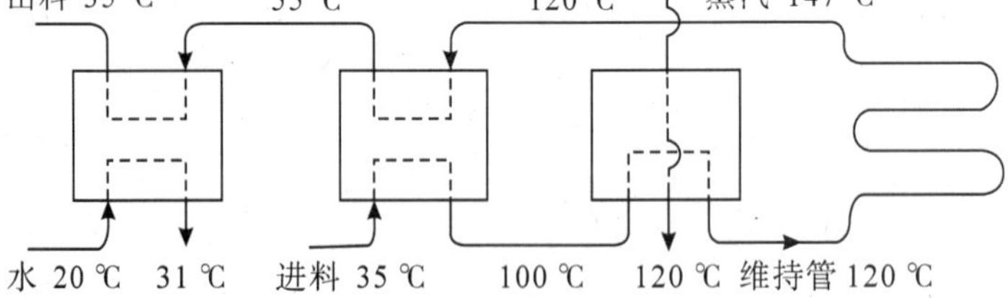

图 2－11　薄板换热器连续灭菌流程

培养基连续灭菌的优点是灭菌的温度较高，灭菌时间较短，培养基的营养成分受破坏的程度较低，从而保证了培养基的质量，同时由于连续灭菌过程不在发酵罐等设备中进行，提高了发酵罐等设备的利用率。当然与间歇灭菌过程相比，连续灭菌过程的不足之处是过程所需的设备较多，操作较为复杂，染菌机会也相应增加。

培养基采用连续灭菌时，加热器、维持罐（管）和冷却器以及发酵罐等都应先进行灭菌，然后才能进行培养基的连续灭菌。同时组成培养基的耐热性物质和不耐热性物质可在不同温度下分开灭菌，以减少物质的受热破坏程度，也可将碳源与氮源分开灭菌，以免羰基与氨基发生反应，防止有害物质的生成。

间歇灭菌与连续灭菌都有各自的优点和缺点，其比较如表 2－8 所示。

表 2－8　间歇灭菌与连续灭菌的比较

灭菌方式	优点	缺点
连续灭菌	① 灭菌温度高，可减少培养基中营养物质的损失 ② 操作条件恒定，灭菌质量稳定 ③ 易于实现管道化和自控操作 ④ 避免反复的加热和冷却，提高了热的利用率 ⑤ 发酵设备利用率高	① 对设备的要求高，需另外设置加热、冷却装置 ② 操作较复杂 ③ 染菌的机会较多 ④ 不适合于含大量固体物料的灭菌 ⑤ 对蒸汽的要求高
间歇灭菌	① 设备要求低，不需另外设置加热、冷却装置 ② 操作要求低，适于手动操作 ③ 适合于小批量生产规模 ④ 适合于含有大量固体物质的培养基的灭菌	① 培养基的营养物质损失较多，灭菌后培养基的质量下降 ② 需进行反复的加热和冷却，能耗较高 ③ 不适合于大规模生产过程的灭菌 ④ 发酵罐的利用率较低

表 2－9　间歇灭菌与连续灭菌对发酵产物收率的影响

W（葡萄糖）/%	W（玉米浆）/%	W（动物浸膏）/%	灭菌过程的类型和条件				产物收率
			类型	灭菌温度/℃	灭菌时间/min	pH	维生素 B_{12}/U · mL^{-1}
2.0	1.9	0.8	间歇	121	45	1.5	5.0
2.1	1.9	1.0	间歇	121	25	4.4	88
2.0	1.9	0.9	间歇	121	5	6.5	360
2.0	1.9	1.0	间歇	121	5	4.4	656
W（酒糟水）/%	—	W（大豆浸膏）/%	灭菌过程的类型和条件				产物收率
			类型	灭菌温度/℃	灭菌时间/min	pH	维生素 B_{12}/U · mL^{-1}
4		—	间歇	121	120	4.8	0.1
4	—	—	连续	163	13	5.7	1.2
2		2	间歇	121	90	4.8	1.3
2		2	连续	163	13	5.7	2.0

注：此处产物收率是指采用相应的灭菌方式后，发酵结束后最终产物维生素 B_{12} 的收率。

由表 2－8、表 2－9 可见，无论在理论上或者实践上，与间歇灭菌过程相比，连续灭菌的优点十分明显。因此连续灭菌越来越多地被用于培养基的灭菌。

第三章　微生物培养与纯种分离技术

第一节　微生物的培养技术

一、固体培养法

将微生物接种在固体培养基表面生长繁殖的方法称固体培养法。它是表面培养的一种，广泛用于培养好氧性微生物。用该方法培养微生物时有下列特点：第一，细胞多半是重叠地生长繁殖，因此，直接与培养基相接触的细胞与在此细胞上再长出的细胞会有所不同；第二，从摄取营养的角度看，上面生长的细胞是通过贴近细胞之间的孔隙来获得营养的；第三，从供氧方面来说，从外到内逐渐形成一个缺氧的环境。

实验室内一般采用试管斜面、培养皿、三角瓶、克氏瓶等培养，工厂大多采用曲盘、帘子以及通风制曲池等，特别是在霉菌的培养中，目前仍采用固体培养法制曲。但是，由于大规模表面培养技术仍有很多困难，在发酵生产上，能用液体深层培养的大多采用液体深层培养法来代替。

固体培养法除上面叙述的斜面和平板培养法外，还有以下几种常用方法：

1. 透析膜培养法

在固体培养基上培养一般不可能更换培养基，但在透析膜上培养，既可以把培养物移至新鲜培养基中，又可以在培养过程中加入某些实验物质，也可以随时将透析膜上的菌体取出观察或者制成永久标本。透析膜培养法有两种：

第一种，取1～1.5 cm^2的透析膜6～8块，将其浸泡在培养液内，取出后放入平皿中，常压灭菌后备用。实验时，用无菌镊子取出几块，将其平铺在已灭菌的空培养皿上，在每块透析膜上点接一种欲培养的微生物，盖上皿盖放入恒温箱中保温培养。

第二种，将几小片透析膜浸入短试管的水中，然后高压蒸汽灭菌，用无菌镊子取出数块平铺于琼脂平板上，同上法点接欲培养的微生物，保温培养，可溶性的营养物质能以扩散的方式通过透析膜供微生物生长需要。

以上两种方法以透析膜为支持物代替载玻片培养，其优点是可随时取出一片，以检查不同生长阶段的细胞形态，亦可挑起霉菌菌落中央部分以观察孢子结构。如果要制片观察，可先用甲醛蒸汽固定，然后用不染透析膜的染色剂染色，或直接在载玻片上进行观察。

2. 培养瓶培养法

为了能很好地适应好氧性微生物（如生孢子的霉菌）增殖，以便取得大量的孢子进行扩大培养或满足酿酒工厂的需要，使用琼脂固体培养基时，可采用各种长方形的、扁平的培养瓶。由于其瓶形扁平，表面积大，故能更好地满足好氧性微生物的生长，并且制备孢子悬浮液也很方便。但是，酿酒工厂做种曲供扩大培养用时，一般还是以大米、小米等作原料。为了装原料米、加水蒸煮灭菌、接种、清洗等的方便，三角瓶又容易购买，因此，大都采用500 mL 及 1 000 mL 的三角瓶。

3. 盘曲、帘子曲培养

这两种曲的制造工具可以就地取材，具有投资少、上马快、易推广、操作简便等特点，适于中小型酒厂使用。制造盘曲的盘子可用竹子或木板制成；制造帘子曲用的帘子，一般用芦苇、柳条等材料用绳编结而成，便于卷在一起进行蒸汽灭菌。曲架可用木材或毛竹制成。曲盘、曲架和帘子的尺寸可根据产量及曲室的大小来确定。另外，用曲盘和帘子制曲必须严格掌握配料，控制蒸煮条件如温度、压力等，还要注意卫生条件。

4. 厚层通风培养

采用曲箱，培养过程通风。通风一方面可供给微生物所需要的氧，另一方面用风可以带走微生物发酵产生的热量和部分 CO_2 气体。

二、液体培养法

将微生物菌种接种到液体培养基中进行培养的方法叫液体培养法。该方法可分为静置培养法和通气深层培养法两类。

1. 静置培养法

静置培养法指接种后的液体静止不动，有试管培养法和三角瓶培养法两种。

2. 深层培养法

深层培养法包括培养瓶通气培养法、振荡（摇瓶）培养法和发酵罐通气培养法三种。

（1）培养瓶通气培养法：实验室设计小规模通气培养，可采用有机化学实验的三颈瓶装成一种通气搅拌培养装置（图 3－1），该装置可分为下列几部分：① 三颈烧瓶：中间孔要装搅拌器，搅拌器上部接一搅拌轴封；其他两孔，一为取样口，另一个安装通气管。② 洗气瓶：与三颈瓶一同装入恒温水浴中，使过滤后的无菌空气通过洗气瓶，瓶内盛有与恒温水浴同样温度的水，以增加空气的温度。③ 空气过滤器：可采用冷凝器的外套管代替，中间填入无菌过滤棉或玻璃纤维即成，可接受压缩机送来的空气，过滤后进入培养瓶。这一套设备适合于细菌、酵母及霉菌等通气扩大培养时使用。

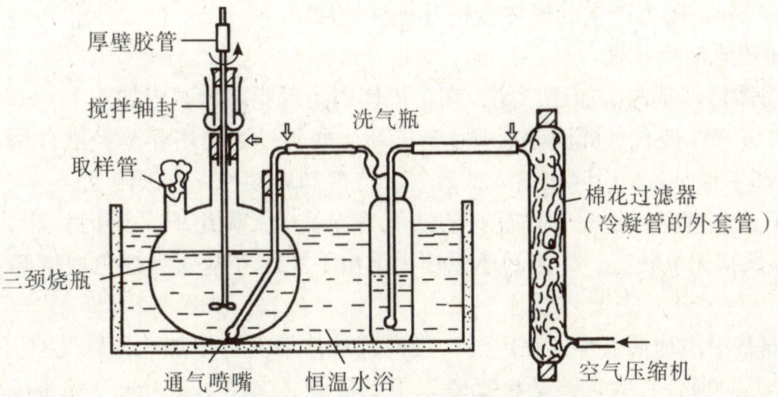

图 3－1　实验室通气搅拌培养装置

（2）振荡（摇瓶）培养法：该方法对细菌、酵母菌等单细胞微生物进行振荡培养，可以获得均一的细胞悬浮液。而对霉菌等丝状真菌进行振荡培养时，可得到纤维糊状培养物，称为纸浆培养。与此相反，如果振荡不充分，培养物黏度又高，则会形成许多小球状的菌团，称为颗粒状生长。

振荡培养是在摇瓶机（亦称摇床）中进行的，是培养好氧菌的小型实验设备，也可用于生产上的种子扩大培养。摇瓶机上放置培养瓶，瓶内盛灭过菌的培养基，可供给的氧是由室内空气经瓶口包扎的纱布（一般为 6 ~ 8 层）进入液体中的。因此，氧的传递与瓶口大小、瓶形和纱布层数有关，在通常情况下氧的吸收系数取决于摇瓶机的特性和培养瓶的装液量。往复式摇瓶机如果频率过快、冲程过大或瓶内液体装置过多，在摇动时液体会溅到瓶口纱布上，容易引起杂菌污染。因此，装液量不宜太多（培养瓶容量的 1/5 左右即可）。

（3）发酵罐培养法：一般实验室中较大量的通气扩大培养，可采用小型发酵罐，罐容大多在 10 ~ 100 L，它是可以供给所培养微生物营养物质和氧气而使微生物均匀繁殖的容器，能大量生产微生物细胞或代谢产物，并可在实验过程中得到必要的数据。

三、厌氧微生物培养方法

培养厌氧微生物，有的用液体培养基，有的用固体培养基，但均须先将培养基中的氧除去。此外，还须对培养环境进行除氧。常用的厌氧培养方法可分为造成无氧的培养环境和在培养基内造成缺氧条件（即增强培养基的还原能力）两大类。

1. 在培养基内造成缺氧条件

（1）高层琼脂柱。造成厌氧微生物无氧生活的最简单方法是高层琼脂试管培养法。即把琼脂培养基装入试管内，形成深柱（达管高的 2/3），接种时采用穿刺接种至琼脂底部，培养后，厌氧菌在底部旺盛生长，渐次接近表面则越差。此外，也可将琼脂柱熔化，待冷却至 45℃ 左右，用无菌吸管吸取适量菌液接种，然后用两手掌搓动试管使之混匀，并立即放入冷水中使之凝固。经培养后，在管内深处有菌落出现，此法往往能形成单一菌落。

（2）凡士林隔绝空气。把培养基装入 20 × 1. 3 cm 的试管内（装量为试管的 1/2），灭菌后，再放入蒸汽锅中加热半小时或在沸水中煮沸 5 min，排除培养基内的氧气，接着取少许无菌的熔化凡士林，倾在培养基表面，并迅速冷却，使培养基与空气隔绝。接种时，将试管上部有凡士林处在火焰上略微烘烤，使凡士林熔化，然后用无菌毛细管接入菌液。产气厌氧菌不宜采用此法培养，因为产生的气体会把凡士林冲破。

（3）添加还原剂吸收氧。

① 在半固体培养基内添加还原剂：在半固体肉汤琼脂培养基内加入 1% ~2% 葡萄糖或其他还原剂，如 0. 15% 硫代甘醇酸钠或 0. 1% 抗坏血酸等。这类培养基经贮存后，在使用前应在沸水中煮沸 5 ~ 10 min，以除去溶入的氧气，待冷却后接种，方法同上。

② 利用碎肉培养基：这是一种良好的缺氧培养基。无菌组织（碎肉）中含有还原物质，可使试管底部保持无氧状态，碎肉的还原作用可由下层培养基变为红色而得知（因血红素被还原）。

③ 在培养基中添加薄铁片：在肉汤、蛋白胨液体培养基中加入薄铁片（还原剂），也可制成厌氧培养基。薄铁片为含碳量 0. 25% 以下的碳钢，大小为 25 mm × 3 mm 左右，将培养基放入沸水中煮沸 5 ~ 10 min，冷却后放入无菌薄铁片。接种方法同前。

2. 造成无氧培养环境

若对厌氧微生物进行表面（固体）培养，必须使培养物的周围形成无氧环境。常用的有吸氧培养法，包括黄磷法、Buchner 法、Zinsser 氏培养法；氢气置换法，包括罗氏法、墨一菲二氏厌气罐法；生物学培养法，包括厌氧菌与好氧菌共同培养和利用新鲜植物组织培养法等。

3. 其他培养技术简介

（1）连续培养技术。

将微生物置于一定容积的培养基中，经过一定时间的培养，最后一次收获，这种方式称为分批培养。由于在分批培养中，随着微生物代谢的不断进行，培养基中营养物质逐渐消耗，有害代谢产物不断积累，微生物的对数生长期不可能长时间维持。如果在培养容器中不断补充新鲜营养物质，并及时以同样速度排出培养物（包括菌体及代谢产物），从理论上讲，对数生长期就可以无限延长。只要培养液的流动量能使分裂繁殖增加的新菌数相当于流出的老菌数，就能保证培养容器中总菌数基本不变。连续培养技术就是据此原理设计的，这种方法称作连续培养法。

这是一种在人为条件下，模拟自然界中微生物生长繁殖所需要的环境条件（如底物浓度、代谢产物浓度、pH 等）而设计的培养方法。在连续培养过程中，可以始终保持环境恒定，促使微生物生长、代谢活性处于稳定状态。因此，连续培养方法的出现，不仅可随时为微生物的研究工作提供一定生理状态的实验材料，而且可提高发酵工业的生产效率和自动化水平。

最简单的连续培养装置包括：培养室、无菌培养基容器以及可自动调节流速（培养基流入和流出）的控制系统，必要时还要有通气、搅拌设备。根据在连续培养过程中控制的条件不同，可将连续培养分为两类，即恒化法和恒浊法。具体培养方法可参考微生物学有关书籍。

（2）同步培养技术。

在分批培养中，细菌群体能以一定速率生长，但所有细胞并非同一时间进行分裂，也就是说，培养中的细胞不处于同一生长阶段。为了使培养液中微生物的生理状态比较一致、生长发育处于同一阶段，同时进行分裂—生长—分裂而设计的培养方法叫同步培养法。利用上述技术控制细胞的生长，使它们处于同一生长阶段，所有的细胞都能同时分裂，这种生长方式叫同步生长。这样，就可以用研究群体的方法来研究个体水平上的问题。

同步培养的方法很多，最常用的有选择法和诱导法两种。选择法是通过过滤、密度梯度离心、膜吸收和直接选择等方法，从对数期的细胞群落中选择仅次于某一生长阶段的细胞进行培养的方法。多数情况是专门选择细胞分裂后子细胞有显著变化的那一生长阶段。诱导法又称调整生理条件法，主要是通过控制环境条件如温度、营养物等来诱导同步生长，如温度调整法和营养条件调整法。

除上述两种方法外，还可以在培养基中加入某种抑制蛋白质合成的物质（如氯霉素），诱导一定时间后再转到另一种完全培养基中培养；或用紫外线处理；对光合性微生物的菌体可采用光照与黑暗交替处理法等，均可达到同步化的目的。芽孢杆菌则可通过诱导芽孢在同一时间内萌发的方法，得到同步培养物。

不过，对环境条件控制法有时会打乱细胞的正常代谢，给细胞带来一些不利的影响。

（3）透析培养技术。

透析培养是在由透析膜隔开的相邻两液之间，通过透析膜调节物质转移而进行的微生物培养的方法。在培养单种菌时，只在两液相的一方培养微生物，另一方则作为培养基贮槽，在两者之间进行营养物和产物的扩散及交换。用这种方法可以进行生长细胞的浓缩，改善孢子形成和毒素产生的条件等。同时培养两种微生物的实验中，可以分别在由透析膜隔开的两个液相中接种不同微生物进行培养，以研究两种微生物间的相互关系。

常用的透析培养方法有透析纸袋法和 Gerhardt 透析瓶法。

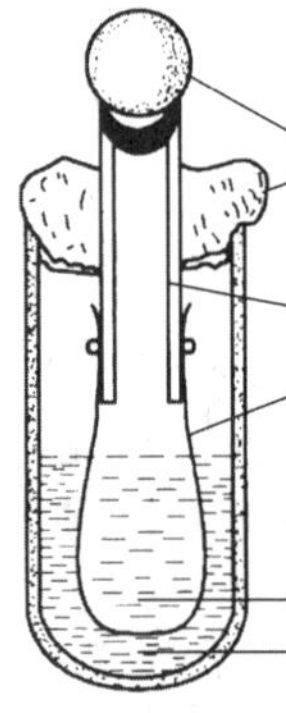

图 3－2　透析纸袋法

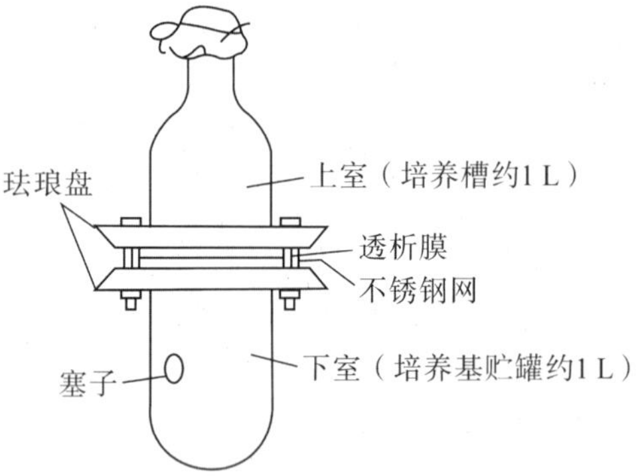

图 3－3　Gerhardt 透析瓶法

伊藤等为了混合培养清酒酵母和清酒乳酸菌，曾采用如图 3－2 所示的用透析膜隔开的双层培养管装置。由于透析纸袋是由内外管间的棉花来固定的，因此，本法只适用于静置培养，而对于振荡培养或通气培养，此法则需要改良。

Gerhardt 透析瓶法如图 3－3 所示。由于本法可以用于振荡培养，因此对装液量有一定的限制。这种方法的优点是可以同时研究透析膜、菌种或培养基组成以及其他条件等多个因素的相互关系。

在下室装入少于限定体积的培养基后，与未装液的上室装配在一起。为了在加压灭菌时能使空气排出，珐琅盘在灭菌时不要上紧，用无菌注射器由下室小孔抽出下室内的空气，同时注入无菌培养基把下室装满。上室用无菌操作添加 100 mL 无菌蒸馏水。待上下室培养也达到平衡后，在上室接入菌种，然后进行振荡培养。对照瓶用橡胶膜代替透析膜，上室加入与下室相同的培养基 100 mL。

[实验 3－1] 乳酸杆菌与酵母菌的透析培养

1. 实验材料

（1）菌种。乳酸杆菌、酵母菌新鲜斜面菌种各 1 支。

（2）培养基。葡萄糖 5 g，$MgSO_4 \cdot 7H_2O$ 0.07 g，K_2HPO_4 0.1 g，$CaCl_2$ 0.04 g，$(NH_4)_2SO_4$ 0.1 g，蒸馏水 1 000 mL，pH 5.5～6.0，121 ℃灭菌 15 min。

（3）取不含维生素的合成培养基（液体）50 mL，分装 2 支试管，每管约 10 mL，其余装入 1 支大试管中（Φ30 mm × 200 mm）。

（4）其他。Φ16 mm × 50 mm 透析袋 2 个，Φ15 mm × 180 mm 玻璃管 2 支，橡皮圈 2 个，以上材料均需灭菌后才能使用。

2. 实验方法

（1）取酵母菌种 2 环，接种于大试管中。

（2）取乳酸杆菌 2 环，分别接种于 2 支内盛 10 mL 培养基的试管内，其中 1 支作对照。

（3）在无菌玻璃管的一端装上透析袋并固定，将透析袋下口封严，将其插入大试管中；大试管口用无菌棉花围封好，并将小试管固定住，然后将接好乳酸菌的 10 mL 培养液注入透析纸袋内，塞好棉塞。

（4）整个实验装置如图3-2所示。

（5）将大试管及对照管置于30 ℃恒温箱中，培养3～5 d。取透析纸袋内的菌液以及对照管内的菌液做镜检，比较两者的细胞数量和菌体生长发育情况。

（4）高密度培养技术。

高密度培养技术是指应用一定的培养技术或装置提高菌体的密度，使菌体密度较分批培养有显著的提高，最终提高特定产物的比生产率。

在分批培养条件下，生物量和产物在经过一段时间培养后达到不再增加的稳定状态，主要原因是可利用底物的耗尽和阻遏物的积累，如果能去除这两方面对微生物生长的限制，微生物细胞将有可能达到高密度。新科学和新技术的不断发展为我们提供了很多达到细胞高密度的方法，其中，固定化、细胞循环和补料分批培养是较为成熟和完善的技术。

在几种高密度培养方法中，补料分批技术研究得最广泛，将先进的控制技术应用于补料分批培养的研究也很活跃，如将模糊控制、神经网络和遗传方法用于更精确的控制和模拟发酵过程，但是补料分批技术只有在产物（或副产物）不会对菌体生长和产物合成造成强烈抑制时才有应用价值。

现在，膜细胞循环技术已被用于生物反应器内保持高细胞密度的培养中。在配有膜过滤器的细胞循环反应器中，由于抑制性产物不断被排除，所以产物抑制现象不会太明显，菌体可以达到很高的密度。

膜过滤培养技术是一种较新的细胞培养方法。它是在普通的培养装置上附加一套过滤系统，用泵使培养液流过过滤器，过滤器表面的微孔结构使得微生物细胞不会漏出，滤出的是含有代谢物的培养液，被浓缩的菌体细胞返回培养罐，同时控制流加泵添加新鲜培养基以维持培养液体积不变。此法的特点是在进行连续培养的同时利用过滤装置把微生物细胞保留在反应体系内并得到浓缩。代谢产物因过滤而被除去，同时微生物细胞不会流失，营养物质因流加泵而得到补充，因此膜技术能实现高浓度菌体培养。

（5）原位分离培养技术。

原位分离培养是指将生物细胞的代谢产物快速移走的培养方法。这样可防止代谢产物抑制细胞生长。在过去十几年里，该技术发展迅猛，并已被几个过程所证实，其产率和生产能力有很大提高。

乳酸发酵中，乳酸在发酵液中积累对发酵有明显的反馈抑制作用。乳酸发酵最适pH为5.5～6.0，pH小于5.0时发酵被抑制，乳酸产率仅为1.6%左右。发酵过程中随着乳酸的不断产生，发酵液的pH不断降低，使乳酸菌的生长和产酸受到抑制，乳酸产率降低。为了提高乳酸的产率，需要控制发酵液的pH，传统的方法是使用$CaCO_3$、NaOH、NH_4OH来中和产生的乳酸，以维持最适pH。而乳酸钙浓度大，大约有30%的乳酸钙残留在结晶母液中，不能结晶出来。另外，过高的乳酸盐对乳酸菌的代谢也有抑制作用，在发酵液中造成乳酸菌活力下降，从而使发酵周期延长等。为了克服这些缺点，近十几年来，原位分离培养技术引起了世界范围内的广泛关注，而且取得了很大进展。

近年来采用溶剂萃取法（以油酸、叔胺等为萃取剂）、吸附法（离子交换树脂、液膜法、活性炭、高分子树脂等）、膜发酵法（渗析、电渗析、中空纤维超滤膜、反渗透膜等）等实现乳酸发酵过程的原位分离。通过从发酵液中及时移走乳酸达到减少产物抑制、控制pH的目的，对于连续过程的实现具有重要的意义。

（6）补料分批培养技术。

补料分批培养特指发酵过程中将某一种或几种限制性营养物质流加到反应器中，而目的生成物则要与发酵液同时取出的操作方式。对那些培养基成分的浓度显著影响菌体和产物得率的反应过程十分适用。

补料分批培养由于采用了相应的对基质浓度的控制方法，消除了一些不利因素，因此提高了产物的生产效率，它一般应用于以下几种情况：

① 细胞的高密度培养。通过流加高浓度的营养物质，培养液中的细胞浓度可以达到非常高的程度，如大肠杆菌的浓度可达 125 kg/m^3（干重），这对于胞内产物的生产过程十分有利。

② 减轻底物浓度抑制作用。一些微生物能利用甲醇、乙醇、乙酸、某些芳香族化合物，但这些物质在较高浓度下对细胞的生长会有抑制作用，采用补料培养法使这些基质浓度保持在较低的水平，解除它们的抑制作用。

③ 分解代谢物阻遏。某些很容易被微生物利用的物质（如葡萄糖）作为碳源且浓度较高时，会使细胞内某些酶的合成受到阻遏。采用补料培养使培养液中基质浓度保持在低水平，可以有效地去阻遏这种情况发生。

④ 营养缺陷型菌株的培养。某些营养缺陷型菌株可以积累某种产物（如氨基酸），利用这类菌株进行生产时需补充其不能合成的物质供生长之需，但这些物质过量存在时，可能产生反馈抑制或阻遏作用，影响产物的合成。采用补料培养法可使这些物质保持在低浓度水平，提高产物的合成率。

⑤ 前体的补充。很多微生物在代谢过程中都需加入前体以提高产物的合成量，但如果前体对细胞有毒性，就不能在培养基中大量加入。在培养过程中分批补入可使前体在培养液中浓度维持在低水平，但不影响产物的合成。

（7）固体发酵技术。

一般发酵工艺过程按照培养基物理性状，可将发酵方式分为两大类：固态发酵和液态发酵。

用含水量不超过 60% 的固体基质来培养微生物的工艺过程称为固体基质发酵，但此定义难以反映出固态发酵的科学内涵。从生物反应过程的本质考虑，固态发酵是以气相为连续相的生物反应过程；与此相反，液态发酵是以液相为连续相的生物反应过程。

在固态发酵中，微生物附着于固体培养基颗粒的表面生长或菌丝体穿透固体颗粒基质，进入颗粒深层生长。一种可被生物降解或不被分解的多孔固体基质有较大的用于微生物生长的气固表面积（$10^3 \sim 10^6$ m^2/cm^3 时）。为了使生物化学反应更充分，基质会吸附一倍或几倍的水分，保持相对高的水分活度。

在固态发酵中，微生物在接近于自然条件的状况下生长，有可能产生一些通常在液体培养中不产生的酶和其他代谢产物。可使微生物保持自然界中的生长存在状态，模拟自然的生长环境，这也是许多丝状真菌适宜采用固态发酵的主要原因之一。

在相对低的压力下，空气混合在发酵材料中，气固表面积是微生物快速生长的良好环境。在固态发酵中，微生物生长和代谢所需的氧大部分来自于气相，因此，固态发酵的气体传递速率比液体发酵的高得多。在固态发酵中，有效的供氧和挥发性产物的排除是不复杂的，但颗粒内部的传递取决于颗粒的孔隙率和颗粒内的湿润程度，减少颗粒直径和降低湿润度可强化氧传递。由于固态发酵是非均相反应，测定和控制都比较困难，用于工程设计的参数较少，大多发酵过程都依赖经验。

第二节　微生物纯种分离技术

微生物学是随着微生物的分离而发展起来的。但是，现在所知道的微生物种类与整个自然界分布的微生物种类比，只不过为万分之一。因此，现代微生物分离技术必须以微生物的分类、生理、营养、生态等研究为基础才能得到发展。从微生物类群中分离所需微生物纯种，以无菌操作方法获得纯培养物是微生物学所独有的技术。而且，这一技术对以后病毒的研究和组织培养技术的建立作出了很大贡献。

一、选择培养技术

分离和纯化的目的是从混杂的微生物群体中获得纯种微生物。因此，首先要考察它们所处的自然环境，以提供纯种分离的合适条件。因为微生物的生长受到营养、pH、温度、氧气等各种因子的控制，所以要考虑所需微生物具有哪些特性，可能存在的样品，然后再决定采用合适的培养基成分、培养温度及培养方式等分离条件，并选择合适的分离方法。

（一）分离样品的来源

根据微生物的分布及筛选目的，要对所需菌种的主要特性与外界环境的关系等进行综合具体的分析来决定要选择的样品。通常，工业微生物的纯种分离，由于分离的目的不同，其样品来源大致有四种。

1. 被污染的生产及科研用菌

生产与科研用菌由于某种原因被其他微生物污染，为了重新得到原有的纯种，根据污染菌与原有菌的性质区别及污染的程度，选择适当的分离方法进行分离。

2. 生产中长期使用的菌种

在长期的生产实践中，生产用菌往往会发生某些自然变异和较难恢复的条件变异。因为这些变异都是随机的，而且同时存在着正突变和负突变，为了满足生产的需要，须淘汰生产性状差的，分离选择出生产性状优良的菌株。

3. 经过各种育种方法处理的菌种

随着科学技术的发展，为了满足工业与科研的需要，对现有的菌种进行改造（其方法包括诱变、杂交、融合以及基因工程育种等），使之获得比原菌株更为优良的性状。要想达到这一目的必须配以合适的分离方法。

4. 大自然中的原材料

在广阔的微生物世界中，已被人类发现、分离并采用的菌种只不过是其中很小的一部分，且往往不那么令人满意，所以选择新种是广大微生物学工作者的一项长期而艰巨的任务。

自然界中的微生物是非常多的。土壤，水，空气，植物的根、茎、果、叶和动植物的腐败残骸等，都是微生物大量活动的场所。所以，可根据所需微生物生长要求的各种条件，选择适宜的样品，以达到分离的目的。

（二）培养条件的控制

为了准确快速地得到人们所需的微生物，必须综合考虑目的菌的培养条件，研究该微生物与有关的其他微生物的区别，将其最适的培养条件控制在很窄的范围内，以迅速淘汰掉非目的菌株。

1. 控制营养成分

所谓营养成分主要指氮、碳、维生素和无机盐，由于各种微生物对营养要求有差异，所以控制分离培养基的营养成分对提高分离效果是非常有利的。

在一般情况下也可按照各大类微生物常用培养基进行分离。例如，分离细菌常用蛋白胨牛肉膏培养基，分离放线菌常用淀粉琼脂培养基，分离酵母、霉菌常用麦芽汁或米曲汁培养基等。

2. 控制培养基的酸碱度

微生物生长繁殖的适宜酸碱度往往是不同的。细菌和放线菌一般要求中性或偏碱性的培养基，酵母菌和霉菌一般要求偏酸性的培养基。所以，结合一定营养，将培养基调至一定的pH，更有利于排除某些不需要的微生物类型。对于筛选一些产有机酸类型的菌种，采用控制pH方法更为有效。

3. 添加抑制剂

分离微生物所用的培养基，除控制营养、调整pH外，还可以添加一些专一性抑制剂，这样筛选效果还会提高。添加一些抗生素和化学试剂对某些微生物具有专一性抑菌作用。当然，不同的起抑制作用的物质种类和浓度是有差异的，所以应该区别分离对象，灵活使用。

4. 控制培养温度

不同种类的微生物适宜的生长温度是不同的，一般嗜冷微生物的最适生长温度在15 ℃左右，嗜温微生物在25 ℃～37 ℃，嗜热微生物在55 ℃甚至更高。因此，根据需要选择合适的培养温度，可使不适合生长的菌得到淘汰，也使分离筛选微生物的操作变得更加容易。

5. 控制通气条件

根据微生物对氧的需求可分为专性好氧菌、专性厌氧菌和兼性好氧菌或兼性厌氧菌，因此根据各类微生物对氧气的要求不同，可以使与目的菌有明显差别的微生物得以淘汰，有利于分离操作。

6. 定性与定量分析

在微生物的分离工作中，为了简化分离操作，根据某种微生物自身的特性（如生长繁殖特征以及代谢产物的特性等），采取特定的定性或半定量分析的分离方法，称作微生物分离的初筛方法，这种方法的使用主要是淘汰在分类学上不同的菌株。而在同一种类的微生物中选出性状优良的菌株则需采用定量分析的方法（如菌体生长速度、代谢产物生成的速度及产量等），以此为依据设计的分离方法叫做微生物分离的复筛方法。经过一系列的分析比较，筛选出对人类生活和生存有用的微生物菌株。

二、纯种分离技术

自然界中各种微生物混杂生活在一起，即使取很少量的样品也是许多微生物共存的群体。人们要研究某种微生物的特性，首先须使该微生物处于纯培养状态。也就是说培养物中所有细胞只是微生物的某一个种或株，它们有着共同的来源，是同一细胞的后代。

不同的微生物在固体、半固体和液体培养基中能表现出各自特有的培养特征，这些特征可以作为不同种类微生物的鉴别特征之一。了解它们的培养特征、掌握其生长规律对识别、控制和利用微生物具有重要价值。

厌氧微生物的分离和培养有其特殊性，主要是采取各种方法使它们处于没有氧的环境或在氧化还原电位低的条件下进行培养。随着对厌氧微生物培养方法的改进，发现它们在自然环境中存在的种类和数量都得到大幅度的增加，它们的作用也显得越来越重要。

根据样品经不同方法处理后得到的菌悬液中含有所需的微生物浓度以及生理生化特性，选择适宜的分离方法。纯种分离的方法有平板划线分离法、简单平板分离法、稀释倾注分离法、涂布分离法、毛细管分离法、小滴分离法以及显微操纵单细胞分离法。稀释涂布平板法、稀释混合平板法或平板划线法是分离和纯化微生物的常规方法，不需要特殊的仪器设备，一般条件下都能顺利进行，达到好的效果。

（一）平板划线分离法

菌种被其他杂菌污染时或混合悬菌液常用平板划线法进行纯种分离，此法是借助将蘸有混合悬菌液的接种环在平板表面多方向连续划线，使混杂的微生物细胞在平板表面分散，经培养得到分散的由单个微生物细胞繁殖而成的菌落，从而达到纯化目的。

但划线分离的培养基必须事先倾倒好，需充分冷凝待平板稍干后才可使用。为便于划线，一般培养基不宜太薄，每皿倾倒约 20 mL 培养基，培养基应厚薄均匀，平板表面光滑。划线分离主要有连续划线法（图 3－4）和分区划线法（图 3－5）两种。划线法示意图见图 3－6。

1．连续划线法

在无菌环境中，用接种环直接取平板上待分离纯化的菌落，将菌种点种在平板边缘一处，取出接种环，烧去多余菌体。将接种环再次通过稍打开皿盖的缝隙伸入平板，在平板边缘空白处接触一下使接种环冷却，然后从接种细菌的部位在平板上自左向右轻轻划线，划线时平板面与接种环面成 30°～40°角，以手腕力量在平板表面轻巧滑动划线，接种环不要嵌入培养基内划破培养基，线条要平行密集，充分利用平板表面积，注意勿使前后两条线重叠。划线完毕，关上皿盖。灼烧接种环，待冷却后放置接种架上。培养皿倒置于适宜的恒温箱内培养。培养后在划线平板上观察沿划线处长出的菌落形态，涂片镜检为纯种后再接种斜面。

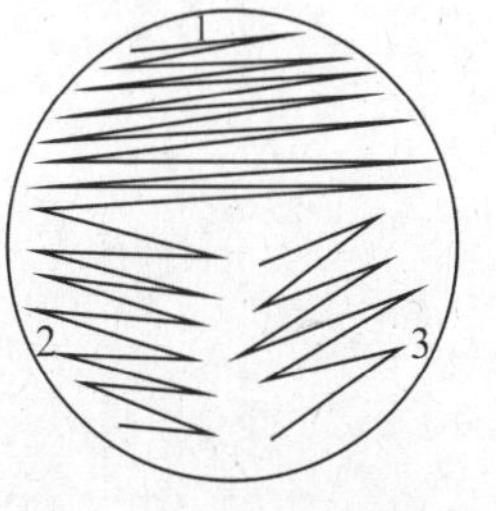

图 3－4　连续划线法

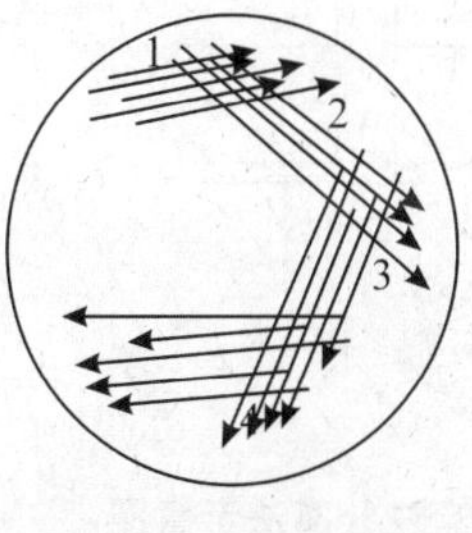

图 3－5　分区划线法

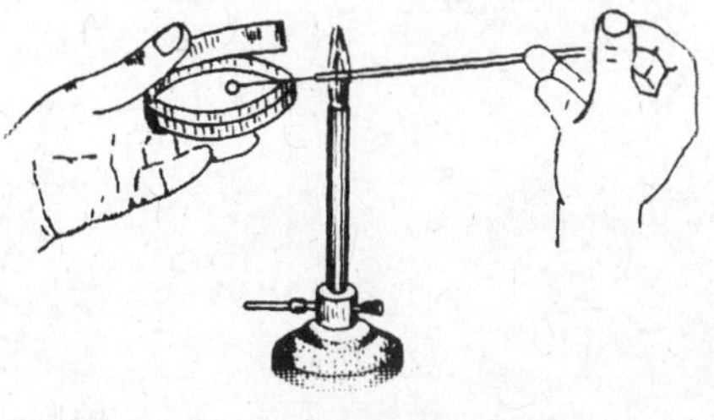

图 3－6　划线法示意图

2．分区划线法（四分区划线法）

取菌、接种、培养方法与连续划线法相似。分区划线法划线分离时平板分 4 个区，故又称四分区划线法。其中第 4 区是单菌落的主要分布区，故其划线面积应最大。为防止第 4 区内划线与 1、2、3 区线条相接触，应使 4 区线条与 1 区线条相平行，这样区与区间线条夹角最好保持在 120°左右。先将接种环蘸取少量菌在平板上 1 区划 3～5 条平行线，取出接种环，左手关上皿盖，将平板转动 60°～70°。灼烧接种环，待在平板边缘上冷却后，再按以上方法以 1 区划线的菌体为菌源，由 1 区向 2 区作第 2 次平行划线。第 2 次划线完毕，同时再把平皿转动约 60°～70°，同样依次在 3、4 区划线。划线完毕，灼烧接种环，关上皿盖，倒置于

37 ℃恒温箱中培养 24 h 后，在划线区观察单菌落。

［实验 3－2］简单平板分离法实验

一般利用三只平皿进行分离，在第三个平皿中获得单菌落，此法具体操作如下：

（1）取三支固体试管培养基加热融化后，冷却至 45 ℃～50 ℃，并保温。

（2）用接种环取一环含菌样品于第一支试管中，之后将试管置于双手掌中，迅速搓动旋转使之均匀，然后用接种环取该试管中培养液一环于第二试管，并搓旋均匀，再取一环于第三支试管中，搓旋均匀。

（3）将三支有菌试管中的培养基分别倒入三个无菌培养皿中，做好标记，摇匀，凝固后倒置于恒温箱中培养，待单个菌落长出，移接于斜面培养基中即可。

［实验 3－3］稀释倾注分离法实验

（1）如图 3－7 所示，取盛有无菌水的试管若干支（9 mL/支），分别标记 1、2、3……用无菌吸管取 1 mL 样品悬浮液（或增殖液）注入 1 号管内，用吸管吹吸三次混匀，记为 10^{-1}。然后从 1 号管内取 1 mL 于 2 号管内，通过吸管的吹吸混合均匀，记为 10^{-2}。同样从 2 号管内取出 1 mL 于 3 号管内，记为 10^{-3}。依此类推。

（2）用三支无菌吸管分别吸取后三个稀释度的稀释液各 1 mL 于三个无菌培养皿中，然后加入融化后冷却至 45 ℃～50 ℃的固体培养基 12～15 mL，迅速摇匀，待凝固后，倒置于恒温箱中培养，挑选单个菌落移接于斜面培养基上培养。

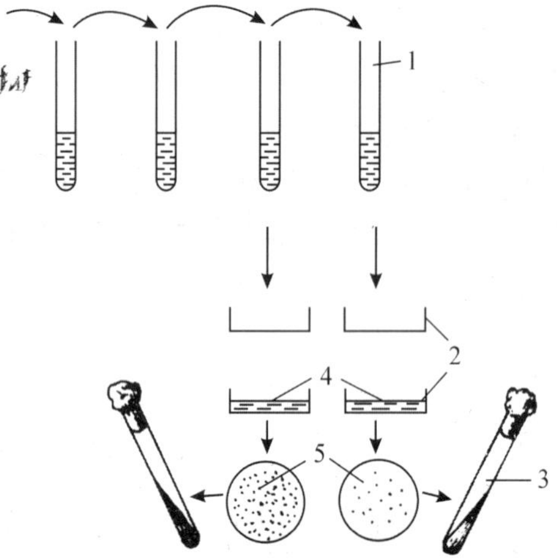

图 3－7　稀释倾注分离法示意图

1. 盛有 9 mL 无菌水的试管；2. 无菌培养基；
3. 试管斜面培养基；4. 10～15 mL 琼脂培养基；
5. 单个菌落

3. 毛细管分离法

分离能产生孢子的霉菌时，可采用毛细管分离法。孢子悬浮液经过稀释，使用毛细滴管把孢子悬浮液滴一小滴于皿盖内，应使每一滴只含有一个孢子，从而达到单孢子分离，其方法如下：

（1）将玻璃管烧熔拉成毛细管，置无菌搪瓷盘内。

（2）取欲分离的样品少许放入融化并冷却至 45 ℃～50 ℃ 的琼脂培养基中，摇匀制成悬浮液，于45 ℃ 水浴中保温。

（3）将毛细管插入悬浮液中，吸取培养基。

（4）将无菌载片放于显微镜的载物台上，取已装有菌悬液并被琼脂培养基包埋固定的毛细管于载玻片上，用低倍镜观察。当找到单个孢子并且距离两侧孢子较远时，用无菌镊子将此段毛细管折断。

（5）将含有单个孢子的小段毛细管用酒精作管外灭菌，然后置于斜面培养基上培养。检查其纯度。

4. 小滴分离法

（1）将长滴管的顶端经火焰熔化后拉成毛细管，然后包扎灭菌备用；

（2）将欲分离的样品制成均匀的悬浮液，并作适当稀释；

（3）用无菌毛细管吸取悬浮液，在无菌的盖玻片上以纵横成行的方式滴数个小滴；

（4）倒置盖玻片于凹载片上，用显微镜检查；

（5）当发现某一小滴内只有单个细胞或孢子时，用另一支无菌毛细管将此小滴移入新鲜培养基内，经培养后则得到由单个细胞发育的菌落。

（二）菌种分离纯化的步骤

1. 新种分离与筛选的方法步骤

新菌的分离筛选大致可分为采样、增殖培养、分离鉴定、性能测定等步骤。

（1）采样。根据筛选的目的、微生物的分布概况及菌种的主要特征与外界环境关系等，进行综合具体的分析来决定采样地点。

土壤是微生物的大本营，所以当不知道生产某种产品的微生物种类或某些特性时，一般可以土壤为样品进行分离。1 g 土壤中含有微生物约几百万至几亿个，而且微生物种类也随土质不同而有所不同。

一般有机质较多的土壤，微生物的数量也多。在原田土和耕作过的土中，以细菌和放线菌为主；在有很多动植物残骸的土壤或沼泽中，酵母和霉菌比较多。

采土的深度，一般离表层 5 ~ 15 cm 处较适宜，因为此深处的土含微生物最多。

采土的最适季节，在北方应属春秋两季，因为此时的温度、湿度对微生物的生长繁殖最合适，土壤中的微生物数量最多，一般应避免雨季采土，因此在大部分南方地区，以秋季采土比较理想。除此之外，土壤的酸碱度也应注意，细菌和放线菌在中性或偏碱性土壤中较多，而酵母菌和霉菌，由于它们对碳水化合物的需要量较多，一般在偏酸性的土壤、普通植物花朵、瓜果种子及腐殖物等上面比较多。

采样的方法，在选好适当地点或场所后用无菌器具按照规范取样几十克，装入无菌的塑料袋或纸袋中，扎好，记录采样时间、地点、环境情况等，以备考证。一般土壤中芽孢杆菌、放线菌和霉菌的孢子忍耐不良环境的能力较强，因此不太容易死亡，但是由于采样后的环境条件与天然条件有着不同程度的差异，微生物必然逐渐减少，种类也会起变化，所以应尽快分离。

（2）增殖培养。由于土壤或其他样品中所含的各种微生物数量有很大差别，预计要分离的菌种含量不多时，就要设法增加分离的几率，增加该菌种的数量，这种人为的方法就叫增殖培养或富集培养。当然，如果样品中所需的菌种类型本来就多，就无须再经过增殖，直接进行分离就可以了，如果一次增殖数量还太少，就可以再次或多次进行增殖培养，直至达到分离要求。

根据微生物的理化特性，尤其是微生物对热的忍耐程度，可以对试样进行热处理，而达到浓缩耐热菌的目的。芽孢菌的富集培养即属于此，已知细菌的孢子处于成熟状态时可抵抗80 ℃、10 min的热处理。利用这种特性，可以首先对试样或移植时的种子进行热处理。通过处理，只使孢子生存下来，再经过培养，即只富集能形成孢子的细菌。

进行增殖培养可以依据预定的技术路线和菌种特性，人为地加入一定的限制因素（如抗生素等），使所需类型的菌种增殖后在数量上占优势，以便将它们分离出来。实质上，这是进行第一次初筛浓缩，人为的限制因素根据具体情况确定。

（3）分离鉴定。通过增殖培养还不能得到微生物的纯种，通过增殖培养，具有某一特性的微生物大量地存在，但它们不是唯一的，仍有其他类型的微生物与之共存。即使在具有某些相同特性的微生物中，也仍然存在其他特性上有差异的菌株，如在同一菌种的不同菌株间的某些酶的性质也有差异。所以，为了获得所需微生物的纯种，增殖培养后就必须进行分离。进行反复的初筛和复筛，在检查确认为纯种之后，依照分类学的方法，进行必要的生理生化反应鉴定。最后通过分类手册检索赋予其合适的名称。

（4）性能测定。分离后获得的纯种才是筛选工作的第一步，要想得到较为理想的生产和科研用菌，还需进行一系列有关的生产性能的测定。通过比较，筛选出性能稳定、适应范围宽、符合生产要求的高产菌株。

2. 纯种的鉴定

（1）纯种的验证。主要依赖于显微镜观察，从单个菌落（或斜面培养物）上取菌少许进行各种制片操作，在显微镜下观察细胞的形状、大小及排列情况、革兰氏染色反应、鞭毛的着生位置和数目、芽孢的有无、芽孢着生的部位和形态、细胞内化物等是否相同以及个体发育过程中形态的变化规律，以此来确认所分离的微生物是否为一纯种。

（2）纯种的分类鉴定。根据微生物的分类鉴定，以比较简单的方法、最快的速度鉴定出微生物新种是十分重要的。

一般来说，首先根据纯种的个体形态和群体形态推断出大致所属的门类或科、属，再选择某些必要的生理生化实验，根据其反应结果对照有关的微生物分类检索表，查出该菌可能所属的属、种。这一过程最好有在分类学上较近似的已知菌作对照，以增加判断的准确性。但是，由于自然环境的改变，往往使微生物的某些特性也发生或多或少的变化，导致分类工作的复杂化，还有许多目前并未被人们发现的微生物的分离鉴定，都必须依照分类原则进行详尽的分类研究。

[实验3－4] 酸乳中乳酸菌的分离及初步鉴定实验

1. 实验材料

（1）实验样品。

含乳酸菌的酸奶。

（2）培养基配制。

①溶液（A）：取脱脂乳粉50 g，水250 mL，加入1.6%溴甲酚氯乙醇溶液0.5 mL，混合均匀后分装入三角瓶于高压蒸汽灭菌锅80 ℃灭菌20 min，备用。

②溶液（B）：取酵母膏5 g，水250 mL，$CaCO_3$ 5 g，琼脂10 g，加热溶解，调pH至6.8，分装入三角瓶后在103 kPa、121 ℃条件下高压蒸汽灭菌20 min，备用。

③以无菌操作趁热将（A）（B）溶液均匀混合。

（3）药品配制。

① 结晶紫：结晶紫乙醇饱和液（结晶紫 2 g 溶于 20 mL 95% 乙醇中）20 mL，1% 草酸氨水溶液 80 mL。将两液混匀，放置 24 h 后过滤即可。

② 卢哥氏碘液：碘 1 g，碘化钾 2 g，蒸馏水 300 mL。先将碘化钾溶于少量蒸馏水中，然后加入碘使之完全溶解，再加入蒸馏水 300 mL 即成。

③ 蕃红溶液：蕃红 2.5 g，95% 乙醇 100 mL，溶解后存于密闭的棕色瓶中。用时取 20 mL，与 80 mL 蒸馏水混匀即可。

④ 0.1% 的吕氏美蓝染液：A 液：美蓝 0.3 g，95% 乙醇 300 mL；B 液：0.01% KOH 100 mL。混合 A 和 B 液即成，按 1∶100 稀释即可。

⑤ 生理盐水：称取 NaCl 9 g，溶解在少量蒸馏水中，稀释到 1 000 mL。

2. 实验步骤

（1）菌悬液的配制。

取洁净三角瓶 1 只，加入 225 mL 生理盐水；7 只洁净试管，各盛 9 mL 的生理盐水；加塞包扎，在 103 kPa、121 ℃条件下高压蒸汽灭菌 20 min，得到无菌生理盐水。

将酸奶样品搅拌均匀，用无菌移液管吸取样品 25 mL 加入盛有 225 mL 无菌生理盐水的三角瓶中，在旋涡均匀器上充分振摇，使样品均匀分散，即为 10^{-1} 的样品稀释液。

将 7 只装 9 mL 生理盐水的无菌试管，依次标记 10^{-1}、10^{-2}、10^{-3}、10^{-4}、10^{-5}、10^{-6}、10^{-7}，再用无菌移液管吸 10^{-1} 的菌悬液 1 mL 放入标记为 10^{-1} 的装有 9 mL 无菌水的试管中，混匀，从中取 1 mL 菌悬液放入标记为 10^{-2} 的试管中，稀释混匀便得到 10^{-2} 稀释液，如此重复依次制得 10^{-3} ~ 10^{-7} 的稀释液。

（2）倒平板。

取无菌平板 12 个，编号标明 10^{-1}、10^{-5}、10^{-6}、10^{-7} 各三套；将经高温消毒的培养基冷却到 50 ℃左右，按无菌操作法倒至 12 只平板上，每皿约 15 mL；平置使培养基均匀分布在皿底，待凝固。

（3）分离方法。

① 平板划线。接种环挑取 10^{-1} 菌液，按无菌操作对标有“10^{-1}”的 3 个平板进行划线操作。划线完毕后，盖上皿盖，倒置放在 40 ℃恒温培养箱中培养 48 h。

② 平板涂布。用三支 1 mL 无菌移液管分别吸取 10^{-5}、10^{-6} 和 10^{-7} 的稀释菌液各 1 mL，对号接种于与之对应的 3 个无菌平板中，每个平皿放 0.1 mL。尽快用无菌玻璃涂棒将菌液在平板上涂布均匀，盖上皿盖，平放于实验台上 20 min；然后倒置于 40 ℃恒温箱中培养 48 h。

（4）菌落观察。

恒温培养 48 h 过后，取出培养平板；选择菌落分布较好的平板，先对其菌落形态进行观察，初步找出乳酸菌菌落。乳酸菌的菌落很小，大约 1 ~ 3 mm，圆形隆起，表面光滑或稍粗糙，呈乳白色、灰白色或暗黄色。在产酸菌落周围还能产生 $CaCO_3$ 的溶解圈。

（5）镜检。

取干净载玻片一块，在载玻片中央加一滴生理盐水，无菌操作法取少量菌体涂片。结晶紫初染→碘液媒染→乙醇脱色→蕃红复染，干燥后用油镜观察，菌体被染成蓝紫色的是乳酸菌。其中保加利亚乳杆菌呈杆状，成单杆、双杆或长丝状。嗜热链球菌呈球状，成对状、短链状或长链状。

[实验 3 - 5] 酒曲中酵母菌的分离实验

1. 实验材料

酒曲为实验样品、麦芽汁培养基、乳酸、无菌水等。

2. 实验步骤

（1）富集培养。用无菌小刀割开曲块，从内部挖取米粒大小的一块，加入到 10 mL 麦芽汁培养基试管中，同时加入一滴乳酸摇匀于 25 ℃培养 24 h，而后取 1 mL 接种于另一支添加乳酸的麦芽汁试管中，再行培养。在培养过程中若出现菌丝体应立即挑出，烧毁。经过如此 3 ~ 4 次的转接培养即可分离。

（2）酵母菌的分离。取最后一代酵母增殖液 1 mL，以 10 倍稀释法稀释至 10^{-7}，然后取后两个稀释度的稀释液各0.1 mL分别接于事先倒好的麦芽汁固体平板上，用无菌涂布器依次涂布2～3个皿，25 ℃培养48 h。

（3）酵母菌的选择。对平板上长出的典型酵母菌落进行描述性记录，并同时制片镜检，然后选择不同类型的酵母菌落分别接于麦芽汁斜面，置25 ℃培养48 h备用。

（4）液体培养特征。将上述各酵母菌株分别接种于麦芽汁液体试管中，25 ℃培养24 h，记录培养特征再镜检并记录其细胞形态。

（5）纯化。将挑出的菌株采用平板分离的方法纯化，其培养基与分离培养基的营养成分相同。

（6）性能测定。根据不同的目的选择不同的性能测定方法，具体操作请参考有关资料，这里不列举。

[实验3－6] 根霉菌的分离实验

1. 实验材料

甜酒药一袋、葡萄糖豆芽汁培养基、无菌水等。

2. 实验方法与步骤

（1）取甜酒药一小块置于无菌研钵中，加10 mL无菌水，研磨成均匀的悬浮液。

（2）融化葡萄糖豆芽汁琼脂培养基制作平板。

（3）将上述悬液以10倍法稀释至10^{-8}，取后三个稀释度的稀释液各0.2 mL于无菌平皿中（每一稀释度平行二个皿），用玻璃涂布器涂布均匀，置25 ℃培养3 d。

（4）观察有无菌丝生长，由于此时菌丝细短且颜色与培养基近似，不易发现，在光线处斜视才易见到，用接种钩挑挖菌丝一段，移置于豆芽汁斜面培养基中25 ℃培养3 d。

（5）鉴定：根据形态鉴定根霉，必要时可进一步通过生理生化实验予以验证。

（6）性能测定：根霉菌用米粉或麸皮培养基培养后测其糖化酶活力，以定优劣。

三、发酵菌种的自然选育综合实验

本实验是学习从自然环境中分离工业微生物菌株的方法，并进一步熟悉无菌操作技术。

土壤是微生物生长的大本营，水体是微生物生长的第二场所。工业微生物菌种最初都来自于自然界（目前海洋微生物资源的开发和利用正成为世界性的研究热点）。但是自然界中微生物种类繁多，而且都是混居在一起的，要获得发酵菌株，首先必须把它们从混杂的微生物群体中分离出来。

分离微生物菌株最基本的方法就是稀释法。将样品放于无菌水中，通过振荡，使微生物悬浮于液体中，然后静置一段时间，由于样品沉降较快，而微生物细胞体积小沉降慢，会较长时间悬浮于液体中。通过对微生物细胞悬液的进一步稀释和选择性培养，就可以分离出我们需要的目的菌株。

但是并不是所有分离株都能成为生产菌株，作为工业发酵菌株，必须具备下列基本特征：①能在廉价原料制成的培养基上迅速生长，并能生成较多的发酵产物；②培养条件（如温度、渗透压等）易控制；③抗杂菌和抗噬菌体能力较强；④遗传稳定性高、不易退化；⑤不产生有害的生理活性物质或毒素（食品或医药微生物菌株）。

本部分内容以土壤或淡水微生物的分离为例，介绍发酵菌种的自然选育方法，若要筛选海洋微生物，在配制培养基及无菌水时应用陈海水代替蒸馏水和生理盐水，其他操作都一样。

（一）实验器材与试剂

1. 样品

土壤、水、湖泊沉积物或其他富含微生物的样品（如动物胃肠道）。

2. 培养基

（1）Zobell 2216E 琼脂培养基：蛋白胨 5 g，酵母膏 1 g，$FePO_4$ 0.01 g，NaCl 10 g，琼脂 20 g，加水至 1 000mL，pH 7.2～7.4。

（2）营养琼脂培养基：蛋白胨 10 g，牛肉膏 3 g，NaCl 5 g，琼脂 20 g，加水至 1 000 mL，pH 7.2～7.4。

（3）高氏一号培养基：可溶性淀粉 20 g，KNO_3 1 g，K_2HPO_4 0.5 g，$MgSO_4 \cdot 7H_2O$ 0.5 g，NaCl 0.5 g，$FeSO_4 \cdot 7H_2O$ 0.01 g，琼脂 20 g，加水至 1 000 mL，pH 7.2～7.4。

可溶性淀粉用少量冷水调匀后加到沸水中，边加边搅拌，然后再加入其他成分。

（4）马铃薯培养基：马铃薯（去皮）200 g，煮沸 20 min 后过滤，滤液中加蔗糖 20 g，琼脂 20 g，补水至 1 000 mL，pH 自然。

若要筛选海洋微生物，上述培养基用陈海水（或 2% 海盐）配制。

3. 实验器材

高压蒸汽灭菌锅，恒温干热灭菌箱，超净工作台，天平，电炉，1 mol /L HCl，1 mol /L NaOH，刻度搪瓷杯，量筒，漏斗，漏斗架，玻棒，三角瓶，玻璃珠，试管，培养皿、移液管、防水纸等。

（二）实验步骤

1. 培养基制备

（1）细菌分离用 Zobell 2216E 琼脂培养基或营养琼脂培养基。

（2）寡营养细菌（Oligotrophic Bacteria）的分离用稀释 10 倍的 Zobell 2216E 琼脂培养基。

（3）放线菌分离用高氏一号培养基。

（4）真菌分离用马铃薯培养基。

通过称量、溶解、调节 pH 等步骤，配制上述培养基，并配制 45 mL 无菌水（内装几颗玻璃珠）1 瓶，4.5 mL 无菌水若干支，0.1 MPa 灭菌 30 min 后备用；另包扎好培养皿、移液管和涂布棒等，灭菌，烘干备用。

2. 倒平板

将灭菌后的培养基冷却至 50 ℃～60 ℃，以无菌操作法倒至经灭菌并烘干的培养皿中，每皿约 20 mL。为了防止非目标菌株的生长，可在真菌培养基中加入链霉素使之达到 30 mg/L，以抑制细菌的生长，在细菌和放线菌培养基中加入制霉素使之达到 100 mg/L，以抑制真菌生长。冷却凝固待用。

3. 微生物分离（涂布法）

（1）称取样品 5 g（液体样品 5 mL），放入装有 45 mL 无菌水的三角瓶中，振荡 10 min，即为 10^{-1} 的土壤稀释液。

（2）取装有 4.5 mL 无菌水的试管 4 支，编号 10^{-2}、10^{-3}、10^{-4}、10^{-5}。

（3）取 10^{-1} 的稀释液，振荡后静止 2 min，用无菌移液管吸取 0.5 mL 上层细胞悬液加至装有 4.5 mL 无菌水的试管中，制成 10^{-2} 稀释液。同法依次稀释至 10^{-3}、10^{-4}、10^{-5} 稀释液。在稀释过程中，因从高浓度到低浓度，每稀释一次应更换一支移液管。

（4）另取移液管，分别以无菌操作法吸取 10^{-3}、10^{-4}、10^{-5} 的稀释液各 0.1 mL（依样品中微生物的多少选取不同的稀释度）加至制备好的平板上，用无菌刮刀（涂布棒）涂布均匀。

（5）将培养皿倒置培养于恒温培养箱中，细菌 37 ℃ 培养 1～2 d，真菌 30 ℃ 培养 3～

5 d，放线菌 30 ℃ 培养 5 ~7 d 后观察。若杂菌干扰不严重，可适当延长平板的培养时间，以便挑取生长速度较慢的菌株。

（6）根据菌落形态特征，挑取有代表性的单菌落（尽量挑取不同类型的菌落），在相应培养基的平板上划线，直至得到纯培养（通过显微镜检查确认只有单一形态的菌体）。纯化后的菌株应及时转接到斜面培养基上保存。

（7）对分离获得的纯培养进行特定发酵能力的测定。

（三）注意事项

（1）培养箱中最好放置一杯水以增加湿度，分离放线菌的平板应相对厚一些，以避免因培养时间过长而干掉。

（2）样品的贮藏时间不宜过长，因为样品是被破坏了的自然体，水、热、气等因子与原来环境中的不一样，如果贮藏时间稍长，一些“娇气”的微生物容易死亡，所以要想从土样中找出有价值的微生物，应当克服这种藏与死的矛盾。

（3）筛选海洋微生物应用陈海水（或 2% 海盐）代替蒸馏水和生理盐水，其他操作都一样。Zobell 2216E 琼脂培养基对筛选海洋细菌比较适宜。

（4）样品的采集要有针对性。分离淀粉酶产生菌最好在栽培淀粉谷物的土壤中采集，分离蛋白酶产生菌最好在蛋白加工厂周围（动物蛋白）或栽培豆科植物的土壤（植物蛋白）里采集。

四、发酵菌株的初筛综合实验

本部分的目的是从已分离到的细菌、放线菌和真菌中筛选出能产生生理活性物质的菌株。学习抗生素产生菌和淀粉酶、蛋白酶产生菌的筛选方法。

抗生素是生物（特别是微生物）在生命活动过程中产生的一类次生代谢产物或与之相类似的人工合成衍生物质，它们在低浓度时就可抑制其他一些生物（主要是微生物）的生命活动。因为抗生素在极低浓度下就能抑制或杀死微生物，因此在抗生素产生菌的筛选中，常以其发酵产物对这些指示微生物产生的抑菌圈大小来衡量抗菌作用的强弱和抗生素的有效浓度。

淀粉酶在酿造、纺织、食品加工、医药等领域具有广泛的用途。淀粉酶是一类淀粉水解酶的统称，它能将淀粉水解成糊精等小分子物质并进一步水解成麦芽糖或葡萄糖，淀粉被水解后，遇碘不再变蓝色，因此可以根据淀粉培养基上透明圈的大小来判断所选菌株的淀粉酶活力。蛋白酶也是一类重要的工业用酶制剂，它能将蛋白质分解成短肽甚至氨基酸。根据三氯乙酸能将酪蛋白变性从而产生沉淀这一原理，可在平板培养基上直接筛选蛋白酶产生菌株。产酶菌株能将酪蛋白水解成小分子物质，菌落周围不形成沉淀蛋白而出现透明圈，根据透明圈大小还能判断产酶活力。

本实验以抗生素产生菌和淀粉酶或蛋白酶产生菌的筛选为例，介绍发酵菌种的初步筛选方法。

（一）实验器材与试剂

1. 菌株

本章第三部分分离到的微生物菌株。

2. 培养基

（1）目的菌株培养基同本章第三部分的分离培养基。

（2）指示细菌培养基：蛋白胨 0.25%，酵母膏 0.1%，牛肉膏 0.06%，葡萄糖 0.5%，琼脂 2%，pH 7.0 ~7.2。

（3）指示霉菌培养基：蛋白胨 0.5%，酵母膏 0.01%，$MgSO_4 \cdot 7H_2O$ 0.05%，K_2HPO_4 0.1%，葡萄糖 1%，琼脂 2%，pH 自然。

（4）指示酵母培养基：葡萄糖 2%，酵母膏 1%，蛋白胨 2%，琼脂 2%，pH 自然。

（5）淀粉酶产生菌筛选培养基：蛋白胨 1%，牛肉膏 0.3%，NaCl 0.5%，可溶性淀粉 0.2%，琼脂 2%，pH 7.2 ~7.4。

（6）蛋白酶产生菌筛选培养基：葡萄糖 0.05%，NaCl 0.5%，K_2HPO_4 0.05%，KH_2PO_4 0.05%，酪蛋白 1%，琼脂 2%，pH 7.5。

（二）实验步骤

1. 抗生素产生菌的初筛

（1）指示菌培养基的配制。

配制细菌、霉菌和酵母的指示培养基，分装于三角瓶中，0.08 MPa 灭菌 30 min，冷至 60 ℃ 左右倒平板，每皿约 20 mL。

（2）指示菌悬菌液的制备。

实验选取金黄色葡萄球菌、大肠杆菌和枯草芽孢杆菌分别作为革兰阳性球菌、革兰阴性杆菌和含芽孢细菌的指示菌，黑曲霉作为丝状真菌的指示菌，啤酒酵母作为单细胞真菌的指示菌。

以无菌操作法挑取 3 环细菌或酵母指示菌菌苔或霉菌的孢子至装有 3 mL 无菌水的试管中，制成菌悬液，吸取 0.1 mL 涂布在相应培养基的平板上。

（3）抑菌实验。

① 琼脂块法。

a. 将分离所得的菌株在合适的培养基中进行平板划线，培养成熟（一般细菌 37 ℃ 培养 1 ~2 d，霉菌 30 ℃ 培养 3 ~5 d，放线菌 5 ~7 d）；

b. 用无菌打孔器在长满菌苔的培养皿中无菌操作垂直钻取连有培养基的菌块，用灭菌镊子将菌块移至涂有指示菌的平板上，每个平板放四块，作好标记；

c. 将平板正放在 37 ℃ 温箱中培养 1 ~2 d，观察菌块周围的透明圈（抑菌圈）大小。透明圈越大，表示抑菌能力越强。

② 滤纸片法。

a. 挑取筛选得到的纯培养菌苔 3 环，接入装有 5 mL 发酵培养基（同筛选培养基，不加琼脂）的试管中，30 ℃ 摇床（180 r/min）培养，细菌培养 1 ~2 d，真菌培养 2 ~3 d，放线菌培养 3 ~5 d。

b. 用滤纸片蘸取发酵液少许，贴于指示菌平板上，30 ℃ 温箱中培养 1 ~2d 后观察菌块周围抑菌圈的大小。

2. 淀粉酶产生菌的初筛

方法基本同上，用淀粉酶产生菌筛选培养基来分离产生淀粉酶的细菌，高氏一号培养基和马铃薯培养基本身就含淀粉，可直接用于筛选。

分离纯化的菌株可点种于淀粉培养基平板上（每皿点种 5 点），形成菌落后，在平板上滴加卢哥碘液，以铺满平皿为度，如果菌落周围有透明圈出现，说明淀粉被水解，该菌能产淀粉酶，透明圈与菌落直径之比越大，说明该菌产淀粉酶的活力越强。

如果想直接在分离培养基上检验淀粉酶产生情况，应适当提高涂菌时的稀释倍数，让每皿长 10 个左右菌落，加的碘液应适当稀释，并用无菌操作方式加至培养皿中，尽量缩短菌落与碘液的接触时间（最好加到菌落周围），以免菌体死亡。也可用冷冻的方法，即将长好菌落的培养皿直接放至 4 ℃ 冰箱过夜，观察透明圈形成情况。

3. 蛋白酶产生菌的初筛

方法基本同上，所用的是蛋白酶产生菌筛选培养基，培养后在平板上滴加 2.5% 三氯乙酸溶液，以刚铺满平皿为度，菌落周围如有无色透明圈出现，说明该菌产蛋白酶。

（三）注意事项

（1）抗生素的指示菌最好用病原微生物，但对普通实验室来说，用致病菌作指示菌很不安全。本实验选用了不同类型的非致病菌作为指示菌，但操作时仍应严格遵循无菌操作规程，防止菌液污染环境。

（2）加淀粉时先用冷水将淀粉调匀，然后边搅拌边将淀粉加至沸水中，让淀粉溶解。

第四章　微生物诱变育种

诱变育种是利用物理和化学因子促使育种的原始材料的遗传性状发生变异，从而选出优良品种的一种育种方法。它包括物理的辐射诱变和化学诱变两种。辐射诱变是指利用 γ 射线、X 射线、β 射线、中子、无线电微波、激光、紫外线等物理因子，照射植物的种子、植株或其他器官，使它们的遗传物质发生变化，产生各种各样的变异，通常称为突变，然后选择符合人们需要的植株进行培育，从而获得新品种。化学诱变则是利用一些化学药品浸泡和处理植物的种子或其他器官，促使突变的发生，从而选育出新的品种。

诱变育种的中心是利用各种诱变剂提高微生物菌株的突变率。但是诱变剂的剂量是一个首先要注意的问题，并非剂量越大越好，要明白诱变剂的处理是建立在对原有细胞中遗传物质的损伤的基础上来加大突变率的，它们的处理对细胞是有伤害的。选择一定的诱变剂量很重要，诱变育种中有相应的三个名词或俗语，那就是“致死剂量”、“半致死剂量”和“临界剂量”。所谓“致死剂量”是指经诱变处理后，引起全部菌株死亡的剂量；“半致死剂量”是指经诱变处理后，成活率为50%的剂量；而“临界剂量”是指诱变处理后成活率占40%的剂量。一般诱变育种中多采用“临界剂量”作为最适合的剂量，使得诱变处理后既能提高突变率又能保持微生物一定的成活率。因此诱变处理前常常要用少量的育种原材料进行实验，找出这三种剂量，再进行大批的原材料诱变处理。

诱变育种不仅可以提高菌株的生产能力，而且还可以改进产品质量，扩大品种，简化生产工艺。其方法简便，收效显著，因此，在科学实验和生产上得到广泛应用。微生物诱变育种一般按照图 4－1 所示工作程序进行。

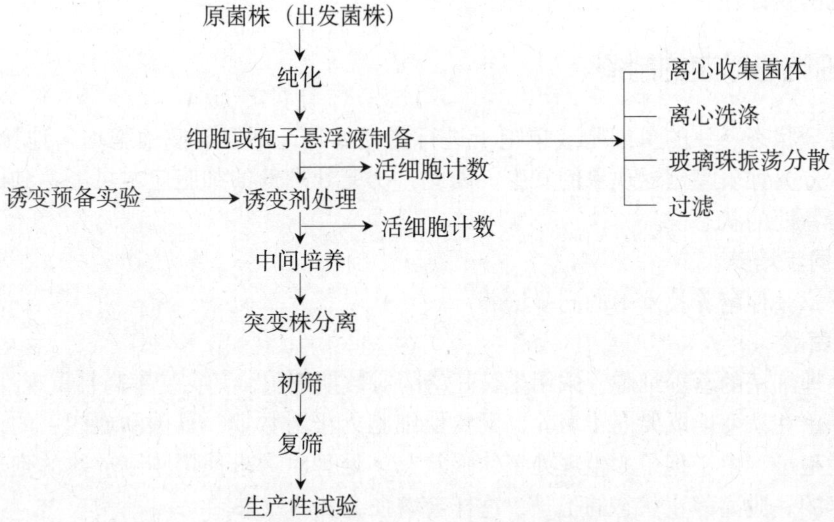

图 4－1　诱变育种工作程序

一、出发菌株的选择

（一）出发菌株对诱变剂的效应

用来进行诱变的菌株称为出发菌株，诱变育种的目的在于提高微生物最终产物或中间代谢产物的产量，改进质量或改变原有的代谢途径以产生新的代谢产物，因此选择出发菌株对决定诱变效果尤为重要。作为出发菌株应对诱变剂敏感，变异幅度大。

（1）从自然界分离出的野生型菌株对诱变剂敏感，易发生正向突变。

（2）通过生产选育，即由自发突变经筛选得到的菌株，这类菌株也属于野生型菌株，易收到好效果。

（3）经诱变处理的高产菌株不一定是继续提高产量潜在力大的菌株。一般认为，诱变获得的高产菌株在诱变时易出现负突变，继续提高产量较难。常进行回复突变或基因重组后再作为诱变菌株，将会收到较好效果。

总之，大幅度提高产量是经过多次诱变和筛选的结果。

（二）染色体组倍数对诱变剂的效应

1．选择单倍体细胞

变异性状除一部分为显性性状，大部分为隐性性状。如果是二倍体细胞，尽管两条同源染色体中有一条发生了隐性突变，由于另一条是正常的，其细胞表型并不发生改变或只发生极少变化。因此，在一般突变实验中，应选易于表现出基因发生改变的单倍体细胞。如酵母二倍体细胞很稳定，应挑选其异宗接合的单倍体菌株或用子囊孢子进行诱变。

2．选择单核或细胞核尽量少的细胞

霉菌的菌丝虽然是单倍体，但它是多核的。在这种细胞里，即使有一个核发生了隐性突变，因有其他野生型核的存在，仍会表现为野生型表型。在混有野生型和变异型的异核体中，有可能通过细胞分裂分离出只有突变型的细胞来，得到表现出了变异的表型细胞。这种实际发生变异与变异表现出来相隔若干世代的现象，称分离性表型延迟现象。核数目越少的细胞，分离性表型延迟的时间越短，越易分离出突变菌株。在霉菌的诱变中，多采用分生孢子或子囊孢子进行诱变处理。

二、细胞悬浮液的制备

采用生理状态一致的单细胞或单孢子进行诱变处理，不但能使细胞均匀地接触诱变剂，还可以减少分离性表型延迟现象的发生。因此，诱变处理前的细胞应尽可能达到同步培养状态和对数培养期的状态。

（一）同步培养

见第三章其他培养技术中的同步培养。

（二）菌龄

一般处理细菌的营养细胞，采用生长旺盛的对数期细胞，其突变率高且重现性好。因此，细菌、酵母菌在诱变前既要同步培养，又要使细胞处于对数期。真菌和放线菌的诱变多使用单核的无性孢子。由于孢子的生理处于休眠状态，处理时力求使用刚刚成熟的孢子或事先经数小时培养的、脱离静止状态的孢子，这样会增强突变的效果。

（三）细胞悬浮液浓度

根据经验，一般诱变处理真菌的孢子或酵母菌的营养细胞，其悬浮液浓度为 10^6 个/mL。

而细菌的营养细胞或放线菌的孢子浓度为 10^8 个/mL。细胞悬浮液浓度可用平板活菌计数法或血球计数板法测定，也可用光密度法、电子技术法测定。根据实际选用适当的方法。

（四）细胞悬浮液的制备

根据所使用的诱变剂的不同，细胞悬浮液可用生理盐水或缓冲液配制。一般情况下，使用物理诱变剂处理时，用生理盐水配制细胞悬浮液；使用化学诱变剂处理时，由于 pH 易引起诱变剂性质的改变而使用缓冲液配制细胞悬浮液。

三、诱变剂的选择及处理方法的选择

（一）诱变剂的选择

一般情况下，尽可能使用简便的方法，如营养缺陷型的回复突变、抗药性突变、形态突变和溶源细菌的裂解等方法测定。其中用抗药性突变作为筛选诱变剂的诱变效应强弱的指标比较方便。

应该指出，在诱变育种中，对诱变剂的要求应该是遗传物质改变较大，难以产生回复突变的诱变剂，这样获得的突变株性状稳定。NTG 或 EMS 等烷化剂虽然能引起高频度的变异，但它们多是引起碱基对转换突变，得到的突变性状易发生回复突变。而那些能引起染色体巨大损伤、密码组移动的紫外线、γ 射线、烷化剂、吖啶类等诱变剂，确实显示了优越的性能。

尽管如此，目前在实际育种中，仍多使用 NTG 或 EMS 等化学诱变剂。据报道，有人用 EMS 处理棒状杆菌和枯草杆菌（处理 18 h），在细胞存活率为 1.0×10^{-5} 时，突变率达 82.7%；用 NTG（浓度 1 000μg/mL）处理谷氨酸产生菌 30 min，营养缺陷型高达 49.6 %。

（二）诱变剂量的选择

一切诱变剂都有杀菌和诱变双重效应，如果以剂量为横坐标，细胞存活率和突变率为纵坐标就可以看到，当细胞存活率高时，突变率往往随诱变剂量的增大而增大，当达到某一数值时，突变率反而下降。这说明在诱变剂的使用中存在最适剂量。

近年来，根据对紫外线、X 射线和乙烯亚胺等诱变剂的研究发现：

（1）正向突变较多出现在偏低剂量中，而负向突变（即降低产量）较多出现在偏高剂量中。

（2）对经过多次诱变而提高了产量的菌株，在较高的剂量时负向突变率高，而正向突变则偏于低剂量。

（3）形态变异与生产性能变异在剂量上不完全一致。形态变异多发生在偏高剂量中，而一般形态变异多趋向于降低产量。

近年来学者认为，杀菌率在 70% ~80% 或更低剂量时诱变效果较好。特别是经过多次诱变的高产菌株更是如此。在使用 NTG 或 EMS 等高效化学诱变剂时，其最适剂量也应在较低的杀菌率范围内。但是，对多核的细胞来说，剂量不宜过低。

（三）诱变处理方法的选择

1. 紫外线

这是一种使用方便且诱变效果较好的物理诱变剂。通常在特制的诱变箱内进行，箱内上方装有 15 W 紫外线灯，箱体放置磁力搅拌器一台，紫外线灯管下沿至搅拌器载物台面距离 30 cm 。其诱变操作如下：

（1）在诱变处理前，开启紫外灯预热 20 min，使光波稳定。

（2）将 10 mL 细胞悬浮液置于灭过菌的带有磁力搅拌棒的 Φ 90 mm 培养皿中，放在磁力搅拌器的载物台上，紫外照射 10 min，进行皿的表面消毒。

（3）开启磁力搅拌器，打开皿盖，边照射边搅拌，并计时。

（4）照射一定时间后，盖上皿盖。将皿取出，取 1 mL 处理液稀释涂平板或中间培养。

注意事项：

第一，为了避免光复活作用，紫外线照射及照射后菌悬浮液的处理操作必须在暗处或在红光下进行。

第二，紫外诱变不受温度影响，可在室温下进行。

第三，为了让紫外线灯工作稳定，最好安装电源稳压器。

第四，紫外线对皮肤和眼角膜有伤害作用，操作时应注意防护。

2. 化学诱变剂的参考条件

各种化学诱变剂常用的浓度和处理时间等参考条件，见表 4－1。

表 4－1　各种化学诱变剂常用的浓度和处理时间

诱变剂	诱变剂的浓度	处理时间	缓冲液	终止反应方法
亚硝酸	0.01～0.1 mol/L	5～10 min	pH 4.5 1 mol/L 醋酸缓冲液	pH 8.6，0.07 mol/L NaH_2PO_4 溶液
硫酸二乙酯 （DES）	0.5%～1%（体积分数） 0.1%（体积分数）	15～30 min 孢子 18～24 min	pH 7.0 磷酸缓冲液	硫代硫酸钠 或大量稀释
甲基磺酸乙酯 （EMS）	0.05～0.5 mol/L	10～60 min 孢子 90～120 min	pH 7.0 磷酸缓冲液	硫代硫酸钠或 大量稀释
亚硝基胍 （NTG）	0.1～1.0 mg/mL 孢子 3 mg/mL	15～60 min 90～120 min	pH 7.0 1 mol/L 磷酸 或 Tris－HCl 缓冲液	大量稀释
亚硝基甲基胍 （NMU）	0.1～1.0 mg/mL	15～90 min	pH 7.0 磷酸/ Tris－HCl 缓冲液	大量稀释
氮芥	0.1～1.0 mg/mL	5～10 min	—	甘氨酸或大量稀释
乙烯亚胺	1∶1 000～1∶10 000	30～60 min	—	稀释
羟胺	0.1%～5.0%	数小时或生长过程 中引起突变	—	稀释
氯化锂	0.3%～0.5%	加入培养基中， 长过程中突变	—	稀释
秋水仙碱	0.01%～0.2%	加入培养基中， 长过程中突变	—	稀释

上面是单一诱变因子的处理方法。关于几种诱变剂交替使用的处理方法介绍如下：

（1）紫外线与光复活的交替处理：应用光复活现象能使紫外线诱变作用明显增强。当用一次紫外线处理后，光复活一次会降低突变率，但增加紫外线照射剂量再次照射时，发现突变率增加了。若多次紫外线照射后，并在每一次照射后进行一次光复活，突变率将大大提高。例如，链霉素生产菌经 6 次光复活交替处理，结果突变率由初始的 14.6% 提高到 35%。

（2）复合处理：诱变剂的复合处理呈现一定的协同性，如表 4－2 所示。复合处理有以下几种方式：两种或多种诱变因子先后使用，两种或两种以上诱变剂的交替使用，同一种诱变剂先后使用，同一种诱变剂的连续使用等。

表 4-2　复合处理和分别处理对金色链霉素的诱变效果比较

诱变剂	菌落数	突变菌落数	突变率/%
乙二烯三胺（1∶10 000，28 ℃，处理 4 h）	105	6	6.06
硫酸二乙酯 / 0.01 mol/L	224	28	12.7
紫外线（30 cm，15 min）	328	40	12.5
乙二烯三胺 + 紫外线	428	111	26.6
硫酸二乙酯 + 紫外线	2 005	719	35.86
对照（不处理）	712	35	5.12

四、中间培养

突变基因的出现并不意味着突变表型的出现，表型的改变落后于基因改变的现象称为表型延迟，其原因有分离性延迟或生理性延迟。为了克服表型延迟，必须将诱变处理的菌液进行中间培养，即将一定量的菌液接入完全液体培养基中培养过夜。

五、突变型菌株的分离

（一）营养缺陷型菌株的分离

营养缺陷型是指某些菌株由于基因突变致使细胞合成途径出现某些缺陷（从表型看，是指氨基酸、核酸碱基或维生素的合成途径中某一步被钝化或丧失），在只含有最低限度营养物质的基本培养基上不能生长，必须在此培养基中加入某些有机物质才能正常生长的一类菌株。能满足原养性菌株的最低营养的培养基叫做基本培养基（MM），能满足缺陷型菌株的营养的培养基称为完全培养基（CM）。

营养缺陷型的本质是一种减低或消除末端产物以解除反馈控制，使代谢途径中的中间产物或分支合成途径中的末端产物积累，因此广泛用于氨基酸、维生素和核苷酸的生产菌种的选育方面。此外，它不仅作为遗传生化的研究对象，而且作为基因标记而广泛用于遗传学的研究中。

营养缺陷型菌株分离筛选一般分为诱变处理、中间培养、淘汰野生型、缺陷型的检出和鉴定等步骤。关于诱变处理和中间培养，前面已经作了介绍。这里主要介绍缺陷型菌株的分离。

1. 营养缺陷型的浓缩

此过程的目的在于选择性地去除中间培养后群体细胞中的野生型（原养性）细胞，即淘汰野生型细胞，从而提高缺陷型细胞分离和检出效率。浓缩缺陷型的常用方法有：青霉素法、D-环丝氨酸法、五氯酚法、亚硫酸法、制霉素法、脱氧葡萄糖法、过滤法、差别杀菌法等。

为了达到淘汰野生型、浓缩缺陷型细胞的目的，无论应用上述哪一种方法，均需对诱变处理后经中间培养的培养物进行如下处理：

（1）饥饿培养：经中间培养的菌液，离心收集菌体，用生理盐水离心洗涤 2 次，将菌体置于无氮基本培养基中培养 6～12 h，使其游离的含氮有机化合物耗尽。

（2）2 倍氮源培养：将上述培养液全部移入等量的 2 倍氮源的基本培养基中培养 2～3 h

后，加入一定量抗生素、抑菌剂等（根据不同菌株，选用上述 8 种方法中的一种），继续培养一定时间。由于野生型细胞在基本培养基中能生长繁殖，缺陷型细胞不能生长繁殖，从而杀死或抑制野生型，达到浓缩缺陷型细胞的目的。应用菌丝过滤法，可直接用基本培养基培养到野生型孢子萌发至形成菌丝，过滤除去菌丝，使缺陷型孢子得以浓缩。

2. 营养缺陷型菌株的检出

经浓缩处理的菌液中只是营养缺陷型比例增大，但并不是每个细胞都是缺陷型，还要通过一定的方法分离检出。缺陷型细胞的检出方法很多，主要有逐个检出法、夹层培养法、限量补充法、影印接种法等。具体方法可查阅相关书籍，这里不再叙述。

3. 氨基酸、维生素、核酸碱基三大营养要求的鉴定

将生长在完全培养基斜面上的待测营养缺陷型细胞或孢子用无菌水洗下，离心收集菌体，充分洗涤离心后制成细胞浓度为 10^6 ~ 10^8 个/mL 的悬浮液。取 1 mL 悬浮液于培养皿中，倾入 15 mL 融化并冷却至40℃ ~50 ℃ 的基本培养基，充分混匀凝固后即制得含菌的待测平板。在平板背面用记号笔划分三个区域，然后在平板的三个区域上分别贴上蘸有氨基酸、维生素、核酸水解物的滤纸片。经培养后，发现某一物质的滤纸片周围出现微生物生长圈，说明该待测菌株在生长时需要补充该添加的营养物质，该菌株即某营养物质的营养缺陷菌株，如图 4 –2 所示。

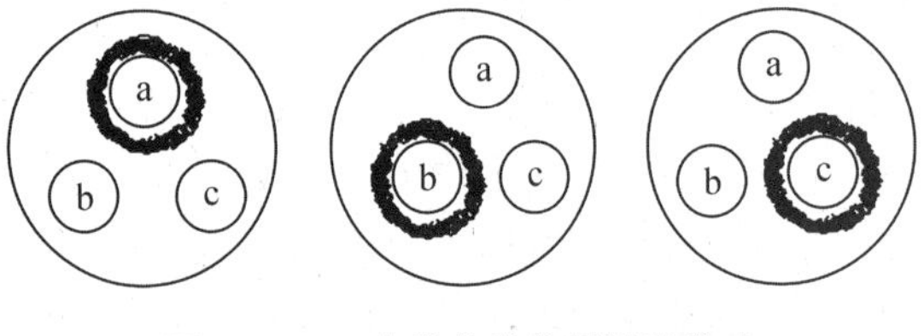

图 4 –2　三大类营养物质缺陷鉴定

a. 不含维生素的酪素水解物或氨基酸混合液；b. 水溶性维生素混合液；c. 核酸水解液

（二）抗性突变株的分离

抗性突变包括抗药性突变、抗噬菌体突变、抗代谢结构类似物突变等，这里主要介绍抗药性突变株和抗代谢结构类似物突变株的分离和筛选。

1. 抗药性突变株的分离

（1）制备含不同药物浓度的培养基平板，将培养至对数培养期的菌液（一般浓度为 10^6 ~ 10^8 个/mL）涂布于平板上培养。

（2）确定菌的增殖几乎完全被抑制所需的最低药物浓度平板，以此药物浓度作为该药剂的临界用量。

（3）制备多个含有这种药物浓度的培养基平板，取诱变处理过的细胞悬浮液 0.1 mL，涂于平板上，在适当温度下培养数日，挑出稀疏长出的菌落。

对于那些无法找到临界用量的药剂，一般采用 Szybalskt 等设计的一种梯度平板法进行分离。即在培养皿中加入 10 mL 完全琼脂培养基，倾斜培养皿使培养基刚好可以流到另一端，在这种状态下使其凝固（如图 4 –3a）。然后放平培养皿，再倒入 10mL 含有完全抑制野生型菌株的最低药物培养基，制成梯度平板（如图 4 –3b）。在其上涂布诱变后的菌液 0.1 mL。培养后，会出现图 4 –3c 所示的图像。在临界剂量以下时，对药物敏感的细胞能大量生长，

而在药物高浓度区域只有少数菌落生出，这可视为抗药性突变。

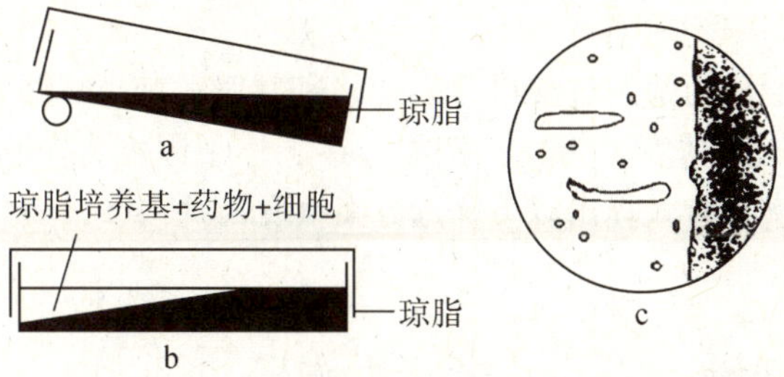

图 4-3　Szybalskt 梯度浓度平板的制备和抗性菌株的分离

2. 抗代谢结构类似物突变株的分离

抗代谢结构类似物突变可分为两大类：一类是发生了使酶蛋白结构对反馈抑制脱敏的突变，而这种酶在该代谢系统中起关键作用；另一类是酶蛋白自身合成所受的反馈阻遏抑制脱敏的突变。确切地讲，前者的突变发生在调节酶的结构基因上，致使其无须诱导物（或辅助诱导物）的存在，酶就合成了，这种突变亦称组成型突变。一般应用筛选代谢结构类似物抗性菌株的方法将这类突变株分离出来。其操作方法同抗药性突变株分离方法。

3. 其他类型突变株的分离

（1）呼吸缺失型突变株的分离。

在酵母属中，呼吸缺失型突变是经常发生的。不仅是单倍体，就是二倍体菌株如果在固体平板上培养，也将出现 1% 丧失了呼吸能力的小菌落。有时核基因突变也会形成小菌落，但大部分是由于细胞质基因突变（rho）造成的。

为了高效地分离 rho 菌株，可将酵母细胞培养在含有 1 mg/mL 吖啶黄的培养基中，结果全部细胞都是小菌落。用溴化乙啶处理也可得到同样效果。

分离呼吸缺失型突变株的方法是：将葡萄糖琼脂培养基（1% 葡萄糖、1.5% 琼脂）融化并冷却至 60 ℃，加入终浓度 0.05% 的三苯基四唑盐酸盐（TTC），混匀，使温度降至 45 ℃ ~50 ℃，小心地倾倒在已生长好菌落的琼脂平板上（一般用量为 10 mL）。凝固后于 30 ℃ 恒温培养 2 ~3 h。结果野生型菌落（呼吸型）由于能还原 TTC 而呈现红色菌落；呼吸缺失型由于不能还原 TTC 而呈现白色菌落。此外，呼吸缺失型突变株没有氧化利用碳源的能力，在除了糖之外的加有甘油、乙酸盐、乳酸盐的培养基上不能生长。

（2）温度敏感型突变株的分离。

一般情况下，不管何种突变都会发生温度敏感突变，这种突变是由于产生了对温度敏感的酶蛋白（如 DNA 聚合酶、氨基酰活化酶等）所造成的。此种酶蛋白在某一温度下有活性，而在另一温度下是钝化的。其原因是这些酶蛋白的肽链中更换了几个氨基酸，从而降低了原有酶抗热性。分离温度敏感突变株可在诱变后将全部培养物放在低温下（大肠杆菌 30 ℃，霉菌、酵母菌 25 ℃）培养并以固体平板分离。从该平板复制两个相同的检测平板，一个在上述低温条件下培养，另一个放在较高温度下（大肠杆菌 40 ℃，霉菌、酵母菌 35 ℃）培养。观察两平板上相应位置菌落形态的不同，即可鉴定是否是温度敏感突变株。

（3）产量性状突变株的分离。

在产量性状诱变育种中，诱变处理后的微生物群体中将会出现各种突变类型的个体，但其中绝大多数个体是负向突变。要将其中少数的产量提高较为显著的正向突变个体筛选出来确实很难。为了以最少时间、最少工作量取得最大成效就有必要设计和采用效率较高的筛选方案和适宜的筛选方法。

关于筛选方案，一般认为筛选过程可分为初筛和复筛。前者以量（选留菌株的数量）为主，后者以质（测定数据的精度）为主。例如，在工作量限度为 200 只摇瓶的具体条件下，为了取得较高的工作效率，有人提出以下筛选方案（见图 4－4）：

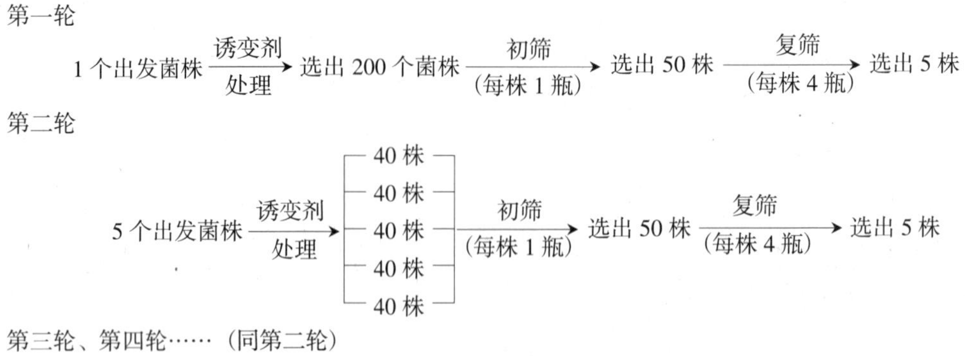

图 4－4　筛选方案

以上筛选工作可重复进行多轮，直至获得良好结果为止。采用这种筛选方案不仅可以通过较少的工作量得到较好的菌株，而且还可以使某些眼前产量虽不很高但有发展前途的优良菌株不致落选。

① 初筛方法的简化。

a. 根据形态突变淘汰低产菌株：对于放线菌、霉菌形成不产孢子的突变株，可立即淘汰，因为它们会引起生产上的接种困难。

在某些菌落形态突变与生产性能相关的情况下，可直接在平板上选择高产菌株。例如，在灰黄霉素生产菌的选育中，暗红色的菌落变深者产量就高。但就目前的研究，多数突变株菌落外观形态与生理的相关性还不明了。

b. 根据在平板上的直观反应挑选高产菌株：所谓平板上的直观反应是指每个菌落产生的代谢产物与培养基内的指示剂作用后的变色圈、透明圈、生长圈、抑菌圈或沉淀圈。因为它可以粗略地表示菌落产生的某些生理物质活性的高低，所以常作为初筛的标志。

在微生物产量诱变育种中，初筛平板的设计及初筛方法的选定对结果的影响甚大，因此应努力地创造性地设计初筛方法。

② 复筛。对突变株的生产性能做比较精细的测定称为复筛。

[实验 4－1] 枯草芽孢杆菌紫外线诱变育种实验

1. 实验材料与仪器

菌种：枯草芽孢杆菌。

仪器：血球计数板、显微镜、紫外线灯（15W）、磁力搅拌器、离心机。

2. 操作步骤

（1）菌悬液的制备。取培养 48 h 的枯草芽孢杆菌的斜面 4～5 支，用无菌生理盐水将菌苔洗下，并倒入盛有玻璃珠的小三角烧瓶中，振荡 30 min，以打碎菌块。将上述菌液离心（3 000 r/min，离心 15 min），弃去上清液，将菌体用无菌生理盐水洗涤 2 ~ 3 次，最后制成菌悬液。用显微镜直接计数法计数，调整细胞浓度为 10^8 个/mL。

（2）平板制作。将淀粉琼脂培养基融化后，冷至 55 ℃左右时倒平板，凝固后待用。

（3）紫外线处理。将紫外线灯打开预热约 20 min，取直径 6 cm 无菌平皿 2 套，分别加入上述菌悬液 5 mL，并放入无菌搅拌棒于平皿中。将盛有菌悬液的 2 平皿置于磁力搅拌器上，在距离为 30 cm，功率为 15W 的紫外线灯下分别搅拌照射 1 min 及 3 min。

（4）稀释。在红灯下，将上述经诱变处理的菌悬液以 10 倍稀释法稀释成 10^{-1} ~ 10^{-6}（具体可按估计的存活率进行稀释）。

（5）涂平板。取 10^{-4}、10^{-5}、10^{-6} 三个稀释度涂平板，每个稀释度涂平板 3 只，每只平板加稀释菌液 0.1 mL，用无菌玻璃刮棒涂匀。以同样操作，取未经紫外线处理的菌稀释液涂平板作对照。

（6）培养。将上述涂匀的平板，用黑布（或黑纸）包好，置 37 ℃培养 48 h。注意每个平皿背面要标明处理时间和稀释度。

（7）计数。将培养 48 h 后的平板取出进行细菌计数，根据对照平板上菌落数，计算出每毫升菌液中的活菌数。同样计算出紫外线处理 1 min、3 min 后的存活细胞数及其致死率。

$$存活率 = \frac{处理后每毫升活菌数}{对照每毫升活菌数} \times 100$$

$$致死率 = \frac{对照每毫升活菌数 - 处理后每毫升活菌数}{对照每毫升活菌数} \times 100$$

（8）观察诱变效应。将细胞计数后的平板分别向菌落数在 5 ~ 6 个左右的平板内加碘液数滴，在菌落周围将出现透明圈。分别测量透明圈直径与菌落直径并计算其比值（HC 值）。与对照平板进行比较，根据结果，说明诱变效应。并选取 HC 比值大的菌落移接到试管斜面上培养。此斜面可作复筛用。

[实验 4 - 2] 用于酱油生产的高产蛋白酶菌株紫外线诱变育种实验

1. 实验材料与仪器

菌种：米曲霉斜面。

材料：恒温摇床、恒温培养箱、紫外照射箱、磁力搅拌器。

2. 出发菌株的选择及菌悬液制备

（1）出发菌株的选择。可直接选用生产酱油的米曲霉菌株或选用高产蛋白酶的米曲霉菌株。

（2）菌悬液制备。取出发菌株转接至豆饼斜面培养基中，30 ℃培养 3 ~ 5 d 活化。然后孢子洗至装有 1 mL 0.1 mol/L pH 6.0 的无菌磷酸缓冲液的三角瓶中（内装玻璃珠，装量以大致铺满瓶底为宜），30 ℃ 振荡 30 min，用垫有脱脂棉的已灭菌漏斗过滤，制成孢子悬液，调其浓度为 10^6 ~ 10^8 个/mL，冷冻保藏备用。

3. 诱变处理

用物理方法或化学方法，所用诱变剂种类及剂量的选择可视具体情况决定，有时还可采用复合处理，可获得更好的结果。

（1）紫外线处理。打开紫外灯（30W）预热 20 min。取 5 mL 菌悬液放在无菌的培养皿（9 cm）中，同时制作 5 份。逐一操作，将培养皿平放在离紫外灯 30 cm（垂直距离）处的磁力搅拌器上，照射 1 min 后打开培养皿盖开始照射，照射处理开始的同时打开磁力搅拌器进行搅拌，即时计算时间，照射时间分别为 15 s、30 s、1 min、2 min、5 min。照射后，诱变菌液在黑暗冷冻环境中保存 1 ~ 2 h，然后在红灯下稀释涂菌进行初筛。

（2）稀释菌悬液。按 10 倍稀释至 10^{-6}，从 10^{-5} 和 10^{-6} 中各取出 0.1 mL 加入到酪素培养基平板中（每个稀释度均做 3 个重复），然后涂菌并静置，待菌液渗入培养基后倒置，于 30 ℃恒温培养 2 ~ 3 d。

4. 优良菌株的筛选

（1）初筛。首先观察在菌落周围出现的透明圈大小，并测量其菌落直径与透明圈直径之比，选择其比值大且菌落直径也大的菌落 40 ~ 50 个作为复筛菌株。

（2）平板复筛。分别倒酪素培养基平板，在每个平皿的背面用红笔划线分区，从圆心划线至周边分成8等份，1～7份中点种初筛菌株，第8份点种原始菌株，作为对照。培养48 h后即可见生长，若出现明显的透明圈，即可按初筛方法检测，获得数株二次优良菌株，进入大摇瓶复筛阶段。

（3）摇瓶复筛。将初筛出的菌株接入米曲霉复筛培养基中进行培养，其方法是：称取麦麸85 g，豆饼粉（或面粉）15 g，加水95～110 mL（称为润水），水含量以手捏后指缝有水而不下滴为宜，于500 mL三角瓶中装入15～20 g（料厚为1～1.5 cm），121 ℃湿热灭菌30 min，然后分别接入以上初筛获得的优良菌株，30 ℃培养，24 h后摇瓶一次并均匀铺开，再培养24～48 h，共培养3～5 d后检测蛋白酶活性。

5. 蛋白酶的测定方法

（1）取样：培养后随机称取以上摇瓶培养物1 g，加蒸馏水100 mL（或200 mL），40 ℃水浴，浸酶1 h，取上清浸液测定酶活性。另取1 g培养物于105 ℃烘干测定含水量。

（2）酶活性测定：30 ℃ pH 7.5条件下水解酪蛋白（底物为0.5%酪蛋白），每分钟产酪氨酸1 μg为一个酶活力单位。计算公式为：

$$酶活力 = (A_{样品OD680nm}值 - A_{对照OD680nm}值) \times K \times V/t \times N$$

式中 K——标准曲线中光吸收为“1”时的酪氨酸微克数，μg；

V——酶促反应的总体积，mL；

t——酶促反应时间，min；

N——酶的稀释倍数。

6. 谷氨酸的检测

此项检测也是酱油优良菌株的重要指标之一。

检测培养基：豆饼粉：麸夫=6：4，润水75%，121 ℃湿热灭菌30 min。

谷氨酸测定：于以上培养基中加入7%盐水（W/V），40 ℃～45 ℃水浴，水解9 d后过滤，以滤液检测谷氨酸含量（测压法）。

第五章　菌种保藏、接种物的制备及接种技术

第一节　菌种保藏方法

菌种是一个国家的重要自然资源，菌种保藏工作是一项重要的微生物学基础工作，菌种保藏工作者的任务是把从自然界中分离得到的野生型或经人工选育得到的用于科学研究和工业生产等方面的优良菌种、菌株，用各种适宜的方法妥善保藏，使之不死、不衰、不变异、不污染，在长时间内保持原有的生产性状和生命活力，以便于科学研究和生产使用。

现代微生物发酵通常采用传代性能稳定的菌株进行纯培养。除非所用微生物受到特殊处理而染菌或发生自然突变、破坏及死亡，绝大部分工业生产所用的菌株是不能替换的，有些可以用经验方法培养，但它们的遗传性能不稳定。在某些情况下，培养物可以进行再分离或再从保藏机构购买，但花费的时间和精力等都相当高，所以保藏具有足够活性的细胞是很重要的。在工业生产中因菌种变异造成的经济损失是可想而知的，人们已认识到菌种的变异会导致次级代谢产物的产量下降。例如，*Penicillium chrysogenum* 或 *Streptomyces niveus*，连续经过 7～10 次传代培养后，会完全丧失合成青霉素或新生霉素的能力。发酵过程的后续阶段对菌体的不当处理也会造成同样的后果。采取有效的菌种保藏、种子制备及发酵放大体系可以避免或减少这些损失。

菌种保藏的方法很多，但基本原理是一致的，即挑选优良纯种，最好是它们的休眠体（如分生孢子、芽孢等），创造一个使微生物代谢不活泼、生长受抑制的环境条件，如干燥、低温、缺氧及缺乏营养、添加保护剂或酸度中和剂等，使保藏中的微生物不进行增殖，也就是很少会发生突变。菌种保藏的每种方法都有各自的优点和缺点，没有任何一种方法对所有微生物都是适宜的。理想的菌种保藏方法应具备下列条件：①经长期保藏后菌种存活健在。②保证高产突变株不改变表型和基因型，特别是不改变初级代谢产物和次级代谢产物生产的高产能力。

决定菌种的保藏方法时要把该方法的特点与所保藏微生物的要求及使用者的需要联系起来考虑。在选择一个保藏方法时应该考虑的因素包括：对保藏的活度要求、增殖和细胞遗传变异的结果，需要保藏的样品数，取放菌种的频率及方法的成本费用。菌种特性及实验室现有仪器的型号也是选择保藏方法时应该考虑的因素。近年来，大量有特殊意义和特征的高等动植物细胞能够在液氮中长期保藏，并发现在液氮中保藏的菌种的存活率远比其他保藏方法高且回复突变发生率极低。液氮保藏已成为工业微生物菌种保藏的最好方法。

一、传代保存法

有些微生物当遇到冷冻或干燥等处理时会很快死亡，因此在这种情况下，只能求助于传代培养保存法。传代培养就是要定期地进行菌种转接、培养后再保存，它是最基本的微生物

保存法，例如酸奶等常用生产菌种的保存。

传代保存时，培养基的浓度不宜过高，营养成分不宜过于丰富，尤其是碳水化合物的浓度应在可能的范围内尽量降低。培养温度通常以稍低于最适生长温度为好。若为产酸菌种，则应在培养基中添加少量碳酸钙。

一般地，大多数菌种的保藏温度以 5 ℃为好，像厌氧菌、霍乱弧菌及部分病原真菌等微生物菌种则可以使用 37 ℃进行保存，而蕈类等大型食用菌的菌种则可以在室温下直接保存。

传代培养保存法虽然简便，但其缺点也很明显，如：①菌种管棉塞通常容易发霉；②菌株的遗传性状容易发生变异；③反复传代时，菌株的病原性、形成生理活性物质的能力以及形成孢子的能力等均有所降低；④需要定期转种，工作量大；⑤杂菌的污染机会较多。

[实验 5－1] 微生物菌种的传代保藏

1. 培养基制备

（1）器皿准备：培养基制备过程中所用的一些玻璃器皿，如三角瓶、试管、培养皿、烧杯、吸管等，经洗涤、干燥、包装和灭菌后使用。

（2）溶解培养基配料：先在烧杯中放入适量水，按培养基配方称取各项材料，依次将缓冲化合物、主要元素、微量元素、维生素等材料加入水中溶解，最后加足水量，搅拌均匀。

（3）调 pH：配料溶解后将培养基冷却至室温，根据要求加稀酸（0.1 mol/L 盐酸）或稀碱（10% 氢氧化钠）调 pH。加酸或碱液时要缓慢、少量、多次搅拌，防止局部过碱或过酸而导致测量不准确和营养成分被破坏。

（4）加凝固剂：配制固体培养基时需加凝固剂，如琼脂、明胶等。将凝固剂加入液体培养基中，加热并不断搅拌至溶解，再补足所蒸发的水分。

（5）过滤分装：在二层纱布中间夹入脱脂棉，将配好的培养基趁热过滤并分装。斜面培养基分装量约为试管高度的 1/4（4～5 mL），穿刺培养基分装量以试管高度的 1/2 为宜。分装过程中勿使培养基玷污管口，以免弄湿棉塞造成污染。

（6）包扎、标记：将试管加棉塞，外面包扎一层牛皮纸或铝箔并注明培养基名称及配制日期。

（7）灭菌：据要求将培养基灭菌，通常蒸汽灭菌为 121 ℃，15～20 min。

（8）斜面摆放：灭菌后及时摆放斜面，斜面长度以不超过试管管长的 1/2 为宜。

（9）无菌检查：将灭菌的培养基放入培养箱中作无菌检验，通常 30 ℃培养 1～3 d。无菌检查合格后将其保存于 4 ℃下备用。

2. 接种

（1）斜面接种。

点接：把菌种点接在斜面中部偏下方处。适用于扩散型生长及绒毛状气生菌丝类霉菌（如毛霉、根霉等）。

中央划线：从斜面中央自下而上划一直线。适用于细菌和酵母菌等。

稀波状蜿蜒划线法：从斜面底部自下而上划“之”字形线。适用于易扩散的细菌，也适用于部分真菌。

密波状蜿蜒划线法：从斜面底部自下而上划密“之”字形线。能充分利用斜面获得大量菌体细胞，适用于细菌和酵母菌等。

挖块接种法：挖取菌丝体连同少量培养基转接到新鲜斜面上。适用于灵芝等担子菌类真菌。

（2）穿刺接种：用接种针从原菌种斜面上挑取少量菌体，从柱状培养基中心自上而下刺入，直到接近管底（勿穿到管底），然后沿原穿刺途径慢慢抽出接种针。适用于细菌和酵母菌等。

（3）液体接种：挑取少量固体斜面菌种或用无菌滴管等吸取原菌液接种于新鲜液体培养基中。

3. 培养

将接种后的培养基放入培养箱中，在适宜的条件下培养至细胞稳定期或得到成熟孢子。细菌培养温度一般为 30 ℃ ~37 ℃，真菌培养温度一般为 25 ℃ ~28 ℃。

4．保藏

培养好的菌种于 4 ℃ ~6 ℃保存，根据要求每 3 ~6 个月移植一次。某些菌种，如芽裂酵母、阿舒假囊酵母、棉病囊霉等，需 1 ~3 个月移植一次。

保藏湿度用相对湿度表示，通常为 50% ~70%。

斜面菌种应保藏相继三代培养物以便对照，防止因意外和污染造成损失。

二、液体石蜡覆盖保存法

亦称矿物油保藏法，是定期移植保藏法的辅助方法，适用于霉菌、酵母菌、放线菌及需氧细菌等的保存。此法可防止干燥，并通过限制氧的供给而达到削弱微生物代谢作用的目的。其具有方法简便的优点，同时也适用于不宜冷冻干燥的微生物（如产孢能力低的丝状菌）的保存，而某些细菌如固氮菌、乳酸杆菌、明串珠菌、分支杆菌、红螺菌及沙门氏菌等和一些真菌如卷霉菌、小克银汉霉、毛霉、根霉等不宜采用此法进行保存。

[实验 5 -2] 液体石蜡保藏法

1．液体石蜡的准备

选用优质化学纯液体石蜡，将液体石蜡分装加塞，用牛皮纸包好，采用以下两种方式进行灭菌：①121 ℃ 湿热灭菌 30 min，置 40 ℃恒温箱中蒸发水分，经无菌检查后备用。②160 ℃干热灭菌 2 h，冷却后，经无菌检查后备用。

2．斜面培养物的制备

参照定期移植法。

3．灌注石蜡

将无菌的液体石蜡在无菌条件下注入培养好的新鲜斜面培养物上，液面高出斜面顶部 1 cm 左右，使菌体与空气隔绝。

4．保藏

（1）注入液体石蜡的菌种斜面以直立状态置低温（4 ℃ ~6 ℃）干燥处保藏，保藏时间为 2 ~10 年。

（2）保藏期间应定期检查，如培养基露出液面，应及时补充无菌的液体石蜡。

5．恢复培养

恢复培养时，挑取少量菌体转接在适宜的新鲜培养基上，生长繁殖后，再重新转接一次。

三、载体保存法

即将微生物吸附在适当载体上进行干燥保存的方法。

（一）土壤保存法

此法主要用于能形成孢子或孢囊的微生物菌种的保藏。方法是在灭菌的土壤中加入菌液，立即在室温下进行干燥或使菌体繁殖后再干燥，然后冷藏或在室温下密封保存。保存用的土壤原则上以肥沃的耕土为宜，土壤须风干、粉碎、过筛和灭菌。

[实验 5 -3] 土壤保藏法

1．土壤的准备

取适量土壤（5 g）置于塞有棉塞的试管中，加水或加入充分稀释的液体培养基（以含水量为土壤最大持水量的60%为宜)，然后高压灭菌。

2. 接种

将需保存的微生物进行大量接种，培养至菌丝能用肉眼确认的程度为止。

3. 移种保藏

将培养好的菌丝移入干燥器中经短时间干燥或风干后密封，冷藏或室温保存。

(二) 砂土保存法

将需要保藏的菌种先在斜面培养基上培养，再用无菌水制成细胞或孢子悬浮液，将悬浮液注入已灭菌的沙管中，使细胞或孢子吸附在载体上，置于干燥器中吸干管中的水分后加以保藏。

[实验5-4] 砂土保藏法

1. 沙土管的制备

将河沙用60目过筛，弃去大颗粒及杂质，再用80目过筛，去掉细沙。用磁铁吸去铁质，放入容器中用10%盐酸浸泡，如河沙中有机物较多可用20%盐酸浸泡。24 h后倒去盐酸，用水洗泡数次至中性，将沙子烘干或晒干。

另取地面下40~60 cm非耕作层贫瘠且黏性较小的泥土，研碎，100目过筛，水洗至中性，烘干。

将处理后的沙、土按质量比2:1混合。混匀的沙土分装入安瓿管或小试管中，高度为1 cm左右，塞好棉塞，121 ℃湿热灭菌30 min。

随机抽取灭菌后的沙土管若干支，无菌条件下取少许沙土至营养肉汁培养基中，30 ℃培养24 h，检查无微生物生长后方可使用。

2. 斜面培养物的制备

参照定期移植法。

3. 制备菌悬液

向培养好的斜面培养物中注入3~5 mL无菌水，洗下细胞或孢子制成菌悬液。用无菌吸管吸取菌悬液均匀滴入沙土管中，每管0.2~0.5 mL。放线菌和霉菌可直接挑取孢子拌入沙土管中。

4. 干燥

真空抽去沙土管中水分。

5. 保藏

将沙土管用火焰熔封后存放于低温(4 ℃~6 ℃)干燥处保藏，每隔半年检查一次菌种存活性及纯度。也可将沙土管直接用牛皮纸或塑料纸包好，置干燥器内保存。保藏时间为2~10年。

(三) 硅胶保存法

以6~16目的无色硅胶代替沙子，干热灭菌后加入菌液。加菌液时，由于硅胶的吸附热常使温度升高，因而须设法加以冷却。

(四) 磁珠保存法

磁珠保存法是将菌液浸入素烧磁珠(或多孔玻璃珠)后再进行干燥保存的一种方法。在螺旋口试管中装入1/2管高的硅胶(或无水$CaSO_4$)，上铺玻璃棉，再放上10~20粒磁珠，经干热灭菌后接入菌悬液，最后冷藏、室温保藏或减压干燥后密封保藏。本法对酵母菌很有效，特别适用于根瘤菌，可保存长达两年半时间。

(五) 麸皮保存法

在麸皮内加入60%的水，经灭菌后接种培养，最后干燥保藏。

(六) 纸片(滤纸)保存法

将灭菌纸片浸入培养液或菌悬液中，常压或减压干燥后，置于装有干燥剂的容器内进行保存。

四、悬液保存法

即使微生物混悬于适当溶液中进行保存的方法。

（一）蒸馏水保存法

适用于霉菌、酵母菌及绝大部分放线菌，将其菌体悬浮于蒸馏水中即可在室温下保存数年。本法应注意避免水分的蒸发。

（二）糖液保存法

适用于酵母菌，如将其菌体悬浮于10%的蔗糖溶液中，然后于冷暗处保存，可长达10年。除此之外，也可使用缓冲液或食盐水等进行保存。

五、冷冻保存法

适用于抗冻力强的微生物。这些微生物可在其菌体细胞外遭受冻结的情况下而不受损伤，而对其他大多数微生物而言，无论在细胞外冻结还是在细胞内冻结，都会对菌体造成损伤，因此当采用这种保藏方法时，应注意以下几点：

（1）要选择适于冷冻干燥的菌龄细胞。

（2）要选择适宜的培养基，因为某些微生物对冷冻的抵抗力常随培养基成分的变化而显示出巨大差异。

（3）要选择合适的菌液浓度，通常菌液浓度越高，生存率越高，保存期也越长。

（4）最好不在菌液内添加电解质（如食盐等）。

（5）可在菌液内添加甘油等保护剂，以防止在冷冻过程中出现菌体大量死亡的现象。同样，也可添加各种糖类、去纤维血液和脱脂牛乳等具有良好保护效果的溶剂，但对有些微生物而言，不加保护剂时更有效。

（6）原则上应尽快进行冷冻处理，但当加入保护剂时，可静置一段时间后再进行处理。

（7）就动物细胞而言，应在 -20 ℃范围内以 1 ℃/min 左右的速度缓慢降温，此后必须尽快降到贮藏温度；而对绝大多数微生物而言，则不必如此，如结构较为复杂的原虫可在 -35℃ 范围内进行缓慢降温，而噬菌体则必须采用二阶段法进行冷冻。

（8）若进行长期保存，则贮藏温度越低越好。

（9）取用冷冻保存的菌种时，应采取速融措施，即在 35 ℃ ~40 ℃温水中轻轻振荡使之迅速融解。而就厌氧菌来说，则应选择静置融化的措施。当冷冻菌融化后，应尽量避免再次冷冻，否则菌体的存活率将显著下降。

（一）普通冷冻保藏技术（-20 ℃）

将液体培养物或从琼脂斜面培养物中收获的细胞分接到试管或指管内，然后贮藏于冰箱的冷藏室中，或温度范围在 -20 ℃ ~ -5 ℃的普通冰箱中。或者，将菌种培养在小的试管或培养瓶斜面上，待生长适度后，将试管或瓶口用橡胶塞严格封好，同上置于冰箱中保存。用此方法可以维持若干微生物的活力 1 ~2 年。应注意的是经过一次解冻的菌株培养物不宜再用来保藏。保藏过程中应注意控制保藏温度，培养瓶或试管应严格密封。这一方法虽简便易行，但不适宜多数微生物的长期保藏。

（二）超低温冷冻保藏技术（-80 ℃ ~ -60 ℃）

要求长期保藏的微生物菌种一般都要求在 -60 ℃ 以下进行保藏。

[实验5-5] 超低温冷冻保藏法

（1）安瓿管的准备：安瓿管材料以中性玻璃为宜。清洗安瓿管时，先用2%盐酸浸泡过夜，自来水冲洗干净后，用蒸馏水浸泡至pH中性，干燥后贴上标签，标上菌号及时间，加入脱脂棉塞后，121 ℃下高压灭菌15～20 min，备用。

（2）保护剂的选择和准备：保护剂种类要根据微生物类别选择。配制保护剂时，应注意其浓度及pH，以及灭菌方法。如血清可用过滤灭菌；牛奶要先脱脂，用离心方法去除上层油脂，一般在100 ℃间歇煮沸2～3次，每次10～30 min，备用。

（3）微生物保藏物的准备：在最适宜的培养条件下将细胞培养至静止期或成熟期，进行纯度检查后，与保护剂混合均匀，分装。微生物培养物浓度以细胞或孢子不少于10^8～10^{10}个/mL为宜（以大肠杆菌为例，为了取得10^{10}个/mL活细胞菌液2～2.5 mL，只需10 mL琼脂斜面两支）。采用较长的毛细滴管，直接滴入安瓿管底部，注意不要溅污上部管壁，每管分装量约0.1～0.2 mL，若是球形安瓿管，装量为半个球部。若是液体培养的微生物，应离心去除培养基，然后将培养物与保护剂混匀，再分装于安瓿管中。分装安瓿管的时间尽量要短，最好在1～2 h内分装完毕并预冻。分装时应注意在无菌条件下操作。

（4）冻结保藏：将安瓿管或塑料冻存管置于－80 ℃冰箱中保藏。

（三）液氮超低温保藏技术

液氮超低温保藏技术是将菌种保藏在－196 ℃的液态氮或－150 ℃的氮气中的长期保藏方法，它的原理是微生物在－130 ℃以下新陈代谢趋于停止而有效地保藏微生物。

[实验5-6] 液氮超低温保藏法

（1）装安瓿管：使用尽量浓厚的菌体悬浮于含有适当防冻剂（保存霉菌不用防冻剂）的灭菌溶液中，将0.2～1 mL的这种溶液分装于安瓿管中，或在装有分散剂的安瓿管中直接接种，或将菌丝体琼脂块直接悬浮于分散剂中。

（2）熔封安瓿管：若直接贮存于气相液氮中（－170 ℃～－150 ℃）时，则不需熔封。

（3）检查安瓿管是否熔封良好：即在4℃下，将熔封安瓿管在适当的色素溶液中浸泡20～30 min后，观察有无色素进入安瓿管。

（4）缓慢冷却：将熔封的安瓿管置于小罐中，然后用液氮以约1 ℃/min的速度冷却至－25 ℃左右，也可在－25 ℃～－20 ℃的冰箱内缓慢冷却30～60 min。

（5）速冷：最后浸入液氮中快速冷却至－196 ℃。

（四）冷冻干燥保存法

冷冻干燥保存法的原理是首先将微生物冷冻，然后在减压环境下利用升华现象除去水分。事实上，从菌体中除去大部分水分后，细胞的生理活动就会停止，因此可以达到长期维持生命状态的目的。该方法适用于绝大多数微生物菌种（包括噬菌体和立克次氏体等）的保存。

[实验5-7] 冷冻干燥保藏法

（1）安瓿管的准备：用于冷冻干燥菌种保藏的安瓿管宜采用中性玻璃制造，形状可用长颈球形底的，亦称泪滴型安瓿管，大小要求外径6～7.5 mm，长105 mm，球部直径9～11 mm，壁厚0.6～1.2 mm。也可用没有球部的管状安瓿管。塞好棉塞，1.05 kg/cm^{2}压力下，121.3 ℃灭菌30 min，备用。

（2）菌种的准备：用冷冻干燥法保藏的菌种，其保藏期可达数年至十多年，为了在许多年后不出差错，首先要检验菌种的纯度，即不能有杂菌污染。一般地说，将待保存的微生物在营养丰富且容易增菌的培养基上进行培养为宜，使培养出良好的培养物。细菌和酵母的菌龄要求超过对数生长期，若用对数生长期的菌种进行保藏，其存活率反而降低。一般来说，细菌要求24～48 h的培养物；酵母需培养3 d；若为有芽孢或孢子的微生物，则以芽孢和孢子形成以后进行保存为好；菌液浓度以高为好，如细菌应达到10^9～10^{10} cfu/mL；放线菌与丝状真菌则培养7～10 d。

（3）添加保护剂和悬菌液制备：常用的保护剂有脱脂乳、12%蔗糖、加7.5%葡萄糖的普通肉汤以及加7.5%葡萄糖的血清等，制备悬菌液与分装以细菌斜面为例，用脱脂牛乳2 mL左右加入斜面试管中，制成浓菌液，每支安瓿管分装0.2 mL。

（4）将分装好的安瓿管放低温冰箱中冷冻，无低温冰箱可用冷冻剂如干冰（固体CO_2）酒精液或干冰丙酮液，温度可达－70 ℃。将安瓿管插入冷冻剂中，只需冷冻4～5 min即可使悬液结冰。

（5）真空干燥：为在真空干燥时使样品保持冻结状态，需准备冷冻槽，槽内放碎冰块与食盐，混合均匀，可冷至－15 ℃。

抽气一般在30 min内能达到93.3 Pa（0.7 mmHg）真空度时，则干燥物不致溶化，以后再继续抽气，几小时内，肉眼可观察到被干燥物已趋干燥，一般抽到真空度26.7 Pa（0.2 mmHg），保持压力6～8 h即可。

（6）封口抽真空干燥后，取出安瓿管，接在封口用的玻璃管上，可用L形五通管继续抽气，约10 min即可达到26.7 Pa（0.2 mmHg）。于真空状态下，以煤气喷灯的细火焰在安瓿管颈中央进行封口。封口以后，保存于冰箱或室温暗处（如图5－1）。

此法为菌种保藏方法中最有效的方法之一，一般对生活力强的微生物及其孢子以及无芽孢菌都适用，即使对一些很难保存的致病菌，如脑膜炎球菌与淋病球菌等亦能保存。适用于菌种长期保存，一般可保存数年至十余年，但设备和操作都比较复杂。

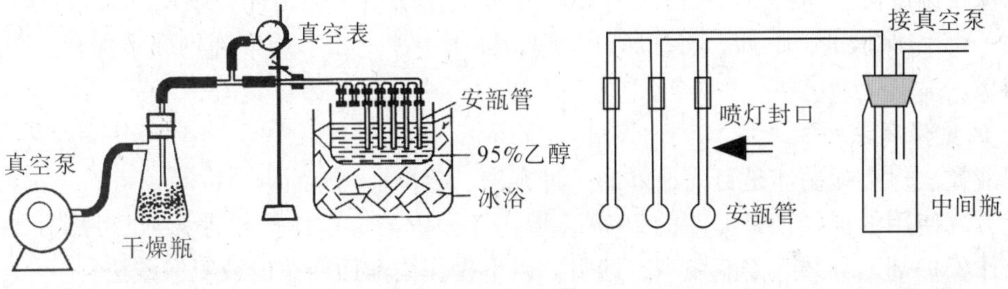

图5－1　真空冷冻干燥保藏示意图

六、噬菌体的保藏法

噬菌体比细菌和真菌更容易保存。由于噬菌体需依靠寄主细菌并在寄主体内繁殖，成熟后由寄主细胞内释放出噬菌体微粒，其本身无代谢活性，所以用低温保存时相当稳定。当噬菌体加在细菌上时，其首先吸附在细胞表面，然后噬菌体的核酸侵入细胞中，经一定时间繁殖、成熟后，噬菌体微粒将菌体裂解而释放出来。由于这样的繁殖方式构成寄主的代谢活性，影响着最后所得到的噬菌体微粒的数量。因而应考虑培养噬菌体时的条件和方法。此外，只有获得效价高、数量多的噬菌体并用它制成悬液后，才能有效地进行保存。

（一）方法与步骤

一般繁殖噬菌体有两种方法，一为液体培养法，一为软琼脂层法。

1. 液体培养法

取用液体培养约12 h的菌株，接种于营养肉汁或其他液体培养基中，并加入足量的噬菌体（10^5微粒/mL），混合后于室温振荡培养6 h，离心（12 000 r/min）后除去未裂解的细菌细胞。上清液即为噬菌体悬液。

2. 软琼脂层板

取营养肉汁或其他适宜的液体培养基加琼脂 0.5% ~0.7%，溶化并冷却至 45 ℃ ~48 ℃。取斜面培养 12 h 的菌株，用 2.0 mL 液体培养基制成悬液，并用软琼脂作适当的稀释，再加入足量的噬菌体，混合后将软琼脂注入肉汁琼脂平板上，使之成为 1 ~2 mm 的薄层，将平板培养 12 h，加入无菌的液体培养基于平板表面上，再用玻璃涂布器将软琼脂层刮下，并使其悬浮离心去琼脂和未被噬菌体裂解的细胞。

为了使上清液内无菌，可采用细菌过滤器过滤除去细菌；或利用细菌和噬菌体对热耐力的差异，进行加热处理（如 60 ℃，30 min）杀灭细菌；或用氯仿来杀灭细菌，用量为 5 mL 悬液加 0.1 mL 氯仿，摇动后静止，使氯仿自然沉下，取上清液分装入试管进行保存。

（二）具体保藏方法

1. 低温保藏法

将噬菌体悬液分装入具塞的试管中，密封，以防水分蒸发，或者把噬菌体悬液制成稀的软琼脂（琼脂含量 0.5%），分装入玻璃管中熔封，置 5 ℃ 保存。这种保存法可不加保护剂直接保存，因而比较简便，但噬菌体的稳定性根据其种类而异，因此，不是任何噬菌体都适用。例如，在 5 ℃ 下保藏大肠杆菌噬菌体 T_1，数年后其效价几乎不降低，而 Mul 等不稳定噬菌体，几周后其效价显著下降。

当保藏温度降至 -70 ℃ ~ -20 ℃时，为防止冻结损害噬菌体，则使用甘油或二甲亚砜（DMSO）等作保护剂，例如，将绿脓杆菌噬菌体用干冰 - 乙二醇冷冻剂冻结保存，可取得良好的结果。

2. 液氮保藏法

用液氮法保存噬菌体是目前最好的一种方法。

此方法使用的保护剂是无菌的 20% 脱脂乳（用量与噬菌体量相等），也可用甘油或二甲亚砜等作保护剂，分装入安瓿瓶中，熔封。以下操作同前面介绍的液氮保藏法。

应该注意的是，封闭安瓿瓶时不要有裂口，否则液氮进入安瓿瓶，再取出时就有破裂的危险。为了防止这种事故，安瓿瓶不要放入液氮中，气相保存即可。为此，要经常补充液氮，使液面保持一定的水平。以液氮每周蒸发 1/10 量作为大体的标准，适当补充液氮即可。这样，便能很简便地进行噬菌体的保存。因此，在美国典型菌种收藏所（ATCC）中，噬菌体的保存几乎全部利用本方法。

3. 真空冷冻干燥法

具体操作见前面介绍的真空冷冻干燥法。在整个过程的每一个阶段要注意下列事项：冷冻样品时，要避免因冻结而引起的细胞损伤；利用升华作用除去水分时，要考虑适当的条件和适当的残留水分。实际上，最标准的方法是，作为保护剂的 20% 脱脂乳要和噬菌体以等量混合，制成悬菌液，分装入安瓿瓶中，用干冰 - 乙二醇冷冻剂使之冻结后，真空冷冻干燥过夜，干燥完成后，熔封，在 5 ℃下保存。为了确定熔封是否完全并保持一定的真空度，可用真空度检测计，根据安瓿瓶内的放电检验真空度即可。

4. L - 干燥法

这是使样品在不冻结的条件下进行真空干燥的方法，最简单的步骤是：以 3% 谷氨酸钠与噬菌体制成 1∶1 的菌悬液，涂抹在滤纸上，在 37 ℃ 下干燥 60 min，将试管盖盖严，在 5 ℃ 下进行保存。这种方法被应用于乳酸菌噬菌体的保存。恢复培养时用由 1% 蛋白胨，

0.2%酵母膏，0.2%氯化钠等组成的 pH 7.0 的培养液将干燥物复水，再用平板法加指示菌测定生存的噬菌体数。

七、基因工程菌的保藏

随着基因工程技术的不断发展，越来越多携带有外源 DNA 片段的杂合质粒的基因工程菌需要得到合理的保藏。由载体质粒等携带的外源 DNA 片段通常是遗传性不稳定的，且容易丢失其外源质粒复制子。质粒基因通常为宿主细胞生长非必需的基因，一般情况下，当细胞丢失这些质粒时，生长速度会加快。

由质粒所携带的抗生素抗性基因在富集含此类质粒的细胞群体时极为有用。当培养基中加入抗生素时，抗生素提供了一种有利于携带质粒的细胞群体生长的选择压。例如在将外源 DNA 输入 *E. coli* 时，最为常用的质粒是 pBR322。pBR322 除能将外源 DNA 输入*E. coli* 细胞外，还赋予 *E. coli* 细胞 Amp^r 和 Tet^r。如果在培养基中加入 Amp^r 和 Tet^r，则培养时可选择出含 pBR322 质粒的细胞。另外，在运用基因工程菌进行发酵时，抗生素的加入可协调质粒复制与染色体复制之间的关系。

因此，建议基因工程菌应保藏在含低浓度选择剂的培养基中。

八、菌种保藏管理

（一）活力测定

保藏后的培养物要进行活力、纯度及理想性状保留的测定。一般来说，只要进行活力测定即可，这个测定同时可以测试是否染菌。通常对保藏用的菌悬液建议进行纯度测定。如果需要存活率的数据则要使用计数方法。如果需要保藏前后的活力数据，则可以从初始菌悬液中量取一定体积制备梯度稀释液，接入培养皿中，计算培养皿中单菌落数乘以相应稀释倍数即可知菌悬液中单菌落数。菌种保藏后的活力筛选应以菌株产生次级代谢产物的能力为依据。

（二）培养记录及计算机管理

每一个菌株应该有一种独特的鉴定方法，避免使用复杂系统，可在 5 mm × 30 mm 标签上写上相应的标记，书写标签应用擦洗不掉的防水墨水。文件系统是菌种保藏的一个重要组成部分，菌株标记包括：①“室内”收集及参考数字；②来源及参考数字的来源，或其他收集的相当数字；③菌株名或同义词；④交替状态；⑤分类；⑥存放日期；⑦产品及产量；⑧致病性/许可状况；⑨培养条件：培养基、生长温度、pH 及营养需要；⑩分离培养基及方法；⑪ 一定范围培养基的培养；⑫培养物使用；⑬保藏方法。

计算机十分适用于菌种的收集管理，可以用计算机储存培养数据并设计一个程序迅速调用这些数据。采用独立的文件夹记录原始数据及每种菌种的培养过程。

（三）螨的防止

螨会破坏以某些保藏方式所保藏的菌种。螨也会吃掉培养物或将培养物的孢子黏在身上，并通过其活动而导致交叉感染。工作台要保持清洁并用杀螨剂经常擦洗。有螨的培养物应该进行密封灭菌。

（四）安全

在使用真空仪器和玻璃器皿时应注意保护眼睛，使用液氮时应注意保护脸部，在进行所有实验操作时应佩戴眼镜。当工作中存在以下物质时应尤其注意：

（1）病原体。应该时刻都注意病原体。培养物在冷冻干燥时都应塞上棉塞，在干燥前应先冷冻。安瓿管的装入和打开都应在通风橱中进行，所有玻璃器皿包括巴氏吸管在处理前都应该浸泡在1%次氯酸钠或相应溶液中进行消毒处理。培养物在进行废弃处理前应该进行灭菌。

当病原体保藏在液氮中时，为了避免爆炸而不能贮存在玻璃器皿中。

（2）干燥剂——五氧化二磷。五氧化二磷是腐蚀性的，应该在通风橱中操作。在分装干粉末时应该佩戴面具及手套。用过的五氧化二磷最好置于通风橱中吸水，成为浆状后小心地排入下水道内。

（3）液氮。在使用液氮时，除了需要全面脸部防护外，还要戴上铁手套。样品解冻时，未达到室温以前需要保护，因为压力增大可能会导致爆炸。保藏管应该放在通风良好的地方。

第二节　接种技术、种子制备及其扩大培养

一、接种技术

接种技术是微生物学实验及研究中的一项最基本的操作技术。接种是将纯种微生物在无菌操作条件下移植到已灭菌并适宜该菌生长繁殖所需要的培养基中。为了获得微生物的纯种培养，要求接种过程中必须严格进行无菌操作。接种过程一般可在无菌室、超净工作台火焰旁或实验室火焰旁进行。根据不同的实验目的及培养方式可以采用不同的接种工具和接种方法。常用的接种工具有接种针、接种环、接种铲、玻璃涂棒、移液管及滴管等（如图5－2所示）。常用的方法有斜面接种、液体接种、穿刺接种和平板接种等。

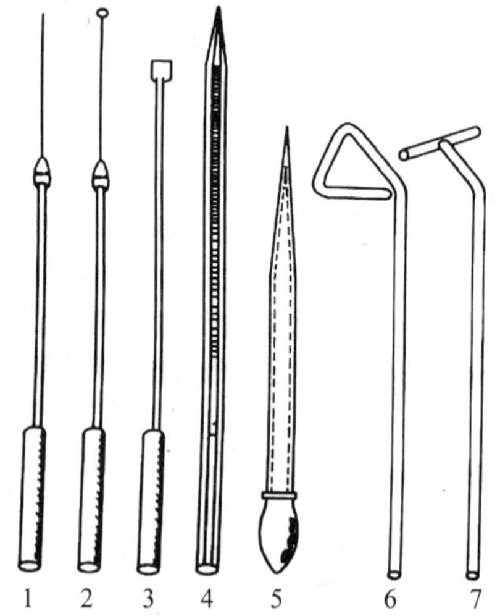

图5－2　接种工具

1. 接种针；2. 接种环；3. 接种铲；4. 移液管；5. 滴管；6、7. 玻璃涂棒

（一）斜面接种

从已长好微生物的菌种管中挑取少许菌苔接种至空白斜面培养基上。

[实验5-8] 斜面接种

（1）接种前将空白斜面贴上标签，注明菌名、接种日期、接种者姓名。标签应贴在试管前1/3斜面向上的部位。

（2）点燃煤气灯或酒精灯。

（3）将菌种管及新鲜空白斜面向上，用大拇指和其他四指握在左手中，使中指位于两试管之间的部位，无名指和大拇指分别夹住两试管的边缘，管口齐平，管口稍上斜（如图5-3所示）。

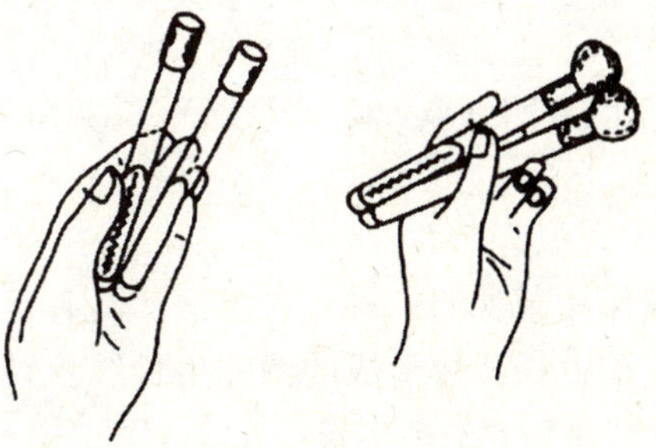

图5-3　斜面接种时试管的两种拿法

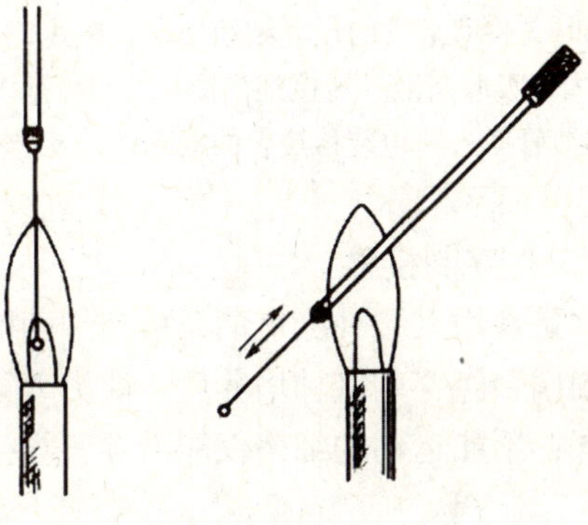

图5-4　接种环的灭菌

（4）用右手先将试管帽或棉塞拧转松动，以利于接种时拔出。

（5）右手拿接种环柄，使接种环直立于火焰部位，将金属环烧灼灭菌，然后斜向横持将接种环金属杆部分来回过火焰数次（如图5-4所示）。以下操作均要使试管口靠近火焰旁（即无菌区）进行。

（6）用右手小指、无名指和手掌拨下试管帽或棉塞并夹紧，棉塞下部应露在手外，勿放桌子上，以免污染。

（7）将试管口迅速在火焰上微烧一周。

（8）将灼烧过的接种环伸入菌种管内，先将环接触一下没长菌的培养基部分，使其冷却以免烫死菌体。然后用环轻轻取菌少许，将接种环慢慢从试管中抽出。

（9）在火焰旁迅速将接种环伸入空白斜面，在斜面培养基上轻轻划线，将菌体接种于其上。划线时由底部划起，划成较密的波浪状线，或由底部向上划一直线，一直划到斜面的顶部。注意勿将培养基划破，不要使菌体玷污管壁。

（10）灼烧试管口，并在火焰旁将试管帽或棉塞塞上。

（11）接种完毕，接种环上的余菌必须烧灼灭菌后才能放下。斜面接种无菌操作程序见图5-5。

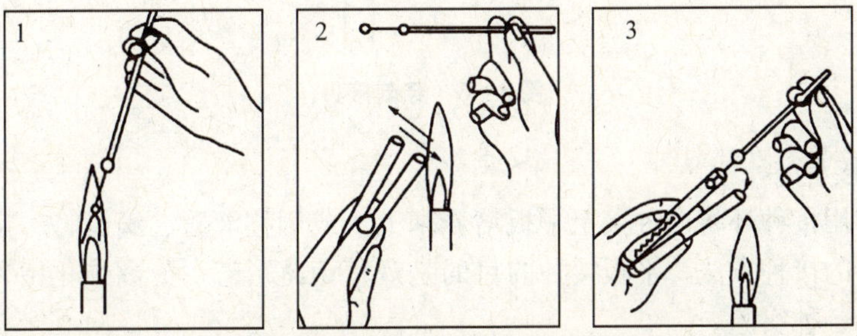

图5-5　斜面接种无菌操作程序

（二）液体接种

这是将斜面菌种接到液体培养基（如试管或三角瓶）中的方法。

［实验5－9］液体接种

（1）灼烧接种环、试管口、拨塞等与斜面接种相同。但管口或瓶口要略向上倾斜，以免培养基流出。

（2）将取有菌种的接种环送入液体培养基中，并使环在液体中与管壁接触的部位轻轻摩擦，使菌体分散于液体中。接种后塞上棉塞，将液体培养基轻轻摇匀，使菌体均匀分布于培养基中，以利生长。

若菌种培养在液体培养基内，须转接到新鲜液体培养基，此时不能用接种环，而须用无菌的移液管或滴管。用时先将移液管的包裹纸稍松动，在其2/3长度处截开，加橡皮头，拔出移液管，在火焰旁伸入菌种管（瓶）内，吸取菌液，转接到待接种的培养基内。灼烧管（瓶）口，迅速塞好管（瓶）口，进行培养。沾有菌的移液管插入原包装移液管的纸套内，不能直接放在实验台上，以免污染桌面，经高压灭菌后再冲洗。

（三）穿刺接种

这是常用来接种厌氧菌，检查细菌的运动能力或保藏菌种的一种接种方法。具有运动能力的细菌，经穿刺接种培养后，能沿着穿刺线向外运动生长，故形成的菌的生长线粗且边缘不整齐；不能运动的细菌仅能沿穿刺线生长，故形成细而整齐的菌生长线。

［实验5－10］穿刺接种

（1）贴标签。

（2）点燃煤气灯或酒精灯。

（3）转松试管帽或棉塞。

（4）灼烧接种针。

（5）在火焰旁拔去试管帽或棉塞，将接种针在培养基上冷却，用接种针尖挑取少量的菌种，再穿刺接种到深层固体培养基内，接至培养基3/4处，再沿原线拔出。穿刺时要求手稳，使穿刺线整齐（见图5－6）。

（6）将试管口通过火焰，盖上试管帽或棉塞，灼烧接种针上的残菌。

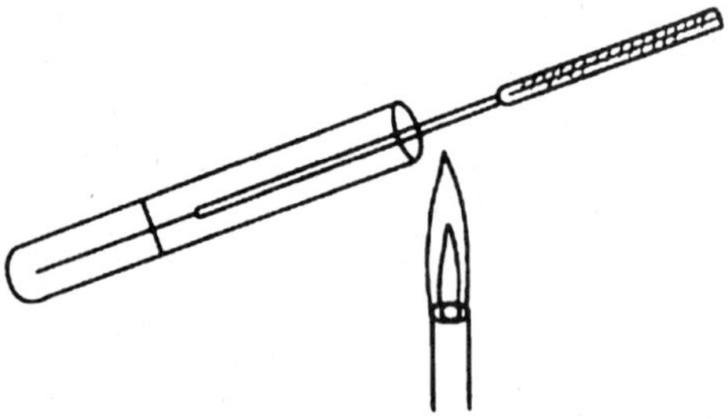

图5－6　穿刺接种

（四）平板接种

平板接种即用接种环将菌种接至平板培养基上，或用移液管、滴管将一定体积的菌液移至平板培养基上的接种方法。平板接种的目的是观察菌落形态、分离纯化菌种、活菌计数以及在平板上进行各种实验。

[实验5-11] 平板接种

平板接种的方法有多种，根据实验的不同要求，可分为以下几种。

1. 斜面接平板

(1) 划线法 。在无菌操作条件下，自斜面用接种环直接取出少量菌体，接种在平板边缘的一处，烧去多余的菌体，再用接种环从接有菌种的部位在平板培养基表面自左向右轻轻连续划线或分区划线（注意：不要划破培养基），经培养后在沿划线处长出菌落，以便观察或挑取单一菌落。

(2) 点种法。一般用于观察霉菌的菌落。在无菌操作条件下，用接种针从斜面或孢子悬浮液中取少许孢子，轻轻点种于平板培养基上，一般以等边三角形三顶点的形式接种。霉菌的孢子易飞散，用孢子悬液点种效果较好。

2. 液体接平板

用无菌移液管或者滴管吸取一定体积的菌液移至平板培养基上，然后用无菌玻璃涂棒将菌液均匀涂布在整个平板上。或者将菌液加入培养皿中，然后再倾入融化并冷却至45 ℃~50 ℃ 的固体培养基上，轻轻摇匀，平置，凝固后倒置培养。在稀释分离菌种时常采用此操作。

3. 平板接斜面

一般是将在平板培养基上经分离培养得到的单菌落，在无菌操作下分别接种到斜面培养基上，以便作进一步扩大培养或保存之用。接种前先选择好平板上的单菌落，并做好标记；左手拿平板，右手拿接种环，在火焰旁操作，先将接种环在空白培养基处冷却，挑取菌落，在火焰旁稍等片刻，此时左手将平板放下，拿起斜面培养基，按斜面接种法接种。注意接种过程中不要将菌烫死，接种时操作应迅速，勿污染上杂菌。

4. 其他平板接种法

根据实验的不同要求，可以有不同的接种方法。如做抗菌谱实验时，可用接种环取菌在平板上与抗生素划垂直线；做噬菌体裂解实验时可在平板上将菌液与噬菌体悬液混合涂布于同一区域等。

二、种子制备及其扩大培养

1. 生产用菌种斜面的制备

从前文所述的保藏方法所保藏菌株接种到琼脂培养基上培养第一代培养物，然后再通过中间培养来获得大量生产所用的菌种斜面。如果发酵是小规模的，则可使用第一代培养物。

菌株通常应接至琼脂培养基的整个表面上，否则菌株会由于营养不平衡而生长得不是十分均一。由于单独菌落的扩散距离有限，所以在实际操作中通常是用菌悬液接种，效果比用干法接种好。

从152 mm×25 mm 试管的15 mL 琼脂斜面上洗下的高密度孢子或菌丝悬浮液可以用于50~100 mL 液体培养基的接种。如果需要更多的孢子悬浮液，可以使用有45 mL 斜面的200 mL 茄氏瓶，它可以提供更多生产菌种。

向琼脂培养物上加入一定体积的无菌蒸馏水，用接种环或广口吸管轻轻刮拭琼脂表面以配制菌悬液。向待接种的琼脂表面加入0.1 mL 菌悬液，琼脂体积更大时则需要更多菌悬液。培养时注意保持琼脂表面的平整以使琼脂表面吸收液体完全，保持菌种的均一生长。斜面生长良好后，仔细观察每个斜面菌种的生长和染菌情况，将生长良好且没有污染杂菌的斜面置于4 ℃ 冰箱保藏备用。对大部分菌株而言，生产菌株每个月需要重新接种一次。

2. 孢子悬浮液配制

大部分链霉菌和许多真菌都能产孢子。孢子通常结成链状，可以通过用水振荡分离洗落，操作步骤如下：按照15 mL 琼脂斜面加9 mL 蒸馏水的比例向琼脂斜面培养物上加入无菌蒸馏水，用接种环或广口吸管先轻轻刮拭琼脂表面，再稍用些劲，使菌株从琼脂表面洗落。用无菌吸管将悬浊液转移至接种管中或将试管口在火焰上灼烧后将悬浊液倒入接种管中。

如果实验需要某一个菌株的多瓶种子，最好将几支生产菌株的悬浊液装入同一个无菌的三角瓶中混合后，再等分到各个三角瓶中。这样操作比每个三角瓶中用不同的种子好，因为这时每个培养瓶中所接的菌种是均一的，实验结果具有可比性。如果发酵需要二级种子，需将一级种子按一定的接种比例接种到二级接种培养瓶中进行二级种子的培养。

3. 种子制备

适宜的种子生长条件对发酵结果很重要，发酵必须用生长良好的种子进行接种。种子的浓度和质量对最终产物的产量有很大的影响，根据需要应及时调整发酵培养基的接种量。一般可使用摇瓶发酵来考察接种量对发酵的影响，摇瓶发酵通常可在 500 mL 三角瓶中装 50 mL 培养基在摇床转速为 200 ~ 250 r/min 下进行。通过摇瓶发酵实验可以考察种子质量的好坏。

一级、二级种子的制备。斜面种子只能为需要孢子的摇瓶培养提供种子，而摇瓶培养则可以同时为摇瓶发酵或发酵罐发酵过程提供种子。摇瓶发酵中培养基的体积通常只有几十毫升，而中小型的发酵罐中培养基的体积通常有 2 ~ 5 000 L 。每种发酵实验操作都需要有相应量的种子。为大规模发酵过程提供种子需要进行二级种子培养。一级种子的培养通常是在摇瓶中进行，2 L 三角瓶中种子培养基的装量为 500 mL，二级种子的培养可在搅拌发酵罐中进行。二级种子的体积可根据发酵罐的体积来确定，再按照二级种子的体积确定需要培养多少一级种子。在种子制备过程中，应检查种子培养基、接种前菌体悬浮液和成熟种子液及发酵培养基是否污染杂菌。

作为种子的准则是：①菌种细胞的生长活力强，移种至发酵罐后能迅速生长，延滞期较短；②生理性能稳定；③菌体总量及菌体密度能满足大容量发酵罐的要求；④无杂菌污染；⑤保持稳定的生产能力。

在种子扩大培养过程中，应采用相似的培养基进行种子的培养，以保持整个过程中菌种可以旺盛生长。在进行下一步接种时，上一步所使用的培养基不能用完而且不能与下一步种子培养基成分相差太大，适宜的接种量最小比例为 5% （体积分数）。在实验室发酵过程中，接种步骤一般不超过两级，而在实际工业生产中种子可以进行 6 级发酵培养。

第三节　菌种衰退及复壮方法

在微生物的基础研究和应用研究中，选育一株理想的菌株是一件艰苦的工作，而欲使菌种始终保持优良性状的遗传稳定性，便于长期使用，还需要做很多日常的工作。实际上，由于各种各样的原因，要使菌种永远不变是不可能的，菌种衰退是一种潜在的威胁。只有掌握了菌种衰退的某些规律，才能采取相应的措施，尽量减少菌种的衰退或使已衰退的菌种得以复壮。

一、菌种的衰退及其表现

（一）菌种衰退的现象

菌种衰退是指由于自发突变而使某物种原有的一系列生物学性状发生量变或质变的现象。菌种衰退的具体表现有以下几个方面：

（1）菌落和细胞形态改变。每一种微生物在一定的培养条件下都有一定的形态特征，如果典型的形态特征逐渐减少，就表现为衰退。例如，泾阳链霉菌“5406”的菌落由原来为凸形变成了扇形、帽形或小山形；孢子丝由原来螺旋形变成波曲形或直形，孢子从椭圆形变成圆柱形等。

（2）生长速度缓慢，产孢子越来越少。例如，“5406”的菌苔变薄，生长缓慢（半个月以后才长出菌落），不产生丰富的橘红色的孢子层，有时甚至只长些黄绿色的基内菌丝。

（3）代谢产物生产能力下降，即出现负突变。例如，黑曲霉糖化力、放线菌抗生素发酵单位的下降以及各种发酵代谢产物量的减少等，这在生产上是十分不利的。

（4）致病菌对宿主侵染能力下降。如白僵菌对宿主致病能力的降低等。

（5）对外界不良条件（包括低温、高温或噬菌体侵染等）抵抗能力下降。如抗噬菌体菌株变为敏感菌株等。

值得指出的是，有时培养条件的改变或杂菌污染等原因会造成菌种衰退的假象，因此在实践工作中一定要正确判断菌种是否退化，这样才能找出正确的解决办法。

（二）菌种衰退的原因

菌种衰退不是突然发生的，而是从量变到质变的逐步演变过程。开始时，在群体细胞中仅有个别细胞发生自发突变（一般均为负变），不会使群体菌株性能发生改变。经过连续传代，群体中的负变个体达到一定数量，发展成为优势群体，从而使整个群体表现为严重的衰退。经分析发现，导致这一现象的原因有以下几方面。

1. 基因突变

（1）有关基因发生负突变导致菌种衰退。

菌种衰退的主要原因是有关基因的负突变。如果控制产量的基因发生负突变，则表现为产量下降；如果控制孢子生成的基因发生负突变，则产生孢子的能力下降。菌种在移种传代过程中会发生自发突变。虽然自发突变的几率很低（一般为 $10^{-6} \sim 10^{-9}$），尤其是对于某一特定基因来说，突变频率更低。但是由于微生物具有极高的代谢繁殖能力，随着传代次数增加，衰退细胞的数目就会不断增加，在数量上逐渐占优势，最终成为一株衰退菌株。

（2）表型延迟造成菌种衰退。

表型延迟现象也会造成菌种衰退。例如，在诱变育种过程中，经常会发现某菌株初筛时产量较高，进行复筛时产量却下降了。

（3）质粒脱落导致菌种衰退。

质粒脱落导致菌种衰退的情况较多发生在抗生素生产中，不少抗生素的合成是受质粒控制的。当菌株细胞由于自发突变或外界条件影响（如高温），致使控制产量的质粒脱落或者核内 DNA 和质粒复制不一致，即 DNA 复制速度超过质粒，经多次传代后，某些细胞中就不具有对产量起决定作用的质粒，这类细胞数量不断提高达到优势，则菌种表现为衰退。

2. 连续传代

连续传代是加速菌种衰退的一个重要原因。一方面，传代次数越多，发生自发突变（尤其是负突变）的几率越高；另一方面，传代次数越多，群体中个别的衰退型细胞数量增加并占据优势越快，致使群体表型出现衰退。

3. 不适宜的培养和保藏条件

不适宜的培养和保藏条件是加速菌种衰退的另一个重要原因。不良的培养条件如营养成分、温度、湿度、pH、通气量等和保藏条件如营养、含水量、温度、氧气等，不仅会诱发衰退型细胞的出现，还会促进衰退细胞迅速繁殖，在数量上大大超过正常细胞，造成菌种衰退。

（三）菌种衰退的防止

根据对菌种衰退原因的分析，可以制定出一些防止衰退的措施，主要从以下几方面考虑：

1. 控制传代次数

尽量避免不必要的移种和传代，将必要的传代降到最低限度，以减少自发突变的几率。一套良好的菌种保藏方法可大大减少不必要的移种和传代次数。

2. 创造良好的培养条件

创造一个适合原种的良好培养条件，可以防止菌种衰退。如培养营养缺陷型菌株时应保证适当的营养成分，尤其是生长因子；培养一些抗性菌时应添加一定浓度的药物于培养基中，使回复的敏感型菌株的生长受到抑制，而生产菌能正常生长；控制好碳源、氮源等培养基成分和 pH、温度等培养条件，使之有利于正常菌株生长，限制退化菌株的数量，防止衰退。例如，在赤霉素生产菌藤仓赤霉的培养基中，加入糖蜜、天冬酰胺、谷氨酰胺、5－核苷酸或甘露醇等丰富营养物时，也有防止菌种衰退的效果；此外，将培养栖土曲霉（*Aspergillus terricola*）3.942 的温度从 28 ℃～30 ℃提高到 33 ℃～34 ℃，可防止其产孢子能力的衰退。

3. 利用不易衰退的细胞移种传代

在放线菌和霉菌中，由于它们的菌丝细胞常含几个细胞核，甚至是异核体，因此用菌丝接种就会出现不纯和衰退，而孢子一般是单核的，用它接种就不会发生这种现象。在实践中，若用灭过菌的棉团轻巧地对放线菌进行斜面移种，由于避免了菌丝的接入，因而达到了防止衰退的效果。另外，有些霉菌（如构巢曲霉）若用其分生孢子传代就易衰退，而改用子囊孢子移种则能避免衰退。

4. 采用有效的菌种保藏方法

有效的菌种保藏方法是防止菌种衰退极其必要的措施。在实践中，应当有针对性地选择菌种保藏的方法。例如，啤酒酿造中常用的酿酒酵母，保持其优良发酵性能最有效的保藏方法是－70 ℃低温保藏，其次是 4 ℃低温保藏，若采用对于绝大多数微生物保藏效果都很好的冷冻干燥保藏法和液氮保藏法，其效果并不理想。

一般斜面冰箱保藏法只适用于短期保藏，而需要长期保藏的菌种应当采用沙土保藏法、冷冻干燥保藏法及液氮保藏法等方法。对于比较重要的菌种，尽可能采用多种保藏方法。

工业生产用菌种的主要性状都属于数量性状，而这类性状恰恰是最易衰退的。即使在较好的保藏条件下，还是存在这种情况。例如链霉素产生菌、灰色链霉菌的菌种保藏即使是用冷冻干燥保藏法等现今较好的保藏方法，但还是会出现这类情况。由此说明有必要研究和采用更有效的保藏方法以防止菌种的衰退。

5. 讲究菌种选育技术

在菌种选育时，应尽量使用单核细胞或孢子，并采用较高剂量令单链突变而使另一单链丧失作为模板的能力，避免表型延迟现象。同时，在诱变处理后应进行充分的后培养及分离纯化，以保证菌种的纯度。

6. 定期进行分离纯化

定期进行分离纯化，对相应指标进行定期检查也是有效防止菌种衰退的方法。此方法将在菌种复壮部分介绍。

二、菌种的复壮

（一）复壮

从菌种衰退的本质可以看出，通常在已衰退的菌种中存有一定数量尚未衰退的个体。

狭义的复壮是指在菌种已经发生衰退的情况下，通过纯种分离和测定典型性状、生产性能等指标，从已衰退的群体中筛选出少数尚未退化的个体，以达到恢复原菌株固有性状的相应措施。

广义的复壮是指在菌种的典型特征或生产性状尚未衰退前，就经常有意识地采取纯种分离和生产性状测定工作，以期从中选择到自发的正突变个体。

由此可见，狭义的复壮是一种消极的措施，而广义的复壮是一种积极的措施，也是目前工业生产中积极提倡的措施。

（二）菌种复壮的主要方法

1. 纯种分离法

通过纯种分离，可将衰退菌种细胞群体中一部分仍保持原有典型性状的单细胞分离出来，经扩大培养，从而恢复原菌株的典型性状。常用的分离纯化方法可归纳成两类：一类较粗放，只能达到“菌落纯”的水平，即从种的水平来说是纯的。例如采用稀释平板法、涂布平板法、平板划线法等方法获得单菌落。另一类是较精细的单细胞或单孢子分离方法。它可以达到“细胞纯”即“菌株纯”的水平。后一类方法应用较广，种类很多，既有简单的利用培养皿或凹玻片等作分离室的方法，也有利用复杂的显微操纵器的纯种分离方法。对于不长孢子的丝状菌，则可用无菌小刀切取菌落边缘的菌丝尖端进行分离移植，也可用无菌毛细管截取菌丝尖端单细胞进行纯种分离。

2. 宿主体内复壮法

对于寄生性微生物的衰退菌株，可通过接种到相应动植物宿主体内来提高菌株的毒性。例如，苏云金芽孢杆菌经过长期人工培养会发生毒力减退、杀虫率降低等现象，可用退化的菌株去感染菜青虫的幼虫，然后再从病死的虫体内重新分离典型菌株。如此反复多次，就可提高菌株的杀虫率。根瘤菌属经人工移接后结瘤固氮能力减退，将其回接到相应豆科宿主植物上，令其侵染根瘤，再从根瘤中分离出根瘤菌，其结瘤固氮能力就可恢复甚至提高。

3. 淘汰法

将衰退菌种进行一定的处理（如药物、低温、高温等），往往可以起到淘汰已衰退个体而达到复壮的目的。如有人曾将“5406”的分生孢子在低温（-10 ℃ ~ 30℃）下处理 5 ~ 7 d，使其死亡率达到 80%，结果发现在抗低温的存活个体中留下了未退化的健壮个体。

4. 遗传育种法

即把退化的菌种重新进行遗传育种，从中再选出高产而不易退化的稳定性较好的生产菌种。

[实验 5 - 12] 发酵菌种的复壮

菌种复壮的实验，可参考［实验 5 - 2］、［实验 5 - 4］、［实验 5 - 5］和［实验 5 - 6］的实验操作步骤，对菌种进行复壮和保藏。

第四节　国内外主要菌种保藏中心介绍

世界上有许多菌种收藏服务机构，它们除了主要的工作职能（收集、保存和提供菌种）外还提供一系列其他服务，包括菌种鉴定及保藏、安全存放及专利存放。

一、国内的菌种保藏中心

我国于 1979 年 7 月成立了中国微生物菌种保藏管理委员会（CCCCM），它的任务是促进我国微生物菌种保藏的合作、协调与发展，以便更好地利用微生物资源为我国的经济建设、科学研究和教育事业服务。以下将对 CCCCM 下的几个菌种保藏管理中心作一介绍。

中国工业微生物菌种保藏管理中心（China Center of Industrial Culture Collection，CCICC）是中国国家级工业微生物菌种保藏中心，也是国际菌种保藏联合会（WFCC）和中国微生物菌种保藏管理委员会成员之一，负责全国工业生产与研究应用微生物菌种的收集、鉴定、保藏与供应，微生物菌种保藏技术与应用技术的研究与培训等。CCICC 成立于 1979 年，挂靠中国食品发酵工业研究所，曾对全国工业和商业系统应用微生物菌种进行了系统的调查、收集、鉴定和研究。目前该中心保藏国内外各类工业微生物菌种 1 750 余株，包括细菌 380 余株，酵母菌 750 余株，丝状真菌 620 余株，基本覆盖了食品与发酵行业各类生产和科研用微生物，其中许多优良菌株的生产性能具有较高水平。CCICC 与日本、美国、英国、韩国、中国台湾省与香港特区等数十个国家和地区的菌种保藏与研究机构建立了广泛的联系与合作，每年可以为国内外生产企业和科研机构提供数千株生产和实验用工业微生物菌株。

工业微生物是一种重要的生物资源和特殊的生产工具，微生物菌种保藏则是充分利用这种资源为社会创造财富，为企业实现利润。有效的保藏技术和手段可以防止生产菌种在长期保藏过程中原有的优良性能发生变异和生产性能出现退化。CCICC 成立 30 多年来，在菌种保藏的科学化管理、微生物操作技能的规范化培训（GLP，良好实验室操作规范）、菌种资源的开发利用以及生产菌株的更新换代等方面进行了卓有成效的工作，积累了丰富的经验，培养了一大批具有丰富实践经验的高素质专业人员，为中国工业微生物资源的保护、管理和开发做出了重要贡献，有力地推动了我国食品与发酵行业应用微生物技术的发展。

该中心以工业微生物菌种资源为基础，开展了工业微生物菌种的保藏、提供、分离、鉴定、培训和咨询六个方面的工作。中心编辑出版了《中国工业微生物菌种目录》，并备有几十种国际菌种保藏联合会成员机构的菌种目录提供查询。

林业微生物菌种保藏中心是中国微生物菌种保藏管理委员会下属七个中心之一。1985 年经林业部批准正式成立，确定由中国林业科学院负责组建，1994 年由森林保护所代管。林业微生物菌种保藏中心主要侧重林业微生物学科，负责微生物菌种的统一管理、收集、鉴定、保藏、命名、编目、供应及国内外交流，以便更好地利用微生物资源，为我国的经济建设、科学研究和教育事业服务。该中心现保藏菌种资源 696 株，分属于 197 属 323 个亚种或变种，包括病毒、细菌、酵母、放线菌、丝状真菌、担子菌等，分散保管于有关院校和科研单位，由它们向社会提供菌种。该中心于 1992 年参加编写了《中国菌种目录》，1996—1997 年主持编写出版了《中国林业菌种目录》和《中国林业菌种目录》续册 3 部专著。

中国科学院典型培养物保藏委员会成立于 1996 年 4 月，该委员会下设九个库，它们分别是：中国普通微生物保藏管理中心（CGMCC）；中国病毒保藏中心（CCGVCC）；细胞库；昆明细胞库；基因库；植物离体种质库（IVPGC）；稀有濒危特有植物种质库（REPE）；海洋生物种质库；淡水藻种库（FACHB）。

此外，该委员会还成立了信息网络中心，以建立生物信息数据库并致力于实现生物信息资源的网络共享。该委员会共收录各种培养物约 16 000 个株系，其中菌株 13 000 株、细胞 280 株、基因及基因元件 460 个、珍稀濒危动物细胞 300 多株、组织 400 多块、病毒 760 株、植物离体种质 298 种、淡水藻类 600 多株、海洋藻类 100 多种及珍稀濒危植物种质 370 多株。作为主要的培养物保藏中心之一，该委员会每年向社会所提供的培养物株系超过 19 000 株，并在中国生物多样性的保藏、研究和保护中起着关键作用。

中国科学院典型培养物保藏委员会基因库是中国科学院典型培养物保藏委员会下属的一个分支机构，筹建于 1988 年，挂靠中国科学院上海生物工程研究中心。基因库设有专用的实验室，添置了相关的仪器设备，1991 年 2 月正式启用，其任务是收集和保藏各种生物来源与人工构建的基因、基因元件、载体、基因组 DNA、宿主细胞和工程细胞株等，目前已有保存物 282 株。中国科学院典型培养物保藏委员会基因库是一个旨在促进科研、教学和生产发展的非盈利性社会性服务机构，除收集保藏各类基因、载体、宿主细胞等以外，同时开展有关基因资源保藏新技术的研究，比较几种不同保存方法，建立长期保存的最佳方案。基因库在保护知识产权的原则下，为科研、教学和生产单位提供与交换所保存的各类基因元件和菌株，在提供与交换保存物时，将根据保存物的性质和保存人的要求，签订相应的条约，保证保存人的知识产权不受损害。除此以外，基因库还对外提供各种标记的和非标记的引物、探针等寡聚 DNA 和基因的合成、设计与咨询等服务项目。

中国科学院典型培养物保藏委员会细胞库是为了顺应我国生命科学技术发展的需要，于 1991 年正式启用了中国科学院细胞库，1996 年中国科学院典型培养物保藏委员会成立，细胞库为其成员之一。细胞库建造了 500 多平方米的细胞库专用实验楼，添置了相关的仪器设备，建立了染色体分析、同工酶分析、支原体检测、逆转录病毒检测等质量控制方法和细胞株（系）的收集、保藏和分发制度。现已收藏有各类细胞约 238 株。该细胞库旨在收集、开发以及保藏我国和世界的人和动物的细胞株（系）资源；研究和发展细胞培养新技术，研究和发展细胞株（系）的保藏、质量控制和分发的新技术；为我国生命科学和生物技术领域的研究工作和产业化提供标准化的细胞株（系）及有关服务，向社会发放人和动物的正常细胞、遗传突变细胞、肿瘤细胞和某些杂交瘤细胞株（系）。

中国典型培养物保藏中心（China Center for Type Culture Collection，CCTCC）是于 1985 年由国家知识产权局（原中国专利局）指定、经教育部（原国家教委）批准建立的专利培养物保藏机构，受理国内外用于专利程序的培养物保藏。保藏的培养物（生物材料/菌种）包括细菌、放线菌、酵母菌、真菌、单细胞藻类、人和动物细胞系、转基因细胞、杂交瘤细胞、原生动物、地衣、植物组织、植物种子、动植物病毒、噬菌体、质粒和基因文库等。1987 年 CCTCC 加入世界培养物保藏联盟（World Federation for Culture Collections，WFCC），经世界知识产权组织审核批准，自 1995 年 7 月 1 日起成为布达佩斯条约国际确认的培养物保藏单位（International Depository Authority，IDA）。迄今，CCTCC 已保藏有来自 20 个国家和地区的各类专利培养物（生物材料/菌种）1 200 多株，非专利培养物 2 000 多株，标准细胞系、模式菌株 300 余株，是国内保藏范围最广、专利培养物保藏数量最多的保藏机构。CCTCC 广泛收集、保藏和提供与教学、科研和生产有关的各类培养物和生物材料，开展微生物分类学、微生物生态学、菌种数据库和低温生物学、细胞生物学以及分子生物学等理论与应用的研究。

中国病毒保藏中心是我国唯一的普通病毒收集、分类、鉴定、保藏和研究的机构，是我国生物资源管理中的重要组成部分，对生物多样性病毒资源进行保护和集中管理，对国家的经济发展、科学研究、教育和生产起着极为重要的作用。库内保藏病毒600余株（昆虫病毒、动物病毒及人类医学病毒、植物病毒和细菌病毒），保藏中心具有3 360 m^2 的五层大楼的实验室、低温间、温室、仪器室和会议室。该保藏中心建立了病毒数据库，实现了毒株的微机管理，已向国内和许多国家提供了病毒株系和某些抗血清，并与其他有关机构进行了毒株的交换。

中国病毒保藏中心是一个从事病毒分类和鉴定的研究中心，分为动物病毒研究组、植物病毒研究组、昆虫病毒研究组和细菌病毒研究组。可提供和交换的病毒分别为：细菌病毒80余株、昆虫病毒40余株、动物和人类医学病毒近100株、植物病毒40余株。

二、国外著名菌种保藏中心

（1）美国典型菌种收藏所（ATCC）。所在地：美国马里兰州罗克维尔市。该中心保藏有细菌8 000余株，细菌和噬菌体15 000株，丝状真菌4 400株，酵母菌606株及其他菌种千余株，原生动物1 200种及重组物品等。保藏方式主要采用冷冻干燥和液氮超低温冻结法。

（2）荷兰真菌中心收藏所（CBS）。所在地：荷兰巴尔恩市。保藏有细菌1 000株，真菌13 000株，酵母3 500株等。

（3）英联邦真菌研究所（CMI）。所在地：英国丘园。

（4）冷泉港研究室（CSH）。所在地：美国。

（5）日本东京大学应用微生物研究所（IAM）。所在地：日本东京。

（6）日本大阪发酵研究所（IFO）。所在地：日本大阪。

（7）日本微生物收藏中心（JCM）。所在地：日本东京。该中心收藏有4 000株细菌，1 700株黏菌，2 500株真菌。

（8）国立标准菌种收藏所（NCTC）。所在地：英国伦敦。

（9）国立卫生研究院（NIH）。所在地：美国马里兰州贝塞斯达市。

（10）美国农业部北方开发利用研究部（NRRL）。所在地：美国皮奥里亚市。该部保藏有细菌5 000株，丝状真菌1 700株，酵母菌6 000株。

（11）国立血清研究所（SSI）。所在地：丹麦。

（12）世界卫生组织（WHO）。

（13）法国“里昂巴斯德研究所”（IPL）。所在地：法国里昂。该处保藏有细菌6 390株。

（14）西德“柯赫研究所”（RKI）。该所保藏有医用微生物细菌11 000株，丝状真菌40株，酵母菌60株。

第六章　酒精发酵

第一节　淀粉质原料的选择及粉碎处理

一、原料选择的原则

（1）淀粉质原料资源丰富，能够大批量收集。
（2）易贮藏不易霉烂，有足够的贮存量来保证酒精连续化生产。
（3）淀粉质原料的淀粉含量高，蛋白质含量适中；脂肪含量少。
（4）淀粉质原料中的成分对人体无毒性，对微生物生长繁殖无影响。
（5）原料价格低廉，便于运输。
（6）尽量采用野生植物原料，有利于节省粮食原料。

二、原料粉碎处理原理

酒精生产过程中，淀粉原料应进行粉碎处理。因为谷物或薯类原料的淀粉，以颗粒状态存在于植物细胞中，受到植物组织与细胞壁的保护，既不溶于水，也不易和淀粉水解酶接触。为了使植物组织破坏，需对原料进行粉碎。经粉碎后的粉状原料增加了原料的受热面积，有利于淀粉原料的吸水膨化、糊化，从而提高热处理效率。经粉碎后的原料加水混合后有利于管道输送。

（一）原料粉碎的要求

1. 原料粉碎比

由于原料直径的大小不同，对大块的原料，在粉碎过程中，一次粉碎的粒度很难达到工艺要求，这时可采用二次粉碎法。工艺上一般粗粉碎比为 1∶10～15，细粉碎比为 1∶30～40。粉碎前最大物料直径 D 与粉碎后最大物料直径 d 之比称为原料的粉碎比。以 X 表示，则有：

$$X = \frac{D}{d}$$

在粉碎工序中，粉碎比不要求过大，过大会导致单位产品的电耗增加。单位产品电耗是衡量粉碎效率的主要指标，在其他条件不变时，粉碎比越大，则需要单位产品的电耗越大。

2. 粉碎粒度

粉碎粒度是指原料粉碎的程度。测定的标准是根据粉碎机所使用的筛网孔径大小而定，一般以质量分数表示。称取 100 g 粉样，倾入 20 目铜丝网（目的定义：每平方英寸所具有的孔数目，1 英寸 = 2.54 cm），当粉碎机使用 1.5 mm 筛网时，工艺要求 20 目铜丝筛的不通过物不能超过 2 g，即小于 2%。

粉碎粒度是粉碎工序中重要的工艺技术指标之一。粉碎度的高低与蒸煮糖化和酒母发酵时的生物化学变化、最终发酵醪浓度以及原料的利用率都有着密切的关系。

3. 原料加水比

加水比可根据发酵醪预定的酒精浓度来确定。加水比大，醪液干物质浓度低，黏度小，蒸煮过程中可发酵性糖损失较少，淀粉出酒率高；加水比太大，醪液体积大，设备利用率低，耗能较多。如加水比太小，醪液黏度大，输送困难，蒸煮过程中受热不均匀，易产生局部过热而形成焦糖，造成可发酵性糖的损失。

粉碎工序中料浆浓度的稳定是保证酒精生产稳定的首要条件，料浆浓度的高低决定了糖化醪总糖的高低。目前，国内一些中型的酒精厂在薯干原料生产时，料浆浓度即糖化醪浓度工艺要求控制在 16.5 ~ 18.5 Bx，料浆加水比控制在 1∶3.5 ~ 4.0。由于各厂工艺水平、设备条件以及原料种类和产地的不同，一般工艺都要求料浆浓度最低不得低于 12 Bx，使发酵醪中酒精的体积分数维持在 6% 以上。

（二）原料粉碎的方法

1. 湿法粉碎

湿法粉碎就是将蒸煮时所需要的全部水量和原料一起加入粉碎机中。这种方法可加工含水量较多的原料，如酒精厂的鲜原料生产。湿法粉碎的优点是消除了原料在粉碎过程中的尘粉飞扬，减少了原料损耗，同时也省去了除尘系统设备，厂房和设备都较简单。从图 6 - 1 所示的湿法粉碎流程的工艺上分析，原料在湿法粉碎过程中已吸水膨化又经过两次预热，温度可达到 70 ℃，不仅节省了蒸煮时所消耗的蒸汽，而且提高了蒸煮的效率。缺点是耗电量比干法粉碎高 8% ~ 10%，粉碎机容易发生堵塞，粉碎后的料浆须及时用完，不宜久放。

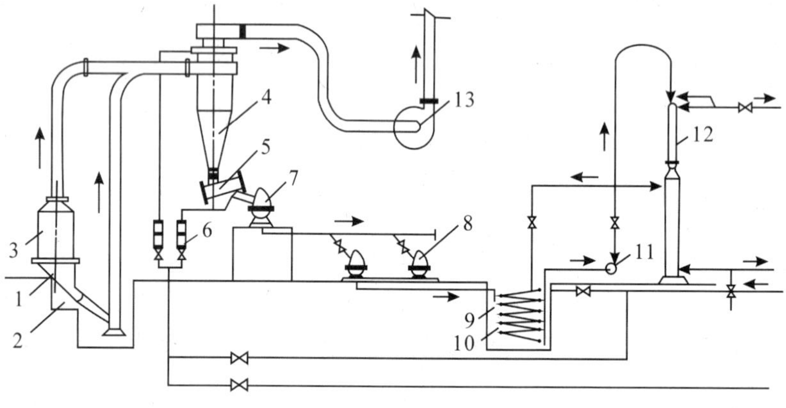

图 6 - 1　湿法粉碎流程

1. 滚筒加料机；2. 输料槽；3. 料斗；4. 旋风分离器；5. 进水管；6. 浮子流量计；7. 一级破碎机；8. 二级破碎机；9. 物料暂储池；10. 加热盘管；11. 泵；12. 加热器；13. 风机

从以上湿法粉碎工艺流程来看，整个流程可分为四个部分，其功能和作用如下：

（1）风选风送部分。原料进入料斗后，由滚筒加料器将物料均匀地经倾斜输料槽送入风管中，经风力的作用提升至旋风分离器。同时混杂在原料中的铁块、泥沙等杂质在重力的作用下，掉到风管的下方，以便清除。

(2) 湿法除尘部分。在旋风分离器中，原料和较大颗粒的粉尘受到离心力的作用，下沉至底部，并由螺旋输送机送至粉碎机进行粉碎。在旋风分离器的内部淋以水膜，将细颗粒的粉尘回收。水量大小由浮子流量计控制。

(3) 粉碎部分。为了提高原料粉碎的效率和细度，降低电耗，采用二级粉碎。一级粉碎的进料口装有进水管，将水与原料一起加入粉碎机中。水量大小，可根据加料速度和原料加水比来确定，用浮子流量计控制。原料经一级粉碎后变成流体，然后借位差自然流入二级粉碎机中，粉碎至规定的粒度，流入物料暂贮池。

(4) 粉浆预热部分。在暂贮池内装有加热盘管，管内可通入蒸汽或用蒸馏工段废热水，将物料进行第一次预热。然后用泵送入加热器，用蒸煮工段分离出来的二次蒸汽进行第二次预热，经第二次预热的粉浆送去蒸煮工段。

这种流程中所用的旋风分离器与一般的旋风分离器相似，不同之处在于该设备上部装有喷水系统。旋风分离器的进口风速为 18～20 m/s，出口风速应低于 5 m/s，以防止风将水带入风机中。喷水系统的加水量应根据处理风量的大小确定，一般以风机排风口无粉尘为标准。

2. 干法粉碎

目前，大多数酒精厂都采用干法二级粉碎，即粗碎和细碎。

二级粉碎的方法：原料投入后，通过平面输送带的运输，由磁选装置除去原料中混杂的铁块、铁皮之类的金属杂物，以保护设备。为提高磨粉的效率，便于物料的提升，先经粗碎机进行第一次粗碎操作，将大块物料先破碎成小块物料之后，提升机将粗碎的物料送至高位料仓储存，以供细碎之用。在此按工艺要求选用合适的筛网，使物料再经磨粉机进行第二次细碎操作，将小块物料粉碎成符合要求的粉末状物料，然后由螺旋输送机送至拌料罐。

二级粉碎法的最大优点是原料经过二级粉碎后，可以保证达到工艺上规定的粉碎细度要求。缺点是在整个粉碎过程中，原料有粉尘飞扬现象；当原料含水量较高时，粉碎机的筛孔容易被堵塞，粉碎效果明显降低，电耗增加。

第二节　淀粉质原料的蒸煮工艺

一、原料蒸煮处理的目的

淀粉质原料经粉碎后，还需进行蒸煮。因为淀粉是存在于植物细胞中，原料经蒸煮使植物细胞和植物组织破裂，原料所含的淀粉颗粒由于吸水膨化而分解，成为溶解状态的糊液。这样原料中的淀粉就容易与淀粉酶起作用，把淀粉水解成可发酵的糖，有利于酵母菌进行酒精发酵。

蒸煮采用高温高压时，除以上作用外，还可对原料表面附着的微生物进行灭菌处理，防止发酵过程中杂菌的污染。

二、原料蒸煮处理过程中发生的物理化学变化

(一) 原料蒸煮处理过程中发生的物理变化

淀粉是一种亲水胶体，当淀粉与水接触时，水就渗透到淀粉颗粒中，淀粉颗粒吸水后产

生膨胀现象，使淀粉的巨大分子链发生扩张，体积膨胀，重量增加。这种现象工艺上称为膨化作用，膨化作用可分为两个阶段进行，第一阶段，淀粉分子与水分子发生水化作用，吸收20%～25%的水分，放出热量（1 g干物质放出104.67 J热量）。第二阶段从温度升到40 ℃时开始，随着温度的上升膨化作用不断地进行，直到温度升到60 ℃～80 ℃时，淀粉颗粒已膨胀到原体积的50～100倍，淀粉分子间的联系削弱，淀粉颗粒解体成为溶解状态。使淀粉颗粒解体成为溶解状态的温度，称为糊化温度。

淀粉在膨化与溶解过程中，黏度是不断变化的。开始淀粉受热黏度下降，这是由于原料吸水膨胀后，悬浮液中游离水分减少。当温度达到60 ℃以上时，部分淀粉开始糊化，直链淀粉就溶解在热水中，形成有黏性的糊化状态，黏度逐渐增加。当温度升高至100 ℃时，支链淀粉开始溶解于水，形成非黏滞的液体。温度继续上升至120 ℃时，淀粉颗粒完全溶解，淀粉的结构被破坏，本来排列整齐的淀粉层彼此连成网状结构，在网状结构中充满了开始溶解的淀粉片断和微小粒子。当温度超过120 ℃时，由于淀粉分子的运动能增高，网状结构间的联系被削弱而破坏，断裂成更小的片断，黏度又迅速下降。综上所述，原料吸水加热后，当温度达到糊化温度时，淀粉颗粒开始解体。当温度继续上升时，黏度就逐渐增加。因此，在酒精生产的料浆预煮过程中，预煮温度（拌料温度）不可超过75 ℃，以免淀粉过分膨化溶解而使黏度剧增，造成输料泵输送困难，影响正常生产。

一般淀粉在整个膨化与溶解直至蒸煮结束时，不溶解的淀粉仍有10%左右，要在糖化与发酵过程中继续转化。

在高温、高压条件下，植物组织和细胞壁破裂，使淀粉完全溶解出来，这一过程称为淀粉的糊化。

原料在预煮时不仅淀粉吸水膨化，纤维素也吸水膨化，细胞间的物质和细胞内的物质也部分溶解，使植物组织的坚固性减弱。蒸煮过程中，果胶质的膨化和溶解也使细胞壁的强度大大削弱，在蒸煮时原料虽然不断地软化，可是大部分细胞仍保持原有的形态。只有在原料醪液吹出后熟器时，由于压差和蒸汽绝热膨胀，细胞内的水变为蒸汽，容积扩大，内容量增加，才使细胞破裂，植物组织完全碎解，成为均匀的醪液。此醪液称为糊化醪，俗称蒸煮醪。

蒸煮醪的性质不同于用酸水解所得的可溶性淀粉溶液。蒸煮醪冷却到60 ℃后很黏稠，低于55 ℃时则变成胶凝体，不能与糖化剂混合。如果长时间缓慢冷却，则重新形成结晶体，此现象称为“蒸煮醪老化”，以致在糖化过程中不再受糖化酶作用。因此，在酒精生产时应采取有效的真空冷却方法，尽快将蒸煮醪冷却至60 ℃左右再进行糖化，以确保糖化醪的质量。原料在蒸煮糊化时，由于原料种类不同其糊化温度各有不同，如表6－1所示。

表6－1　不同淀粉原料的糊化温度

淀粉名称	淀粉颗粒（μm）	糊化温度（℃）
甘薯淀粉	35～50	53～64
大米淀粉	5	82～83
玉米淀粉	15	65～73
小麦淀粉	20～22	64～71

（二）原料蒸煮处理过程中发生的化学变化

在原料蒸煮过程中，同时存在物理变化和化学变化，下面主要介绍其化学变化。

1. 纤维素和半纤维素

纤维素（$C_6H_{10}O_5$）是构成植物细胞壁的主要成分，由葡萄糖脱水缩合而成，在蒸煮过程中只吸水膨胀而不发生化学变化。

半纤维素在温度 160 ℃，pH 为 5.8～6.3 的溶液中只有部分水解。其化学成分由多聚戊糖和多聚己糖组成，在微酸性条件下受热，多聚戊糖分解为木糖和阿拉伯糖，而木糖又可分解成糠醛；多聚己糖部分分解为糊精。这些物质很难被酵母利用进行酒精发酵。

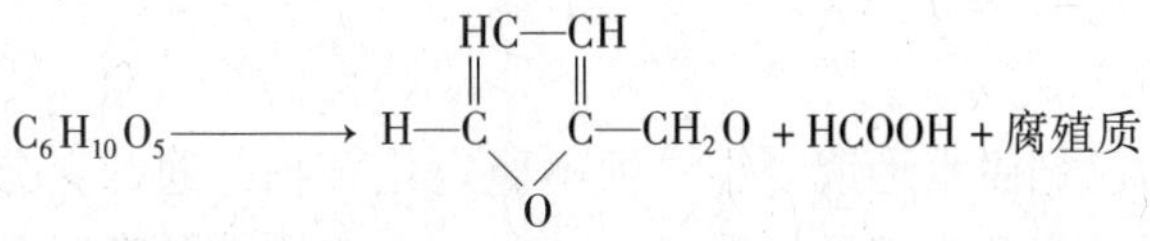

木糖　　糠醛

2. 果胶质

果胶质由半乳糖醛酸或半乳糖醛酸甲酯组成，是植物细胞壁的组成部分，也是细胞间层的填充剂。果胶质的含量随原料品种的不同而有差别。薯类原料中果胶质的含量要比谷类原料高，因此在蒸煮时，薯类原料生成的甲醇量亦比谷类高。蒸煮压力的增大或蒸煮时间的延长都会促使蒸煮醪液中甲醇含量的增加。蒸煮压力越高，甲醇含量越高。

甲醇有毒性，饮之可使人失明，10 mL 可以致死。与甲醇蒸汽接触，会引起头痛、疲倦、呼吸困难、视觉不灵等症状。甲醇的存在对酒精发酵极为不利，对酒精成品质量影响极大。因此，以薯类原料进行酒精生产时，应设法降低蒸煮压力以控制甲醇的产生，这样既可减少糖的损失，又可减少甲醇的生成量。

甲醇的沸点为 64.7 ℃，在蒸煮锅内呈蒸汽状态，聚集于锅内上方空间。在间歇蒸煮生产的工厂，一般采取放废气的方法来减少甲醇的产生，即在蒸煮过程中，每隔一定的时间放走蒸煮锅顶上面的一部分废气，使甲醇蒸汽随废气一起排入大气中。放废气不但可将甲醇排除，还可达到蒸煮锅突然减压使醪液搅动的效果。采用连续蒸煮生产的工厂，可将汽液分离器排出的二次蒸汽通过列管式加热器用冷水进行间接热交换。在连续蒸煮的最后一个后熟锅顶部排出的废气也应通过间接加热的方法提高料浆的预热温度。这样可避免甲醇蒸汽直接溶于水或料浆之中，防止再次循环，造成蒸煮锅中甲醇含量累积增加。

3. 淀粉和糖

淀粉原料在高温蒸煮时，由于淀粉酶的作用而形成一部分糖，这些糖分在蒸煮时易受压力和温度的作用发生变化，使可发酵性糖受到损失。各种原料在蒸煮过程中，糖分的分解也有所不同。甘薯中主要含 α－淀粉酶，主要生成麦芽糖和少量的单糖；马铃薯中所含的糖类主要是葡萄糖、果糖及少量的蔗糖；谷类原料中则以蔗糖为主。蒸煮时，糖分的损失与蒸煮的压力和温度的高低、蒸煮时间的长短有一定关系。蒸煮压力越高，时间越长，糖的损失越严重。不同的糖分，其化学变化也不同，例如醛糖会变成酮糖；己糖脱水会变成羟甲基糠醛，也能与氨基酸结合形成黑色素。

（1）焦糖的形成。

原料在蒸煮过程中，可发酵性糖在较高的温度下加热时，可形成褐红色无定形的脱水产物，这种产物称为焦糖。蒸煮时，原料中的葡萄糖和蔗糖相对较稳定，而原料中的果糖易发生焦化。这是因为果糖的熔化温度为 95 ℃ ~105 ℃，葡萄糖的熔化温度为 144 ℃ ~146 ℃。焦糖的生成不仅造成糖分的直接损失，而且影响酵母的生长繁殖，阻碍糖化酶对淀粉的糖化作用，使原料出酒率降低。一般来说，焦糖的形成在高浓度糖液中比在低浓度的糖液中易进行。蒸煮时，局部过热也易产生局部焦化现象，形成焦糖。

甘薯原料淀粉含量较高，含有较多的糖分，在蒸煮过程中容易形成焦糖。因此，在生产实践中，为减少焦糖的形成，原料的加水比应适当增加。原料经粉碎后，加水比控制在 1：3.5 ~3.7 之间或再偏高些以减少糖分损失。

在原料蒸煮时，对于可发酵性糖的损失问题，一般认为，延长蒸煮时间比增加蒸煮压力的糖分损失大。

（2）羟甲基糠醛的形成。

羟甲基糠醛主要由已糖脱水形成，是一种不稳定化合物，通常会分解成为甲酸和左旋糖酸，伴随的副反应是黑色素和腐殖质的形成。这种反应在原料预煮时就已经开始，在蒸煮时剧烈进行。羟甲基糠醛容易与氨基酸分子起作用，形成黑色素。黑色素形成的速度与还原糖和氨基酸的浓度成正比。黑色素的形成是使蒸煮醪颜色由黄变褐的原因之一。黑色素对酵母的生长和发酵影响不大，只造成一部分糖分的损失。生产上为了减少黑色素的生成，在原料蒸煮时适当增加用水量。由可发酵性糖生成羟甲基糠醛的反应式如下：

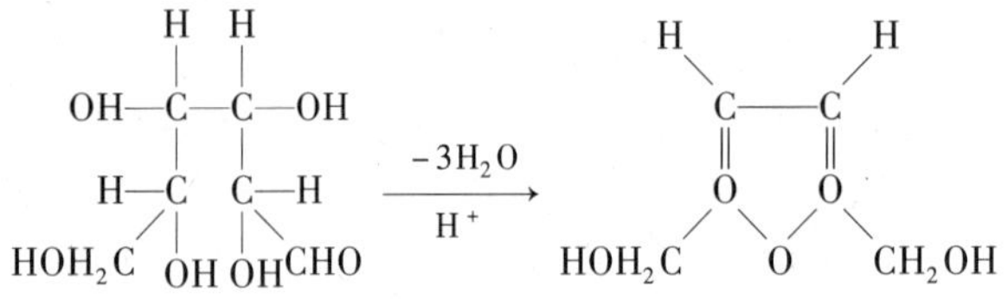

d－葡萄糖　　　　ω－羟甲基糠醛

（3）蛋白质及脂肪的变化。

原料的含氮物质与热处理的关系，见表 6－2。当温度升高到 100 ℃时，可溶性氮量便减少；如将温度继续升高，则又重新增加。其原因是最初蛋白质发生凝结作用和变性作用，然后再进行胶溶作用。在大麦蒸煮时，蛋白质态氮亦同时增加；在玉米蒸煮时，则得相反的倾向。在蒸煮过程中蛋白质分子是不能水解的，所以氨基态氮仍残留于溶液中没有变化。

表 6－2　谷类含氮物质与热处理的关系

氮的形态	大麦				玉米			
	于下列温度处理后所含的氮量（%）							
	50 ℃	100 ℃	120 ℃	140 ℃	50 ℃	100 ℃	120 ℃	140 ℃
不溶性氮	74.6	93.1	87.4	78.7	81.4	76.6	68.4	43.0
可溶性氮	25.4	6.9	12.6	21.3	18.6	23.5	31.6	57.0
其中包括：								
蛋白质态氮	10.0	4.8	6.9	16.4	9.2	10.4	8.0	5.0
氨基态氮	—	—	—	—	7.2	7.0	6.8	6.4

在普通蒸煮操作中，谷物中的含氮量约有20% ~25%转入蒸煮醪液中。脂肪在原料蒸煮过程中变化较小。在实际生产过程中，蒸煮后醪液的酸度比蒸煮前粉浆的酸度高，这主要是由糖分的分解及部分脂肪产生的。糖分解成少量的乳酸也会引起酸度增加，其反应式为：

$$\underset{\text{葡萄糖}}{C_6H_{12}O_6} \longrightarrow \underset{\text{乳酸}}{2CH_3CHOHCOOH}$$

在玉米原料蒸煮时，蒸煮压力每升高一个大气压，其醪液的总酸度便增加约2%，表明增加压力也会使蒸煮醪的酸度升高。

4. α-淀粉酶

α-淀粉酶的系统名称为α-1，4-葡聚糖-4-葡聚糖水解酶，常用名为α-淀粉酶，又名淀粉-1，4-糊精酶。α-淀粉酶能水解淀粉分子中的α-1，4葡萄糖苷键，其产物的还原性末端葡萄糖单位的C_1碳原子为α-构型，所以称作α-淀粉酶。

（1）α-淀粉酶的基本特性。

根据不同的来源，α-淀粉酶依其作用特征可分成五种类型，其中大多数为液化型淀粉酶（BLA）。近年来，又发现了新类型的糖化型α-淀粉酶（BSA）、耐酸型α-淀粉酶、耐热型α-淀粉酶和耐碱型α-淀粉酶。这些酶的共同特征是底物必须含有3个以上的α-1，4-糖苷键的葡聚糖链，即聚合度DP =4以上。因为含3个糖苷键时水解比较困难，用α-淀粉酶水解淀粉时，酶是从淀粉分子内部进行的，故α-淀粉酶也称为内酶。α-淀粉酶作用于淀粉，主要是按以下步骤进行的：

第一步：反应初期，酶任意地、迅速地将淀粉的大分子低分子化。伴随这种作用，淀粉黏度下降，还原力逐渐增加，但还原性很小。工业上把这种黏度下降现象称为液化，故α-淀粉酶又称“液化酶”。碘反应的颜色变化顺序为蓝→紫→红→棕→无色（消色点）。碘反应达消色点时，α-1，4键被水解的极限因酶来源和类型的不同而不同。一般来说，细菌、霉菌、麦芽、液化型和耐热的α-淀粉酶的水解极限为10% ~20%，水解产物大多数为$C_7 \sim C_8$的低聚糖（糊精）。胰液、酵母、霉菌、唾液和细菌的糖化型α-淀粉酶水解淀粉1，4键的极限，在消色点时可达40%，主要产物是葡萄糖、麦芽糖、麦芽三糖和$C_7 \sim C_8$的低聚糖。

第二步：在快速水解完成之后，反应速度变慢，还原性增高。BLA、麦芽、耐热型α-淀粉酶对C_7以上的糊精易分解，能切断非还原性末端第5~6葡萄糖苷键。BSA、霉菌、酵母、唾液的α-淀粉酶可对$C_4 \sim C_6$的低聚糖继续水解，切开非还原性末端第3~4位的α-1，4糖苷键。

不同类型的α-淀粉酶的作用终产物种类还决定于淀粉的类型。对直链淀粉用液化型淀粉酶作用达到消色点时，终产物是聚合度$C_7 \sim C_8$的低聚糖（糊精）。进行第二步作用时主要是水解非还原性末端的$C_5 \sim C_6$键，所以终产物中C_7以上减少。若继续延长BSA作用时间，高分子糖几乎消除，产物如表6-3所示。BLA不能水解麦芽糖的1，4键，对麦芽三糖也极难作用。但在酶量高、作用时间长时，麦芽三糖能缓慢水解成87%的麦芽糖和13%的葡萄糖，而对于C_4、C_5、C_6不能继续水解。一般液化型α-淀粉酶对α-1，4键的最终水解极限达70%以上，有些类型可达90% ~100%，终产物几乎全是葡萄糖。对支链淀粉的作用是从支链淀粉内部无先后顺序地水解α-1，4键，这与直链的作用一致。α-淀粉酶不能水解α-1，6键，也不能切开α-1，6键及该键附近的α-1，4键。这样α-1，6键的结合物就留在水解产物中。最终除产生麦芽糖、葡萄糖之外，还有异麦芽糖和聚合度$C_3 \sim C_4$的含有α-1，

6 键的界限糊精和低聚糖。据分析，含 4 个非还原末端的支链淀粉水解后的终产物是 19% 的葡萄糖、73% 的麦芽糖和 3% 的异麦芽糖的混合物。从表 6 - 3 也可见到由于 α - 1，6 键的存在，在最终产物中存在大量的糊精。

表 6 - 3　细菌 α - 淀粉酶作用于淀粉的产物　　单位：（%）

水解产物	直链淀粉		支链淀粉	
	60 min	180 min	60 min	180 min
C_1	2.3	5.3	1.4	3.3
C_2	10.1	12.3	5.5	8.3
C_3	12.8	22.0	8.2	10.8
C_4	6.0	10.5	0.9	2.5
C_5	10.2	14.8	4.9	6.7
C_6	20.6	30.1	14.0	26.8
C_7	14.7	5.1	9.8	9.2
C_7 以上	23.3	0.0	55.3	32.4

（2）影响 α - 淀粉酶活性的因素。

在工业上，应用 α - 淀粉酶时，要注意 pH、反应温度、底物浓度、抑制剂和激活剂的影响。因为这些因素将直接影响到淀粉液化过程中 α - 淀粉酶的活性。

① pH 和温度。

一般的 α - 淀粉酶最适 pH 为 5 ~ 6，pH 稳定范围是 5.5 ~ 8.0，pH 4.0 以下易失活。哺乳动物的 α - 淀粉酶能被氯离子激活，在氯离子存在的条件下最适 pH 为 7.9；高等植物的 α - 淀粉酶在 pH 为 3.6 时失活；黑曲霉的 α - 淀粉酶耐酸性，在 pH 为 2.0 时仍可保持 80% 的酶活力，但在中、碱性条件下不稳定；米曲霉则相反，在 pH 为 2.5 时完全失活；枯草杆菌 α - 淀粉酶作用的最适 pH 是 5 ~ 7。食品工业目前常用的 B. F. 7658 枯草杆菌淀粉酶（简称淀粉酶 7658）在 37 ℃条件下的最适 pH 是 5.5 ~ 6.5，最适温度是 50 ℃ ~ 70 ℃。pH 稳定性随着作用温度的升高而降低。如图 6 - 2 所示，4 ℃时稳定 pH 是 6.0 ~ 7；40 ℃时 pH 是 5.5 ~ 6.5，酶活力降低 33%；90 ℃时 pH 是 5.5 ~ 6.0，酶活力损失 50%。

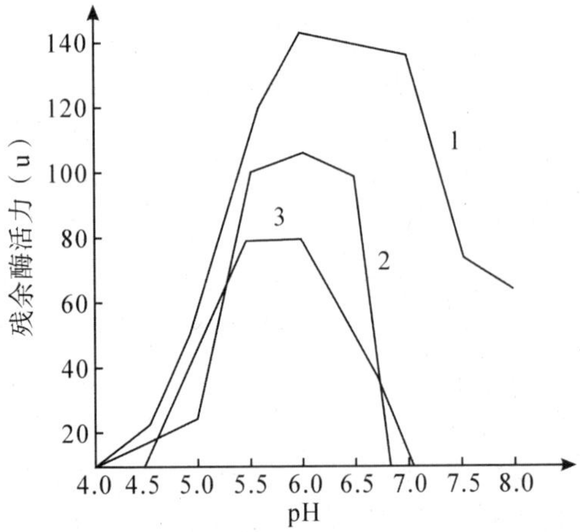

图 6 - 2　不同温度下 pH 对酶稳定性的影响

1. 4 ℃下保持 72 h；2. 40 ℃下保持 6 h；3. 90 ℃下保持 1.5 h

用α－淀粉酶液化淀粉时，若pH过高，由于碱异构化，能使糊精的还原性末端发生异构化，生成异构化糊精。继续用糖化酶糖化时，产物中会残留一部分麦芽酮糖。

② 酶的热稳定性与受热时间的关系。

不同来源的α－淀粉酶在热稳定性方面存在差别。一般规律是细菌的α－淀粉酶热稳定性高，谷物的较低，曲霉的更低，见表6－4。

表6－4　不同来源的α－淀粉酶的耐热性

酶源	热处理时间（min）	耐热性（℃）	酶源	热处理时间（min）	耐热性（℃）
地衣杆菌	15	70	根霉	15	55～60
耐热枯草杆菌	30	90	酵母	15	35～50
曲霉	15	55～70	绿豆芽	15	50～70
耐酸性曲霉	15	55～70			

淀粉酶7658在75 ℃时作用10 min或90 ℃时作用5 min，酶活力损失很少。但在75 ℃时作用30 min酶活力损失1/3；在90 ℃时作用30 min，酶活力可全部损失。在最适温度下，如果作用时间长达几小时，酶活力也会下降。

③ 淀粉浓度对α－淀粉酶活性的影响。

淀粉浓度对酶的活性有一定的保护作用。

④ α－淀粉酶活力的稳定性。

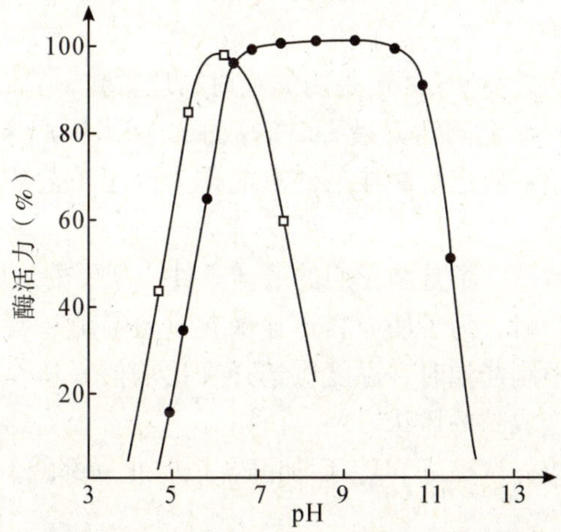

图6－3　枯草杆菌α－淀粉酶的pH稳定性与钙离子的关系

（枯草杆菌α－淀粉酶，20 ℃下保持20 h；□ 除去Ca^{2+}的酶；● 含有Ca^{2+}的酶）

在生产过程中，一般都把α－淀粉酶称为一种金属酶。各种不同来源的α－淀粉酶都牢固地结合着钙离子，每分子酶含1原子钙。钙不直接参与酶和底物生成的复合物构象，但它能使酶分子保持一定的构象，使其具有最高活力和活力稳定性。即钙离子不仅可使α－淀粉酶具有活力，还可提高它的pH稳定性和热稳定性。图6－3是枯草杆菌α－淀粉酶的pH稳定性与钙离子的关系。在 20 ℃条件下保持 20 h，除去钙离子的酶 pH 稳定范围很窄，约在 5.0～7.0 之间。而含充足钙离子的酶最适 pH 的幅度较脱除钙离子者大大加宽，pH 为 6.5～11.5。

a. 钙离子与酶的热稳定性的关系。在 70 ℃（pH 7.0）时，即使钙离子浓度很低，也有提高酶活力的作用；在一定钙离子浓度范围内，伴随其浓度的增长，残余酶活力亦增长；但钙离子浓度超过一定量之后残余酶活力就不再增长；没有钙离子时酶活力消失。所以，工业上在进行淀粉液化时常添加 0.01 mol/L 钙离子或者适当浓度的氯化钙、醋酸钙等调节钙离子的浓度。淀粉中常含微量的钙可供酶的活化。钙和酶结合的牢固程度从来源看，依次是霉菌 > 细菌 > 哺乳动物 > 植物。钙离子对麦芽 α－淀粉酶的保护作用特别明显。

b. 钠对酶活动稳定性的作用。钠对酶活动稳定性也有提高作用。氯化钠可以作为淀粉酶 7658 的保护剂，能减少酶在较高温度下活力的损失。在 0.5% 氯化钠的存在下，75 ℃时作用 60 min 或者 90 ℃时作用 20 min，酶活力分别损失 38% 和 22%；在没有氯化钠时损失 64%～67%。工业生产上经常在用酶法液化淀粉时调节钠离子的浓度，一般以每升淀粉浆加 6 g 左右氯化钠的效果较好。从动物中获得的 α－淀粉酶通常可被氯离子活化。所以，当测定其酶活力时，反应系统中用 0.1 mol/L 氯化钠缓冲液来稀释酶液。在工业上，为了提高 α－淀粉酶的耐热性，可同时添加石膏和食盐。

c. α－淀粉酶使用过程中应注意的问题。在使用 α－淀粉酶时，一些微量的金属离子如 Fe^{2+}、Cu^{2+}、Ze^{2+}、Hg^{2+} 等能使酶钝化。在工业生产中，若发现酶活力受抑制时，可从生产用水中查找原因。若水中带有这些金属离子，通常采用离子交换法、加 EDTA 法和电渗析等方法处理水。经这些方法处理后的水，需补充 Ca^{2+} 和 Na^{+} 等离子。另外，来源于原料中的单宁、有机酸等对 α－淀粉酶也有抑制作用。α－淀粉酶的应用范围较广，它可应用于酒精、白酒、啤酒、饴糖、麦芽糖、异构糖浆、面包、味精、醋、酱油等的生产。所以 α－淀粉酶中最好不含蛋白酶。

一般所说的最适温度和最适 pH 并不是酶的绝对物理常数，它们是在规定的条件下（pH、温度、底物成分和浓度等）测定酶活力最大时的数值。如果生产条件变化，最适 pH 和温度也可能会改变。所以，实验室确定的最佳条件只能作为确定工艺的主要参考数据，还需在生产实际中不断完善。

如果生产要求的条件特殊，不是酶作用的最佳条件，则要酌量增减酶量，改变酶解时间，提高或降低温度。酒精生产时，为了使原料迅速液化，容易流过管道，就要求将淀粉浆在短时间、高温下迅速液化。但制酱油时，温度应选择在比酶的最适作用温度稍低些，以利于逐渐提高原料的分解率和改变成品的风味。

生产中调淀粉浆时，应先调整好 pH，后加酶，以防止局部酸、碱剧烈变化或酸、碱浓度过高而影响酶的活力。

三、淀粉质原料的蒸煮工艺

（一）高压间歇蒸煮

此工艺目前一些产量较低的小型酒精厂和液体白酒厂仍在使用。高压间歇蒸煮从技术经济观点来看，与高压连续蒸煮相比，其优点是设备简单、操作容易、蒸煮质量比较稳定。缺点是能源消耗大而且用气不均匀，操作烦琐；每蒸煮一锅原料必须经过进料、升压、排废气、保压蒸煮、放醪等操作，生产效率不高，不适应大规模的工业生产。这种方法的工艺流程为：

原料→粉碎→加水拌料→泵→蒸煮锅→升温→蒸煮→放醪

（二）高压连续蒸煮

目前，以淀粉质为原料生产酒精的工厂大多数都采用高温高压连续蒸煮的方式。高温高压连续蒸煮具有糊化充分，杀菌彻底，蒸汽消耗量相对较省，速度快和效率高的特点。高温高压连续蒸煮根据蒸煮设备型式的不同，又可分为锅式、柱式和管式三种。

（三）低温低压蒸煮

淀粉质原料采用低温低压蒸煮，有利于降低酒精生产的能耗，从而降低生产成本。在酒精厂，高温高压蒸煮的蒸汽消耗量约占整个酒精生产能耗的30%以上。故近年来世界各国都致力于淀粉原料无蒸煮和低温蒸煮的工艺研究，并在这方面取得了一定的进展。

（四）生原料的无蒸煮工艺

在酒精生产过程中，淀粉质原料的蒸煮耗能较大。所以要降低生产成本就要注意生产过程中的节能问题。近年来酒精工业的各个部门都在进行淀粉原料的无蒸煮工艺的研究，并取得了一定成效。

用生玉米粉进行无蒸煮工艺，通常采用以下的工艺流程：

防腐剂　酒母
↓　　　↓
玉米原料→粉碎→调浆→糖化→发酵→蒸馏→成品

该工艺所采用的工艺条件为粉碎粒度1.5~2.0 mm，原料加水比控制在1：2.0~2.2，生玉米淀粉糖化酶用量为每克原料50单位，酵母细胞数控制在10^6~10^7个/mL。在30 ℃条件下发酵约100 h，发酵成熟醪酒精的体积分数达13.5%~14.5%。

（五）影响蒸煮醪质量的主要因素

原料蒸煮过程中，蒸煮醪的质量受到许多因素的影响。这些因素主要包括原料的粉碎粒度、加水比、蒸煮的温度、压力和时间、循环排汽次数与时间等。

1. 原料的粉碎粒度

在酒精工厂中采取连续蒸煮其原料都必须先经粉碎，其目的是增加原料与蒸汽的接触面积，提高热处理的效率，蒸煮粉碎的原料还能够缓和蒸煮条件，减少可发酵性物质的损失。理论上认为原料粉碎越细，对蒸煮越有利。但是，原料粉碎过细，电力消耗大，也无必要。一般工厂均采用通过1.5~2 mm筛网的粉料。

原料粉碎多数厂采用锤式粉碎机对原料进行两级干法粉碎，粉碎后的物料粒度要求尽可能均匀，粒度大小相差无几，防止在同一蒸煮条件下物料蒸煮程度不一致，造成粉末原料在大颗粒完全糊化之前已蒸煮过老甚至焦化；而大颗粒物料则因粉末原料蒸煮压力低和时间短，而出现蒸煮不透的夹生现象，影响蒸煮醪质量，降低出酒率。

有报道证明，当原料充分细碎，破坏了淀粉颗粒的完整性时，可采用不高于100 ℃的蒸煮温度，可大幅度降低蒸煮的热能消耗，而且还能使每吨淀粉增加出酒量20~30 L。

2. 原料加水比

适当的加水量便于增加压力进行高温蒸煮，为溶解淀粉创造有利条件，有助于减少糖与氨基酸反应及糖分的焦化现象，同时可降低醪液的黏度，对酵母发酵有利。若加水比过大，粉浆稀薄，对蒸煮质量无大影响，但是容量增加使工厂生产能力降低，设备利用率降低，蒸汽消耗及工厂的各项单耗指标上升。同样，若加水比过小，粉浆浓稠，蒸煮醪液黏度增加，流动性差，在蒸煮过程中易产生局部受热，造成糖分损失，影响蒸煮醪质量，且加水比过小，也不利于管道输送和酵母发酵。

综上所述，粉料加水混合成粉浆后便进行加热，粉浆应该是均匀的而不应含有面疙瘩，否则会影响蒸煮醪质量，使不溶性淀粉增加，引起可发酵性物质损失。目前，酒精工厂在连续蒸煮实际生产中，对薯类原料的加水比一般控制在 1∶3.5～3.8，玉米原料为 1∶3.0～3.2，粉末原料以 1∶4.0 为宜。

3. 粉浆的预煮温度和时间

一般在蒸煮前将原料粉碎后加入高温水使之浸泡，并充分利用蒸煮工序的二次蒸汽进行加热粉浆预煮，使淀粉部分膨化与溶解，也使蒸煮条件缓和些，这样不仅利用了余热，还缩短了原料的蒸煮时间。原料加水时水温要求在 75 ℃～80 ℃，采用高温水能在热水中迅速中止原料中的淀粉酶水解作用。水温过低，原料在搅拌和加热升温过程中，因淀粉酶的活动可将原料中的淀粉转化为糖，使这部分糖在蒸煮中受到破坏。

粉浆预煮时，应迅速加热粉浆使之达到规定的温度。预煮温度的数值取决于原料的粉碎度和粉浆提高黏度的速度，一般甘薯原料预煮温度在 72 ℃～75 ℃。当粉浆干物质浓度高时，可利用 α－淀粉酶进行液化，将其迅速加热至 95 ℃～98 ℃，并在此温度下保持 15～20min，使粉浆充分液化。粉浆的预煮时间也需严格控制，越短越好，不宜过长，以防可发酵性糖过多积累而造成在蒸煮时损失。

4. 循环排气次数与时间

在高温间歇蒸煮过程中，为了使原料受热均匀和彻底糊化，工厂通常采用循环排气的方法，利用蒸汽压力的变化来搅拌蒸煮锅内的物料。一般情况下是将蒸煮锅的压力升至规定的压力后，就打开循环排气阀，使锅内的压力降至 29～49 kPa。这样，由于压力的变化，锅内蒸汽压力突然降低，产生压力差，使醪液上下翻动，从而达到搅拌的目的。循环排气一般每隔 15～20 min 进行一次，一直到蒸煮结束为止。不同的原料，蒸煮时间各异，则采用循环排气的时间与次数也不同。一般薯类原料排气次数约为 3 次，谷类原料排气次数和时间约长一些。

5. 蒸煮压力、温度与时间

蒸煮压力是确定温度的指标。淀粉的溶解与蒸煮压力、时间成正比，糖损耗和甲醇的生成量也与蒸煮压力、时间成正比。但是，蒸煮压力与时间的关系是辩证的，当蒸煮压力高时，淀粉溶解快，蒸煮时间就可相应缩短，糖损耗和甲醇的生成量也相应地减少。因此，蒸煮的压力、温度、时间三者与蒸煮醪的质量有密切的关系。原料在蒸煮中，不溶性淀粉可发酵性糖的损失应控制在最小，这就需要正确选择蒸煮压力、温度和蒸煮时间。在采用较高蒸煮压力时，蒸煮的时间可缩短些；反之，延长蒸煮时间，则蒸煮压力可降低些。我国现在酒精行业的蒸煮工艺趋向于低温长时间的方式，这样，既可减少可发酵性糖的损失，又可降低甲醇的生成量，以提高蒸煮醪的质量。时间过长，同样也影响蒸煮醪的质量。因此，在保证蒸煮质量的前提下，应降低蒸煮压力和温度，缩短蒸煮时间，正确调整好三者的关系。

（六）蒸煮醪质量的确定方法

在酒精生产中，确定蒸煮醪的质量，至今还没有一个科学而精密的检测方法。实际生产中主要通过感观鉴定，再结合糊化率的测定进行检验确定蒸煮醪质量的优劣。

1. 感观鉴定

感观鉴定主要经过看色泽、尝甜味、摸颗粒三步骤。一般而言，良好的薯干原料蒸煮醪外观应是淡黄色，较为透明，细腻均匀，口尝略带甜味，并具有原料本身的香气。用玻璃棒插入取样试管的蒸煮醪中，然后取出时，玻璃棒上黏附的颗粒应微透明，用手指压摸时，呈均匀细致的糊状，稍冷却后即易凝固。“过老”的蒸煮醪颜色较黑，呈褐色，有焦苦味，颗粒很少或没有颗粒，不太容易凝固；“太嫩”的蒸煮醪色泽浅，无光泽，带有一种污浊的青灰颜色，有甜味，颗粒多且硬，容易凝固。但当原料中混杂有霉坏原料时，蒸煮醪的颜色则发黑，无法根据颜色来判断蒸煮醪质量如何，此时应当检查颗粒糊化程度，再通过测定糊化率的方法来加以确定。

2. 淀粉糊化率

蒸煮醪的糊化率是蒸煮过程中的一个检测指标，用以说明淀粉溶解的程度。糊精与总糖的比值，称为糊化率。其计算公式如下：

$$\text{糊化率}=\frac{\text{糊精}}{\text{总糖}}\times 100\%$$

糊化率越高，说明原料糊化越充分。在酒精生产中，并非要求糊化率越高越好。如果采用高压高温长时间蒸煮，糊化率可接近100%，但糖分受到很大的损失，对发酵不利。如果糊化率太低，淀粉溶解程度就差，一部分淀粉颗粒难以水解，则淀粉利用率降低。因此，蒸煮时一般糊化率控制在80% ~85%左右。

[实验6-1] 耐高温α-淀粉酶活力的测定

目前在酒精和淀粉糖生产中应用的耐高温α-淀粉酶主要来自精选的地衣芽孢杆菌经发酵、分离、提取的具有较高耐热性能和酶活力的α-淀粉酶。耐高温α-淀粉酶和液化喷射器的出现使淀粉转化成葡萄糖的技术发生了革命性的进步，所以掌握耐高温α-淀粉酶活力的测定对于理解酶反应对温度的要求和体会酶制剂对淀粉的作用能力是很直观的。

1. 原理

α-淀粉酶能将淀粉分子链中的α-1，4-葡萄糖苷键随机切断成长短不一的短链糊精、少量麦芽糖和葡萄糖，使淀粉对碘呈蓝紫色的特异性反应逐渐消失，而呈碘液本身的红棕色。其颜色消失的速度与酶活力有关，在标准条件下通过测定反应后的吸光度计算其酶活力。

酶活力单位：在70 ℃、pH 6.0条件下，1 min液化1 mg可溶性淀粉成为糊精等所需要的酶量，即为1个酶活力单位，液体剂型酶用U/mL表示，固体剂型酶用U/g表示。

2. 仪器和试剂

(1) 仪器。分光光度计（应符合或高于GB9721要求）；超级恒温水浴（精度±0.1 ℃）；电子天平（0.1 mg）；大试管（Φ25 mm×200 mm）；电子秒表；酸度计；磁力搅拌器。

(2) 试剂。

① 碘液贮备液。称取22.0 g碘化钾（KI）溶于约300 mL水中，加入11.0 g碘（I_2），搅拌使其溶解，然后移入500 mL容量瓶中，用水定容，贮于棕色瓶备用（每月配制一次）。

② 碘液使用液。称取20.0 g KI溶于约300 mL水中，移入500 mL容量瓶中，准确加入2.00 mL碘液贮备液，用水定容，贮于棕色瓶备用（每天配制一次）。

③ 20 g/L可溶性淀粉溶液。称取2.00 g（以绝干计）可溶性淀粉于250 mL烧杯中，用少量水调成糊状，在搅拌下加入约80 mL沸水，继续加热煮沸至透明（20 min），冷却后用水定容至100 mL（此溶液须当天配制，存放冰箱备用）。

④ pH 6.0磷酸缓冲溶液。称取45.3 g磷酸氢二钠（$Na_2HPO_4\cdot 12H_2O$）、8.07 g柠檬酸（$C_6H_8O_7\cdot H_2O$），用水溶解并定容至1 000 mL，配好后用酸度计校正其pH至6.0。

⑤ 0.1 mol/L盐酸溶液按GB601配制。量取9.4 mL浓HCl，用水稀释定容至1 000 mL。

3. 测定方法

（1）待测酶液的制备。

① 液体剂型耐高温 α－淀粉酶。用缓冲溶液配制酶溶液，根据待测酶液标示的（即说明书上给出的）酶活力，用 pH 6.0 磷酸缓冲溶液将其稀释至 65～70 U/mL，便于测定准确。

② 固体剂型耐高温 α－淀粉酶。称取 1～2 g（精确至 0.000 1 g）待测酶，用 pH 6.0 磷酸缓冲溶液溶解，在磁力搅拌器低速搅拌下，全部溶解后移入容量瓶中，用缓冲溶液定容至刻度（将酶活力稀释至 65～70 U/mL），摇匀。用 3 000 r/min 离心机离心 10 min，上清液供测定用。

（2）测定。

① 吸取 20.00 mL 20 g/L 可溶性淀粉溶液和 5.00 mL pH 6.0 磷酸缓冲溶液于大试管中，在 70 ℃恒温水浴中预热平衡 5 min。

② 加入待测酶液 1.00 mL，立即摇匀并用秒表计时，准确反应 5 min。

③ 立即用洁净干燥的吸量管吸取反应液②1.00mL 至预先盛有 0.50 mL 0.1 mol/L HCl 溶液和 5.00 mL 碘液使用液的 10 mL 具塞比色管中，摇匀。

④ 以 0.50 mL，0.1 mol/L HCl 溶液、5.00 mL 碘液使用液和 1.00 mL 磷酸缓冲溶液的混合液做空白，于 660 nm 波长下，用 1 cm 比色皿迅速测定其吸光度（A）。根据吸光度查附表 2，求得测试酶液的浓度（c）。

4. 计算

$$\text{样品的酶活力（U/mL 或 U/g）} = 16.67cn$$

式中 c——测试酶液的浓度，U/mL；

n——样品的稀释倍数；

16.67——换算常数。

所得结果表示至整数。结果的允许差，平行实验相对误差不得超过 2%。

5. 讨论

① 本方法源于 QB/T 2306－97，是耐高温 α－淀粉酶活力测定的最新标准仲裁方法。

② 换算常数 16.67 来源于 QB/T 1805.1－93 酶活力单位定义：1 h 液化 1g 可溶性淀粉溶液所需酶的量，为 1 个酶活力单位，样品的酶活力（U/mL 或 U/g）＝cn。

③ 大型酒精和淀粉糖生产企业实际使用的耐高温 α－淀粉酶均为液体剂型，并标有酶活力（U/mL）。

④ 耐高温 α－淀粉酶液体剂型为褐色液体，具该酶特有的气味，允许有少量的凝聚物；固体剂型为黄褐色粉状，易溶于水，具该酶特有的气味，无潮解结块现象。

⑤ 20 g/L 可溶性淀粉溶液的配制包含了淀粉糊化过程。这是因为淀粉是以颗粒状态存在的具有一定的结晶结构，淀粉糊化后，淀粉酶容易直接对其发生作用，如 α－淀粉酶直接水解淀粉颗粒与 α－淀粉酶水解已完成糊化的淀粉浆的速度比为 1∶20 000。液化喷射器的作用不仅瞬时提高了淀粉浆温度，还有机械切割淀粉链成短链的作用，与 α－淀粉酶共同作用相得益彰。

⑥ 目前淀粉主要来自玉米，玉米淀粉是小颗粒淀粉（5～25 μm），其糊化初始温度为 62 ℃，终结温度为 72 ℃。淀粉浆在加热过程中，温度升至 75 ℃～85 ℃，淀粉浆黏度急剧上升，淀粉颗粒体积可膨胀至原体积的 50～100 倍，进一步升高温度，黏度开始迅速降低使淀粉浆透明。在配制 20 g/L 可溶性淀粉溶液时一定要注意温度不能低于 62 ℃，也不能高于 100 ℃。超过 100 ℃，淀粉开始出现液化，将使酶活力的测定结果偏低。

⑦ 定量测定酶活力实验所用淀粉要纯净，推荐使用浙江菱湖食品化工联合公司生产的可溶性淀粉（标有“专供酶制剂测定用”字样和批号）。其他淀粉主要是淀粉的纯净度、水分含量等不合格，对测定结果影响非常大。

⑧ 在淀粉浆浓度较高的淀粉糖生产中，耐高温 α－淀粉酶可耐温 96 ℃，但在水中或低浓度淀粉浆中耐高温 α－淀粉酶的耐高温能力则有所下降。

⑨ pH 6.0 磷酸缓冲溶液是保障淀粉酶在 pH 6.0 时酶活力保持较高的测定条件。

⑩ 耐高温 α－淀粉酶主要理化指标见表 6－5。

表 6－5　耐高温 α－淀粉酶主要理化指标（QB/T2306－97）

<table>
<tr><th rowspan="2">项目</th><th colspan="3">液体剂型</th><th colspan="3">固体剂型</th></tr>
<tr><th>优等品</th><th>一等品</th><th>合格品</th><th>优等品</th><th>一等品</th><th>合格品</th></tr>
<tr><td>酶活力/（U/mL 或 U/g）</td><td colspan="6">20 000</td></tr>
<tr><td>酶活力保存率（25 ℃以下）/%</td><td>6 个月</td><td>3 个月①</td><td>3 个月</td><td>6 个月</td><td>6 个月①</td><td>6 个月②</td></tr>
<tr><td>酶耐热性存活率（95 ℃，60min）/%</td><td colspan="2">≥95</td><td>≥90</td><td colspan="2">≥95</td><td>≥90</td></tr>
<tr><td>pH</td><td colspan="3">5.6～5.8</td><td colspan="3">—</td></tr>
<tr><td>霉菌</td><td rowspan="2">≤100</td><td rowspan="2">≤200</td><td rowspan="3">—</td><td rowspan="2">≤100</td><td rowspan="2">≤200</td><td rowspan="3">—</td></tr>
<tr><td>酵母菌［个/mL（g）］</td></tr>
<tr><td>黄曲霉毒素 B_1/%</td><td colspan="2">$\leq 5\times10^{-7}$</td><td colspan="2">$\leq 5\times10^{-7}$</td></tr>
<tr><td>密度/（g/mL）</td><td colspan="3">1.15～1.25</td><td colspan="3">—</td></tr>
<tr><td>铅（以 Pb 计）/%</td><td colspan="2">≤0.001</td><td rowspan="2">—</td><td colspan="2">≤0.001</td><td rowspan="2">—</td></tr>
<tr><td>砷（以 As 计）/%</td><td colspan="2"></td><td colspan="2">≤0.000 3</td></tr>
</table>

① 达到产品标示酶活力的 95%。

② 达到产品标示酶活力的 90%。

注：1. 合格品不得用于蒸馏酒以外的食品工业。

2. 酶活力保存率（5 ℃以下）液体型优等品 12 个月内可达产品标示的酶活力。

3. “—”表示没有规定。

第三节　淀粉质原料的糖化工艺

一、实验目的

（1）了解淀粉质原料糖化处理的目的，掌握处理过程中发生的变化。

（2）了解淀粉质原料糖化处理中常用的酶的性质，掌握影响酶活性的主要因素。

（3）了解常用的淀粉质原料糖化处理方式，掌握各种处理方式的优缺点。

（4）了解糖化醪的质量标准，掌握糖化醪中重要指标的测定方法。

二、原料糖化处理的目的

淀粉的糖化过程是一个复杂的生物化学反应过程。反应中包含淀粉的液化和糖化，以及蛋白质在蛋白酶的作用下分解成氨基酸等过程。原料中的有机含磷化合物在磷酸酯酶的作用下，可将其中可溶性磷酸盐分解出来，使糖化醪中的磷酸盐含量增加，这对酵母菌的生长和发酵有利。淀粉的糖化实质上就是酶对淀粉的作用过程。

三、与糖化有关的酶类及其特性

淀粉糖化中常常涉及下面几种主要的酶类。

（一）α－淀粉酶（E. C. 3. 2. 1. 1）

该酶的系统名称为α－1，4－葡聚糖－4－葡聚糖水解酶，常用名为α－淀粉酶，又称淀粉1，4－糊精酶。

（二）转移葡萄糖苷酶

该酶的作用是从麦芽糖上水解下一分子的葡萄糖，并转移给另一分子的葡萄糖，生成麦芽糖或潘糖。这种反应会损失可发酵性糖，影响淀粉的出酒率。

（三）磷酸酯酶

该酶能使磷酸与醇式羟基结合成酯的磷酸糊精水解成葡萄糖，并释放出磷酸，具有一定的液化力。它作用的最适温度为57 ℃，最适 pH 为5. 5～6. 0。

（四）蛋白酶

该酶对蛋白质起水解作用，它与肽酶的联合催化作用是蛋白质、蛋白胨及肽类水解为氨基酸的必要条件。原料中的蛋白质经蛋白酶的作用生成氨基酸，然后被菌体吸收作为营养物质，参与代谢过程。

（五）果胶酯酶

它是分解果胶质的多种酶的总称。果胶酯酶（E. C. 3. 1. 1. 11）简称PE，果胶酯酶（PE）能使原料中果胶分子中的甲酯、乙酯水解，生成果胶酸和甲醇。霉菌、细菌和植物都能生成PE，霉菌生成的 PE，其最适 pH 为酸性。细菌生成的 PE，其最适 pH 为7. 5～8. 0，偏碱性。$CaCl_2$ 和 NaCl 能提高 PE 的活力，当pH 为3. 5 时，用0. 1 mol/L 或0. 05 mol/L NaCl 较好；当pH 为5. 5 时，用0. 01 mol/L $CaCl_2$ 或0. 2 mol/L NaCl 较好，最适作用温度一般不超过50 ℃。

（六）纤维素酶（E. C. 3. 2. 1. 4）

该酶的主要作用是内切纤维素的β－1，4－葡萄苷键，常用于纤维素水解，为利用纤维素生产酒精的工厂提供可发酵性糖。该酶催化纤维素和β－葡聚糖中β－1，4－键的水解反应，终产物为葡萄糖。纤维素酶有两种类型，一种是作用于天然纤维素，生成直链的非溶性葡萄糖链，另一种是不作用于天然纤维素，但作用于经处理后的纤维素，如经膨化或粉碎后的棉花、纤维糊精、羧甲基纤维素等。除以上两种酶以外，还有一种β－葡聚糖酶（E. C. 3. 2. 1. 21），它能分解葡萄糖苷链的非还原性末端生成葡萄糖。两种主要纤维素酶的最适 pH 为4. 0～5. 0，作用温度为40 ℃～50 ℃，如温度高于60 ℃时该酶将迅速失活。一般认为纤维素的存在能增加酶的热稳定性。而纤维二糖、Cu^{2+}、Hg^{2+} 会抑制某些纤维素酶的活性。

（七）β－淀粉酶（E. C. 3. 2. 1. 2）

系统名β－1，4－葡聚糖麦芽糖水解酶，常用名为β－淀粉酶，有时也称糖化淀粉酶或淀粉1，4－麦芽糖苷酶。该酶是从葡聚糖链的非还原性末端顺次切下麦芽糖分子，并使麦芽糖分子的构型从 D－型转变成β－型旋光性的麦芽糖。它与α－淀粉酶对应，被命名为β－型淀粉酶。由于它的水解作用只能从分子末端开始，不能从分子内部进行，故属于外酶。反应过程与α－淀粉酶的水解一样，糖苷键的 C_1-O-C_4 的 C_1-O 键断裂，反应是不可逆的。该酶的相对分子质量较α－淀粉酶大。作用于淀粉时，虽然其还原力直线上升，但不能使淀粉分子迅速地变小，因此淀粉黏度不易下降，糊精化很慢。与碘的呈色反应只能由深蓝变浅，而不会变为紫、红和无色。β－淀粉酶能对淀粉、糊精、低聚葡萄糖和糖原起作用。

微生物生成的β－淀粉酶的最适 pH 为6.0～7.0，各种微生物来源的β－淀粉酶，由于产酶菌种不同，其酶学性质也有差异。

对热的稳定性因酶源不同而有差别。如大麦的β－淀粉酶，在 pH 为5.5、65 ℃下，30 min 损失50%，70 ℃下30 min 失活。同样条件下，甘薯粗酶在60 ℃～65 ℃时不失活。大麦的β－淀粉酶在 pH 4.5 时室温下活力最高而且稳定，但70 ℃仅几分钟即全部失活，它在较低 pH 下比较高 pH 时稳定。微生物β－淀粉酶热稳定范围一般在35 ℃～65 ℃之间。通常 Ca^{2+} 能提高α－淀粉酶的稳定性，但对β－淀粉酶有降低稳定性的作用。

（八）葡萄糖淀粉酶（E. C. 3. 2. 1. 3）

该酶的系统名为α－1，4 葡聚糖葡萄糖水解酶，常用名有葡萄糖淀粉酶、淀粉葡萄糖苷酶、γ－淀粉酶，通常称糖化酶。糖化酶对淀粉作用时，是从非还原性末端开始逐渐切下一个个葡萄糖分子，并将葡萄糖分子由α－型转变为β－型，所以此酶属于外酶。水解过程中葡萄糖之间的 C_1-O-C_4 中的 C_1-O 键断裂。葡萄糖淀粉酶不仅能分解为α－1，4 键，而且可分解为α－1，6 和α－1，3 糖苷键，但速度慢得多。该酶从理论上讲可以100%地水解直链、支链淀粉和麦芽糖。不同微生物菌种产生的糖化酶分解能力强弱不同，水解速度也因底物分子大小和结构而不同（见表6－6），底物相对分子质量越大，分解率越高。

表6－6 不同来源糖化酶对各种底物的分解率（%）

酶源底物	根霉	黑曲霉
可溶性淀粉	100	78
支链淀粉	100	75
糖原（肝糖）	100	66
β－界限糊精	100	40
直链淀粉	100	100
麦芽三糖	100	100
麦芽糖	100	100
右旋糖酐	0	0
葡聚糖丙糖	0	0
异麦芽糖	0	0
α－界限糊精	100	100
潘糖	100	100

（九）糖化酶的酶学性质

大多数糖化酶已被提纯成结晶或单一态纯品。不同来源糖化酶的等电点不同，氨基酸组成也不同。相对分子质量69 000 左右。它与β－淀粉酶不同之处是不具有化学反应性的—SH 基，也没有发现与酶活性有关的氨基酸残基。

糖化酶是一种糖蛋白。在黑曲霉的两个类型糖化酶分子中分别含14%和23%的碳水化合物，主要是甘露糖、葡萄糖和半乳糖。

糖化酶催化支链淀粉水解的过程中，α－1，4 糖苷键的 C_1-O 被糖化酶作用切开后，游离出的葡萄糖构型倒转为β－型。该酶能容易地水解含一个α－1，6 键的异麦芽糖。若作用于潘糖，首先水解1，6 键，然后切开1，4 键。作用于支链淀粉时，则从非还原性末端顺次切下葡萄糖，遇到1，6键时便形成一个类似于潘糖的结构，将α－1，6键切开，再切开α－1，4键，使支链淀粉分解。

不同来源的糖化酶最适的温度和pH不同。如曲霉为55 ℃～60 ℃，pH为3.5～5.0。根霉为50 ℃～55 ℃，拟内孢霉为50 ℃，它们的最适pH为4.8～5.0。日本的山崎和上田很早就发现黑曲霉的淀粉酶能较容易地水解生淀粉，不留任何界限糊精。不同来源的糖化酶制剂对生淀粉的水解能力不同，这种多样性受微生物培养条件影响。由深层发酵获得的泡盛黑曲霉和河地黑曲霉糖化酶Ⅰ、Ⅰ′和Ⅱ，其中糖化酶Ⅰ能吸附生淀粉并能水解生淀粉，糖化酶Ⅰ′和Ⅱ不能吸附生淀粉，也不能水解生淀粉。一种雪白根霉的5种糖化淀粉酶都有强解支性，有被生淀粉吸附和水解生淀粉的能力。α－淀粉酶对生淀粉水解作用极弱，但它与糖化酶协同作用于生淀粉时会使效果增强。这种协同作用在煮沸的淀粉水解中不发生。

一般来说，淀粉要预先蒸煮，再使之液化、糖化，这就需要消耗大量能源。利用某些糖化酶能水解生淀粉的特点，实现不经蒸煮的玉米和薯类淀粉糖化过程大规模工业生产，这是很有发展前途的。

淀粉中的磷酸根对糖化酶的活性有一定的影响。在马铃薯等根基植物的淀粉分子中含有较多的磷酸，大多数以葡萄糖－6－磷酸酯键或其他形式存在。一般黑曲霉型糖化酶不能水解含磷酸酯键的界限糊精，所以对淀粉的水解率降低。但在α－淀粉酶存在时，这种含磷酸酯键糊精可降解为小分子含磷糊精，后者在磷酸酯酶作用下能脱磷。脱磷的糊精易为糖化酶水解。所以在黑曲霉型糖化酶、α－淀粉酶和磷酸酯酶共同作用时，可将淀粉彻底水解。

四、淀粉质原料的几种糖化方法

（一）酸解法

酸解法又称酸糖化法，它是以酸（无机酸或有机酸）为催化剂，在高温高压下将淀粉水解转化为葡萄糖的方法。

用酸解法生产葡萄糖，具有生产工艺简易，由淀粉逐步水解为葡萄糖的整个化学反应仅仅在一个高压容器中进行，对设备要求简单，水解时间短［如采用10 Bx浓度淀粉在294 kPa（表压）压力下需20 min左右；在343 kPa（表压）压力下仅需7～10 min即可将淀粉转化为葡萄糖］，设备生产能力大等优点。因此，此法目前仍为大多数工厂所采用。但是，由于水解作用是在高温高压及一定酸浓度条件下进行的，因此，酸解法要求有耐腐蚀、耐高温高压的设备，况且淀粉在酸水解过程中所发生的化学变化是很复杂的，除了淀粉的水解反应外，尚有副反应的发生，这将造成葡萄糖的损失而使淀粉转化率降低。酸解法对淀粉原料要求严格，淀粉颗粒不宜过大，大小要均匀，颗粒大则易造成水解不彻底；淀粉乳浓度也不宜过高，浓度高则淀粉转化率低，这些是酸解法存在的待解决的问题。

（二）酸酶结合法

酸酶结合法是集酸法及酶法制糖的优点而形成的结合生产工艺。根据原料淀粉性质又可分为酸酶水解法和酶酸水解法。

酸酶水解法即事先将淀粉酸水解成糊精或低聚糖，然后再用糖化酶将其水解为葡萄糖的工艺。有些淀粉，如玉米、小麦等谷类淀粉，淀粉颗粒坚硬，如果用α－淀粉酶液化，在短时间内作用，液化反应往往不彻底。有些工厂针对这种情况，采用酸（盐酸）将淀粉水解至DE值10～15，然后将水解液降温、中和，再加入糖化酶进行糖化。

用酸酶水解法水解淀粉制糖，酸液化速度快，对糖化液要求不高，可采用较高的淀粉乳浓度，提高生产效率。如某厂采用酸酶水解法水解淀粉制葡萄糖，其生产条件如下：淀粉乳浓度 18 ~ 20 °Bé，盐酸对淀粉用量为 0.2% ~ 0.22%，pH 2.5，在 245 ~ 265 kPa（表压）压力下水解 25 ~ 30 min（以 0.5% 稀碘液检出棕色或深棕色为止），然后在 55 ℃、pH 4.8 的条件下加糖化酶糖化 40 ~ 48 h，即可将淀粉水解完毕。此法用酸量较少，产品颜色浅，糖液质量高。

（三）酶解法

酶解法是用淀粉酶将淀粉水解为葡萄糖。酶解法制葡萄糖可分为两步：第一步是利用 α - 淀粉酶将淀粉液转化为糊精及低聚糖，使淀粉的可溶性增加，这个过程称为“液化”。第二步是利用糖化酶将糊精或低聚糖进一步水解，转变为葡萄糖的过程，在生产上称为“糖化”。淀粉的“液化”和“糖化”都是在微生物酶的作用下进行的，故又称为双酶水解法。

双酶水解法制葡萄糖的优点有：

（1）在酶的作用下进行，酶解反应条件较温和。如果采用淀粉酶 7658，反应温度在 85 ℃ ~ 90 ℃，pH 6.0 ~ 7.0；用糖化酶，反应温度仅在 50 ℃ ~ 60 ℃，pH 3.5 ~ 5.0。因此无须耐高温高压、耐酸的设备，便于就地取材。

（2）微生物酶作用的专一性强，淀粉的水解副反应少，因而水解糖液纯度高，淀粉的转化率（出糖率）高。

（3）可在较高淀粉乳浓度下水解。酸解法一般使用 10 ~ 12 °Bé（含淀粉 18% ~ 20%）酶解法用 20 ~ 23 °Bé（含淀粉 34% ~ 40%），而且可采用粗原料。

（4）由于微生物酶制剂中菌体细胞的自溶，糖液的营养物质较丰富，这就使发酵培养基的组成可加以简化。

（5）用酶法制得的糖液颜色浅、较纯净、无苦味、质量高，利于糖液的精制。

双酶水解法制葡萄糖的缺点是：酶解反应时间较长（从投料到糖化完毕需 2 ~ 3 d）。要求的设备较多，需要具备专门培养酶的条件，而且由于酶本身是蛋白质，易造成糖液过滤困难。但是，随着酶制剂生产及其应用技术的发展，形成酶制剂的大量生产，酶法制糖逐渐取代酸法制糖。

五、影响糖化醪质量的主要因素

糖化是酒精生产过程中一个重要过程，糖化主要是酶的作用过程，糖化醪质量的好坏，主要取决于淀粉酶（以糖化酶为主）作用过程是否在酶反应的最适条件下进行，因此在讨论影响糖化醪质量的主要因素时，主要包括以下几个方面。

（一）糖化温度

酶的化学本质是蛋白质，各种酶的反应有其最适的温度，当反应温度低于反应最适温度时，酶的反应的速度随着反应温度的升高而增加；当反应温度高于反应最适温度时，酶蛋白就会逐渐产生变性而作用减弱，甚至丧失其催化活性，酶反应的速度也将随着反应温度的升高而下降。在酒精生产中，淀粉的糖化过程也是在酶的作用下进行的。所以，在糖化工艺操作中，要严格控制糖化温度，既要防止糖化温度过高使酶活力受到破坏，又要防止糖化温度过低而引起杂菌污染。

糖化过程中淀粉酶的作用主要以葡萄糖淀粉酶（简称糖化酶）为主，糖化酶的作用最适温度在 50 ℃ ~ 60 ℃。在酒精生产中，糖化温度应选取在 60 ℃左右，在这一温度范围内，糖化酶既能迅速地水解淀粉，酶活力又不致遭到很大破坏，也可防止发酵中杂菌污染。一般糖化温度控制在 58 ℃ ~60 ℃，不允许超过 62 ℃，在 62 ℃以上的糖化温度下，酶活力迅速下降。

在糖化时由于生产过程不是密闭式糖化，因此会或多或少地带入一些杂菌。特别有些工厂使用固体曲，固体曲是开放培养，杂菌带入机会更多，由于 60 ℃已是巴斯德灭菌温度，一般细菌的营养体在 60 ℃环境中已死亡了很大部分。因此，在糖化时，控制糖化温度不宜低于 58 ℃，这样可减少由糖化醪带入发酵罐的杂菌数，提高糖化醪的质量。有些工厂连续糖化采用混合前冷却法，即 100 ℃左右的蒸煮醪直接进入含有糖化酶的糖化醪中，如果蒸煮醪与糖化醪混合时间很短，糖化酶不致因瞬时高温而遭到破坏。否则，糖化酶活力将被破坏使淀粉的糖化和糖化醪的质量受到严重影响。

（二）糖化时间

一般蒸煮醪中的淀粉要完全水解需要 56 h 才能全部完成（仅极少部分淀粉和糊精即使到发酵完毕，也不能完全水解）。因此，在糖化罐中进行的糖化只是整个糖化过程的第一步，称为前糖化阶段，而在发酵罐中进行的称为后糖化阶段，后糖化进行是否完全是最终决定淀粉利用率的重要因素。因此，在前糖化阶段，应该注意保持糖化剂的后糖化能力，使它们能够在整个发酵过程中发挥作用。

在生产上，糖化时间要求 20 ~30 min，糖化率在 47% ~56% 之间，糖化时间不宜过长，时间过长不但所增加的糖量有限，而且容易使糖化酶在 58 ℃ ~60 ℃这样高的温度下发生变性，导致酶钝化或失活。曾经有人实验过，在 60 ℃温度下处理 1 h，糖化力损失 35% 左右；处理 2 h 损失 50%；处理 3 h 损失达 60%。由此说明，糖化酶在 60 ℃时随时间的延长而酶活损失增大，这样，后糖化力也遭到破坏，影响了糖化醪的质量和淀粉利用率。糖化时间过长，由于糖化前阶段还没有酵母参与活动，糖化醪中有大量的葡萄糖积累，这给葡萄糖苷转移酶提供了作用机会，使可发酵性糖转化成非发酵性糖，引起不必要的损失，从而也影响了糖化醪的质量。

根据工厂的实际经验，在糖化温度下作用 20 ~30 min 已足够达到前糖化的糖化醪质量要求。有些工厂在夏季的糖化时间还要短些。由此可见，前糖化时间短些更能保持糖化酶的活力，保证糖化酶能在发酵期间更好地发挥后糖化作用，使糖化趋于完全，提高淀粉利用率。

（三）糖化 pH

采用淀粉酶作为糖化剂时，控制好糖化醪的 pH 是十分重要的。pH 控制不当会引起酶失活，影响淀粉的糖化作用。一般黄曲霉糖化型淀粉酶作用的最适 pH 为 4.0 ~5.0，而液化型淀粉酶作用的最适 pH 为 5.0 ~6.0，黑曲霉糖化型淀粉酶作用的最适 pH 为 3.0 ~5.0。

在酒精生产过程中，蒸煮醪液通常是微酸性的，一般不专门调整 pH。如需要进行调整时，可加入 H_2SO_4 或 NaOH 溶液调节。糖化醪的 pH 一般控制在 3.8 ~4.5，可抑制杂菌的生长。

六、糖化醪中需要测定的指标

从酒精厂生产的实际出发，要求糖化醪在糖化酶的作用下，淀粉部分水解，黏度降低，并生成占总糖量 25% ~30% 的还原糖，以满足酵母生长的需要。目前，酒精厂中确定糖化醪质量的方法，是以糖化醪的外观糖度、还原糖含量以及酸度等作为技术指标。测定这些参数的方法比较简单，且测定的数据有一定的参考价值，但是这些数据不能完全说明糖化醪的质量。主要原因如下：

（一）外观糖度

外观糖度是用糖度计（Brix）测定粗滤糖化醪（以纱布滤去糖化醪中残存的来自原料的皮渣等）的浓度，所测定的数据只能表示糖化醪中可溶性物质的含量，而不完全是糖化醪中的还原糖，因此，利用外观糖度来确定糖化醪的质量，有时不能说明问题。

（二）酸度

取10 mL粗滤的糖化醪，加水冲稀后，以0.1 mol/L NaOH溶液滴定，以酚酞为指示剂，NaOH每消耗1 mL即为1酸度。糖化醪的酸度只能说明是否存在杂菌及其他感染等情况。

（三）还原糖

用廉－爱浓（Lane－Eyron）法测定还原糖，一般以葡萄糖计算。在糖化醪中葡萄糖和麦芽糖是同时存在的，如果测得的还原糖（以葡萄糖计）为7.256%，再分别测定时，则其中的葡萄糖为4.133%，麦芽糖为6.048%，用这种方法测定糖化醪中的糖分与糖化醪中真正的含糖量还存在着一定的差距。

所以要想较正确地确定糖化醪的质量，除上述三项外，需再增加以下几项测定方法：

1．碘液实验

取少许粗滤糖液，加水冲淡后，滴入白瓷盘中，然后再滴入碘液，观察其呈色反应，如果加入碘液后，无蓝红等颜色产生，仅呈碘与糖化醪原色时，表示糖化优良。因为糖化过程是淀粉被酶水解的过程，如果糖化醪遇碘不起呈色反应，就说明糖化醪中基本上没有淀粉和大分子糊精的存在，也就可以说明糖化进行较好。

2．测定糖化醪中酶的活力

因为糖化完毕后，并不是糖化醪中所有的淀粉与糊精都已水解成糖，其中尚有一部分糊精等要依靠在发酵期间的后糖化作用而变成糖，因此，糖化完毕的糖化醪中酶的活力还需很强才能保证后糖化作用的进行，这样就有必要测定糖化醪中酶的活力，测定方法与测定糖化剂中的糖化活力方法相同。

3．分别测定糖化醪中的葡萄糖与麦芽糖

先测定糖化醪中的总糖量（包括葡萄糖和麦芽糖），再测定糖化醪中的葡萄糖。然后从总糖量中减去葡萄糖量，再乘以系数，即得麦芽糖量。

[实验6－2] 糖化酶活力的测定

1．原理

糖化酶是一类外切酶，可催化淀粉水解，从淀粉分子非还原性末端开始，水解α－1，4－葡萄糖苷键，也能缓慢切开α－1，6－葡萄糖苷键，生成葡萄糖。葡萄糖分子中含有的醛基可被次碘酸钠（NaIO）氧化，过量的次碘酸钠酸化后析出碘（I_2），再用硫代硫酸钠（$Na_2S_2O_3$）标准溶液滴定，计算酶活力。

酶活力单位：1 mL液体酶（或1 g固体酶粉）在40 ℃、pH 4.6的条件下，1 h降解可溶性淀粉每产生1 mg葡萄糖，即为1个酶活力单位，液体剂型酶用U/mL表示，固体剂型酶用U/g表示。

2．仪器和试剂

（1）仪器。电子天平；电热恒温水浴锅；酸度计；电子秒表；具塞比色管（50 mL）。

（2）试剂。

① pH 4.6乙酸－乙酸钠（$CH_3COOH-CH_3COONa$）缓冲溶液。称取6.8 g $CH_3COONa\cdot 3H_2O$溶于水中，加2 mL冰醋酸（CH_3COOH），用水定容至1 000 mL，配好后用酸度计校正其pH至4.6。

② c（$Na_2S_2O_3$）＝0.05 mol/L硫代硫酸钠标准滴定溶液。称取13 g $Na_2S_2O_3\cdot 5H_2O$和0.1 g碳酸钠（Na_2CO_3），溶于刚煮沸冷却后的蒸馏水中，并用该水定容至1 000 mL，贮于棕色瓶中密闭保存，放置1周

后标定使用。

a. 标定：称取基准物 $K_2Cr_2O_7$ 0.05 g（$K_2Cr_2O_7$ 预先在 130 ℃干燥 2 h，准确至 0.000 1g）置于 500mL 碘量瓶中，用 25 mL 新煮沸并冷却的水溶解，加 1 g KI 及 10 mL c（H_2SO_4）=2 mol/L 的 H_2SO_4 溶液，待 KI 溶解后，于暗处放置 10 min，加 150 mL 水，用配好的 $Na_2S_2O_3$ 溶液滴定，接近终点时，加 3 mL 0.5% 淀粉指示剂，继续滴定到溶液由蓝色变为亮绿色时为终点。同时做试剂空白实验。

b. 计算：

$$c(Na_2S_2O_3)=\frac{m}{(V_1-V_2)\times 0.04903}$$

式中 $c(Na_2S_2O_3)$——硫代硫酸钠标准滴定溶液的实际浓度，mol/L；

m——基准物 $K_2Cr_2O_7$ 的质量，g；

V_1——滴定消耗硫代硫酸钠标准滴定溶液的体积，mL；

V_2——试剂空白消耗硫代硫酸钠标准滴定溶液的体积，mL；

0.049 03——与 1.00 mL 硫代硫酸钠标准滴定溶液［$c(Na_2S_2O_3)$ = 1.000 mol/L］相当的重铬酸钾的质量，g。

③ $c(\frac{1}{2}I_2)$ = 0.1 mol/L 碘标准滴定溶液。称取 36 g KI 溶于 50 mL 水中，在不断搅拌下加入 13 g 碘（I_2），完全溶解后用水稀释定容至 1 000 mL，贮于棕色瓶，密闭、避光保存。

a. 标定：用已标定的 $c(Na_2S_2O_3)$ = 0.05 mol/L $Na_2S_2O_3$ 标准滴定溶液标定碘标准滴定溶液。

吸取 10.00 mL 待标定的 I_2 溶液于 250 mL 碘量瓶中，用已标定过的 $c(Na_2S_2O_3)$ = 0.05 mol/L $Na_2S_2O_3$ 溶液滴定至淡黄色时，加 2～3 滴 0.5% 淀粉指示剂，继续滴定至无色即为终点。

b. 计算：

$$c(\frac{1}{2}I_2)=cV/10.00$$

式中 $c(\frac{1}{2}I_2)$——碘标准滴定溶液的实际浓度，mol/L；

c——$Na_2S_2O_3$ 标准滴定溶液的实际浓度，mol/L；

V——滴定消耗 $Na_2S_2O_3$ 标准滴定溶液的体积，mL；

10.00——吸取碘标准滴定溶液的体积，mL。

④ c（NaOH）= 0.1 mol/L NaOH 溶液。称取 4 g NaOH 溶解定容至 1 000 mL。

⑤ 20% NaOH 溶液。称取 20 g NaOH 溶解定容至 100 mL。

⑥ c（H_2SO_4）溶液。量取浓硫酸（相对密度为 1.84）5.6mL，缓缓注入 80 mL 水中，冷却后定容至 100 mL。

⑦ 0.5% 淀粉指示剂。称取 0.5 g 可溶性淀粉于 100 mL 烧杯中，用少量水调成糊状，倒 70 mL 沸水，继续煮沸 2 min，冷却后用水定容至 100 mL（临用前现配）。

⑧ 20 g/L 可溶性淀粉溶液。参见实验 6－1。

3. 测定方法

（1）待测酶液的制备。

①用洁净干燥的吸量管精确吸取液体酶试样 1.00 mL 于已放置缓冲溶液的 500 mL 容量瓶中，用 pH 4.6 $CH_3COOH-CH_3COONa$ 缓冲溶液定容后待测。

② 固体剂型糖化酶。根据样品标示酶活力，准确称取酶粉 1.5～2 g，用缓冲溶液溶解。在磁力搅拌器低速搅拌下，全部溶解后移入 500 mL 容量瓶中，用 pH 4.6 $CH_3COOH-CH_3COONa$ 缓冲溶液定容至刻度，摇匀。用 3 000 r/min 离心机离心 10 min，上清液供测定用。

（2）酶活力测定。向 A、B 两支 50 mL 具塞比色管中，分别加入 20 g/L 可溶性淀粉溶液 25.0 mL 及 pH 4.6 $CH_3COOH-CH_3COONa$ 缓冲溶液 5.00 mL，摇匀后于 40 ℃恒温水浴中预热 5 min。向 A 管（样品）中加入制备酶液 2.00 mL，立即摇匀，在此温度下准确反应 30 min，立即向 A、B 管各加 20% NaOH 溶液 0.20 mL，摇匀，将两管取出迅速冷却，并向 B 管（空白）中补加制备酶液 2.00 mL。

分别吸取上述反应液与空白液各 5.00 mL，置于 250 mL 碘量瓶中，准确加入 $c\left(\frac{1}{2}I_2\right)=0.1$ mol/L 碘标准滴定溶液 10.00 mL，再加 0.1 mol/L NaOH 溶液 15.00 mL，摇匀，密塞，于暗处反应 15 min。取出，加 $c\left(\frac{1}{2}H_2SO_4\right)=2$ mol/L H_2SO_4 溶液 2.0 mL，立即用 $Na_2S_2O_3$ 标准滴定溶液滴定至淡黄色时，加 2～3 滴 0.5% 淀粉指示剂，继续滴定至蓝色刚好消失即为终点。

4. 计算

$$\text{糖化酶活力（U/mL 或 U/g）}=(V_0-V)\times c\times 90.05\times\frac{32.2}{5}\times\frac{1}{2}\times n\times 2=579.9\times(V_0-V)\times c\times n$$

式中　V_0——空白消耗 $Na_2S_2O_3$ 标准滴定溶液的体积，mL；

V——样品消耗 $Na_2S_2O_3$ 标准滴定溶液的体积，mL；

c——$Na_2S_2O_3$ 标准滴定溶液的实际浓度，mol/L；

90.05——与 1.00 mL $Na_2S_2O_3$ 标准滴定溶液［$c\left(\frac{1}{2}Na_2S_2O_3\right)=1.000$ mol/L］相当的葡萄糖的质量，mg；

32.2——反应液的总体积，mL；

5——吸取反应液的体积，mL；

$\frac{1}{2}$——“2”吸取酶液 2.00 mL；

n——样品稀释倍数；

2——反应 30 min，换算成 1 h 的酶活力系数。

5. 讨论

（1）本方法源于 QB1805.2－93，是经进一步完善后的糖化酶活力测定的基础方法；适用于以黑曲霉（A. niger NO. AS3.4309 及 CW201）及其变异菌株深层培养，经提纯制取的糖化酶制剂。

（2）按照中华人民共和国行业标准“工业用糖化酶制剂的规定”（QB1805.2－93）测定，采用反应时间为 30 min。

（3）在大型酒精生产企业和淀粉糖生产企业，实际应用的糖化酶制剂均为液体剂型。液体酶生产中因加工工艺环节少，价格相对低，酶活力相对高，是大型生产企业的首选。

（4）液体酶、固体酶称取量参考表 6－7。

表 6－7　液体酶、固体酶称取量参考

标示酶活力/	液体酶			固体酶		
（U/mL 或 U/g）	吸样量/mL	定容/mL	稀释倍数	称样量/mL	定容/mL	稀释倍数
50 000				1.50	500	333
80 000				2.00	1 000	500
100 000	1.00	500	500	2.00	1 000	500

（5）在淀粉糖实际生产中，淀粉先经耐高温 α－淀粉酶和液化喷射器共同作用完成液化，将长链淀粉随机切割成短链，再由糖化酶从短链淀粉分子非还原性末端降解 α－1，4－糖苷键，生成游离葡萄糖。但糖化酶活力测定时，只能用糖化酶直接从淀粉的非还原性末端分解 α－1，4－糖苷键，测得的糖化酶活力可能要比实际生产中用的活力低一些。

（6）糖化酶液体剂型为褐色液体，允许有少量凝聚物；固体剂型为黄褐色粉末，无潮解结块现象，易溶于水。

（7）糖化酶制剂主要理化指标见表 6－8。

表 6－8　糖化酶制剂主要理化指标液体剂型（QB1805.2－93）

<table>
<tr><td>项目</td><td>优等品</td><td>一等品</td><td>合格品</td><td>优等品</td><td>一等品</td><td>合格品</td></tr>
<tr><td>气味</td><td colspan="2">无异味</td><td>—</td><td colspan="2">无异味</td><td>—</td></tr>
<tr><td rowspan="4">酶活力/（U/mL 或 U/g）</td><td colspan="3">50 000</td><td colspan="3">40 000</td></tr>
<tr><td colspan="2">80 000</td><td>100 000</td><td colspan="3">50 000</td></tr>
<tr><td colspan="2">100 000</td><td rowspan="2">—</td><td colspan="2">80 000</td><td rowspan="2">—</td></tr>
<tr><td colspan="2">—</td><td colspan="2">100 000</td></tr>
<tr><td>酶活力保存率（25 ℃）/%</td><td>≥100①</td><td>≥95①</td><td>≥80①</td><td>≥100①</td><td>≥95①</td><td>≥85①</td></tr>
<tr><td>重金属（以 Pb 计）/%</td><td colspan="2">≤0.04</td><td>—</td><td colspan="2">≤0.04</td><td>—</td></tr>
<tr><td>霉菌/（个/g）</td><td>≤200</td><td colspan="2">—</td><td>≤200</td><td colspan="2">—</td></tr>
<tr><td>密度/（g/mL）</td><td colspan="3">≤1.25</td><td colspan="3">—</td></tr>
<tr><td>pH（25℃）</td><td colspan="3">3.0～5.0</td><td colspan="3">—</td></tr>
</table>

①保存期内达到产品标示酶活力的百分数（比）。

注：1. 液体剂型糖化酶保存时间 3 个月，固体剂型糖化酶保存时间 6 个月。

2. 一等品、合格品不得用于蒸馏酒除外的食品工业。

（8）糖化酶活力测定中的化学反应式：

$$I_2 + 2NaOH \longequal NaIO + NaI + H_2O$$

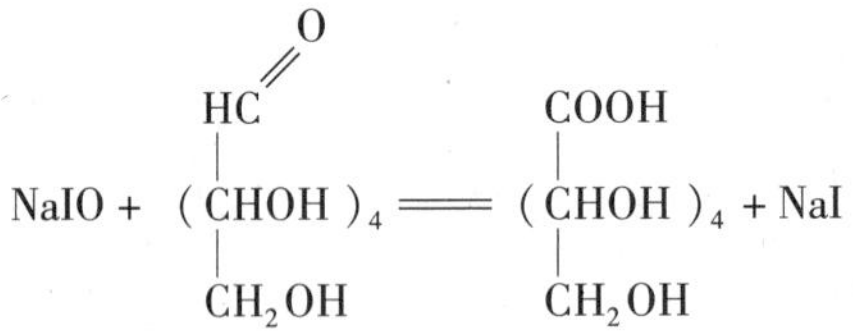

$$I_2 + 2Na_2S_2O_3 \longequal Na_2S_4O_6 + 2NaI$$

（9）结晶的 $Na_2S_2O_3 \cdot 5H_2O$ 一般均含有少量杂质，同时还容易风化和潮解，需用间接法配制。$Na_2S_2O_3$ 容易受空气中的 O_2、溶解在水中的 CO_2、微生物和光照等作用而分解。它在碱性介质中较稳定。所以配制溶液时，为了减少溶解在水中的 CO_2 和杀灭水中的微生物，使用新煮沸的冷蒸馏水配制溶液，并加入少量 $Na_2S_2O_3$，其浓度约为 0.02%，以维持溶液的微碱性，防止 $Na_2S_2O_3$ 分解。日光能促使 $Na_2S_2O_3$ 溶液分解，故 $Na_2S_2O_3$ 溶液贮于棕色瓶，并放置暗处。长期保存的溶液应每隔一段时间重新标定。如发现溶液变浑浊（表示有固体析出）时，就应过滤后标定，或重新配制，保存得好，可每两个月标定一次。

（10）标定 $Na_2S_2O_3$ 溶液，常选用强氧化剂如 KIO_3、$KBrO_3$ 或 $K_2Cr_2O_7$ 等做基准物质，这些物质均能与 KI 反应析出定量的 I_2。以 $K_2Cr_2O_7$ 为例，反应式为：

$$Cr_2O_7^{2-} + 6I^- + 14H^+ = 2Cr^{3+} + 3I_2 + 7H_2O$$

$$3I_2 + 2S_2O_3^{2-} = S_4O_6^{2+} + 6I^-$$

$c(Na_2S_2O_3) = 0.05$ mol/L 硫代硫酸钠标准滴定溶液标定也可用碘酸钾法，反应式为：

$$IO_3^- + 5I^- + 6H^+ \longequal 3I_2 + 3H_2O$$

$$3I_2 + 2S_2O_3^{2-} \longequal S_4O_6^{2+} + 6I^-$$

称取预先在100 ℃～105 ℃干燥2 h的碘酸钾（KIO_3）3.567 0 g，加水溶解，然后用水定容至1 000 mL，即为$c\left(\frac{1}{6}KIO_3\right)$ = 0.100 0 mol/L KIO_3溶液。从中吸取10.00 mL于150 mL三角瓶中，加0.5 g碘化钾（KI），溶解后加2.0 mL $c\left(\frac{1}{6}H_2SO_4\right)$ = 2 mol/L H_2SO_4溶液用待标定的$Na_2S_2O_3$溶液滴定，滴至淡黄色时，加2～3滴0.5%淀粉指示剂，继续滴定至无色即为终点。

$$c(Na_2S_2O_3) = c\left(\frac{1}{6}KIO_3\right) \times V_1/V_2$$

式中　$c(Na_2S_2O_3)$——$Na_2S_2O_3$溶液的实际浓度，mol/L；

$c(KIO_3)$——0.100 0 mol/L KIO_3溶液浓度，mol/L；

V_1——吸取KIO_3溶液的体积，mL；

V_2——消耗$Na_2S_2O_3$标准滴定溶液的体积，mL。

［实验6－3］糖度和外观耗糖率的测定

1. 原理

外观糖度的高低是糖化醪质量好坏的主要依据。

2. 仪器

糖度计（勃力克斯糖度计）；量筒（100 mL）；温度计（100 ℃ ±0.2 ℃）。

3. 测定方法

（1）取糖化醪离心上清液于100 mL量筒中，用勃力克斯糖度计测定糖度。同时测量上清液温度，查表校正为20℃时的糖度。

（2）同时测定糖化醪糖化前后的糖度。

4. 外观耗糖率计算

$$外观耗糖率 = \frac{S_1 - S_2}{S_1} \times 100\%$$

式中　S_1——糖化前糖化醪的糖度，Bx；

S_2——糖化后糖化醪的糖度，Bx。

［实验6－4］糖化醪酸度的测定

1. 原理

糖化醪含酸为有机弱酸，可用酚酞做指示剂，以NaOH标准滴定溶液滴定。分析结果以10 mL试样中含有有机酸的物质的量（mmol）表示。

2. 试剂

（1）$c(NaOH)$ = 0.1 mol/L NaOH标准滴定溶液。称取4 g NaOH，用水溶解并定容至1 000 mL。

（2）1%酚酞指示剂。称取1.0 g酚酞，溶于1 000mL 95%乙醇溶液中。

3. 测定方法

准确吸取1～2 mL试样上清液于盛有50 mL水（新煮沸冷却后）的250 mL三角瓶中，加2滴1%酚酞指示剂，$c(NaOH)$ = 0.1 mol/L NaOH标准滴定溶液滴定至溶液呈微粉色，30 s不褪色即为终点。

4. 计算

$$酸度（mmol/10\ mL） = \frac{c \times V}{V_S} \times 10$$

式中 V——消耗 NaOH 标准滴定溶液的体积，mL；
c——NaOH 标准滴定溶液的实际浓度，mol/L；
V_S——取样量，mL。

［实验 6－5］糖化醪中还原糖、总糖的测定

1. 原理

葡萄糖（或还原糖）能还原铜盐类（以酒石酸钾钠铜为最显著）为氧化亚铜（Cu_2O）红色沉淀。主要反应如下。

（1）淀粉经水解生成葡萄糖，葡萄糖中的醛基易被氧化。

$$(C_6H_{10}O_5)_n + nH_2O \xrightarrow{\text{酶或酸}} nC_6H_{12}O_6$$

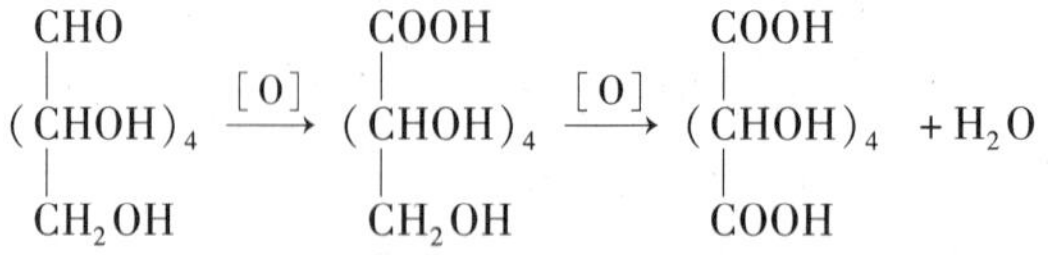

葡萄糖　　葡萄糖酸　　葡萄糖二酸

（2）对于果糖的比例大致相同，即果糖会变成甲醛和三羟基戊二酸。反应式如下：

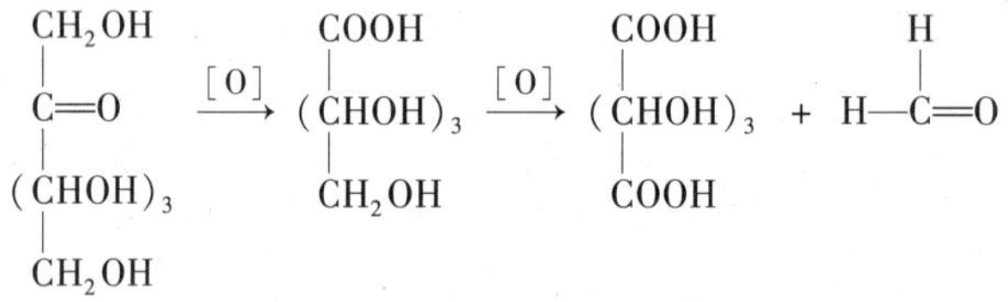

果糖　　阿拉伯糖酸　　三羟基戊二酸　　甲醛

视氧化能力的不同，氧化作用还可继续进行，结果是碳链断裂（最后成为 CO_2）。

（3）费林（Fehling）试剂是一种氧化剂，由甲液和乙液组成，甲液为 $CuSO_4$ 溶液，乙液为 NaOH 和酒石酸钾钠（$NaKC_4H_4O_6$）溶液，平时甲液、乙液分别贮存，使用时等体积混合。混合后 $CuSO_4$ 和 NaOH 反应，生成蓝色的 $Cu(OH)_2$ 沉淀。

$$CuSO_4 + 2NaOH = Cu(OH)_2\downarrow + Na_2SO_4$$

生成的 $Cu(OH)_2$ 沉淀与酒石酸钾钠反应，生成天蓝色的酒石酸钾钠铜，使 $Cu(OH)_2$ 溶解。

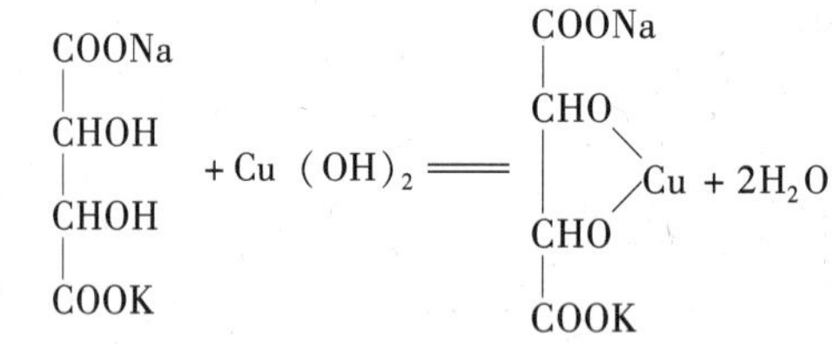

酒石酸钾钠　　酒石酸钾钠铜

该配合物与还原性物质共热时，二价铜被还原成一价的 Cu_2O 红色沉淀。此沉淀不溶于碱性的费林试剂，它在刚开始沉淀时，沉淀物常因微粒太小而呈黄色或绿色，颗粒加大则变成红色（有某种非糖物质存在时，沉淀仍保持黄色）。

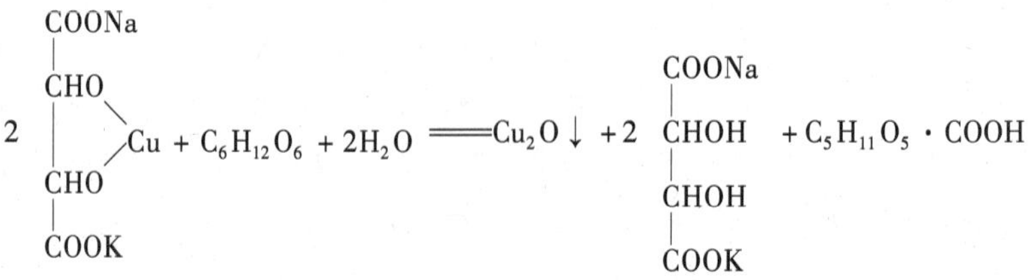

酒石酸钾钠铜　　酒石酸钾钠　　葡萄糖酸

反应终点用次甲基蓝指示剂显示。因次甲基蓝氧化能力较二价铜弱，故待二价铜全部还原后，过量一滴还原糖立即使次甲基蓝还原，溶液蓝色消失以示终点。

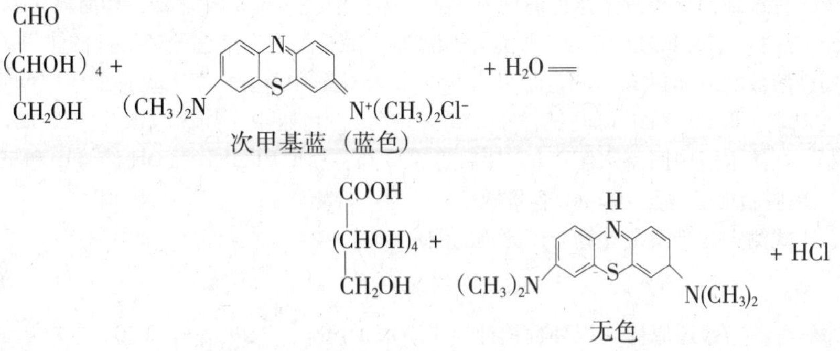

2. 仪器和试剂

（1）仪器。电子天平（0.1 mg）；电热恒温水浴锅；回流装置（250 mL）；调温电热套。

（2）试剂。

① 费林试剂甲液：称取 69.3 g 硫酸铜（$CuSO_4 \cdot 5H_2O$），用水溶解并稀释至 1 000 mL，如有不溶物可用滤纸过滤。

乙液：称取 346 g 酒石酸钾钠、100 g NaOH，用水溶解后定容至 1 000 mL（注：配制该溶液时，先溶解 NaOH，酒石酸钾钠须分次加入）。

② 20%（体积分数）HCl 溶液：量取 20 mL 浓 HCl，缓慢倒入 80 mL 水中。

③ 20% NaOH 溶液：称取 200 g NaOH，用水溶解并稀释至 1 000 mL。

④ 1% 次甲基蓝溶液：称取 1 g 次甲基蓝，加 100 mL 水，加热溶解，冷却后贮存于棕色瓶中。

⑤ 0.2% 标准葡萄糖溶液：准确称取 2.000 0 g 无水葡萄糖（预先在 100℃～105℃ 干燥 2 h），用水溶解，加 5 mL 浓 HCl，用水定容至 1 000 mL。

3. 测定方法

（1）还原糖的测定。取 50.0 mL 待测试样，定容至 250 mL 容量瓶中，用脱脂棉过滤至 100 mL 容量瓶中，盖紧，待测。

费林试剂的校正：吸取费林试剂甲液、乙液各 5.00 mL，置入 250 mL 三角瓶中，加 20 mL 水，并从滴定管中加入约 24 mL 0.2% 标准葡萄糖溶液（其预加量应控制在后滴定时消耗 0.2% 标准葡萄糖溶液在 1 mL 以内，如有超过或不足，则应增加或减少最初加入标准葡萄糖溶液的体积，重新滴定），摇匀，于电热套上加热至沸腾，并保持微沸 2 min。加 2 滴 1% 次甲基蓝溶液，继续用 0.2% 标准葡萄糖溶液滴定至蓝色消失，此滴定操作须在 1 min 内完成。记录消耗标准葡萄糖溶液的总体积 V mL。

校正值的计算如下：

先求得 10 mL 费林试剂相当的葡萄糖质量 F（g）：

$$F = cV$$

式中　c——标准葡萄糖溶液浓度，g/mL；

　　　V——消耗标准葡萄糖溶液的总体积，mL。

再从附表 1 查得 V mL 时相当的葡萄糖质量 F_0（g），费林试剂校正值 f 为：

$$f = F/F_0 = cV/F_0$$

① 还原糖预测。吸取费林试剂甲液、乙液各 50.0 mL，置入 250 mL 三角瓶中，加上述滤液 5.00 mL，加 20 mL 水。摇匀，置于电热套上加热至沸腾，并保持微沸 2 min，加 2 滴 1% 次甲基蓝溶液，用 0.2% 标准葡萄糖溶液滴定至蓝色消失，记录消耗标准葡萄糖溶液的体积 V_1。

② 正式测定。吸取费林试剂甲液、乙液各 50.0 mL，置入 250 mL 三角瓶中，加待测滤液 5.00 mL，加

0.2%标准葡萄糖溶液（V_1-1）mL，加水（$44-5-V_1+1$）mL（使之与上述费林试剂校正时加热前的体积相同）。摇匀，置于电热套上加热至沸腾，并保持微沸2 min，加2滴1%次甲基蓝溶液，然后以4～5 s一滴的速度滴加0.2% 标准葡萄糖溶液至蓝色消失，此滴定操作须在1 min内完成，其消耗0.2%标准葡萄糖溶液应控制在1 mL以内（如有超过或不足，则应增加或减少最初加入标准葡萄糖溶液的体积，重新滴定），记录消耗标准葡萄糖溶液的总体积V_2。测定结果用100 mL糖化醪中所含以葡萄糖计的还原糖质量（g）表示。

（2）总糖的测定。取50.0 mL待测试样于250 mL磨口三角瓶中，加30 mL水、20 mL 20%盐酸溶液，瓶口安上冷凝器，在沸水浴中回流水解1 h，然后迅速冷却，立即用20% NaOH溶液中和至微酸性或中性，定容至250 mL，用脱脂棉过滤至100 mL容量瓶中，盖紧，待测。

试样预测、正式测定的步骤及计算与还原糖的测定相同。

4. 计算

$$残还原糖（以葡萄糖计，g/100\ mL）=\frac{(V_0-V)\times c}{2.00}\times 100$$

式中 V_0——费林试剂标定中消耗的标准葡萄糖溶液的体积，mL；

V——试样测定中消耗标准葡萄糖溶液的体积，mL；

2.00——试样体积，mL；

c——标准葡萄糖溶液的浓度，g/mL。

$$残总糖（以葡萄糖计，g/100\ mL）=\frac{(V_0-V)\times c}{25.00\times\frac{V_S}{250}}\times 100$$

式中 V_0——费林试剂标定中消耗的标准葡萄糖溶液的体积，mL；

V——试样测定中消耗标准葡萄糖溶液的体积，mL；

V_S——加入试样水解糖液的体积，mL；

25.00——取样量，mL；

250——试样水解糖液总体积，mL；

c——标准葡萄糖溶液的浓度，g/mL。

5. 讨论

（1）根据含糖情况，可取50.0 mL或100.0 mL试样，定容至250 mL容量瓶中。

（2）加入滤液的体积可根据含糖量高低酌情增减。

（3）试样在电热套上加热应保证在2 min内沸腾。

（4）调pH过程中，20% NaOH溶液要慢慢加入，pH至微酸性或中性时溶液应呈淡黄色，如果变为棕色，则是加碱过量。

第四节　酒精酵母的培养

一、实验目的

（1）了解酒精酵母生长所需要的营养，掌握酒精酵母的扩大培养工艺。

（2）了解影响酒母质量的主要因素，掌握酒母扩大培养过程中异常情况的处理。

（3）了解活性干酵母（AADY）的特点，掌握利用活性干酵母的酒精生产工艺。

二、酒精酵母的培养目的

酒精发酵过程实质上就是酵母菌种利用可发酵性糖在嫌气条件下进行的代谢过程。因此，酵母菌种的质量优劣是影响酒精发酵的关键。在酒精发酵过程中，酵母菌种的培养是一项十分重要的工作。

在酒精发酵过程中，工厂通常把酵母称为酒母，即酵母为酒精发酵之母。在酒精发酵醪中，酵母细胞数一般控制在0.8～1.5亿个/mL。为了满足大生产所需要的酵母细胞数量，就要根据酵母菌的生理特性，供给一定的营养物质，选择最佳的培养条件进行扩大培养，这就是酒母的培养过程。目前，酒精厂常用的酵母菌种有K字酵母、南阳1300和1308号酵母、拉斯2号（Rasse Ⅱ）和拉斯12号（Rasse Ⅻ）、台湾396（F396）、21189（古巴Ⅰ）、2119（古巴Ⅱ）等。

三、酵母所需的营养物质

酒精酵母在培养过程中需要供给营养物质。营养物质不仅构成细胞物质的成分，也是酵母细胞生命活动的能源。在新陈代谢过程中，营养成分是代谢产物的主要物质来源。所以酵母菌所需要的营养成分与其本身的化学组成有一定的关系。酵母的化学组成如表6－9所示。

表6－9　酵母的化学组成（干物质%）

酵母的化学组成	面包酵母		啤酒酵母		饲料酵母 圆拟酵母		饲料酵母 球拟酵母	
	最低	最高	最低	最高	最低	最高	最低	最高
总氮量	7.0	7.4	8.2	9.3	8.2	9.3	7.5	8.5
粗蛋白质（N×6.25）	44.0	46.0	51.0	58.0	51.0	55.0	47.0	53.0
粗脂肪	1.5	2.5	2.0	3.0	1.7	2.7	2.56	2.96
碳水化合物	13.0	15.0	9.0	11.5	13.7	16.5	7.0	14.0
灰分	6.9	10.0	8.10	9.1	8.1	11.1	7.8	10.9
灰分无氮抽出物	30.0	40.0	25.0	30.0	22.0	33.3	27.0	40.0

在酵母细胞中，水分约占73%～75%，干物质含量约占25%～27%。在干物质中，灰分约占6%～12%，在灰分中P_2O_5占50%，K_2O占30%，MgO占5%，元素钠、钙、铁等约占1%。

从表6－9中可以看出，供给酵母的营养物质应有充足的碳源、氮源、维生素、无机盐等成分。

如果能知道酒母培养过程中单位体积内酵母的细胞数，就能计算出酒母培养过程中所需要的营养物质。例如1 mL酒母醪中含有1.2～1.5亿个酵母细胞，10亿个酵母细胞质量约70 mg，那么，1 L中含有酵母1 500亿个，则其质量为10.5 g，10 L酒母醪含有105 g酵母细胞，压榨酵母含氮量为2%，含K_2O 0.8%，含P_2O_5 1.1%，含MgO 0.1%，即在10 L的酒母培养基中应加入N 2 g、K_2O 0.8 g、P_2O_5 1.1 g、MgO 0.1 g。

碳源、氮源及无机盐等营养成分，在酵母细胞中都有各自的功能。

（一）碳源

碳源是构成酵母菌体物质和生命活动的能量来源，主要是单糖和双糖类物质。大分子的淀粉不能被酵母直接吸收，因此酒精生产用的淀粉质原料先要经过蒸煮糖化，使淀粉分解成小分子的葡萄糖和麦芽糖后才能被利用。糖类物质可作为菌体蛋白中的碳架和转变成酵母的贮藏物质。

（二）氮源

氮是构成酵母原生质和酶的主要成分。酵母只能利用小分子的含氮物质，因此原料中大分子的蛋白质也必须经蒸煮及糖化剂中蛋白酶分解成小分子的蛋白胨或氨基酸后才被利用。酵母还能利用以铵盐为代表的无机氮源，如硫酸铵等。

（三）无机盐

无机盐中的磷、钾、镁、钙等是酵母生长繁殖不可缺少的物质，磷是细胞中核酸的重要成分，钾能促进酵母增大，镁是酶的激活剂，钙有控制细胞透性和调节培养基酸度的作用。

（四）维生素

维生素是促进酵母生长繁殖的微量因子，是某些酶的辅酶组分。酵母不能将初级的化合物合成维生素，而是利用基质中现成的 β 族维生素或合成维生素的前体物质，如嘧啶和噻唑或者只含一种噻唑时，使维生素增加。当培养基中存在 β－丙氨酸时，酵母才能合成泛酸。如果缺乏 β－丙氨酸和泛酸等维生素，酵母便生长不好。

通常 1 g 酵母干物质中含有维生素 B_1（硫胺素）120～200 μg，维生素 B_2（核黄素）20～30 μg，维生素 B_5（烟碱酸）280～500 μg，维生素 B_6（吡哆醇）50 μg。

维生素 B_1 是氧化过程中脱羧酶辅酶的组分，在丙酮酸脱羧生成乙醛和 CO_2 过程中起催化作用。

酵母培养过程中所需的维生素主要来源于糖化醪，一般无须另外添加。维生素在高温下易被破坏，因此在培养基灭菌时不宜采用高温长时间灭菌。

四、酵母斜面培养基的制备

制备酵母培养基时，常采用营养丰富的米曲汁或麦芽汁，这两种培养基中含有较多的碳源、氮源、无机盐及维生素等，适合于酵母菌的生长繁殖。

酒精酵母适合在 13～14 Bx 的糖浓度下生长。制备酵母斜面培养基时，在 13～14 Bx 的米曲汁或麦芽汁中加入 2% 琼脂，加热熔化，装入无菌空试管中，经 98 kPa 灭菌 30 min，取出放成斜面。待培养基凝固后，放入 30 ℃恒温箱内，空白培养 3 min，使表面水分干燥，检查无杂菌后方可使用。

在 13～14 Bx 的麦芽汁或米曲汁中加入 0.3% 蛋白胨、0.1% 硫酸镁，用磷酸调节 pH 达 4 左右，装入无菌空试管或无菌三角瓶中，经 98 kPa 灭菌 30 min，备用。

三角瓶培养基中也可加入 30%～50% 的糖化醪或糖化醪滤液，用硫酸调节 pH 为 4，因为配制培养基用糖化醪和硫酸调节 pH 可使酵母适应大生产的培养条件。

五、化验室阶段酒母的扩大培养

化验室酒母的培养过程主要按以下步骤进行：原菌→新鲜斜面→液体试管→大三角瓶→卡氏罐。

化验室阶段培养是酒母扩大培养的开始，要特别注意无菌操作，防止杂菌污染。培养基要有足够的营养。

（一）固体斜面菌种的培养

将保藏的原种在无菌条件下，用接种针移入新鲜斜面上，于（28±1）℃培养3~4 d，当斜面长出白色酵母泥时，即为成熟，然后放入4 ℃冰箱保存。斜面培养时间不能过长，以防酵母衰老，固体菌种一般两个月传代1次。

（二）液体试管培养

用接种针从刚成熟的生长旺盛的斜面试管中挑取少量的酵母装入10 mL米曲汁的液体试管中，摇匀，在（28±1）℃培养24 h后，液体试管如加磷酸调节酸度，对酵母起了耐酸的驯化作用。液体试管的酵母培养时间要适宜，从外观可鉴别培养情况：如果试管液体较清，底部酵母沉淀少，摇动试管产生大量泡沫时较好；若管内液体混浊，沉淀多，经摇动泡沫松散消失，这时为培养过老，衰老的酵母不利于以后的酒精发酵。

生产上可将前一天小试管中的液体转接入新鲜液体试管中，进行连续传代，再接三角瓶，这样使酵母一直处于旺盛繁殖阶段，而且酵母生长形态均匀整齐，发酵力强。

（三）大三角瓶培养

先用新洁尔灭或酒精棉球擦净液体三角瓶口和试管口，在接种箱内、酒精灯的火焰旁，迅速将试管中的酵母液全部倒入三角瓶中，摇匀后，置（28±1）℃培养15~20 h，当液面上积聚大量白色CO_2泡沫时，即可作为小酒母罐的酵母种子。

（四）卡氏罐培养

卡氏罐所用培养基一般采用酒母糖化醪，目的是使酵母菌在培养过程中逐渐适应大生产的培养条件。卡氏罐用的糖化醪应单独灭菌，同时加入H_2SO_4调pH 4.0左右，以抑制杂菌的生长。卡氏罐接种时应在无菌室内进行，以防止杂菌的污染。接种后以28 ℃~30 ℃保温培养18~20 h，待液面冒出大量的CO_2泡沫时，即为培养成熟。

卡氏罐种子的质量标准为：酵母细胞数0.8~1.0亿个/mL，出芽率20%~30%，染色率1%以下，无杂菌，耗糖率35%~40%，耗糖率可按下式计算：

$$耗糖率（\%）=\frac{醪液原始糖度-酒母成熟醪糖度}{醪液原始糖度}\times 100\%$$

六、淀粉质原料培养基的制备

酒精发酵所用的淀粉质原料较多，常用于大生产的原料主要有甘薯干、木薯干、玉米等。一般认为，在制备酒母糖化醪时用玉米为原料较好。这主要是因为玉米中含有大量的淀粉、蛋白质以及酵母生长必需的无机盐和维生素。玉米经蒸煮、糖化后，这些大分子营养物质分解为酵母容易吸收的糖、蛋白胨和氨基酸等。用薯干作酒母糖化醪时，由于薯干含氮较少，常常要补充硫酸铵作氮源。

酒母糖化醪质量的优劣直接影响发酵出酒率，因此必须使用好的原料作培养基，不能用霉烂原料，如霉变的薯干中有大量的黑斑病毒素和其他有害物质，对酵母生长不利。如果使用含有单宁的橡子原料生产，因单宁会阻碍酵母的生长繁殖，所以最好和其他原料混合使用，以减少对酵母的抑制作用。

酒母蒸煮醪泵入糖化罐后，冷却至60 ℃左右进行糖化。其糖化剂的用量略高于大生产用量。如果糖化酶作糖化剂，一般用量为每克原料用180~220 U，糖化时间控制在30 min左右。为了防止杂菌污染，应加硫酸调酒母醪的pH为4.0~4.5，细菌在此pH下不能繁殖，而酵母菌则生长良好。实际生产过程中，加酸量一般控制在0.05%～0.1%。如调整pH后仍有杂菌污染，则可加入青霉素抑制杂菌的生长。加入青霉素的量一般控制在每毫升培养液加1 U的青霉素。

有些工厂对酒母所用的糖化醪进行单独灭菌处理。方法是将酒母糖化醪泵入酒母罐进行灭菌，在酒母罐中的灭菌温度，一般可采用85 ℃～90 ℃，时间30 min。这一温度是否适当，还需结合酒母设备来考虑，如果设备不合理（如有死角），则杀菌不易彻底，那就需要相应提高杀菌温度，若设备条件较好，可采用较低温度灭菌。因为要杀灭细菌的芽孢体必须在100 ℃以上，而通常采用85 ℃～90 ℃灭菌，85 ℃以上杀菌又会造成蛋白质凝固及部分维生素被破坏，因而实际上用75 ℃灭菌，细菌营养体就能被杀死。有条件的工厂，应该积极推行较低温度的灭菌方法，以保持酒母培养基具有丰富营养物，有利于酵母繁殖，从而提高酒母质量，节约蒸汽用量。

在加酸调整酒母醪的pH时，如加浓度为98%、相对密度为1.84的浓硫酸0.271 mL，可使每升醪液升高1个酸度。淀粉原料制备的酒母糖化醪，糖浓度控制在12～14 Bx。

七、酒母车间扩大培养方法

（一）间歇式培养法

这种培养方法是先将酒母罐清洗干净，并对罐体和所用管道进行灭菌后，将已制备好的酒母糖化醪或稀糖蜜泵入小酒母罐中，并接入卡氏罐或大三角瓶菌种，通入无菌空气，使卡氏罐酒母与酒母罐的醪液混合均匀，同时提供氧气供酵母菌生长繁殖。控制酒母醪温度在28 ℃～30 ℃之间进行培养。待醪液的糖量降低40%～45%、酒精体积分数在3%～4%、液面产生大量的CO_2及酵母细胞数达到0.8亿个/mL时，酒母即培养成熟，培养时间约20 h。同样也可将培养成熟的小酒母接入大酒母罐进一步扩大培养，然后对小酒母罐清洗灭菌，再进行第二次接种培养。大酒母罐的酒母经18 h培养成熟后，全部接入发酵罐进行酒精发酵。对空出的大酒母罐进行清洗灭菌后再进行第二次培养。这种方法对大、小酒母培养都是每培养一次，要重新接种一次，操作比较麻烦，效率低。

（二）半连续培养法

这种方法通常也称循环培养法，在工厂获得广泛的应用。它是将卡氏罐或三角瓶菌种接入小酒母罐，培养成熟后分割出2/3小酒母接入大酒母罐进行培养。小酒母罐中余下的酒母再补进酒母糖化醪或稀糖蜜，继续培养；酒母培养成熟后重复上法再进行分割。而大酒母培养成熟后则全部送去发酵车间，作为酒精发酵的种子。

利用半连续法培养酒母，一般可以7～10 d换一次新种，如果工厂卫生状况较好，可以1～2个月换一次新种。这样，不但省去了菌种培养的很多工作，而且也使酵母得到适应生产环境的驯养，有利于发酵。根据多年实践，一般留种的连续传代以20代为宜，不要超过30代，否则酵母易老，发酵力衰退，也会影响出酒率。半连续分割法培养出来的酵母形态均匀饱满，发酵旺盛，质量稳定，此法可以大大提高酒母培养罐的利用率。在投料量大、酒母罐容量相对较小的情况下，当投料速度很快，酒母成熟量太少，不能满足发酵接种量的需要时，可在发酵罐中加入酒母后先加入3～4倍体积（对酒母醪而言）的糖化醪，醪温27 ℃～29 ℃，使酒母在发酵罐中扩大培养2 h左右，再连续加进糖化醪或稀糖蜜，保持酵母生长处于对数生长期至满罐，这种方法可加快酒精发酵过程中的前发酵阶段。

另外，当酒母质量不合格或由于其他原因酒母供给不及时，可用正处在生长旺盛期的发酵醪作为酒母种，将其分割一部分入空发酵罐进行酒精发酵。

（三）连续培养法

采用连续培养酒母的方法主要是为了保持酵母活力和数量的稳定。在酒母罐中连续添加糖液和营养盐，以保证酒母生长所需的营养。连续培养过程中，要注意培养罐中酵母数量的恒定，应等于同一时间从酒母罐中流出相同体积时的酵母数量，不能出现流出的酵母数量大于或小于酒母罐中的酵母数量的情况。如果这种平衡关系被破坏，连续培养酒母的方法就不能顺利进行。

连续培养法在糖蜜酒精生产中应用得较多。采用连续法培养酒母时，一般是将 3 个酒母罐用排出管串联起来，使酒母稀糖液连续地从罐的上部流入，而培养成熟的酒母也不断地排入发酵罐中。连续培养通入无菌空气，一般每小时对 1 m^2 的酒母醪通入 2 ~ 3 m^2 的无菌空气。酒母培养罐的总体积约为发酵罐体积的 1/10。如果车间卫生状况良好，严格按无菌条件以在较长时间内进行连续培养。通常每经过 5 ~ 7 d，把 3 个酒母罐中的一个空出，以便清洗杀菌。

流加稀糖液的体积分数控制在 12% ~ 14%，温度为 15 ℃ ~ 20 ℃，酸度为 6 ~ 7，酒母培养的最佳温度应为 27 ℃ ~ 28 ℃，酒母成熟醪的酒精含量通常为 3% ~ 4%，酵母细胞数 0.8 ~ 1.0 亿个/mL 酒母。成熟酒母指标见表 6 – 10。

表 6 – 10　成熟酒母指标

项目	小酒母	大酒母
酵母细胞数（亿个/mL）	1	1
出芽率（%）	20 ~ 25	15 ~ 20
外观糖度下降率（%）	40	45 ~ 50
死亡率（%）	<1	<1
酸度	不增高	不增高

八、影响酒母质量的主要因素

在酒母培养过程中，酒母质量的优劣与酵母菌种的性能、培养基的营养、接种量、培养时间及培养方法有关。因此在培养过程中，要注意控制好这些因素。

（一）酒母的种龄

酵母菌生长过程中，主要分为四个阶段，即菌种的适应期、对数生长期、静止期和衰老期。酵母在适应期时繁殖能力不强，只有对数生长期酵母的生命活动旺盛，增殖能力特别强，酒母液中的细胞数达高峰值。因此，酒精生产过程中所用的酒母应选用对数生长期的酒母作为种子。酒母培养过程中，培养时间不宜过长和过短，否则将会影响酒母的质量。

（二）接种量控制

培养酒母时，接种量的大小与酒母的培养时间有直接关系。一般接种量大，培养时间短，接种量少，培养时间长。培养时间长，不仅易染菌，设备利用率也降低。如果接种量过大，酒母细胞数很快就达到工艺要求，但衰老的细胞多，对酒精发酵不利。一些工厂酒母接种量通常为8% ~10%，经过10 ~18 h培养，酵母数达0.6 ~1亿个/mL。

酒精产量大的工厂一般采用分割培养酒母的方法来弥补设备的不足，达到扩大生产的目的。习惯上以25% ~30%的酒母留种量进行分割接种，可大大缩短培养时间，经过6 ~8 h培养，酒母就成熟了，提高了设备利用率。由于连续分割的留种量较大，酵母容易衰老，空胞增大，接连几十次传代，会使酵母衰老程度加剧，老酵母进入发酵罐后，造成繁殖速度缓慢，所以必须及时调换酒母新种。无论采用小酒母留种，还是大酒母连续分割培养法，均以留种转接20代左右为宜（以循环留种1次为1代），不要超过30代。最初几代酵母菌对环境尚不适应，繁殖速度慢，发酵能力较差，随转接次数增加，逐渐适应条件后，酵母一直以对数生长期繁殖，细胞累积加快，保持代代相传的酒母具有较强的活性，这种酒母成熟醪接种发酵后，能够缩短酒精发酵过程的总时间。循环分割次数过多的酒母，由于发酵力衰退，酒精发酵时，因发酵能力差而影响出酒率。

（三）通风培养

酒母通风培养对繁殖酵母极为有利，经过实验证实在有氧条件下，生成1 g干酵母只消耗糖分0.35 ~0.43 g；而在不通气情况下，要耗糖1.14 g。供气培养能够繁殖大量酵母，并且耗糖很少。

酵母在有氧环境中主要进行呼吸作用，吸收的养料用于合成菌体，此时酒化酶受到抑制，酒精生成量不多，糖分变成二氧化碳和水，并放出一定热能供酵母繁殖使用。

酵母繁殖所需空气量并不大，一般1 m^3酒母醪每小时通入2 ~3 m^3无菌空气就能满足酵母对空气的需求量，因此培养时，只要每隔几小时通风或开动机器搅拌几分钟，就可保持醪液中酵母所需要的溶解氧量。

（四）培养温度与pH

酒母培养温度为28 ℃左右，温度高酵母生长繁殖快，但温度过高，酵母衰老速度也加快，且易感染杂菌。而培养温度过低，则生长繁殖较慢，培养时间长。因此，控制好酒母的培养温度是十分重要的。酒母培养的pH对酵母菌生长情况有一定的影响，因为酵母菌适合于在微酸性的环境中生长。如果酒母醪的pH控制太低或太高，酵母生长会受到抑制。一般酒母醪的pH为4.0 ~4.5为宜，在特殊情况下，如酒母感染杂菌时，可适当调低pH以抑制杂菌的生长。

（五）酒母杂菌的防治

酒母成熟醪中如有杂菌生长会给酒精发酵带来影响，多数酒精厂的酒母培养罐是敞口的，很易染菌，在培养过程中，一定要加强无菌操作及车间卫生管理。

一旦感染了杂菌，除前面所述的用硫酸净化处理外，还可用抗菌素杀死细菌。有些酒精厂在培养酒母时，不加硫酸调pH，理由是降低培养液酸度，不利酵母生长，因为用硫酸抑制细菌，毕竟也抑制了酵母的繁殖。因此，为了既可预防杂菌，又能使酵母有较强活性，在酒母醪中加入一定剂量的青霉素（用0.5 ~1U/mL醪液），进行酒母正常培养。抗菌素药物中以青霉素对酒母杂菌的作用最大，加青霉素后，抑制细菌，可获得大量的酵母细胞，并能保持醪液中的α－淀粉酶的相对活性。

九、酒母培养中异常现象的处理

在酒母培养过程中，由于某些工艺条件控制不好或操作不细心，会使酒母培养出现异常现象，这些现象如不及时进行处理则会影响酒母培养的质量。因此，生产上要注意工艺条件的控制，做到预防为主，治理为辅，这样才能从根本上解决问题。表 6－11 中所列的是一些常见的异常现象及处理办法。

表 6－11　酒母培养中的异常情况及处理

异常情况	原因	处理方法
酒母细胞数不够	① 接种量太少； ② 冷却温度过低。	① 检查醪液的糖浓度、酸度等是否合适； ② 适当补种或通风； ③ 减少冷却水量，延长培养时间。
酵母耗糖率过低	① 糖液浓度太低； ② 接种量过少； ③ 培养时间过短。	① 调整糖的浓度； ② 适当增加接种量； ③ 控制酵母培养时间。
酵母空胞大，出芽率低	① 糖化醪养分不够； ② 培养时间过长。	① 添加糖化醪或营养物质； ② 缩短培养时间。
酵母死亡率高	① 糖化醪酸度过大； ②蒸汽管道漏气使培养温度太高； ③ 醪液中含有毒物质。	① 检查醪液酸度并调整； ② 维修管道，加强冷却； ③ 增加营养； ④ 补种。
酒母中杂菌多	① 管道培养罐杀菌不彻底； ② 糖化醪中带入杂菌。	① 搞好车间卫生和杀菌工作； ② 硫酸净化法处理：浓硫酸 10 倍水稀释后，加入醪液酸化使 pH 达 2.7～3。当醪中 50% 酵母死亡时，则杂菌也死亡，然后将此酒母接入比平时酸度低 1 度的糖化醪中培养，也可加入青霉素处理。

十、活性干酵母（AADY）的利用

近年来，国内的许多酒精或酒厂都积极地推广应用广东东莞糖业实业集团有限公司、广东梅山糖厂、湖北宜昌酵母基地等生产的活性干酵母。上述厂家吸取了国外的先进经验，对我国酿酒行业传统的酵母培养方法进行了改进，目前已生产出许多活性干酵母的系列产品。现将某酒精厂利用活性干酵母制备酒母的工艺介绍如下：

（一）工艺流程

活性干酵母→复水活化
↓
糊化醪→酒母糖化罐→大酒母培养罐→泵入发酵罐

该工艺采用 2 个酒母糖化罐，每个糖化罐的体积为 18 m^3，6 个大酒母罐，每个酒母罐的体积为 15 m^3。糖化罐和酒母罐均设有搅拌装置。

（二）工艺操作条件

将糊化醪泵入糖化罐完成糖化后，通入蒸汽升温至 90 ℃ ~ 100 ℃进行灭菌，冷却到 30 ℃ 左右备用。在大酒母罐中，提前 30 min 将 5 kg 活性干酵母加入 80 L 水和 40 L 糖化醪中，保温 30 ℃。然后泵入已冷却好的糖化醪，开动搅拌器进行通风培养。在培养过程中，一般每隔 2 h 开机搅拌通风一次，以利于酵母的增殖，大酒母的培养温度一般控制在 32 ℃ ~ 34 ℃为宜。

利用活性干酵母制备酒母时，大酒母的培养经 6 ~ 8 h 即可成熟。酵母细胞数为 0.9 ~ 1.0 亿个/mL，出芽率为 25% ~ 28%，为了防止酒母污染杂菌，可按要求加入青霉素抑制杂菌的生长。当大酒母培养成熟后，与糖化醪同时泵入发酵罐，目的是使酒母与糖化醪混合均匀，这样有利于发酵。发酵温度控制在 30 ℃ ~ 32 ℃，发酵时间为 60 h 左右，利用这种方法培养酒母时，每吨酒精均需 1 kg 活性干酵母。

第五节　淀粉质原料的酒精发酵

一、实验目的

（1）了解酒精主要副产物的生成原理，掌握酒精的生物合成途径。

（2）了解淀粉质原料糖化处理中常用的酶的性质，掌握影响酶活性的主要因素。

（3）了解常用的淀粉质原料糖化处理方式，掌握各种处理方式的优缺点。

（4）了解糖化醪的质量标准，掌握糖化醪中重要指标的测定方法。

二、酒精发酵的理论基础

淀粉质原料经蒸煮后，在糖化剂的作用下生成可发酵性糖，在酵母菌的作用下转变成乙醇。在这一过程中发生了复杂的生物化学反应。如淀粉被 β - 淀粉酶和糖化酶水解成糊精和葡萄糖。蛋白质被蛋白酶水解成小分子的胨、肽和氨基酸等。生成的这些物质有的被酵母吸收利用来合成菌体物质，有些用于酒精发酵生成乙醇、CO_2 等。

（一）酵母细胞中的酶系特征

酵母细胞内的酶系统约有 30 多种酶，其中有十几种酶参与酒精发酵。酒精酵母因为没有 α - 淀粉酶及 β - 淀粉酶，所以不能直接利用淀粉发酵，必须将淀粉经糖化酶分解成可发酵性糖后才可利用。酒精酵母所利用的糖是葡萄糖、果糖、麦芽糖和蔗糖等单糖及双糖。酵母菌体内含酒精发酵的酶主要分成两类，一类为水解酶，另一类为酒化酶。

1. 水解酶

可以将简单的碳水化合物、蛋白质等物质水解成更简单的物质的酶。酵母主要含有如下几种水解酶。

（1）蔗糖酶。又称转化酶，可以把蔗糖转化成一分子葡萄糖和一分子果糖，它是在细胞内分泌后，透过细胞膜扩散到周围介质中起作用的，因此称胞外酶。

（2）麦芽糖酶。此酶将麦芽糖分解为两分子葡萄糖。含有麦芽糖酶多的酵母发酵速度快，因为可以不必等待淀粉酶把糊精完全水解成葡萄糖后再发酵。该酶稳定性较差，不耐低

pH，最适 pH 为 6.75 ~ 7.25，最适温度为 40 ℃，55 ℃时即被破坏，抗酒精能力也较差。

（3）肝糖酶。也是一种胞内酶，能将酶母体内贮存的肝糖分解为葡萄糖。肝糖是一种类似支链淀粉但分子较小的物质，当周围介质的营养耗尽时，酵母利用肝糖酶进行自身消化，分解细胞内的肝糖而继续发酵，肝糖酶不能分解细胞外面介质中的淀粉。

2. 酒化酶

实际上是指参与从葡萄糖到酒精和 CO_2 的复杂生化过程的各种酶和辅酶的总称，主要包括已糖磷酸化酶、氧化还原酶、烯醇化酶、脱羧酶及磷酸酶等。这些酶都存在于酵母细胞内部，因此是胞内酶。酒化酶作用和温度有关，温度高，发酵速度较快。它的最适 pH 为 4.5 ~ 5.5，酒化酶对酒精发酵是十分重要的。

（二）酒精生物合成途径

酒精生产所用的酵母菌，在嫌气性条件下利用细胞内酶的作用，将葡萄糖经 EMP 途径酵解生成丙酮酸，丙酮酸继续降解最后生成乙醇。代谢途径如下：

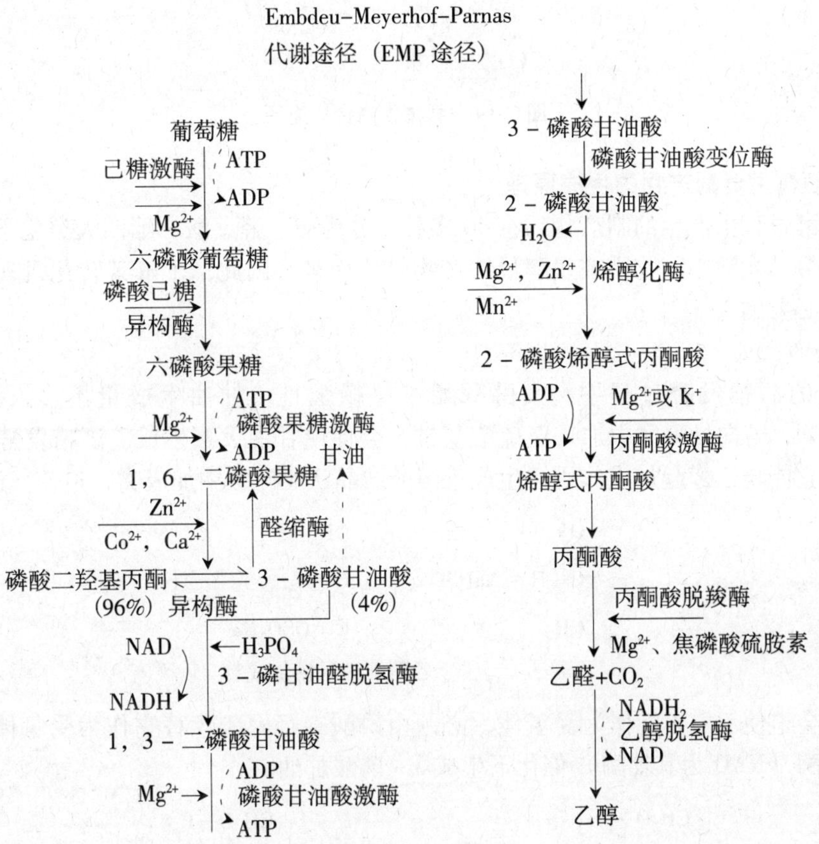

脱氧酮糖酸（ED）途径

$$C_6H_{12}O_6+ADP+H_3PO_4 \rightarrow 2C_2H_5OH+2CO_2+ATP$$

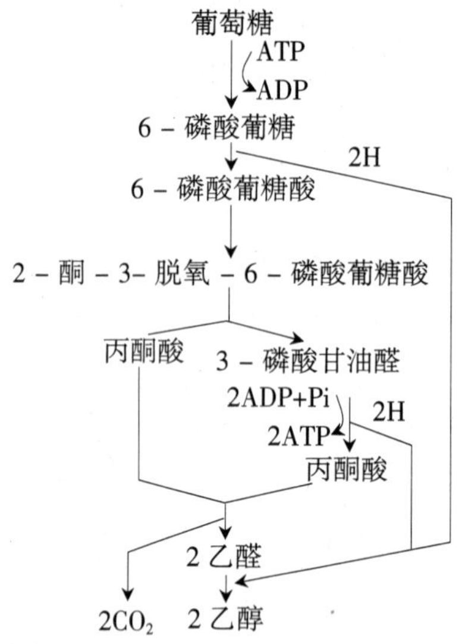

图6－4　酒精生物合成途径

（三）酒精主要副产物的生成原理

酒精发酵过程中产生的副产物约有40多种，分为醇、醛、酸、酯四大类化学物质，这些副产物由糖分、发酵中间物质或发酵最终产物转化而来。因此，了解其转化机理，加强工艺控制是十分必要的。

1. 甘油的生成

在正常的酒精发酵过程中，发酵醪始终呈微酸性，甘油生成量不多，只占产物的0.3%～0.5%，若向发酵醪中加入亚硫酸氢钠，会促使甘油大量生成。酒精发酵时，加入亚硫酸氢钠，它能与乙醛起加成作用，生成难溶的结晶状亚硫酸钠加成物，迫使代谢途径改变。

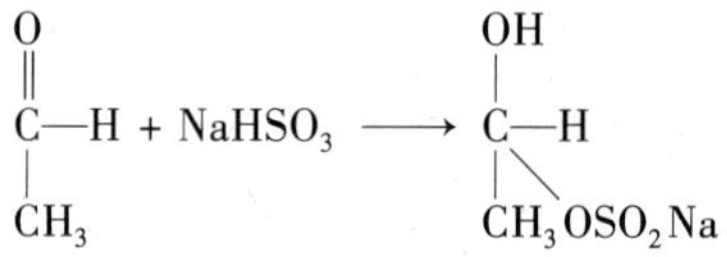

乙醛　　　　乙醛亚硫酸钠加成物

这样就会迫使乙醛不能作为受氢体，必须由磷酸二羟丙酮代替它作为受氢体，在3－磷酸甘油脱氢酶（NAD为其辅酶）催化下生成3－磷酸甘油。

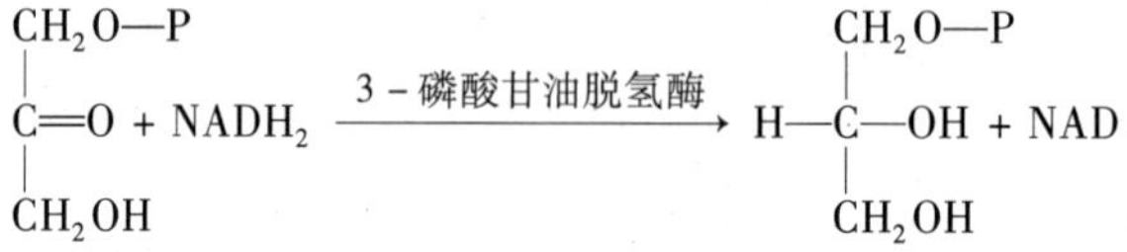

磷酸二羟丙酮　　　　3－磷酸甘油

3－磷酸甘油在3－磷酸甘油磷酸酯酶的催化下水解，生成甘油。

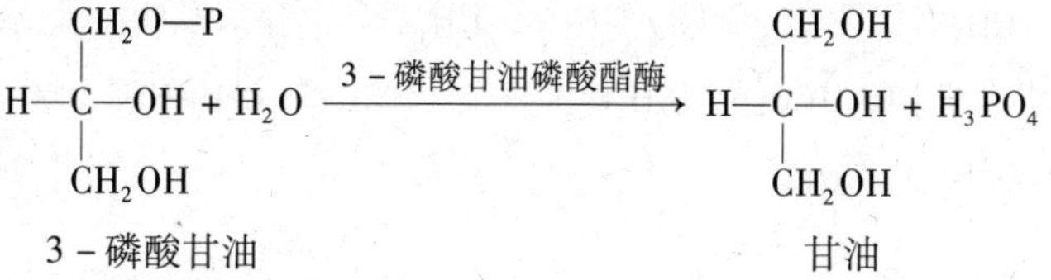

自葡萄糖开始的总反应式为：

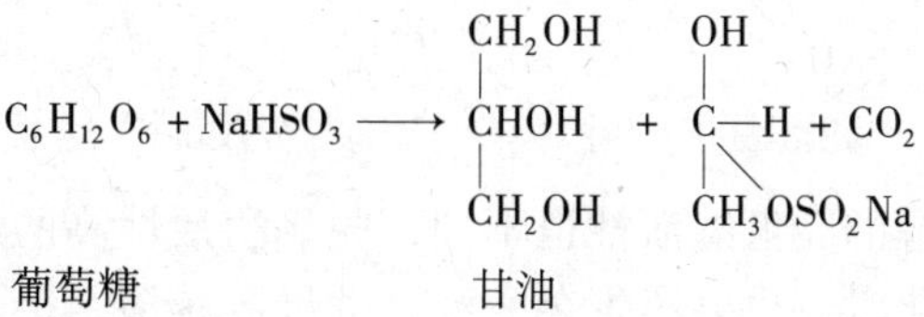

如果使酒精发酵液保持碱性条件（pH 7.6），则发酵产生的乙醇也不能作为正常的受氢体，而是由两分子乙醛之间起歧化反应，相互氧化还原，生成等量的乙醇和乙酸。

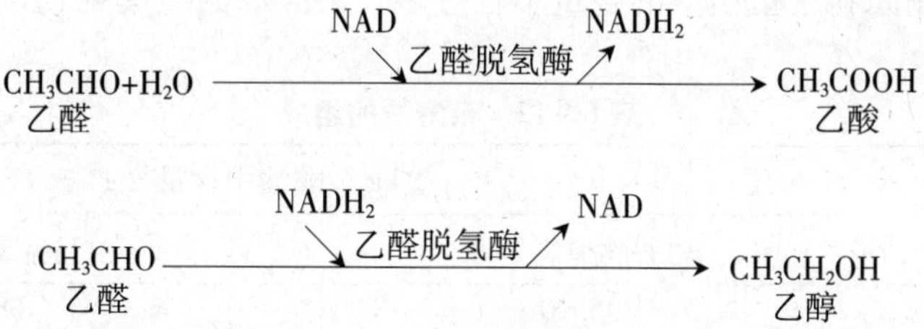

此时，由3－磷酸甘油醛脱氢生成的 $NADH_2$ 用来还原磷酸二羟丙酮，进而生成甘油，自葡萄糖开始的总反应式可表示为：

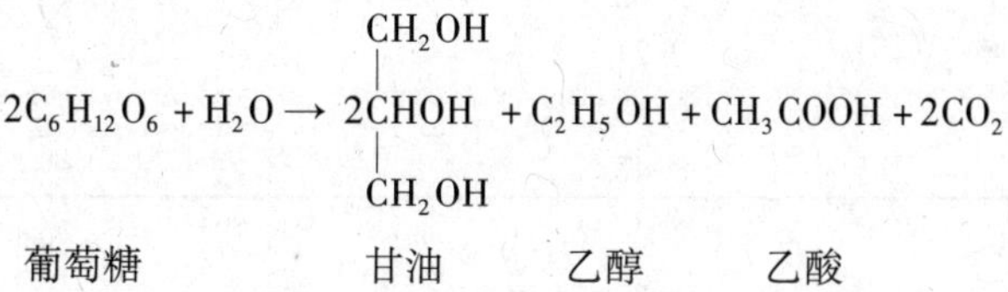

决定甘油产量的因素是多方面的，不同的酵母菌种产生的甘油量不同，发酵醪中酵母总数越多，甘油产量也相应增多，醪液中氮含量过高、发酵温度过高等因素，也会使甘油的生成量增加。在发酵醪中加入 NaF 会降低甘油的产量。

2. 杂醇油的生成

杂醇油是一类高沸点混合物，主要由戊醇、异戊醇、正丙醇、异丁醇等组成的黄色或棕色具有特殊气味的油状液，其中以戊醇及异戊醇最多，产量为酒精产量的0.3%～0.6%。

酒精发酵中，由于原料蛋白质分解或酵母菌体蛋白质水解，结果生成氨基酸。酵母细胞生长繁殖需要氨基，利用氨基来合成菌体，氨基从氨基酸进一步分解而得，同时脱羧生成杂醇油。其反应式为：

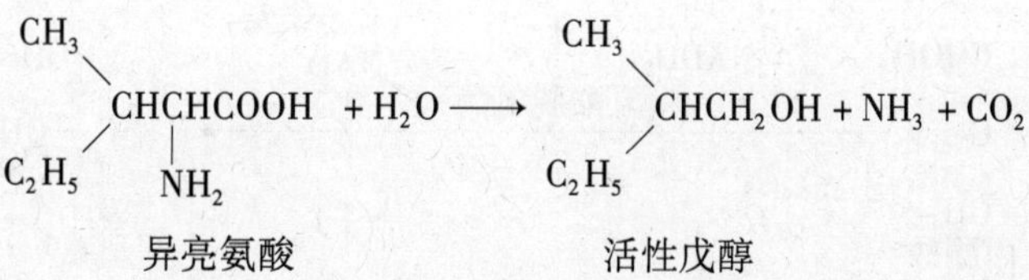

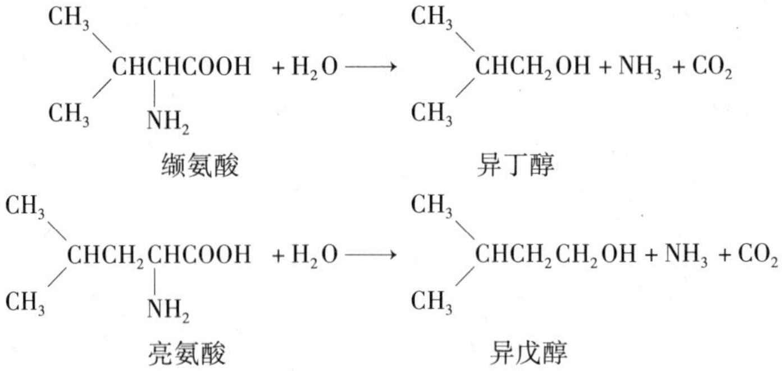

酵母菌种不同，高级醇的脱氢酶活性也不同，脱氢酶活性高的，高级醇生成量就多。发酵后期，酵母发生自身消化时，也会产生杂醇油，酵母数越多，杂醇油生成也越多。如果蛋白质分解的氨基酸中有较多的亮氨酸、异亮氨酸等，那么产生的杂醇油也增多，所以说杂醇油的产量与原料、菌种及营养组成有关，此外，发酵温度升高、醪液通风都能增加杂醇油的数量，故要注意控制原料中蛋白质的含量不宜过多。杂醇油的组成见表 6 - 12。

表 6 - 12　杂醇油的组成

成分	1 kg 杂醇油中含量（g）	
	由谷物原料制取	由马铃薯原料制取
正丙醇	36.90	68.54
异丙醇	157.60	243.50
戊醇	798.50	687.60
己醇	1.33	—
游离脂肪酸	1.60	0.11
酯类	3.05	0.20
糠醛	0.21	0.05
烯萜	0.33	—
水化烯萜	0.48	—

3. 琥珀酸的生成

琥珀酸的生成与发酵醪中谷氨酸的存在有关，其反应式为：

$$\underset{\text{葡萄糖}}{C_6H_{12}O_6} + \underset{\text{谷氨酸}}{COOHCH_2CH_2CHNH_2COOH} + 2H_2O \rightarrow$$

$$\underset{\text{琥珀酸}}{COOHCH_2CH_2COOH} + \underset{\text{甘油}}{2CH_2OHCHOHCH_2OH} + NH_3 + CO_2$$

反应生成的琥珀酸与甘油是酒精发酵的副产物，随发酵时间增加累积于发酵醪中，氨被酵母利用，合成细胞。

4. 乳酸的生成

某些乳酸菌具有乳酸脱氢酶，能以丙酮酸作为受氢体而生成乳酸。

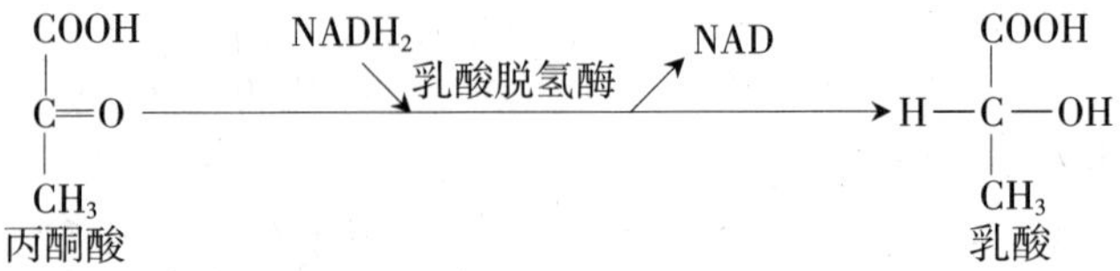

5. 醋酸的生成

酒精发酵中污染了醋酸菌后，挥发酸明显增加，酒精被醋酸菌氧化生成醋酸，造成酒精的损失，其反应式为：

$$\underset{\text{乙醇}}{CH_3CH_2OH} + O_2 \xrightarrow{\text{氧化酶}} \underset{\text{醋酸}}{CH_3COOH} + H_2O$$

除了醋酸菌代谢产生醋酸外，还有乙酰胺的水解、乙醛氧化、酒精氧化也都会产生醋酸。醋酸大量生成使醪液酸度上升，淀粉酶活性钝化，阻碍发酵正常进行，所以必须防止杂菌的污染。醋酸生成主要发生在酒精发酵的后期。

6. 丁酸的生成

主要是发酵中感染丁酸菌，丁酸菌将糖转变成丁酸，造成糖分损失，影响酒精产率。

$$\underset{\text{葡萄糖}}{C_6H_{12}O_6} \longrightarrow \underset{\text{丁酸}}{CH_3CH_2CH_2COOH} + 2CO_2 + 2H_2$$

7. 醛的生成

乙醛是酒精发酵的中间产物，提早终止的发酵醪中醛含量高。杂菌污染也会产生醛类。高温发酵和通气时，会促使醛的生成。如果发酵成熟醪长时间搁置，乙醇也会被氧化成乙醛。

8. 酯的生成

酯的生成量与酵母菌种有关，酒精酵母产酯量很少。醪液中的酸和醇能起酯化反应，生成相应的酯类。如乙酸乙酯的生成反应：

$$\underset{\text{乙酸}}{CH_3COOH} + \underset{\text{乙醇}}{C_2H_5OH} \longrightarrow \underset{\text{乙酸乙酯}}{CH_3COOC_2H_5} + H_2O$$

酒精发酵过程中生成的副产物，有的是酵母菌在生命活动中形成的，如甘油、杂醇油、琥珀酸等，有些是污染杂菌所致，如醋酸、乳酸、丁酸等，这些物质消耗了糖分、发酵中的营养物质和中间代谢产物，降低了淀粉出酒率。因此，在生产过程中，要避免杂菌污染，尽量减少副产物的生成。

三、淀粉质原料的酒精发酵工艺

将已培养成熟的酒母泵入发酵罐后，酒母在发酵罐中将继续增殖。由于发酵罐的体积比酒母罐大得多，生长环境和条件发生了变化，所以，在整个酒精发酵过程中，根据酵母的生长繁殖情况，可分为三个不同的阶段。

（一）前发酵期

将含有糖分和丰富营养物质的糖化醪与酒母醪加入发酵罐混合后，酵母便利用糖化醪中的营养物质和溶解氧迅速生长繁殖，糖化酶继续在醪中缓慢地进行糖化作用，将淀粉和糊精转化成糖，供酵母之用。但由于有大量的糖化醪进入发酵罐，酵母数量相对较少，所以发酵作用不强，酒精和二氧化碳的生成量很少，因此糖分消耗较慢，温度上升不快，发酵外观平静，这个时期称前发酵阶段，一般为 10 h 左右。前发酵时间的长短与酒母用量、酒母的耗糖率、糖化醪加入温度等因素有关，通常用 8% ~10% 的酒母量接种，以耗糖率为 35% ~40% 的酒母醪为宜，若酒母量大，酒母耗糖率达 50% 以上或是前发酵温度超过 30 ℃，都会缩短前发酵期，甚至没有前发酵而直接进入主发酵，出现这种情况发酵效果不好，而且会使酵母提早衰老和死亡。前发酵期菌种生长慢，要注意防止杂菌污染。

（二）主发酵期

酵母细胞已大量形成，醪液细胞数约达 1 亿个/mL 以上，这时醪液中溶解氧基本耗完，酵母便以无氧酵解的形式，把糖分转化为酒精和二氧化碳，进入主发酵期。此时期，发酵旺盛，糖分含量迅速下降，酒精逐渐累积，二氧化碳大量产生，发酵温度上升很快，生产中应加强温度控制，主发酵温度以 32 ℃ ~34 ℃为好。从生产实践经验可知，如果冷却水量不够时，应在主发酵前提早冷却，否则发酵高潮到来时，温度猛升醪温就很难降下，过高温度（37 ℃以上）进行发酵，不仅使酵母早衰，活性降低，还会引起杂菌污染，造成酒精的损失，这是发酵过程中绝不允许的。主发酵期的长短，主要取决于醪液的浓度、酵母生长情况，主发酵时间一般为 12 h 左右。

（三）后发酵期

发酵进入后发酵时，醪液中糖分大部分已被酵母消耗，残存的淀粉和糊精仍继续被糖化剂作用，生成葡萄糖，但作用非常缓慢，生成糖分很少。这时发酵液浓度下降慢，生成酒精、二氧化碳量减少，发酵作用逐渐减弱，温度下降，此阶段发酵温度仍应控制在 30 ℃ ~32 ℃，因温度太低，糖化更弱，发酵时间就要延长。淀粉质原料的后发酵阶段需 40 h 左右。

后发酵的快慢程度，取决于糖化剂中糊精酶的含量，而并不取决于酵母的数量。酵母数量多，只能使主发酵提前，但并不能加速后发酵，只有糖化剂的质与量才和后发酵时间的长短有一定的关系。

以上三个阶段不是截然分开的，发酵过程的长短，除受糖化剂种类、酵母菌性能、酵母接种量等因素影响外，还与发酵方式、醪液浓度、发酵温度、原料品种等有关，一般糖化醪浓度控制为 16 ~18 Bx，整个发酵时间为 60 ~72 h，如果采用连续发酵方式，发酵一开始就处于主发酵状态，没有前发酵过程，所以其发酵时间要比间歇发酵时间短得多。

（四）发酵成熟醪指标

发酵成熟醪的质量好坏直接影响到酒精的产率。好的发酵成熟醪可以增加酒精产量，降低原料消耗。因此，工厂对酒精的发酵成熟醪都制定了一个相应的指标（见表 6 -13），以便对发酵过程进行控制，达到酒精优质高产的目的。

表 6 -13　成熟发酵醪的指标

项目	间歇发酵	连续发酵	
		桂平糖厂	苏联流程
镜检	酵母形态正常无杂菌	同间歇发酵	同间歇发酵
外观糖（Bx）	0.5 以下	-1.0 以下	-0.1 左右
还原糖（%）	0.3 以下	0.2 以下	—
总糖（%）	1 以下	0.3 ~0.6	—
酒精体积分数（%）	8 ~10	9 ~11	8.96
酸度	≤0.5	2 ~4	增酸
挥发酸	0.1 ~0.15	0.15 以下	—
发酵时间（h）	65 左右	56	51

四、影响酒精发酵的主要因素

酒精发酵过程中，影响因素主要有醪液的稀释速度、发酵温度、pH 等。这些因素控制不好就会影响出酒率。

（一）稀释速度

采用间歇式发酵时，接种后的 8 ~ 10 h 内要求加满糖化醪，其后发酵时间相对较长，能将糊精彻底水解并进行酒精发酵。醪液的稀释速度对间歇式发酵影响不大。对于连续发酵，每一个罐都处于相对稳定的发酵状态。发酵过程中，要求保持每个罐内的细胞数和营养成分相对平衡。酵母的生长与发酵醪营养物质有关，而营养物质的含量又与发酵罐进料和出料的速度有关。所以通过控制进料速度就能控制酵母细胞数和营养物质的含量。某厂采用的进醪速度为 9 m^3/h，流加罐原有发酵醪总体积为 192 m^3，其稀释速度 D 为：

$$D=\frac{F}{V}=\frac{9}{192}=0.047$$

在这种稀释速度下，流加罐中的酵母细胞数可维持在 0.7 ~ 1 亿个/mL。稀释速度太大时，虽然对酵母的生长繁殖有利，但由于发酵醪流速太快，酵母细胞来不及积累就被醪液带走，所以较难维持发酵的稳定状态。

（二）发酵醪的 pH

在发酵过程中，应控制发酵醪的 pH 以 4.0 ~ 4.5 为宜。这样既有利于酵母菌的生长，也可以对杂菌起到一定的抑制作用。但当发酵醪污染严重时，还可适当降低 pH 至 2.8 ~ 3.0，进一步抑制杂菌的生长。pH 也不能控制太低，否则会对酵母生长产生影响。

（三）发酵温度

酵母菌在生长和发酵过程中，通常有最适的生长温度和最适的发酵温度。酵母的最适生长温度一般为 27 ℃ ~ 30 ℃，最适的发酵温度为 30 ℃ ~ 33 ℃。如果温度太高，易污染产酸菌，产酸细菌的生长温度在 37 ℃ ~ 50 ℃之间，因此，在酒精发酵过程中要注意温度的控制。

（四）发酵醪的浓度

发酵醪的浓度对酒精发酵影响较大。浓度低时，虽然对酵母生长繁殖有利，但设备利用率不高。浓度太高时，虽能减少能耗，提高设备利用率，但对酵母的生长不利。所以一般发酵醪的浓度控制在 16 ~ 18 Bx 为宜，在此浓度下，酒精生成量体积分数为 8% ~ 9%。山东酒精厂和南阳酒精厂在加强原料粉碎的基础上，曾把发酵醪浓度提高至 20 Bx 进行发酵，其成熟醪含酒分体积分数达到 11.5%，提高了生产效率。如采用浓醪发酵，要注意蒸煮醪的质量控制，选用耐酒精能力强的酵母，注意对管道设备的灭菌和加强卫生管理，这样才能使浓醪发酵顺利进行。

五、酒精异常发酵及其处理

酒精发酵过程中的异常发酵，大多数都是由杂菌污染、糖化醪质量差及工艺条件控制不好所引起的，如不加以控制将造成较大的损失，一般有以下几种异常现象。

（一）酸度增加较快，发酵液气味不正常，镜检发现杆状细菌

主要由于管道或发酵设备杀菌不彻底，或因糖化醪及酒母带有杂菌，另外，当发酵时温度过高也会造成杂菌污染。

污染的杂菌主要是乳酸细菌或醋酸细菌，这些细菌污染后，由于细菌本身繁殖消耗了发酵醪中的糖分，而且醋酸菌可使已经产生的低度酒精转变成醋酸，直接造成酒精损失。另外，还有丙酮丁醇菌、枯草杆菌和马铃薯芽孢杆菌等，也会在发酵醪中繁殖。这些细菌的生长最适温度为 37 ℃ ~50 ℃，细菌繁殖后提高了发酵醪的酸度，酸度的升高也要消耗糖分，一般醪液酸度每升高 1 度，相当于可发酵性糖损失 0.6% 。

处理方法：如果处于发酵后期或中期染菌，可提前将发酵醪送去蒸馏，如果发酵前期污染不严重，可加入大量酵母，增强其发酵作用，抑制杂菌繁殖。也可以在发酵醪中加入抗菌素来杀菌，抗菌素中以青霉素效果最好，加入青霉素可防止细菌生长，减少酸的生成，故相应维持了醪液的较高 pH，也保持了淀粉酶的活性。此外，在糖化剂曲乳中加入 0.05% 的工业甲醛，生产实践证实能起到很好的预防杂菌的作用。

（二）发酵迟缓，发酵醪升温慢，耗糖慢，酒精产率低

这种发酵迟缓情况有多种原因：糖化剂或酒母质量不好，发酵醪入罐温度太低，发酵温度过高或是原料蒸煮时糊化过老或过嫩，还有原料质量低劣及原料中含有害物质等，都会引起发酵迟缓现象。

处理方法：严格控制工艺条件，掌握适当的发酵温度，提高糖化剂和酒母的质量，加强蒸煮和糖化优化操作，合理使用原料，根据产生的不同异常情况采取不同措施处理解决。

（三）发酵停止

发酵提早停止，这是由于糖化剂质量差，糖化醪浓度低或是发酵的温度过高，造成发酵过猛，酵母早衰，后发酵无力进行而引起的。

处理方法：糖化时控制适当的加曲量，在发酵过程中，注意发酵温度和冷却水的控制，维持最适发酵温度不超过 35 ℃，使发酵正常进行。

（四）泡沫发酵

发酵中产生的二氧化碳泡沫升至液面不破裂，持久不散，有时泡沫上溢会从罐顶溢出造成糖分损失，称为泡沫发酵。产生的原因有两种：一是由于酵母的性质引起的，如拉斯 2 号酵母，在营养丰富和饱和氧的情况下，会发生泡沫发酵现象，而拉斯 12 号酵母虽然发酵力也强，但其性质缓和不易形成溢泡。二是由于发酵醪用新鲜甘薯原料或糖化剂质量差造成的。发酵时，醪液黏稠，泡沫不破裂。有时发酵罐装量过多也会产生这种现象。

处理方法：采用发酵力强、性质缓和的酵母菌种，减少酒母用量，控制发酵罐装醪量，也可用消泡剂防止此种现象的发生。

第六节　糖蜜原料酒精发酵实验

以糖蜜为原料生产酒精与用淀粉原料生产酒精的不同之处，主要是原料的前处理工艺。糖蜜原料生产酒精时，无须对原料进行蒸煮糖化，而是对糖蜜进行稀释、酸化、澄清、添加营养盐等处理后就可进行酒精发酵。因为甘蔗废糖蜜或甜菜废糖蜜都是糖厂的副产物，含有可发酵性糖，所以酵母能利用它进行酒精发酵。糖蜜原料生产酒精的工艺过程较简单，发酵周期短，生产成本也较低。

一、糖蜜原料的主要特点

糖蜜原料中主要含蔗糖和还原糖类，可被酵母直接发酵生成酒精，它的主要特点有以下九个方面。

（1）糖蜜的干物质浓度大约在 80 ~ 90 Bx 之间，总糖分在 50% 以上。在这一浓度下，酵母的生长、繁殖、合成酶系以及通过细胞质膜均难以进行，所以糖蜜首先必须经过稀释才能进行酒精发酵，稀释后的糖液浓度随生产工艺流程和流加工艺条件的不同而异。在采用双浓度流程中，酵母培养用稀糖液，含干物质为 12% ~ 14%，而发酵酒精用的稀糖液浓度需根据成熟醪中酒精含量及酵母醪与所用稀糖液浓度的配合比例计算，体积分数一般为 33% ~ 35%。采用单浓度流程时稀糖液的体积分数为 22% ~ 25%。

（2）糖蜜中一般都被很多杂菌污染，特别是产酸细菌，为了保证酒精发酵的正常进行，糖蜜需要经过灭菌或酸化处理。

（3）甜菜糖蜜多为碱性，pH 为 7.4，不适宜酵母的发育和发酵，需要先用硫酸中和调整至微酸性 pH 为 4 ~ 4.5 时才能进行酒精发酵。甘蔗糖蜜一般呈微酸性，仅需添加少量硫酸调整其 pH 为 4 ~ 4.5。

（4）糖蜜中含有 5% ~ 12% 的胶体物质、焦糖和黑色素等，这是酒精发酵时产生大量泡沫的主要原因，导致发酵罐的利用率降低。同时胶体物质会吸附在酵母的表面，使酵母新陈代谢作用发生困难，特别是焦糖与黑色素对酵母的酒精发酵作用抑制较大。1976 年广东省一些糖厂曾做过糖蜜焦化对糖蜜酒精发酵影响的实验，糖蜜经加热至 140 ℃后，一部分可发酵性糖已被破坏，变成焦糖，使非发酵性糖显著增加，从 4.7% 增到 8.76%，可发酵性糖从 55.6% 下降到 42.27%，即有 13% 的可发酵性糖损失了。如果在糖蜜中稍添加一点焦糖液，非发酵性糖对糖分比率明显增加，发酵过程通过镜检，发现酵母明显受抑制，酵母衰老，成熟醪酒精含量下降，残糖上升，发酵率明显下降。焦糖越多，发酵率越低，残糖率越高。添加至 20% 焦糖液的糖蜜时，酒精发酵后，残糖率增加 0.52%，发酵率下降 3.35%；添加 30% 焦糖液的糖蜜时，酒精发酵后，残糖率增加 0.798%，发酵率下降 4.34%。糖蜜中黑色素的产生是由于局部过热，葡萄糖脱水生成 α - 羟甲基糠醛。α - 羟甲基糠醛与糖蜜中的氨基酸化合生成深褐色的黑色素。糖蜜在制糖煮炼过程中常因局部过热，使部分可发酵性糖焦化变为焦糖和黑色素，这不仅仅损失一部分可发酵性糖，而且对酵母的酒精发酵作用抑制较大，使发酵进一步降低。因此，发酵前将糖蜜中的焦糖、黑色素与果胶质等胶体物质除去，不仅可以提高发酵设备的有效容量和设备利用率，同时还可大大提高发酵率。

（5）糖蜜中的灰分含量大，由于原料种类、产地、制糖方法及工艺条件的不同，一般糖蜜中的灰分为 5% ~ 16%，通常炼糖的糖蜜中灰分较少，纯度较高。近年来由于制糖提炼技术的提高，糖蜜中的灰分比过去明显增加。糖蜜中的灰分杂质多，纯度低，不仅使发酵率下降，同时也会使发酵罐、冷却器、蒸馏塔等设备易积垢，因此，发酵前糖蜜中的灰分杂质也应尽量除去。

（6）糖蜜中的重金属离子，例如铜离子（Cu^{2+}）、铅离子（Pb^{2+}）等，尽管一般含量不是很大，但应该看到，糖蜜中具有相当微量的重金属离子，特别是铜离子（Cu^{2+}）只有 0.000 5% ~ 0.001% 时，就能使酵母受抑制。例如，我国南方某工厂用甘蔗糖蜜酒精发酵时，曾出现从酵母培养阶段开始就发生异常现象，酵母细胞数少，细胞瘦弱，原生质收缩，耗糖慢，发酵 12 h 后 90% 以上的酵母染色，发酵基本停止。通过反复查定和实验，才发现该批糖蜜含铜量特别高，Cu^{2+}含量高达0.008%～0.01%。原因主要是糖厂的生产设备如蒸发罐、煮糖罐等加热设备及输送管道是铜制的，由于停榨时间比较长，不可避免地由设备带来大量的铜绿［即碱式碳酸铜$CuCO_3 \cdot Cu(OH)_2$］，生产初期特别严重，所以造成该批糖蜜中含铜量特别高。Cu^{2+}对酵母生长抑制程度的实验表明，Cu^{2+}含量达0.005%，酵母则停止生长。由此可见，糖蜜酒精发酵过程中，对糖蜜中含量虽微的重金属离子，要引起足够的注意。

（7）糖蜜中灰分胶体物质等非糖杂质多，杂菌也多，因此，在生产实践中选育和驯养强壮且能耐高温、耐高酸、耐高浓度的酵母菌种显得特别重要。

（8）糖蜜中所含的氮和磷，按其种类、产地、时间、制糖方法不同而异。因此，糖蜜酒精发酵中应适当添加营养成分。

（9）糖蜜酒精发酵代谢生成的醛酯等头级杂质和杂醇油较多，对成品酒精质量影响较大，通常采用通气培养酵母的工艺。代谢产物含醛类特别多，同时蒸馏过程中泡沫较多，也易积垢。根据这些特点，如果以糖蜜为原料生产高纯度酒精，则蒸馏过程中必须在醪塔与精馏塔中间增加一排醛塔，采用气相或液相过塔的三塔式连续蒸馏流程。国内糖蜜生产医药酒精的工厂为了保证成品质量，多采用双塔式液相过塔蒸馏流程，蒸馏过程也要特别注意排醛、抽提醛酒及抽提杂醇油等操作。

二、糖蜜发酵前处理

糖蜜原料干物质含量多，糖浓度较高，较黏稠，灰分和胶体物质含量也多，营养物质较少。在这种情况下，酵母菌很难进行酒精发酵。因此，糖蜜在发酵前必须进行预处理。

（一）糖蜜的稀释

糖蜜稀释的工艺方法，应根据生产流程和生产条件来确定。在糖蜜酒精生产中，通常采用两种流程，即单浓度稀释流程和双浓度稀释流程。单浓度流程是把80～90 Bx和含糖50%以上的浓糖蜜稀释成含糖22%～25%的稀糖液，以一种糖浓度进行酒精发酵。而双浓度稀释流程则把浓糖蜜稀释成两种浓度，一种供酵母培养用，另一种作为发酵的基本稀糖液。供酵母培养用的稀糖液体积分数为12%～14%，供发酵用的稀糖液体积分数为33%～35%，这样就不会因糖浓度高、渗透压大而影响酵母的生长。糖蜜原料的稀释主要有以下两种方法。

1. 间歇稀释法

这种稀释方法设备较简单，通常可以在一个带搅拌的稀释罐中进行，也可在工厂原有的糖化罐中进行稀释。糖蜜间歇稀释法是先将糖蜜由泵送入高位槽，经过磅秤称重后流入稀释罐，同时加入一定量的水，开动搅拌器充分拌匀，得到所需浓度的稀糖液，经过滤后可供酒母培养和发酵用。

2. 连续稀释法

目前，糖蜜酒精工厂多采用连续稀释法，糖蜜连续稀释是通过连续稀释器进行的，采用的连续稀释器有两种型式，即不带搅拌器的连续稀释器和带搅拌器的连续稀释器。

3. 糖蜜稀释的加水量

糖蜜稀释时的加水量控制，与稀糖液的浓度有关。为了达到工艺要求，制备稀糖液时要注意控制好浓糖蜜与加水量的比例。通常采用如下关系式来进行加水量的计算。

$$Pc = Vdc_1$$

$$P = \frac{Vdc_1}{c}$$

$$W = Vd - P = \frac{P\ (c - c_1)}{c_1}$$

式中　W——稀释用水量，kg；

P——糖蜜量，kg；

c——糖蜜浓度，Bx；

V——稀释液体积，L；

d——稀糖液相对密度；

c_1——稀糖液浓度，Bx。

（二）糖蜜的酸化处理

由于糖蜜中含有大量的杂菌，为了抑制杂菌生长，用酸调整稀糖液的酸度是必要的。酸化处理可加速糖蜜中灰分与胶体物质的沉淀作用，同时也把稀糖液的 pH 调整至 4.0～4.5。这种 pH 较适合酵母生长繁殖。当采用甜菜糖蜜时，加酸可使其中的 Ca^{2+} 生成硫酸钙，与灰分、胶体物质一起沉淀去除。

加酸的方法，各地略有不同。通常间歇发酵时，较普遍的是采用将酸加入稀糖液中的方法。也有将酸直接加入糖蜜中，但此法在我国很少采用。现在我国糖蜜酒精工厂多采用将糖蜜稀释到40%～60%时，再加酸，然后加热澄清，取清液再进行稀释。这样既能提高酸的灭菌作用，又可加速沉淀，并能减少酸化设备的容积，提高设备利用率。它的优点是：糖蜜只需经一次稀释，简化了生产过程，有利于实现自动化；加酸可在室外进行，以降低厂房的高度；无须设置单独的输酸管道。缺点是：由于糖蜜黏度大，为了保证糖蜜和酸均匀混合，必须有专门的混合器；酸化后贮存时，贮槽的槽壁必须涂沥青漆或铺聚氯乙烯板等耐酸材料。糖蜜酸化时，通常用硫酸，也可用盐酸，用盐酸时，在以后生产过程中不生成沉淀，而硫酸盐则是生产设备积垢的主要原因之一。用盐酸酸化后回收酵母的色泽较好，因 Cl^- 离子能起一定的漂白作用，但盐酸的腐蚀性较大，在缺乏耐酸材料的情况下，用盐酸有一定困难。

加酸量与方法一般随糖蜜的种类而异，甘蔗糖蜜稀释时可直接加入稀糖液量 0.2%～0.3%的浓硫酸，混合均匀即可，用酸量为 2～3.5 L/t 的糖蜜（相对密度 1.86，66 °Bé 工业硫酸），或 0.7～1L/m^3 的发酵醪。甜菜糖蜜大多带有碱性，故用酸量较甘蔗糖蜜为多，对单浓度流程来说，基本稀糖液一般不加酸，而酒母稀糖液酸度应在 6～7。甜菜糖蜜中的有机碱（$—NH_2$）在加酸时与酸作用能放出剧毒的黄棕色气体 NO_2，为了避免中毒，酸化槽必须有排气孔，酸化工段应有良好的通风设备。

（三）稀糖液的灭菌

为了保证酒精发酵正常进行，只靠调整糖蜜的酸度还不够，还需对稀糖液进行灭菌处理。灭菌的方法一般有两种，一种是加热灭菌法，这种方法是对已经稀释和酸化的稀糖液通蒸汽加热到 80 ℃～90 ℃，维持 1 h 即可达到灭菌的目的。对稀糖液加热除了灭菌外，还有利于澄清，但加热处理需要消耗大量的蒸汽，又需增设冷却、澄清设备，一般工厂不宜采用。另一种是用药物防腐的方法。糖蜜酒精厂常用的防腐剂有漂白粉、甲醛、氟化钠、五氯苯酚钠、抗乳酸菌素、土霉素、青霉素等。其中漂白粉用量为 200～500 g/t 的糖蜜，40%的甲醛溶液用量为 600 mL/t 的糖蜜，氟化钠用量为稀糖液量的 0.01%，五氯苯酚钠用量为稀糖液量的 0.004%，抗乳酸菌素用量为稀糖液量的 0.005%，土霉素用量为 5～10 U/g 的稀糖蜜，青霉素用量为 1～2 U/mL 的稀糖蜜。

近年来，酒精厂采用青霉素来抑制杂菌生长的比较多，因为它的作用效果较好，使用也方便。

（四）糖蜜的澄清处理

在糖蜜稀释过程中，当加酸处理后，会产生灰分、胶体等的沉淀。为了获取含杂质较少的稀糖液，就必须采取一些措施进行稀糖液的澄清处理。工厂常采用的方法有两种，一种是冷酸处理法，该方法是先将浓糖蜜稀释至 50 Bx 左右，然后加入糖蜜量 0.2% ~0.3% 的 H_2SO_4，用压缩空气通风 1 h，静止澄清 8 h，取出上清液用于制备稀糖液。通风一方面可除去 SO_2 或 NO_2 等有害气体、挥发性酸和其他挥发物质；另一方面也可增加糖液中的含氧量，提高糖液的溶氧系数，利于酵母的增殖。另一种是热酸处理法，较高的温度和酸度对糖蜜中有害微生物的灭菌作用和胶体物质、灰分杂质的澄清沉降作用均较强。采用热酸处理法，通常将酸化灭菌和澄清同时进行，工艺上在原糖蜜稀释时，采用阶段稀释法。第一阶段先用 60 ℃ 温水将糖蜜稀释至 55 ~58 Bx，同时添加浓硫酸调整酸度，使 pH 达 3 ~3.8，进行酸化，然后静止 5 ~6 h。第二阶段则将已经酸化的糖液再稀释到酵母培养液所需的体积分数 12% ~14%，而供发酵醪用的糖蜜经连续稀释器一次加水稀释至所需要的浓度，然后流入主发酵罐内。

（五）营养盐的添加

在进行糖蜜酒精发酵过程中，稀糖液中要补充一定量的氮源、磷源、镁盐和生长素等，这些物质对酵母的生长影响较大。新鲜的甘蔗汁或甜菜汁通常含有足够酵母所需的含氮化合物、磷酸盐类及生长素，但由于经过了制糖和糖蜜处理等工序而大部分丧失。糖蜜因制糖方法的不同，所含的成分也不一样，稀糖液中常常缺乏酵母的营养物质，不但直接影响酵母的生长，而且影响酒精的产量。因此必须对糖蜜进行分析，检查是否缺乏营养成分，了解缺乏的程度，然后适当添加必需的营养成分。

1. 氮源

氮的需要量可根据酵母细胞数及糖蜜中氮的含量来计算，例如每毫升成熟酒母醪含 1.5 亿个酵母细胞，即 1 L 中含有 1 500 亿个，1 亿个酵母质量为 0.07 g，则每升酒母中酵母细胞的质量为 1 500 ×0.07 = 105（g）。

已知鲜酵母含氮量为 2.1%，则每升酒母醪含氮量为 10 ×0.021 = 0.21 g，而制备 1 L 酒母醪要用糖蜜 150 g。

甘蔗糖蜜含氮约 0.5%，其中能被酵母利用的氨基态氮及其他氮素仅为 20% ~25%，即 150 g 糖蜜中含有能被利用的氮 0.15 g，甘蔗糖蜜中的氮不能满足酵母生长繁殖的需要，故甘蔗糖蜜需添加氮源。

我国甘蔗糖蜜酒精工厂普遍采用硫酸铵作为氮源，因为硫酸铵易被酵母消化，每吨糖蜜添加氮量为 21% 的硫酸铵 1 ~1.2 kg，即 0.1% ~0.12%。有些工厂添加尿素，尿素含氮量为 46%，因而可适当减少用量，通常为硫酸铵用量的一半。有些工厂加酵母自溶物作为稀糖液的氮素补充物。取分离出的酒精酵母泥，置于 35 ℃ ~40 ℃温度下，使酵母细胞自溶，通过菌体蛋白酶将酵母细胞分解为氨基酸作为氮源的补充，这样可减少 3/4 的硫酸铵用量。

有些工厂添加麸曲作为氮源补充。麸皮中含有丰富的蛋白质，但不能直接为酵母利用，如用分解蛋白质能力强的曲霉菌制成麸曲，再加热至 50 ℃，保温 6 h，便可使蛋白质分解变为可溶性氮，同时曲霉菌还能合成酵母需要的生长素，故添加麸曲除了可补充稀糖液中的氮外，还能补充生长素，这样可大大节省硫酸铵和尿素。

2. 磷源和镁盐

甘蔗糖蜜原料生产酒精时，常用的磷源主要有磷酸盐类，如 Na_2HPO_4、K_2HPO_4 等。许多工厂常采用过磷酸钙作为磷源，用量为糖蜜的 0.25% ~0.3%。镁盐不仅能促进酵母生长和繁殖，同时也能促进酒精发酵，因激酶的催化反应前提条件是离不开 Mg^{2+}，同时酵母的生长素需有镁盐共同存在时才能发挥效能。因此，酒精发酵生产中添加镁盐对提高发酵率具有现实意义。我国糖蜜酒精工厂通常添加硫酸镁，用量为糖蜜的 0.04% ~0.05%。

3. 生长素

对于酵母所需要的生长素，主要有维生素 B_1、维生素 B_2、肌醇、生物素及泛酸等。在生产过程中，一般是添加适量的玉米浆、米糠或麸曲自溶物等作为酵母生长素的补充。但是，从生产实践中选育分离驯养的酵母菌种，对生长素的要求并不突出，因此大规模生产时采用添加生长素的较少。但低纯度糖蜜和劣质糖蜜的酒精发酵，对生长素的要求值得引起注意。

甜菜糖蜜所需添加的营养盐，往往氮源足够，只缺乏磷酸盐。根据酒母醪含氮量为 0.21 g/L，而制备 1 L 酒母醪用糖蜜 150 g，甜菜糖蜜含氮约 1.5 ~3 g。已知在通风时甜菜糖蜜中 50% 的氮可为酵母利用，即 150 g 糖蜜中含可被利用的氮 0.75 ~1.5 g，为需要量的 6 倍，故一般甜菜糖蜜在通风情况下是不缺氮的。但在不通气培养酒母以及有时糖蜜含氮量低时，可加入硫酸铵或酵母自溶物来补充氮源，一般硫酸铵（含氮 21%）用量为糖蜜的 0.36% ~0.40%。

一般甜菜糖蜜酒精工厂都用过磷酸钙作磷源，其用量为甜菜糖蜜量的 1%，也有直接用磷酸作磷源，工业磷酸含量为 70%（相对密度 1.5），用量为 0.03%（对甜菜糖蜜而言）。另外，还可用磷酸氢二铵作为磷源，它除了含磷外，还含有 20% 的氮，因此可以适当减少硫酸铵的用量。

三、原料处理的方法

原料处理的方法为：

原料→粉碎→加水拌料→蒸煮糊化→糖化→发酵→蒸馏→酒精
↑
耐高温酒精活性干酵母→活化

（1）粉碎：将原料粗筛一遍，除去大部分灰土杂质，然后用粉碎机粉碎至均匀的细粉（控制物料颗粒直径在 1.0 ~1.2 mm）。

（2）加水拌料：采用 1∶3 ~4 的加水比调浆，水温 70 ℃。

（3）蒸煮糊化：实验采用添加耐高温 α－淀粉酶的中温蒸煮糊化工艺，温度定为 90 ℃ ~100 ℃，120 min。然后冷却至 60 ℃时加酶糖化。

（4）糖化：糖化时糖化酶的添加量为 150 U/g，60 ℃糖化 30 min 以上。糖化结束后，水冷至 30 ℃左右。

（5）活性干酵母添加量为 1%，使用前采用稀糖化醪活化 30 min 以上。温度控制在 30 ℃ ~33 ℃。

（6）发酵：发酵采用七罐串联多级发酵工艺，前两罐为主发酵，首罐温度控制在 30 ℃ ~34 ℃，控制 pH 在 4.2 ~4.5，次罐温度控制在 38 ℃以下。糖化醪首先进入第一个发酵罐，当第一个发酵罐满时，从溢流口进入第二个罐的底部，并同时向第二个发酵罐输入新鲜的糖化醪，保持前两罐处于主发酵。当第二个发酵罐流满时，从溢流口进入第三个罐的底部，以此类推，直至发酵结束。后几个罐为后发酵罐，温度控制在 33 ℃ ~35℃。总发酵时间为 48 ~60 h。稀释率 $D=0.045\sim0.05$。

第七节　酒精蒸馏实验

一、实验目的

（1）熟悉掌握酒精蒸馏原理和操作技术。

（2）了解从粗酒精中去除杂质的常用方法。

二、基本原理

蒸馏是从发酵醪液中回收酒精时常用的方法，其原理一般可用气液平衡图加以说明。酒精与水混合液的蒸馏原理可用图 6 –5 表示。

图 6 –5 中不同的液相组成（摩尔分数）用 x_1，x_2，x_3……表示，这个相对的 x、y 值可由在一定压强下的实验测定，画在坐标图上。

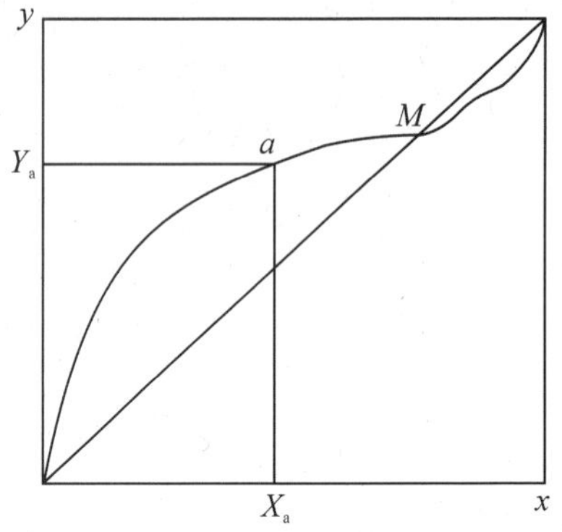

图 6 –5　常压下酒精 –水系统平衡曲线

x 代表混合液中酒精（易挥发组分）的含量，y 代表与原液相组成 x 相平衡的气相中酒精含量。在气相中易挥发组分含量较多，即 $y>x$，这种物理性质，使得酒精 –水混合液能利用蒸馏方法进行分离提纯，最终获得较高浓度的酒精产品。

如果原来混合液组成为 x，达到沸点时发生部分气化，假设混合气组成为 y，使其部分冷凝，则得到混合液的组成 $x<y$，混合液中含有较多的难挥发组分，减少了气相中的难挥发组分，相对地增加了气相中易挥发组分，即 $y_1>y_2$，将这部分冷凝的操作反复进行，最后剩下的气相再全部冷凝，就能得到绝大部分的易挥发组分——酒精产品。酒精蒸馏过程中，粗馏塔的作用就是将发酵成熟醪中的酒精及其他挥发性组分分离出来，再经过精馏塔精馏，去除杂醇油等杂质，获得合格的酒精产品。

气液相平衡曲线与对角线有个交点 M，M 点的气相与液相的组成是相同的，其对应的混合液称为恒沸混合物，酒精含量约为97.6%（体积分数），无法用普通的蒸馏方法提纯酒精，而需要采用特殊的分离方法——恒沸蒸馏技术。

三、工艺流程

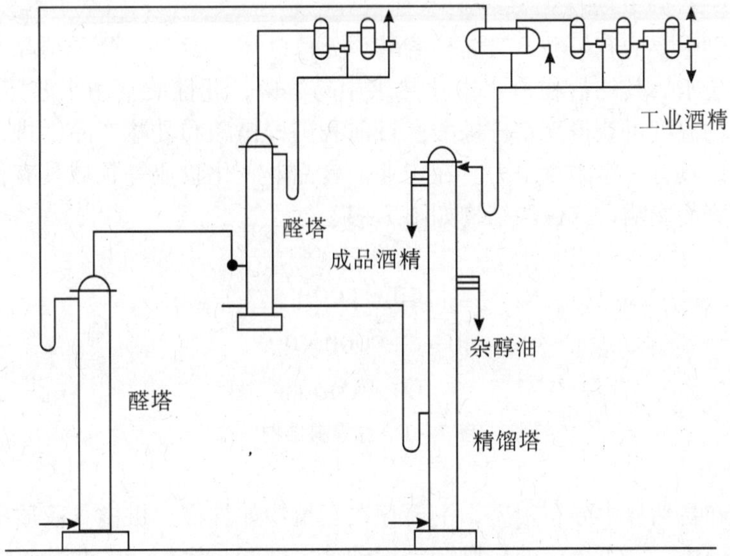

图6-6　酒精蒸馏工艺流程图

四、酒精蒸馏操作

（1）准备：实验前仔细检查蒸馏设备，应先进行水试、汽试和料试。

（2）蒸馏：检查塔底加热室液位和塔板上液位（有静液封的塔板）或踏板的湿润状况（无静液封的塔板）。加热室的液位应在1/2 ～ 1/3。塔板上应有液面或处于湿润状态；打开塔顶空气阀，以便排除塔内的空气，先预热精馏塔，再预热醛塔和粗馏塔；当各塔的工艺操作参数稳定并达到要求时，开始发酵成熟醪。

（3）停机：需要停机时，应以水代醪蒸馏一段时间，使塔中的酒精全部蒸馏出来，同时也起到清洗塔板和排除塔内污垢的作用，然后按以下程序停机：

关送醪泵→关进气阀→经约15min后，关冷却水→打开塔顶空气阀（必要时可往粗馏塔中加水，进行彻底的清洗。）

（4）蒸馏操作控制参数：

①粗馏塔操作参数：塔底温度103 ℃～108 ℃；塔顶温度96 ℃～98 ℃；进料温度70 ℃～73 ℃。

② 醛塔操作参数：塔底温度85 ℃～88 ℃，1″冷凝器出水口温度70 ℃～78 ℃，2″冷凝器出水口温度35 ℃～45 ℃，醛酯馏分出口温度45 ℃～60 ℃。

③精馏塔操作参数：塔底温度105 ℃～110 ℃，塔中（提油区）温度88 ℃～90 ℃，出酒精层温度84 ℃～86 ℃，塔顶温度78 ℃～79 ℃，1″冷凝器出水口温度70 ℃～78 ℃，2″冷凝器出水口温度35 ℃～40 ℃。

第七章　柠檬酸发酵

柠檬酸是一种重要的有机酸，又名枸橼酸。无色晶体，常含一分子结晶水，无臭，有很强的酸味，易溶于水。其钙盐在冷水中比热水中易溶解，此性质常用来鉴定和分离柠檬酸。结晶时控制适宜的温度可获得无水柠檬酸。目前我国柠檬酸和乳酸产品已进入国际市场，产品质量受到好评，具有一定的竞争力。在工业、食品业、化妆业等领域具有极多的用途，且对人体健康有较好的影响，柠檬酸结构如图 7－1。

$$\begin{array}{c} CH_2—COOH \\ | \\ HO—C—COOH \cdot H_2O \\ | \\ CH_2—COOH \end{array}$$

图 7－1　柠檬酸结构

天然柠檬酸在自然界中分布很广，主要存在于植物如柠檬、柑橘、菠萝等果实和动物的骨骼、肌肉、血液中。人工合成的柠檬酸是用砂糖、糖蜜、淀粉、葡萄糖等含糖物质发酵而制得的，可分为无水和水合物两种。纯品柠檬酸为无色透明结晶或白色粉末，无臭，有一种诱人的酸味。

第一节　柠檬酸发酵机理

自 1940 年 H. A. Krebs 提出三羧酸循环学说以来，柠檬酸的发酵机理逐渐被人们所认识。已经证明，在糖质原料生成柠檬酸的生化过程中，由糖变成丙酮酸的过程与酒精发酵相同，亦即通过 E－M 途径（双磷酸己糖途径）进行酵解，然后丙酮酸进一步氧化脱羧生成乙酰辅酶 A，乙酰辅酶 A 和丙酮酸羧化所生成的草酰乙酸缩合成为柠檬酸并进入三羧酸循环途径。

柠檬酸是代谢过程中的中间产物。在发酵过程中，当微生物的乌头酸水合酶和异柠檬酸脱氢酶活性很低，而柠檬酸合成酶活性很高时，才有利于柠檬酸的大量积累。在积累柠檬酸的情况下，三羧酸循环已被阻断，显然必须要由其他的途径提供草酰乙酸。现在已公认草酰乙酸是由丙酮酸或磷酸烯醇式丙酮酸羧化形成的。

Olsen（1954 年）证明了黑曲霉中有异柠檬酸裂解酶存在，它催化异柠檬酸裂解为乙醛酸和琥珀酸。Kornberg 等（1958 年）发现，生长在标记乙酸和异柠檬酸上的黑曲霉生成了标记苹果酸，从而有力地证明了在黑曲霉中也像其他生物一样存在乙醛酸循环，并由乙醛酸循环合成柠檬酸。这个途径的原始底物只有乙酰辅酶 A（CoA）一种，理论上 3 mol 乙酰 CoA 可以合成 1 mol 柠檬酸。

对此循环及调节的研究至今还报道甚少。有人在观察体外的酵母柠檬酸合成酶时发现，它比异柠檬酸裂解酶、乌头酸水合酶和异柠檬酸脱氢酶都要过量得多。现在已研究清楚，酵母的烷烃发酵中，柠檬酸是在培养基中氮源枯竭以后开始积累的，而且在氮源耗尽时细胞内AMP 浓度陡然下降，这样抑制了异柠檬酸脱氢酶的活性。后来有人通过线粒体实验证实了上述观点。因此，这时柠檬酸的合成远大于分解，从而积累起来。

在酵母发酵中，异柠檬酸的积累量很高，有时甚至达总酸的50%。但乌头酸水合酶催化反应平衡时，柠檬酸∶顺乌头酸∶异柠檬酸=90∶3∶7。出现上述异常现象的原因至今还不清楚。Marchal 等（1980 年）的解释是上述有机酸在细胞中存在于不同部位。柠檬酸完全存在于线粒体中，而异柠檬酸在线粒体、细胞质、过氧物酶体中都存在。由于细胞质中无乌头酸水合酶，异柠檬酸可以在此高度积累，因此，异柠檬酸能以比乌头酸水合酶平衡时高得多的比例分泌出来。

在正常生长情况下，柠檬酸在细胞内不会积累，而且柠檬酸是黑曲霉的良好碳源。毫无疑问，柠檬酸积累是菌体代谢失调的结果。

Habison 在研究黑曲霉 B60 时发现，EMP 途径中的磷酸果糖激酶（PFK）是一个调节酶，它表现出典型的真核生物 PFK 的共同调节性质。根据现在已掌握的证据，PFK 是柠檬酸合成中的主要调节点。最值得注意的是，它在正常的生理条件下能被柠檬酸抑制。

最近的研究表明，黑曲霉中有一种单纯的、位于线粒体内的乌头酸水合酶，它催化时建立以下平衡：柠檬酸∶顺乌头酸∶异柠檬酸=90∶3∶7。这个平衡也被发现存在于其他真核生物中。关于异柠檬酸的分解，其途径也有所不同。黑曲霉中依赖于 NAD^+ 的异柠檬酸脱氢酶只有一种，且活性很低。依赖于 NAD^+ 的异柠檬脱氢酶有三种，其中两种与三羧酸循环有关，在线粒体中发现的两种都受生理浓度下的柠檬酸抑制，而细胞质中发现的一种不受柠檬酸抑制。这样可以推测，一旦柠檬酸积累到一定水平，它就能抑制自身的进一步分解，从而促进自身的积累。

黑曲霉中三羧酸循环的另一个特点是，它的α-酮戊二酸脱氢酶被葡萄糖和 NH_4^+ 抑制。其他真菌也有此酶缺失的报道。此酶催化的反应是不可逆的，这一步缺失以后，形成所谓的“马鞍形”循环。而四碳酸是由草酰乙酸沿逆向途径生成的。因此，丙酮酸羧化酶必须是组成型的，以保证草酰乙酸的供应。

上述循环的四碳酸部分似乎不受代谢物的调节，只有琥珀酸脱氢酶例外，它能被低浓度的草酰乙酸强烈抑制。

另外，氧对柠檬酸发酵也有关键性的影响，发酵结果可以简单表示为：

$$葡萄糖 + 3O_2 \rightarrow 柠檬酸 + H_2O$$

显然，O_2 是一个观念上的底物，它是发酵（EMP 途径和丙酮酸脱氢）中生成的 NADH 重新氧化所需的。另外，近来的研究还发现，黑曲霉中除了具有一条标准呼吸链以外，还有一条侧系呼吸链，后者对水杨酰异羟肟酸（SHAM）敏感。柠檬酸发酵受 SHAM 强烈抑制（至少在一定时期如此），而菌体生长则不受它抑制。在生产中可以发现，只要通气中断很短时间就会导致柠檬酸产率的急剧下降，而对菌体生长并无负面影响。这种现象可以解释为，NADH 通过标准呼吸链氧化产生 ATP，会抑制磷酸果糖激酶活性；而通过侧系呼吸链氧化则不产生 ATP。缺氧（即使很短暂）也会导致侧系呼吸链的不可逆失活，从而导致产酸下降但并不有害于菌体生长，因此发酵中必须维持高浓度溶氧。综上所述，柠檬酸的积累机理可以概括如下。

（1）由于锰缺乏抑制了蛋白质合成而导致细胞内 NH_4^+ 浓度升高和一条呼吸活性强的侧

系呼吸链不产生 ATP，这两方面的因素分别解除了对磷酸果糖激酶的抑制，促使 EMP 途径畅通。

（2）由组成型的丙酮酸羧化酶源源不断地提供草酰乙酸。

（3）在控制 Fe^{2+} 含量的情况下，乌头酸水合酶活性低而不能及时转化柠檬酸。

（4）一旦柠檬酸浓度升高，就会抑制柠檬酸脱氢酶活性，从而进一步促进柠檬酸的积累。

因为 1 mol 己糖理论上可以生成 1 mol 柠檬酸，所以理论产率为 106.6%。

第二节　柠檬酸发酵微生物——黑曲霉

在工业生产中有价值的只有几种酵母和几种曲霉，酵母中竞争力强的菌种有解脂假丝酵母、季也蒙毕赤酵母等，曲霉中黑曲霉是现在工业中最有竞争力的菌种。黑曲霉生命活动过程是营养代谢、呼吸、生长和反映外界刺激的协调过程，生命过程的协调需要一定的营养和环境条件，而柠檬酸发酵是黑曲霉代谢过程（即生命过程）失调后的一种特殊过程。这种失调来源于（或伴随着）营养条件、环境条件以及细胞化学组成、结构和酶系的一系列复杂变化。

（一）黑曲霉形态

黑曲霉在察氏琼脂培养基上长成局限菌落，室温（24 ℃～26 ℃）下培养 10～14 d 直径达 2.5～3 cm，菌丝大部分在培养基内，着生着丰富而密集的直立分生孢子梗。菌落典型颜色为炭黑色，但有时也为深褐黑色；反面通常无色，偶尔中心甚至全部呈淡黄色；有霉味，不典型；无分泌物或局限有微小液滴，无色。

（二）黑曲霉生活周期

黑曲霉属于半知菌纲，一般只进行无性繁殖。

（三）黑曲霉细胞化学组成

1. 水分

黑曲霉细胞的含水量可达 85%～90%，但它的含水量随环境和生长阶段的变化极大。在柠檬酸发酵中由于渗透压较高，菌丝含水量较低。表面发酵中幼龄菌丝含水 74%～84%，老年菌丝只含水 65%～67%。

2. 碳水化合物

黑曲霉菌干物质中，碳水化合物约占 38%～46%，由多糖、几丁质、纤维素、半纤维素和少量寡糖、单糖组成。

黑曲霉中特征性地存在着黑曲霉胶，又称为黑曲霉葡聚糖。其细胞壁中这种多糖占 80%～90%，其余 10%～20% 是蛋白质和脂质。柠檬酸发酵中，黑曲霉细胞壁成分有一些特征性变化。

3. 含氮化合物

含氮化合物包括氨基酸、蛋白质和核酸类物质等，表面发酵中，幼龄菌体含氮为 5.5%～5.9%，其中蛋白氮为 1.1%～1.3%；发酵结束时菌体含氮为 3.8%～4.4%，蛋白氮为 3.0%～3.5%（以上均以干物质计）。

NH_4^+ 在柠檬酸发酵中也有重要作用。

4. 脂类

脂类是黑曲霉细胞膜等的组成成分，也是营养贮备物。它在黑曲霉干物质中约占2.5%，其中卵磷脂占1.5%，固醇占0.3%～0.6%。

5. 其他

黑曲霉细胞中含有较多的有机酸（三羧酸循环成员）和多元醇（D－甘露醇、D－阿拉伯糖醇、L－赤鲜醇、肌醇、甘油等)，它们约占细胞干重的27%。

无机物占细胞的干重（%）为：CaO　0.3～1.0，K_2O　0.8～1.1，P_2O_5　0.2～0.5，Zn　0.05～0.1。

微量元素（μg/g）为：Mg　140～510，Fe　21～44，Cu　7～20，Al　20～30，Co　1.0～1.5。

维生素（μg/g）：维生素 B_1　150，维生素 B_2　70～85，泛酸　244～727，烟酰胺 120～840，叶酸　210，维生素 B_{12}　178。

（四）黑曲霉酶系

黑曲霉中存在多种活性强大的酶系，所以它在工业中的应用极为广泛，本节只讨论与柠檬酸发酵有关的酶系。

1. 柠檬酸合成酶（CS）

现在文献中都把CS称为三羧酸循环的第一个酶。黑曲霉中CS已被人们提纯出来，并测定了它的有关调节性质。它被 K^+ 和 NH_4^+ 激活，在生理浓度范围内，只有CoA对它显示抑制作用。因此从代谢调节角度看，它并不是柠檬酸合成途径中的关键酶。

2. 乌头酸水合酶（ACH）

黑曲霉中有一种位于线粒体上的ACH，它是一个单纯酶，但受 Fe^{2+} 激活。它在柠檬酸发酵中一直存在，至少不会完全消失。因此，柠檬酸积累并不需要ACH失活。

3. 依赖于NAD的异柠檬酸脱氢酶（NAD－ICDH)

积累柠檬酸很关键的因素之一是异柠檬酸脱氢酶活力必须很低。ICDH主要受柠檬酸的抑制。柠檬酸发酵中，高产菌株的ICDH在产酸期的活力很低，而低产菌株的这类酶的活力较高。

4. 依赖NADP的异柠檬酸脱氢酶（NADP－ICDH)

黑曲霉中NAD－ICDH的活性很低，而起主要作用的是NADP－ICDH。但是，当延长发酵期后，ICDH的活力会不同程度地回升，尤其是高产菌株。因此，延长发酵期会导致柠檬酸的分解。产生这种现象的原因还不清楚。

5. 淀粉水解酶系

黑曲霉中水解淀粉为葡萄糖的过程由α－淀粉酶和糖化酶完成。

α－淀粉酶有耐酸性和非耐酸性两部分。黑曲霉中产生的此酶主要是耐酸性的，它在pH 2.0时仍能保持原活力的80%以上，在pH 2.5、40 ℃下保持30 min尚不失活。

黑曲霉的糖化酶也有两种，都是糖蛋白，它们对各种糖的水解速度不同。黑曲霉糖化酶耐酸耐热，它在薯干粉等原料的柠檬酸发酵中起着重要作用。

黑曲霉糖化酶的最适pH为4.0～4.6，最适温度为60 ℃～65 ℃。在柠檬酸发酵条件下，它并不能发挥最大活力，而是作用缓慢。但它在培养基pH值降到很低时仍能保持大部分活力。这种性质正是柠檬酸发酵所需要的，糖化速度与产酸速度之适当配合乃是有关工艺中的基本要求。

6. 葡萄糖氧化酶

黑曲霉产生的葡萄氧化酶以 FAD 为辅基，学名为 β－D－葡萄糖氧化还原酶，此酶在低温下稳定，高于 40 ℃不稳定。在 60 ℃的水溶液中，0.5 h 约损失 80% 活力。以葡萄糖（2% 溶液）为底物时耐热性增强，70 ℃、15 min 后尚存 50% 活力。

葡萄糖氧化酶的最适 pH 为 5.6，在 pH 3.5～6.5 下有很好的稳定性，pH 高于 8.0 或低于 2.0 时失活。因此柠檬酸发酵在菌体生长结束后，如果 pH 不能降到 3.5 以下，会有葡萄糖酸生成，给发酵带来不利影响。

7. 脂肪酶类

脂肪酶类包括脂肪水解酶、磷脂水解酶类、脂肪酸 β－氧化酶系和甘油代谢酶系等。

脂肪水解酶简称脂肪酶，脂肪酸是逐步逐个被其水解下来的。黑曲霉脂肪酶的最适 pH 为 5.6，最适温度为 25 ℃，但它的活性一般很低。脂肪酶在柠檬酸发酵中的作用似乎并不重要，但加入发酵液中的消泡剂（如十八醇、天然油脂）可以被水解消耗，这说明黑曲霉脂肪酶是存在的，有关它们的实际作用尚需进一步研究。

（五）黑曲霉生长和发酵条件

对于菌体生长来说，营养物质不仅要求保证足量，而且需要保持平衡，使细胞的中间代谢产物（如柠檬酸）不在细胞内积累和失调性地分泌。这样，培养基所提供的化学物质元素组成应该和菌体物质的元素组成相当。但从柠檬酸生产角度出发，一方面要考虑控制营养物质的供给量，使菌体生长受限和代谢失调；另一方面要考虑包括代谢产物（柠檬酸）在内的化学物质平衡。因此，柠檬酸发酵采用的糖浓度和供氧量很高，而将磷、锰、铁、锌等物质的含量控制在较低水平。

1. 生长条件

同是一株黑曲霉，随环境条件变化就会有柠檬酸、草酸、葡萄糖酸、酮酸以及各种酶的积累。对于任何工业发酵过程来说，环境条件变化都会影响目的产物的产率。这里要讨论的环境条件包括 pH、温度、溶氧、氧化还原电位、渗透压和水分活度、黏度和表面张力。

（1）pH。黑曲霉的生长与柠檬酸积累需要不同的 pH 条件。黑曲霉可以在很宽的 pH 范围（1.5～11）内发育，但 pH 3～7 比较适宜。对于不同原料的培养基，适宜发酵的最初 pH 也有较大区别。糖蜜培养基的初始 pH 要求在 6.8 左右；而薯干粉培养基的初始 pH 要求在 4.5 左右，这与糖化酶的性质（最适 pH 为 4.0～4.6）相适应。对于柠檬酸积累时（即产酸期）的最适 pH，pH 在 3.0 以上时容易产生草酸；pH 在 5.0 时容易形成葡萄糖酸（葡萄糖氧化酶最适 pH 为 5.6）；pH 在 3.0 以下是积累柠檬酸的条件。因此，在菌体生长完成以后使 pH 降到 3.0 以下是很重要的，至少要降到 3.5。

（2）温度。黑曲霉属于嗜温微生物，最适生长温度为 33 ℃～37 ℃，最低发酵温度为 7 ℃～10 ℃，最高为 40 ℃～43 ℃。积累柠檬酸的最适温度多数报道为 32 ℃，但这个温度只是对总生产能力而言的。

（3）溶氧。黑曲霉是严格好氧微生物，对培养基中的溶氧分压及其变化都很敏感。显然，菌体生长和产柠檬酸的临界溶氧分压是关键的参数之一，而后者往往更有意义。

2. 培养基

米曲汁琼脂培养基：1 份米曲加 4 倍量的水，于 55 ℃糖化 3～4 h 后煮沸过滤，加水调整浓度至 10 波美度，并调至 pH 6.0，加琼脂 20 g/L。

察氏琼脂培养基：$NaNO_3$ 3 g，蔗糖 20 g，K_2HPO_4 1 g，KCl 0.5 g，$MgSO_4 \cdot 7H_2O$ 0.5 g，

$FeSO_4$ 0.01 g，琼脂 20 g，水 1 000 mL。

蔗糖合成琼脂培养基：蔗糖 140 g，NH_4NO_3 2 g，KH_2PO_4 2 g，$MgSO_4 \cdot 7H_2O$ 0.25 g，$FeCl_3 \cdot 6H_2O$ 0.02 g，$MnSO_4 \cdot 4H_2O$ 0.02 g，麦芽汁 20 mL，琼脂 20 g，加水至 1 L。

3. 培养

培养在 32 ℃保温箱中进行，用于菌种保藏的斜面培养 3～4 d，直接使用的培养 5～6 d，合成培养基上的培养时间一般比天然培养基长。培养时观察生长情况，用于保藏的斜面只要一部分出现成熟的颜色即可，而直接使用的需要全部成熟，但不宜培养过度。

（六）柠檬酸发酵工艺

柠檬酸发酵是典型的好氧发酵，发酵利用气相中的氧或液相中的溶解氧均可。工业上的好氧发酵方法基本上有三种，即表面发酵、固体发酵和深层发酵，前两种方法利用气相中的氧，后者主要利用溶解氧。

1. 表面发酵工艺

表面发酵是利用生长在液体培养基表面的微生物的代谢作用，将可发酵性原料转化为柠檬酸。表面发酵存在的问题是设备占地面积大、劳动强度高、发酵时间长、菌体生成量多而影响产酸率等。

2. 深层发酵工艺

深层发酵的特点是微生物菌体均匀分散在液相中，菌体生长利用溶解氧，发酵时不产生分生孢子，全部菌体细胞都参与合成柠檬酸的代谢。

（1）我国薯干粉深层发酵工艺。我国薯干粉发酵的工艺流程相当简单，因为采用液化工艺代替了糖化工艺，而且液化醪无须经过任何净化处理；原料先经粉碎、液化，液化醪灭菌后多数由维持罐直接输入发酵罐或种子罐中冷却，因为冷却后的液化醪黏度大，不易输送。发酵中多数工厂采用种子预培养工艺。营养盐用硫酸铵，灭菌后加入种子罐中。种子培养基冷却到 35 ℃左右接种麸曲，在 35 ℃左右通风培养 20～30 h，由无菌压缩空气输入发酵罐中。发酵培养基也冷却到 35 ℃左右接种，发酵在 35 ℃左右进行，通风搅拌培养 4 d。当酸度不再上升、残糖浓度降到 2 g/L 以下时，立即泵送到贮罐中并及时进行提取。

（2）种子培养。种子培养的目的是使黑曲霉孢子发芽，并进而发育成产酸型菌丝球作为接种物。国内大多数柠檬酸生产工厂均采用这种做法。但有少数工厂不采用这种做法，而是将麸曲或孢子直接接种到生产罐中。

（3）影响深层发酵的因素。

①温度。一般认为黑曲酶深层发酵时，低温导致菌体生长和产酸缓慢，而高温导致菌体和杂酸形成量过多、呼吸作用加强，影响产酸率。

②pH。发酵液中氮源和磷源种类或数量对发酵最适 pH 有很大影响。例如以 $NaNO_3$、$(NH_4)_2CO_3$、尿素为氮源时，即使发酵液 pH 为 2.6 也仍然产生很多草酸，最高达 11.8 g/L。这是因为在 NO_3^- 被利用、$(NH_4)_2CO_3$ 和尿素被分解放出氨时，都会使细胞内微环境变成碱性之故。在磷酸盐含量少时，蔗糖发酵起始 pH 为 5，比 pH 为 2 时产生柠檬酸多；而磷酸盐含量高时，无论 pH 在什么水平，所产生的柠檬酸极少而草酸很多。

③中和剂。在黑曲霉薯干粉发酵前期（24～48 h）添加 5～10 kg/m^3 $CaCO_3$，使 pH 回升到 2.8 以下可以促进后来产酸和降低残糖浓度，这主要是保护了糖化酶和菌体的稳定性，而 pH 的影响是次要的。因为添加其他中和剂无效，添加 NaOH 或 KOH 更容易形成草酸。

④通气与搅拌。通气量的增加按推测应该导致溶氧量的增加，但通气量增加导致泡沫增

多，严重阻碍了氧向液相和向菌体细胞内的传递。因此对于每一种培养液来说，通气量的增加是有限的。

加快搅拌传递时会增加对液相的机械剪切力，这是一般丝状菌发酵所忌讳的，因为强大的剪切作用会破坏丝状菌的细胞，黑曲霉的柠檬酸发酵也不例外。

⑤消泡剂。只有在发酵过程中出现严重杂菌污染时，才可能剧烈起泡，这时可以用化学消泡剂（如泡敌）、植物油等进行抑制。

⑥停电事故。停电对深层发酵来说意味着断氧，它往往给深层发酵带来致命的危害。

（4）杂菌污染的药物防治。

①细菌污染的药物防治。Karklign 等报道，由于大肠菌群的繁殖而造成黑曲霉的产酸能力降低，有时可完全抑制黑曲霉生长，有时用蒸汽、甲醛或氨灭菌尚不能消除其污染。但是，在糖蜜培养基中加入呋喃西林，即 5 - 硝基 - 2 - 糖醛缩氨脲，几乎可完全消除细菌污染的可能性。

Kovats 报道，1 mg/mL 的土霉素可以有效地抑制对青霉素和氯霉素有抗性的肠杆菌科细菌的生长，实验也证实了这种效果。

痢特灵浓度过大会抑制菌种孢子萌发，因此在培养基接种时均匀拌入药液即可，这样不会影响黑曲霉产酸。

②真菌污染的药物防治。为了控制柠檬发酵培养基中的真菌污染，可以添加 1.0 ~ 1.5 g/mL 苯菌灵。它对于防治青霉的污染特别有效，而且不干扰黑曲霉的生长活性。

[实验 7 - 1] 固体发酵法生产柠檬酸

1. 培养基的制备

（1）查氏培养基：蔗糖 30 g，KNO_3 1g，K_2HPO_4 1 g，$MgSO_4 \cdot 7H_2O$ 0.5 g，KCl 0.5 g，$FeSO_4 \cdot 7H_2O$ 0.01 g，调节 pH 使其在 7.0 ~ 7.2 之间，加水定容至 1 000 mL。

（2）一级种子培养基：含麸皮（10%）的查氏培养基。

（3）二级种曲培养基：麸皮 30 g，米糠 12 g，水 30 mL，调 pH 至 5.0，装入 500 mL 三角瓶中，塞上 8 层纱布。

（4）发酵培养基：红薯 800 g（捣碎），麸皮 80 g，米糠 80 g，拌均匀后装入大搪瓷缸；或玉米面 400 g，麸皮 50 g，米糠 50 g，水 200 mL，拌均匀后装入大搪瓷缸。

上述 3 种培养基经高压蒸汽灭菌（121 ℃，30 min）后备用。

2. 种子制备

（1）一级种子（斜面菌种）的制备：用接种环挑取冰箱中保藏的菌种接种于一级种子培养基斜面上，于 28 ℃ 恒温培养箱中培养 3 ~ 5 d，待长成大量黑色孢子后即成为一级种子。

（2）孢子悬液的制备：在一级种子斜面菌种管中加入 10 mL 无菌水，用接种环搅起黑曲霉孢子，在振荡器上振荡两分钟制成均匀的孢子悬液（整个过程须无菌操作）。

（3）二级种曲（三角瓶菌种）的制备：吸取孢子悬液 10 mL 于装有种子培养基的三角瓶中，然后摊开纱布，扎好，并在掌心轻轻拍三角瓶，使孢子培养基充分混合，于 28 ℃ 恒温培养箱培养 1 d 后，再次拍匀三角瓶内培养物，继续培养 3 ~ 4 d 即成“种曲”。

3. 发酵培养

（1）接种与摊盘：将灭菌过的发酵培养基倒在灭菌过的搪瓷盘中，厚度约 1 ~ 2 cm，待培养基冷却至 30 ℃ 左右时均匀拌入 1% 种曲，在培养基上覆盖两层灭菌纱布。

（2）发酵培养：摊盘之后，将搪瓷盘放到恒温培养箱中，并在培养箱中放置一个内有清水的小搪瓷盘以保持培养箱中的湿度，30 ℃ 培养 24 h 后翻曲一次，并将培养箱温度调至 28 ℃，继续发酵 4 ~ 5 d。

第三节　柠檬酸提取

柠檬酸成熟发酵醪中除了含有主要产品柠檬酸之外，尚含有残糖、菌体、蛋白质、色素和胶体物质、无机盐、有机杂酸以及原料带入的各种杂质。

提取工艺有钙盐法、萃取法、离子交换法和电渗析法等，其中钙盐法比较普遍。发酵液经过加热处理后，滤去菌体等残渣，在中和桶中加入 $CaCO_3$ 或石灰乳中和，使柠檬酸以钙盐形式沉淀下来，废糖水和可溶性杂质则过滤除去。柠檬酸钙在酸解槽中加入 H_2SO_4 酸解，使柠檬酸游离出来，形成的 $CaSO_4$（石膏渣）被滤除，可作为副产品利用。这时得到粗柠檬酸溶液，通过脱色和离子交换净化除去色素、胶体杂质以及无机杂质离子。净化后的柠檬酸溶液浓缩后结晶。离心分离晶体，母液则重新净化后再浓缩、结晶。柠檬酸晶体经干燥和检验后可包装出厂。

一、柠檬酸溶液的净化

酸解除去石膏渣以后的粗柠檬酸溶液中含有色素和胶体物质，Fe^{3+}、Ca^{2+}、Cu^{2+}、Mg^{2+} 等多种金属阳离子以及 SO_4^{2-} 等阴离子杂质。净化的目的是要除去这些杂质，使最终成品的质量符合一定的标准。现行柠檬酸工业中采用的净化方法主要是吸附脱色和离子交换。

（一）净化原理

色素和蛋白质分子的相对分子质量一般在 $10^3 \sim 10^6$ 范围内，分子大小为 1 ~ 100 nm，属于胶体物质范围。它们具有巨大的比表面积和表面能，较易被吸附剂（特别是多孔性固体吸附剂）所吸附。另外，它们多数是两性电解质，在酸性条件下带有正电荷，在碱性条件下带有负电荷。

色素和胶体物质在发酵液过滤时可以穿透过滤介质，被菌体和残渣带走的只是极少一部分；它们在中和时虽大部分随同滤液被除去，但仍有相当一部分吸附到钙盐上；而在酸解时它们也能随石膏渣被除掉一部分。尽管如此，酸解后的粗柠檬酸滤液仍呈淡黄色至黄色，如不进行脱色，柠檬酸液的色度在浓缩后还会加深，致使成品呈黄色至黄褐色。

柠檬酸生产中常用的脱色剂有粉状活性炭、GH－15 颗粒活性炭和 122 号弱酸型阳离子交换树脂等。

（二）净化工艺

1. 净化流程

酸解后的粗柠檬酸液由高位槽自流到脱色柱脱色，脱色液汇入低位贮槽，由泵送入高位贮槽，再自流进入离子交换柱，在柱中除去阳离子杂质以后汇入低位贮槽，最后送往浓缩结晶工段。

2. 脱色柱再生流程

脱色柱一般装有 GH－15 颗粒活性炭、122 号树脂或通用一号树脂。脱色柱使用失效之后，先用水洗去浮色，再用 1 mol /L NaOH 溶液洗脱色素，至流出液颜色呈淡黄色为止。用水洗至 pH 为 8 左右时，炭柱用 1 mol/L 盐酸酸化，弱酸型离子交换树脂用盐酸转成 H 型，最后皆用水洗到 pH 为 5 ~ 6，备用。

3. 离子交换柱再生流程

阳离子交换柱一般装国产 732 号强酸型离子交换树脂，它的粒径为 0.3 ~ 1.2 mm，总交换容量在 4.5 mg 当量/g，工作交换容量在 1.5 ~ 2.0 mg 当量/g 范围内，允许 pH 范围为 0 ~ 14，允许温度为 120 ℃ 。

阴离子交换柱一般装国产 711 或 717 强碱型阴离子交换树脂，它的粒径为 0.3 ~ 1.2 mm，交换当量只有阳离子交换树脂的 60% ~70% 。

阴离子交换树脂的再生流程与阳离子交换树脂类似，只是再生剂改用 NaOH。

4. 柱脱色和离子交换净化操作规程

将澄清的酸解液由高位槽引入装有 122 树脂或 GH－15 颗粒活性炭的脱色柱中，控制流出液的速度，开始时流出的稀酸液单独处理。待流出液 pH 降到 2.5 时，表明柠檬酸开始大量流出，应开始收集，使之流入脱色液贮槽中。当流出液色泽超过规定标准时，停止脱色并进行再生操作，色泽应在白色背景下观察。

将脱色液泵送至高位槽，引入装有 732 树脂的离子交换柱，控制流速。定时检查流出液的质量，常用指标是检查有无 Fe^{3+} 和 Ca^{2+} 流出，方法如下：

第一，取 2 mL 流出液，滴入 2 mL 95% 乙醇，若出现浑浊，则要立即停止操作、停止进料，用水将柱内酸液冲出单独处理或引入新的备用柱，重新进行离子交换。这种操作可以排出新柱内的水，旧柱则进行再生处理。

加乙醇发生沉淀说明流出液中已含有 Ca^{2+}，但乙醇不溶物含量在 0.1% ~0.2% 时，成品灼烧残渣数量与它并无对应规律。因为乙醇不仅与 Ca^{2+} 产生不溶性沉淀，而且与其他盐类（如钾盐、钠盐、镁盐）、蛋白质和糊精等也能形成沉淀。乙醇不溶物的多少与中和时钙盐的洗涤情况、酸解程度有关。如钙盐洗涤彻底、酸解完全，带来杂质就少，形成乙醇不溶物的量也少。如果离子交换液中乙醇不溶物达 0.5%，就会显著影响成品质量。

第二，取 2 mL 流出液，加 1 滴 5 g /L 黄血盐溶液，如出现蓝色，则应立即停止离子交换操作，按上述方法处理。

加黄血盐出现蓝色说明有 Fe^{3+} 流出，生成普鲁士蓝，浓度很高时还会发生沉淀。如果柠檬酸在前述各道工序中皆接触铁质设备，则应特别注意 Fe^{3+} 的量，因为柠檬酸易腐蚀铁质设备。Fe^{3+} 混在柠檬酸结晶中呈黄色，会使晶体不透明，Fe^{2+} 的存在也会因长时间存放而被空气氧化为 Fe^{3+}，逐渐使成品变黄，影响质量。

总之，控制交换流速的原则以满足离子扩散和交换所需的时间而不影响成品质量为准，这样可提高树脂的利用率和生产能力。在柠檬酸生产中，交换时的流速一般大于再生时的流速。

二、浓缩

将柠檬酸水溶液在沸腾状态下使其水分迅速蒸发，以提高溶液中酸的浓度，这一物理过程称为浓缩。酸解净化后的溶液中柠檬酸含量只有 20% ~25%（质量分数），需要浓缩到 70%（质量分数）以上才能进行结晶操作。

柠檬酸溶液浓缩时温度不能过高，开始一般不超过 70 ℃，当溶液浓缩至 35% 以上、酸度增高时，温度应不超过 60 ℃，否则柠檬酸会发生部分分解，生成乌头酸、衣康酸、甲酸等，而且溶液中残存的杂质也会发生变化，使溶液色泽加深、黏度升高，以致产品质量下降。

酸解净化后的柠檬酸溶液含柠檬酸在 20% 左右，如不及时处理则很容易被微生物污染，必须浓缩到含酸40%以上时才能完全抑制微生物的生命活动，可以长期保存。

浓缩工艺有直接浓缩法和两段浓缩法。前者是一次将溶液浓缩到所需浓度，适用于净化后 $CaSO_4$ 含量已符合要求的情况。后者是先将酸液浓缩到55%左右（相对密度1.25左右），放入沉淀槽保温，让所含的 $CaSO_4$ 结晶析出而滤除，再进行第二段浓缩。

为了使浓缩过程中料液温度不超过60 ℃，就要维持较高的真空度，蒸发室内的压力不得超过14 kPa（110 mmHg），加热蒸汽压不超过100 kPa表压，蒸发速度要与抽气速度相配合，蒸发过快则难以维持必要的真空度。

三、结晶

结晶是固体物质以晶体状态从蒸汽、溶液或熔融物中析出的过程。工业生产中柠檬酸的结晶是从溶液中析出晶体柠檬酸的过程。

柠檬酸结晶不仅要求产品纯度高、回收率高，而且对产品的晶形、晶体粒度和粒度分布也有规定。优良的结晶产品可以给人以晶莹美观、质量优良之感。结晶操作牵涉的问题多，技术难度大，操作条件要求细致，它是控制成品质量的关键环节之一。

1. 一水柠檬酸结晶法

若柠檬酸溶液浓缩到过饱和状态（81%，55 ℃）但仍无结晶析出，这时可将溶液放到冷却式结晶器中进行搅拌，任其自然冷却；然后可以刺激起晶或添加晶种，开始结晶，同时打开冷却水；随着结晶的进行，溶液中的含酸量不断降低，当降到育晶区后，加快冷却速度，最后让温度降到10 ℃以下。

如果采用自然起晶法，则先要冷却到约30 ℃，待溶液中出现大量晶核后，减慢冷却速度，最后降温到10 ℃以下，这种结晶法的速度较快，但晶核数量不易控制。结晶器用少量水冲洗，洗水回收，再用水洗净内壁。

2. 无水柠檬酸结晶法

无水柠檬酸结晶要求的温度较高，不能用冷却结晶器，否则收率太低。用于无水柠檬酸生产的蒸发式结晶器必须在真空下操作，因为操作温度不得超过60 ℃。溶液在60 ℃下浓缩到含柠檬酸83%，停止加热，冷却，加入晶种，维持温度在40 ℃～46 ℃，最终降温到38 ℃。

3. 晶体离心分离

在离心机内铺好洗净的涤纶滤布，以低速（50～60 r/min）开动离心机，匀速放入晶浆，到达限定容量后，停止加料，加快转速，逐渐达到预定速度。分离出的母液要测定 SO_4^{2-} 含量，以确定洗水用量。母液收集好以后，喷洒洗涤水洗涤晶体。洗水喷洒不能过急，以免晶体溶解过多。

4. 母液处理

第一次分离柠檬酸结晶后的母液称为一次母液，它含杂质较少，可以直接浓缩后再结晶一次。由一次母液结晶出的柠檬酸，质量稍差于由基本酸液制得的结晶。分离出这种结晶后的母液称为二次母液。

除了含有柠檬酸之外，二次母液尚含有大量水溶性灰分，其中以镁盐（如 $MgSO_4$）和钾盐（如柠檬酸钾、K_2SO_4）为主，其次是钙盐以及少许铁盐等。二次母液中尚含有一些不溶性灰分和色素。不除去或降低这些杂质含量，再次结晶出的柠檬酸质量会很差，甚至无法结晶。

不溶性灰分在提取过程中易除去或降低其含量至容许范围以内（例如0.1%以内），而水溶性灰分即使采用重结晶方法也无济于事，难以去除。

要想除去水溶性杂质 $MgSO_4$，可采用 $CaCl_2$ 或 $CaCO_3$ 处理法，使之转变为柠檬酸镁或 $CaCl_2$。

处理方法也很简单，先将母液煮沸，加入30%的 $CaCl_2$ 乳1%～2%，待作用完全后，滤除形成的石膏，得到澄清的溶液。处理后应检验作用是否完全，即取少量滤液煮沸，以 $CaCl_2$ 液实验，呈淡乳白色表示 SO_4^{2-} 沉淀完全。

将上述澄清滤液加热至80 ℃～85 ℃，用1%活性炭脱色，趁热过滤，滤液再浓缩结晶，这样获得的柠檬酸纯度较高，可能符合质量要求。但是，如果母液中乙醇不溶物与游离硫酸含量过高的情况下处理的 $CaCl_2$ 用量应从1%～2%提高到5%～7%，这时成品质量提高不明显，甚至反而下降，SO_4^{2-} 与灰分可能超标。这主要是因为大量 $CaCl_2$ 加入后，相应地增强了酸性，使 $CaCl_2$ 沉淀又重新溶于母液中，在结晶时又重新吸附在晶体表面，影响成品质量。

四、干燥与包装

经过离心洗涤与母液分离后的柠檬酸晶体，其表面上吸附有少量水分，称为湿晶体。湿晶体含有2%～3%游离水，干燥的目的是除去这些游离水，使成品游离水含量降到1%（无水柠檬酸）或0.4%（一水柠檬酸）以下。

1. 干燥过程

干燥包括两个基本过程：其一是提供能量（热量）使水分蒸发，其二是除去汽化后的水分。前者是传热和相变过程，后者是传质过程。柠檬酸工业上一般采用空气直接干燥法，干燥介质是热空气流，它向物料提供蒸发水分需要的热量，并同时带走汽化的水分，因此既是载热体，也是载湿体。

2. 注意事项

（1）经检验合格的湿晶体才能进行干燥。

（2）空气过滤器应经常检查和排污，以保证送风洁净。

（3）成品应及时包装，包装时要称量准确，封口应牢固严密，不同规格的产品严禁混淆。

（4）成品取样检查合格后才能入库。产品应标明品种、规格、批次、质量和检验员代号等。

[实验7－2] 钙盐－离子交换法提取柠檬酸

1. 发酵液处理

取发酵液2 L，加入蒸馏水，搅匀，浸泡1 h，用两层纱布过滤，将滤液加热到100 ℃ 处理10 min，离心（3 000 r/min，10 min），以除去蛋白质、酶、菌体、孢子等其他杂质。

2. 碳酸钙中和

向清液中加入碳酸钙进行中和（每100 g 柠檬酸须加入71.4 kg 碳酸钙，一定要控制好终点，过量的碳酸钙会造成胶体等其他杂质的沉淀而影响质量），形成难溶柠檬酸钙沉淀，碳酸钙添加量要通过反应式求出，边搅拌边缓慢加入碳酸钙，防止产生大量泡沫。继续加热到90 ℃，反应30 min，中和终点用 NaOH 滴定，此时柠檬酸呈钙盐析出。

3. 酸解

将柠檬酸钙取出，称量，加入2倍水搅成糊状，调匀。然后加热至85 ℃，在不断搅拌下，将硫酸缓慢加入，用量为碳酸钙的85%～90%（pH 1.8）。当加入足够量的硫酸时，柠檬酸就会游离出来。3 000 r/min离心10 min收集上清液。

4. 122#树脂或CH－15（GH－11）颗粒活性炭脱色

将酸解液通入装有已处理好的122#树脂或CH－15（GH－11）颗粒活性炭的柱中进行脱色，当出口液的pH ≤3时，开始收集，流速为5 mL/min；当出口液的pH >3时，脱色结束。记下收集液体的体积，并取样测定柠檬酸含量。

5. 732#树脂脱金属离子

将上述收集的脱色液通入装有已处理好的732#树脂的柱中，当出口液的pH ≤3时，开始收集，流速为5 mL/min；当出口液的pH >3时，收集结束。在结束前用乙醇法检测终点，记下收集液总体积，取样测定柠檬酸含量。

6. D_{354}阴树脂脱SO_4^{2-}、Cl^-

将上述收集液倒入装有已处理好的D_{354}树脂的柱中，当出口液的pH ≤2时，开始收集，流速为5 mL/min；当出口液的pH >3时，收集结束。在结束前用钡盐法检测终点，记下收集液总体积，取样测定柠檬酸含量。

7. 浓缩

将收集液倒入减压旋转蒸发装置内，真空度为600～740 mmHg（1 mmHg＝133.322 Pa），水浴温度为60 ℃，浓缩约10倍，倒入小烧杯中。

8. 结晶

将盛有浓缩液的小烧杯立即移至50 ℃恒温水浴中，搅拌结晶，然后控制水浴温度。每小时下降5 ℃，若温度始终控制在40 ℃，获得的结晶为无水柠檬酸，若温度降至40 ℃以下，终了温度越低越好，则获得的结晶为一水柠檬酸。

结晶完毕后，抽滤，得到柠檬酸成品，称重。测定母液中柠檬酸含量，测定结晶柠檬酸含量，计算柠檬酸的总收率。

第四节　柠檬酸发酵分析

为了及时准确地掌握从原料到成品过程中发生的一切变化，合理地利用原料和能源，控制生产工艺条件和监测产品质量，必须及时准确地对生产过程的有关对象进行各项分析。分析工作可以被认为是生产系统的眼睛，在某种程度上来说，它支配了生产过程。另外，合理地利用发酵副产物和保护环境也离不开分析工作；正确分析检验成品是保证产品质量、提高产品信誉的重要基础，必须引起高度重视。柠檬酸生产工业已建立了一整套较为系统的分析方法与程序。

我国主要采用薯干粉和糖蜜作原料，工艺主要是深层发酵法，提取采用钙盐法。这种工艺系统中原料与半成品的常规分析项目见表7－1。具体分析方法可参考相关书籍，本节只介绍柠檬酸的测定方法。

表7－1　原料与半成品的常规分析项目

分析对象	分析项目	分析方法
薯干粉原料	淀粉含量 蛋白质含量 水分	费林法 凯氏定氮法 烘干测定法

（续上表）

分析对象	分析项目	分析方法
糖蜜原料	糖分 总氮含量 铁含量 磷含量	费林法 凯氏定氮法 硫氯化钾法 钼酸铵法
发酵液	总糖含量 残糖 菌体生长及杂菌污染情况 酸度 草酸含量	费林法 费林法 显微镜检查 滴定法 氯化钙法
中和残液	糖分 酸度	高锰酸钾法 滴定法
酸解液	终点测定	双管法
脱色、离子交换液	铁含量 钙含量	黄血盐定性鉴定 乙醇定性检查
结晶半成品	SO_4^{2-}	按药典规定
发酵残渣	酸度 水分	滴定法 烘干测定法

一、柠檬酸测定

（一）纸色谱法

1. 试剂

（1）展开剂：正丁醇：甲酸：水 =5：5：1 。

（2）显色剂：2 g 溴甲酚绿溶于 1 L 95% 乙醇中。

（3）色谱纸：新华色谱纸 5 号，裁成 20 cm × 20 cm 大小。

2. 方法

将展开剂配好后在钟罩内平衡 3 h。在色谱纸上距底边 2 cm 处用铅笔画一条基线，于线上每隔 2 cm 作一点样标记，点样 10 μL，并点上柠檬酸、草酸、异柠檬酸、葡糖酸等标准样，将纸卷成筒状扎好，置于钟罩内展开至溶剂离顶端约 1 cm 为止。取出色谱纸用电吹风吹干，喷上显色剂，有机酸在绿色背景下显黄色斑点。

此方法为上行展开法，在室温下需要 3 ~ 4 h，可以方便地检出发酵液中柠檬酸的纯度，即有无杂酸存在。

（二）乙酸酐 - 吡啶法

原理：柠檬酸在乙酸酐存在下与吡啶生成黄色化合物，可以在 420 nm 下比色定量。

1. 标准曲线绘制

精确称取分析纯柠檬酸 1 g，溶解后在容量瓶中定容至 1 000 mL，即浓度为 1 g/L，使用时再将其稀释成 50 μg/L、100 μg/ L、150 μg/L、200 μg/L、250 μg/L、300 μg/L、350 μg/L、400 μg/L、450 μg/L、500 μg/L 的标准溶液。分别吸取不同浓度的标准液 1 mL，加入乙酸酐 5.7 mL、吡啶 1.3 mL。立即塞上塞子摇匀，放入 22 ℃ ~29 ℃ 恒温水浴中保温

30 min，取出用分光光度计在 420 nm 波长下比色，将记录的数据绘制成标准曲线。

2. 样品测定

把发酵醪稀释 100 倍或 200 倍，其中柠檬酸含量应在 200 ~ 400 μg/L 之间。然后取 1 mL 加入 5. 7 mL 乙酸酐和 1. 3 mL 吡啶，后续操作与前述标准样测定相同。最后从标准曲线上查出柠檬酸含量。注意事项如下：

第一，此法是测定柠檬酸根的，但酒石酸、衣康酸、异柠檬酸的存在会直接影响显色，反丁烯二酸、丙酮酸、L－苹果酸的存在也有干扰。

第二，本反应的时间性很强，与吡啶生成的黄色会随时间的延长而加深，所以必须严格控制反应时间。如果来不及测定，应将样品置于冰中以终止反应。

第三，吡啶和乙酸酐都是易挥发性物质，为了保证测定精度，加入试剂后应立即塞上塞子，整个操作过程越快越好。

第四，本法对温度要求严格，不同温度范围其显色情况不同，应严加控制。

（三）五溴丙酮法

原理：柠檬酸在硫酸存在下，可被高锰酸钾先氧化成 3－酮戊二酸，再与初生态溴作用生成五溴丙酮，用石油醚萃取后与 Na_2S 作用显黄色，在 400 ~ 500 nm 波长下比色定量。

1. 标准曲线绘制准确

配制 10 g/L、30 g/L、50 g/L、70 g/L、90 g/L 的不同浓度标准柠檬酸溶液，分别吸取 0. 5 mL 于 10 mL 容量瓶中，加蒸馏水至刻度。再取各浓度溶液 1 mL，分别移入 25 mL 带塞比色管中，同时加蒸馏水在另一比色管中作为空白对照。在各比色管中分别加入 1∶1 H_2SO_4 0. 3 mL、120 g/L KBr 0. 2 mL、45 g/L $KMnO_4$ 1 mL，摇动 10 ~ 15 s，于室温下反应 5 min，再于冰中冷至 0 ℃，在不停摇动下逐滴加入 3% H_2O_2，以除去多余的 $KMnO_4$，直至溶液透明为止，再加入 0. 02 mol/L $KMnO_4$ 除去多余 H_2O_2，直至微红色，最后用蒸馏水稀释至 10 mL。再准确加入 15 mL 石油醚，加塞剧烈摇动，另用分液漏斗 5 只，分别加入 4% Na_2S 溶液 10 mL，再分别加入上述石油醚萃取液（上层）2 mL，充分振摇 30 s 后静置分层，取下层液相在 420 nm 波长下进行比色。用最初柠檬标准液浓度对光密度作出标准曲线。

2. 样品测定

取发酵清液 1 mL，放入 10 mL 容量瓶内（若发酵液含 $CaCO_3$，可加入 3 mL 1∶1 H_2SO_4）以蒸馏水定容至 10 mL。取此稀释液 1 mL 放入 25 mL 带塞比色管内，以下按上述标准样的方法操作，最后根据光密度值从标准曲线上查得柠檬酸的浓度（g/L），这个浓度除以 2 即是发酵液中柠檬酸的浓度（g/L）。

二、柠檬酸结晶中 SO_4^{2-} 的检出

柠檬酸晶体在离心时需要洗涤除去 SO_4^{2-}，检测结晶中的 SO_4^{2-} 可以检测洗涤效果和产品纯度。

1. 原理

SO_4^{2-} 与柠檬酸根皆可与钡盐形成沉淀，但 $BaSO_4$ 沉淀不溶于盐酸，与标准样品比较浑浊度即可以大致定量。

2. 方法

（1）先配制标准硫酸盐，精确称取 K_2SO_4 0. 181 g 定容至 1 000 mL，摇匀，即含 SO_4^{2-}

0.1 g/L。

（2）分别吸取标准 K_2SO_4 液 0 mL、1 mL、2 mL、3 mL、4 mL、5 mL 于 50 mL 比色管中，补充蒸馏水至 25 mL，再加入 1 mol/L HCl 5mL 和 50 g/L $BaCl_2$ 5 mL，摇匀。

（3）称取 1 g 柠檬酸样品于 50 mL 比色管中，用 25 mL 水溶解，依上述方法加入试剂并定容，与标准管比较浑浊度测知样品中 SO_4^{2-} 含量。

生产上一般不需准确测定 SO_4^{2-} 含量，只要按上法比较浑浊度即可。

三、压滤残渣中含酸量的测定

取压滤残渣 10 g，加 20 mL 沸水搅拌过滤，吸取 2 mL 清液用 0.143 mol/L NaOH 滴定，消耗 NaOH 应小于 5 mL。

四、酸解终点确定

采用双管法。取过滤后的酸解液 1 mL，平分为两管，其中一管加入 1 mL 20% H_2SO_4，另一管加入 1 mL 20% $CaCl_2$，加热至沸。如果两管均不浑浊，再分别加入 1 mL 95% 乙醇，若仍不产生浑浊，即为酸解合格。如果加入 H_2SO_4 的一管发生混浊，说明 Ca^{2+} 过量，H_2SO_4 不足；如加入 $CaCl_2$ 的一管浑浊则说明 H_2SO_4 过量。

脱色离子交换液铁含量的检查：取离子交换液少许，加入数滴 1 g/L 黄血盐溶液，如有蓝色出现，证明有铁存在。

[实验 7-3] 成品柠檬酸含量的测定

1. 原理

以酚酞作指示剂，用 NaOH 标准滴定溶液滴定，由 NaOH 标准滴定溶液的消耗量计算柠檬酸含量。

2. 试剂

（1）c（NaOH）= 1 mol/L NaOH 标准滴定溶液，称取 4 g NaOH，用水溶解并定容至 1 000 mL。

（2）1% 酚酞指示剂，称取 1 g 酚酞指示剂，溶于 100 mL 95% 乙醇溶液中。

3. 测定方法

称取试样 1.5 g（准确至 0.000 1 g）于 250 mL 三角瓶中，加入 50 mL 水摇动使之溶解，加 3 滴 1% 酚酞指示剂，用 c（NaOH）= 1 mol/L NaOH 标准滴定溶液滴定至微粉色，30 s 不退色即为终点，同时做试剂空白实验。

4. 计算

$$\text{柠檬酸含量（以无水计）} = \frac{(V_1 - V_0) \times c \times 0.064\,04 \times 100\%}{m \times (1 - 0.085\,66)}$$

$$\text{一水柠檬酸含量} = \frac{(V_1 - V_0) \times c \times 0.064\,04 \times 100\%}{m}$$

式中 V_1——试样消耗 NaOH 标准滴定溶液的体积，mL；

V_0——空白消耗 NaOH 标准滴定溶液的体积，mL；

c——NaOH 标准滴定溶液的实际浓度，mol / L；

m——试样质量，g；

0.085 66——一水柠檬酸中水的理论含量；

0.064 04——与 1.00 mL NaOH 标准滴定溶液［c（NaOH）= 1.000 mol/L］相当的无水柠檬酸的质量，g。

5. 讨论

（1）柠檬酸 GB / T 8269 – 1998 理化指标规定，成品柠檬酸合格品的柠檬酸含量不小于 99%（质量分数），对于这样的常量分析，比较适合于经典的化学方法。尽管现在用气相色谱、液相色谱等都可以测定其含量，但对于含量高的样品，化学方法测定精密度更高些。

（2）柠檬酸 GB / T 8269 – 1998 理化指标见表 7 – 2。

表 7 – 2　柠檬酸 GB / T 8269 – 1998 理化指标

<table>
<tr><th rowspan="2">项　目</th><th colspan="3">指　标</th></tr>
<tr><th>优等品</th><th>一等品</th><th>合格品</th></tr>
<tr><td>鉴别实验</td><td colspan="3">合格</td></tr>
<tr><td>含量（质量分数）/%</td><td>99.5 ~ 101</td><td>≥99.5</td><td>≥99</td></tr>
<tr><td>澄清度</td><td>澄清</td><td>澄清或轻微乳白</td><td>—</td></tr>
<tr><td>水分/%</td><td>7.5 ~ 8.8</td><td>—</td><td>—</td></tr>
<tr><td>易炭化物</td><td colspan="2">不深于标准</td><td>—</td></tr>
<tr><td>硫酸灰分/%</td><td colspan="2">≤0.1</td><td>≤0.2</td></tr>
<tr><td>氯化物/%</td><td>≤0.005</td><td>≤0.01</td><td>≤0.10</td></tr>
<tr><td>硫酸盐/%</td><td>≤0.015</td><td>≤0.03</td><td>≤0.15</td></tr>
<tr><td>草酸盐/%</td><td>≤0.01</td><td>≤0.05</td><td>—</td></tr>
<tr><td>钙盐/%</td><td>≤0.02</td><td>合格</td><td>—</td></tr>
<tr><td>铁/%</td><td colspan="2">≤0.001</td><td>—</td></tr>
<tr><td>砷盐/%</td><td colspan="2">≤0.000 1</td><td>—</td></tr>
<tr><td>重金属（以 Pb 计）/%</td><td colspan="2">≤0.000 5</td><td>—</td></tr>
<tr><td>钡盐</td><td colspan="2">合格</td><td>—</td></tr>
<tr><td>样液色泽</td><td>合格</td><td colspan="2">—</td></tr>
<tr><td>白度值/%</td><td>≥70</td><td>—</td><td>—</td></tr>
<tr><td>颗粒度</td><td rowspan="2">合格</td><td colspan="2" rowspan="2">—</td></tr>
<tr><td>机械杂质</td></tr>
</table>

[实验 7 – 4] 发酵醪液中柠檬酸含量的测定

1. 用醋酸酐 – 吡啶比色法测定柠檬酸含量（纯度）

柠檬酸在醋酸酐存在条件下与吡啶生成黄色化合物，可在 420 nm 下比色定量。

2. 仪器和试剂

（1）仪器。电子天平（0.1 mg）；紫外可见分光光度计；电热恒温水浴锅。

（2）试剂。柠檬酸、醋酸酐、吡啶等。

1.000 g/L 柠檬酸标准贮备液：精确称取 1.000 0 g（称准至 0.000 1 g），用水溶解后定容至 1 000 mL，此溶液浓度为 1.000 g/L。

1.000 mg / L 柠檬酸标准使用液：将柠檬酸标准贮备液用水逐级稀释。

3. 测定方法

（1）绘制标准曲线。取 7 支 10 mL 容量瓶，依次准确加入 0 mL、0.50 mL、1.00 mL、2.00 mL、3.00 mL、4.00 mL、5.00 mL 柠檬酸标准使用液，用水稀释至刻度，即为 0 μg/L、50 μg/L、100 μg/ L、200 μg/L、300 μg/L、400 μg/L、500 μg/L 的标准溶液。分别吸取不同浓度的标准溶液 1.00 mL 于 10 mL 具塞比色管中，向各管中加 5.70 mL 醋酸酐、1.30 mL 吡啶，立即塞上瓶塞摇匀。置 25 ℃ 恒温水浴中保温 30 min，立即取出在 420 nm 处比色，用“0”号管作参比测定吸光度，依据浓度与吸光度的线性关系绘制标准曲线。

（2）试样测定。将发酵醪液稀释 100 ~ 200 倍（使其柠檬酸含量在 200 μg/L ~ 400 μg/L ），取稀释液 1.00 mL 于 10 mL 具塞比色管中，加 5.70 mL 醋酸酐、1.30 mL 吡啶，以下操作同绘制标准曲线的实验，然后根据标准曲线计算柠檬酸含量。

4. 计算

$$柠檬酸含量（\%） = A \times 10^{-6} \times n \times 100/m$$

$$或柠檬酸（g/L） = A \times 10^{-3} \times n/V$$

式中 A——标准曲线上查得的柠檬酸量，μg；

n——稀释倍数；

V——柠檬酸样品溶液取样体积，mL ；

m——柠檬酸取样质量，g。

第八章　抗生素发酵

抗生素是由生物（包括某些微生物、植物和动物）产生的次级代谢产物，如青霉素、头孢霉素、链霉素、四环素、红霉素等一类化学物质的总称。大多数抗生素是丝状真菌和细菌（特别是放线菌）产生的。现在已经从不同的生物体中分离出 4 000 余种抗生素，其中约 50 种是常用的抗微生物化学治疗药物。最著名也是最重要的抗生素是 β－内酰胺类（青霉素和头孢霉素），氨基糖苷类（如链霉素）和广谱的四环素。其余的尚不能满足临床的要求，还存在一些问题，如缺乏选择性，对人类和动物存在毒性，生产成本太高等。某些抗生素还有抗微生物化学治疗以外的应用。例如，分别由波赛链霉菌（*Streptomyces peucetius*）和头状链霉素（*S. caespitosus*）产生的放射菌素和丝裂霉素可作为抗肿瘤试剂，部分抗生素可以用于控制农作物疾病，或作为化学和分子生物学研究的工具。有几种抗生素也可以加入动物饲料中，作为生长促进剂，例如黄霉素、盐霉素等。由于担心抗药性的发展，某些抗生素已经不再允许在动物饲料中使用。例如，欧盟在 1999 年以后禁止使用杆菌肽锌、螺旋霉素、泰乐菌素和维吉尼亚霉素作为生长促进剂。

第一节　抗生素的分类

随着新的抗生素的不断出现，为了便于研究，有必要对抗生素进行适当分类。可以从各种不同角度对抗生素进行分类，如生物来源、作用、化学结构、作用机制、合成途径等方面。表 8－1 所示为抗生素的各种分类方法。

表 8－1　抗生素的分类

分类方法	抗生素种类	产物举例
根据抗生素的生物来源分类	1. 放线菌产生的抗生素 2. 真菌产生的抗生素 3. 细菌产生的抗生素 4. 植物或动物产生的抗生素	链霉素、四环素等 青霉素、头孢霉素 D 等 多粘菌素 蒜素、鱼素等
根据抗生素的作用分类	1. 广谱抗生素 2. 抗革兰氏阳性细菌的抗生素 3. 抗革兰氏阴性细菌的抗生素 4. 抗真菌抗生素 5. 抗病毒抗生素 6. 抗肿瘤抗生素	氨苄青霉素等 青霉素等 链霉素等 制霉菌素等 四环类抗生素等 阿霉素等

（续上表）

分类方法	抗生素种类	产物举例
根据抗生素的化学结构分类	1. β－内酰胺类抗生素 2. 氨基糖苷类抗生素 3. 大环内酯类抗生素 4. 四环类抗生素 5. 多肽类抗生类	青霉素类、头孢霉素类等 链霉素、庆大霉素等 红霉素、麦迪霉素等 四环素、土霉素等 多粘菌素、杆菌肽等
根据抗生素的作用机制分类	1. 抑制细胞壁合成的抗生素 2. 影响细胞膜功能的抗生素 3. 抑制病原菌蛋白质合成的抗生素 4. 抑制核酸合成的抗生素 5. 抑制生物能作用的抗生素	青霉素类、头孢霉素类等 多烯类抗生素等 四环素等 丝裂霉素 C 等 抗霉素等
根据抗生素的合成途径分类	1. 氨基酸、肽类衍生物抗生素 2. 糖类衍生物抗生素 3. 乙酸、丙酸衍生物抗生素	青霉素类、头孢霉素类等 链霉素糖苷类抗生素 红霉素等丙酸衍生物

第二节　抗生素的生产工艺

抗生素一般主要是利用微生物发酵法进行工业化生产，极少数抗生素如氯霉素、磷霉素等可用化学法生产。此外，还可用天然抗生素进行化学结构改造，制成各种衍生物，即半合成抗生素，如氨苄青霉素、甲氧苯青霉素、羧苄青霉素、噻唑霉素、头孢利啶等。

发酵法生产抗生素的主要工艺步骤包括菌种的制备、种子扩大培养、发酵、发酵液的预处理、代谢产物的分离纯化、干燥，最后制得产品。图 8－1 所示为抗生素生产的一般工艺流程图。

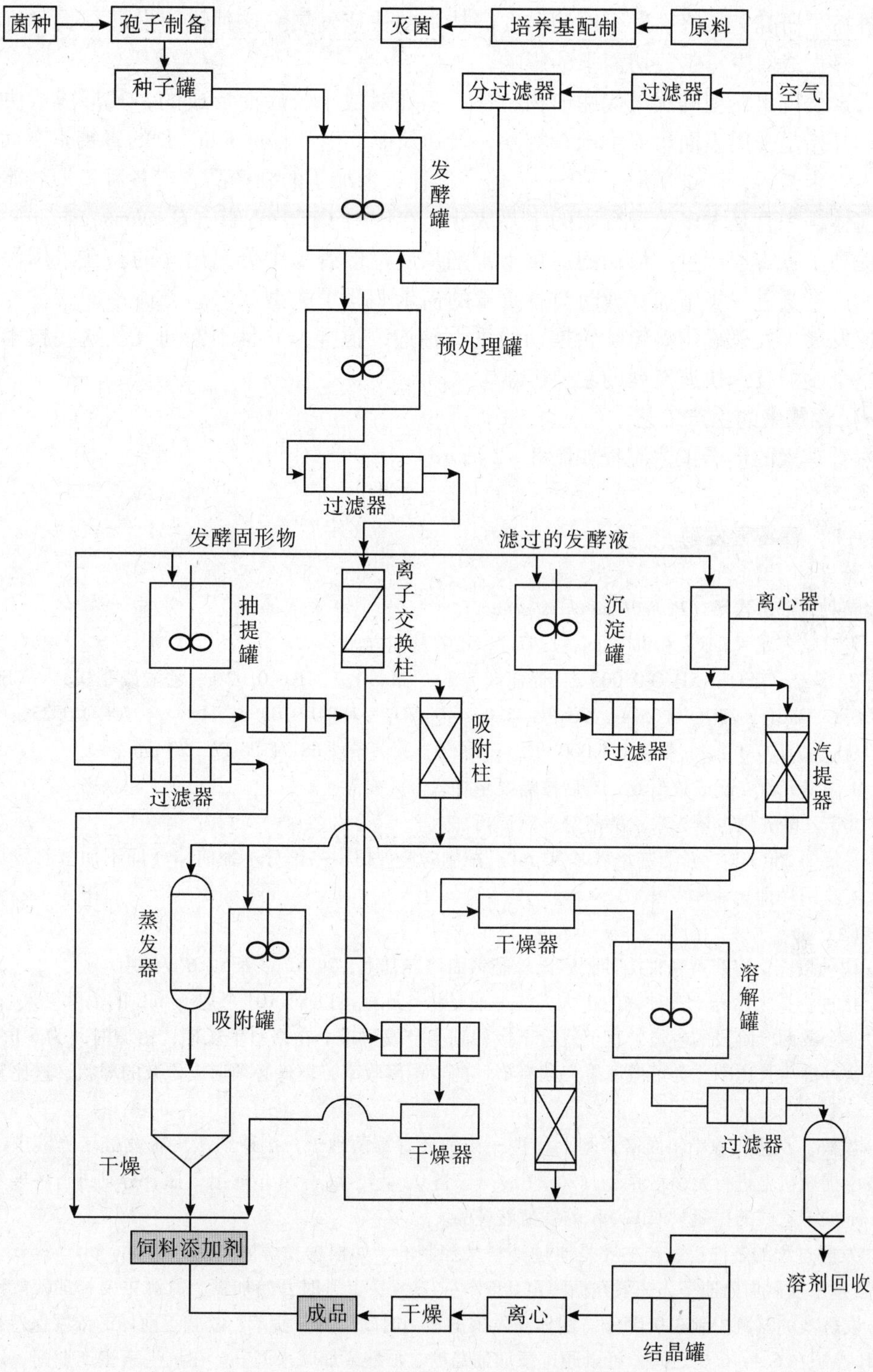

图 8－1　抗生素生产的一般工艺流程图

一、青霉素发酵

1928 年，Fleming 发现了青霉素。20 世纪 30 年代后期，Florey Chain 和 Heatley 研究了抑菌化合物——青霉素，并发明了一种制备纯培养物的操作方法。随后对青霉素的性质以及纯化方法进行了研究，最终引发了医药和发酵技术的快速发展。这种快速发展很大程度上是受第二次世界大战对青霉素迫切需求的影响。

青霉素表现出典型的次级代谢产物特性，是在对数生长后期形成的，其形成取决于培养基组分。开始是采用表面培养生产青霉素，最初只能产生不超过1 mg/L 的青霉素。而在培养基中加入玉米浆后，产量增加了20～25 倍。这种玉米加工的副产品含有各种氮源、生长因子和侧链前体，一直是大多数青霉素的主要成分。在使用了产黄青霉（*P. chrysogenum*）菌种以后，又提高了青霉素产量。最初的产黄青霉是从腐烂的香瓜中分离出来的。在采用深层发酵生产后，产量又进一步增加。战时对青霉素的需求刺激了大型深层培养体系即带搅拌器发酵罐的快速发展。发酵罐用涡轮叶轮推动的垂直轴连续搅拌，并且不断通气。这些技术的发展是促使整个发酵技术快速发展的主要因素。

（一）青霉素的生产工艺

天然青霉素的生产工艺流程如图8－2所示。

［实验8－1］青霉素发酵

1. 实验材料

（1）菌种。产黄青霉（*Penicillium chrysogenum*）。

（2）发酵培养基（Jarvis 和 Johnson，1947），培养基配方如下：

乳糖22.5 g、$CuSO_4 \cdot 5H_2O$ 0.005 g、葡萄糖7.5 g、$MnSO_4 \cdot 7H_2O$ 0.02 g、乙酸铵3.0 g、Na_2SO_4 0.5g、乳酸铵5.0 g、$CaCl_2 \cdot 7H_2O$ 0.05 g、KH_2PO_4 3.0 g、$ZnSO_4 \cdot 7H_2O$ 0.02 g、$MgSO_4 \cdot 7H_2O$ 0.25 g、苯乙酸1.0 g、$FeSO_4 \cdot 7H_2O$ 0.1 g、蒸馏水1 000 mL、pH 6.5、灭菌条件68 947.6 Pa，20 min。

注：①微量元素先配成浓缩液，然后按需要量加入。

②苯乙酸先用少量无水乙醇溶解，然后再加入。

③每个250 mL 三角瓶装培养基30 mL。配制时应先留出一部分不加前体（即不加苯乙酸）的培养基做对比实验用（即无前体发酵）。

2. 实验方法

（1）菌种培养。将产黄青霉接种到察氏琼脂斜面培养基上，26 ℃ 培养5～6 d 备用。

（2）接种物扩大培养。接种物的扩大方法一般是将冷冻孢子以5×10^3个孢子/mL 的浓度接入小发酵罐。菌丝经过一个或两个阶段的生长，直至适合于接种到生产发酵罐。在繁殖生长期，倍增时间为6 h。前两天一直维持这种高生长比率。为了保证生产期有最佳的青霉素收率，菌丝必须形成松散的球状，这比紧密的形态要好。

（3）发酵。从察氏琼脂斜面培养基上移种一接种环青霉菌孢子，接种到三角瓶发酵培养液中，然后将三角瓶置于摇瓶机上进行振荡培养［（26±1）℃］。自0 h 起，每隔24 h 取出2 瓶，分别进行各项生理指标的测定；不加苯乙酸的摇瓶只取120 h 的发酵液样品。

（4）发酵过程的条件控制。主要是通过补料来控制的，如根据发酵液中的残糖量、pH、排气中的CO_2和O_2的含量来控制加糖速率，一般残糖降至0.6% 左右、pH 上升时开始加糖。氮源主要补加硫酸铵、氨水或尿素，发酵液的氨氮控制在0.05%。前体在发酵的适当时间添加，使苯乙酰胺等前体的浓度保持在一定范围内。pH 控制在6.4～6.6 之间，可以通过添加葡萄糖、加酸或加碱来调节。在抗生素生产期间，以低的比率流加碳源，青霉素产量才会增加。这要再维持6～8 d，需要维持适当的底物流加量。

温度一般在发酵前期控制在25 ℃～26 ℃，发酵后期控制在23 ℃。在整个过程中，氧气水平是非常重要的，但控制起来并不是那么简单，因为氧气的传递效率受黏度影响，而在发酵过程中，黏度是在增加的。通气比控制在1∶0.8 VV/M，搅拌转速根据发酵不同阶段的需要进行调整，使溶解氧不低于饱和溶解氧浓度的30%。

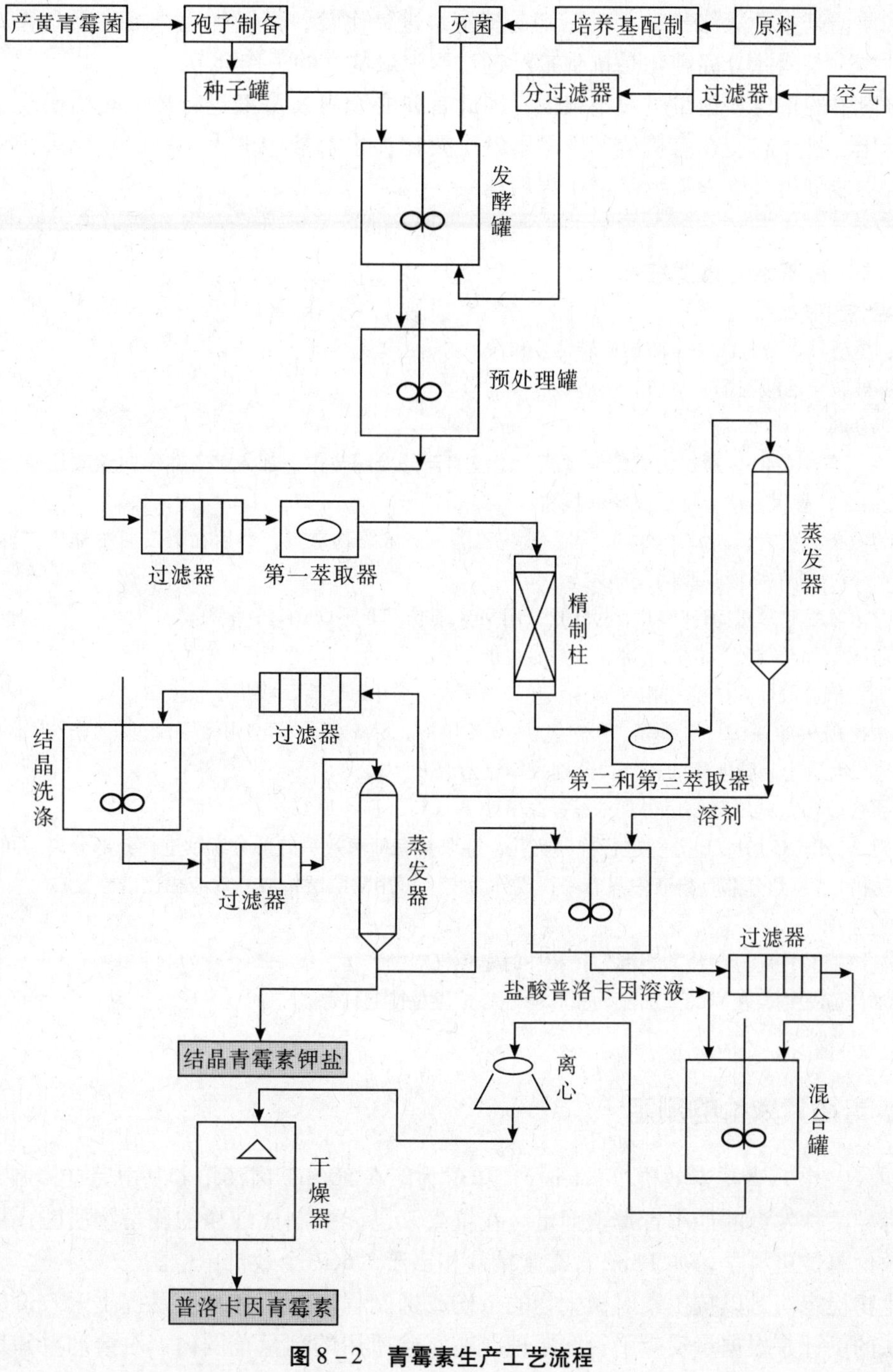

图 8－2　青霉素生产工艺流程

通常采用豆油、玉米油或化学合成消沫剂（如环氧丙烯、环氧乙烯聚醚类）进行消沫，注意控制用量和加入方式。

（二）青霉素的分离纯化

在抗生素的筛选过程中，依靠抑菌圈大小只能判断抗生素的抗菌活性强弱，而不能判断该抗生素到底属于哪一类化学物质，要确定抗生素的结构，首先必须把抗生素分离纯化，然后根据该化合物的波谱特性，如红外光谱、紫外光谱、核磁共振谱（包括碳谱、氢谱及其杂合谱）和质谱来推断其结构，并与已知的抗生素进行比较，借以确定该抗生素是否属于新型生理活性物质。因此分离纯化是抗生素筛选过程中最基本的工作环节。

发酵液中的抗生素含量一般都很低，因此首先必须对发酵液进行浓缩。由于抗生素都是一些有机化合物，它们在有机溶剂中的溶解度要比在水溶液中的大，所以可以采用萃取的方法，用有机溶剂把抗生素从发酵液中提取出来。

[实验 8-2] 青霉素分离和纯化

1. 实验器材和试剂

器材：层析柱、分液漏斗、减压旋转蒸发仪等。

试剂：硅胶、乙酸乙酯、氯仿、甲醇等。

2. 实验步骤

（1）将［实验 8-1］所得的发酵液过滤，滤液加至分液漏斗中，加入 1/3 体积的乙酸乙酯（分 3 次加入），剧烈振摇，静置，待分层后收集有机相。

（2）将收集到的有机相减压蒸发，蒸去乙酸乙酯，称浓缩物重量，然后在蒸发瓶中加少许硅胶，继续旋转蒸发 5 min，让浓缩液都吸附到硅胶上。

（3）称取浓缩物重量 50～100 倍的硅胶，用 98% 氯仿/2% 甲醇调匀，装柱。

（4）将样品加至硅胶层析柱上部，注意尽可能平整。

（5）加三倍硅胶体积的流动相（98% 氯仿/2% 甲醇），开始层析，收集层析液 A。

（6）依次用 95% 氯仿/5% 甲醇，90% 氯仿/10% 甲醇，85% 氯仿/15% 甲醇和 80% 氯仿/20% 甲醇层析，流动相的体积大致为硅胶体积的三倍，分别收集流出液 B、C、D 和 E。

（7）将各收集液减压蒸发后得到浓缩样品 A 、B 、C 、D 、E。

（8）对 A、B、C、D、E 分别进行抑菌实验，选取具有抑菌效果的部分继续进行分部分离（可换一种固定相或流动相），直到分部收集液中只有一种成分为止（可用薄层层析或高效液相色谱检验）。

3. 注意事项

（1）硅胶在装柱前应与流动相混匀，装柱时避免气泡的产生。

（2）加样应平整，在样品上加流动相时应小心，避免搅起样品。

二、青霉素效价的测定

最初（一个）青霉素效价（potency）单位为能在 50 mL 肉汤培养基中完全抑制金黄色葡萄球菌标准菌株发育的最小青霉素剂量。在抗生素已能被制成纯净的化学物质时，用质量来表示其效价单位更科学，如 1 mg 青霉素钠盐相当于 1 667 个效价单位。

微生物检定法是以抗生素对微生物的杀伤或抑制程度为指标来衡量抗生素效价的一种方法。该法的设计是根据量反应平行线原理，在实验所用的剂量范围内，对数剂量和反应呈直线关系，供试品和标准品的直线应平行。测定方法可分为稀释法、比浊法和管碟琼脂扩散法，后两种为抗生素微生物检定的国际通用方法。实验采用国际上最普遍应用的琼脂平板扩散法来测定青霉素效价。它是将规格一定的不锈钢小管置于带菌琼脂平板上，管中加入被测液，在室温中扩散一定时间后放入恒温箱培养。在菌体生长的同时，被测液（抗生素）扩散到琼脂平板内，抑制周围菌体的生长或杀死周围菌体，从而产生不长菌的透明抑菌圈。在一定的范围内，抗菌物质的浓度（对数值）与抑菌圈直径（数学值）呈直线关系。

本法的优点是灵敏度高，需用量小，测定结果较直观，测定原理与临床应用的要求一致，更能确定抗生素的医疗价值；而且适用范围广，较纯的精制品、纯度较差的制品、已知的或新发现的抗生素均能应用；对同一类型的抗生素不需分离，可一次测定其总效价，是抗生素药物效价测定的最基本方法。

下面以黄青霉（*Penicillium chrysogenum*）产生的青霉素为例来测定其效价。

[实验8-3] 青霉素效价的测定

1. 实验用品

（1）测定用指示菌：金黄色葡萄球菌（*Staphylococcus aureus* 209-p）。

（2）器材：不锈钢小管（牛津小杯）（内径6 mm±1 mm，外径8 mm±0.1 mm，高10 mm±0.1 mm），培养皿（直径90 mm，深20 mm，要求大小一致、皿底平坦），离心机，分光光度计，移液管，滴管，空试管，大口吸管等。

（3）细菌培养基。

a. 传代用培养基配方如下：蛋白胨5 g、K_2HPO_4 3.5 g、酵母膏3 g、KH_2PO_4 1.32 g、牛肉膏1.5 g、琼脂18~20 g、葡萄糖1 g、蒸馏水1 000 mL、NaCl 3.5 g、pH为7.0。

金黄色葡萄球菌在上述培养基上传代保存，每3周传代一次。菌种在37 ℃环境下培养18~20 h后，置室温下2~4 h可使其产生良好的色素。菌种斜面保存于0 ℃~4 ℃ 冰箱内。

b. 生物测定用培养基配方如下：蛋白胨6 g、琼脂18~20 g、酵母膏3 g、蒸馏水1 000 mL、牛肉膏1.5 g、pH（灭菌后）为6.5。生物测定时，培养皿内培养基分上下两层，上层培养基需另加0.5%葡萄糖，即每100 mL上层培养基中加入50%葡萄糖溶液1 mL。

（4）试剂：1% pH 6.0的磷酸缓冲液配方如下：K_2HPO_4 0.2 g、KH_2PO_4 0.8 g、蒸馏水100 mL、0.85% NaCl溶液（生理盐水）。

（5）苄青霉素钠盐1 667单位/mg（1个国际单位等于0.6 μg）。

2. 方法

（1）金黄色葡萄球菌悬液的制备。取在传代琼脂培养基上连续培养3~4代（37 ℃，16~18 h/代）的金黄色葡萄球菌，用0.85%的生理盐水水洗，离心沉淀，倾去上层清液，菌体沉淀后再用生理盐水洗1~2次，最后将菌液稀释至18~21亿个/mL。或者用光电比色计测定，透光率应为20%（波长650 nm处）。

（2）青霉素标准溶液的配制。准确称取纯苄青霉素钠盐15~20 mg，溶解在一定量的pH为6.0的磷酸缓冲液中，制成2 000单位/mL的青霉素溶液。然后依次稀释，配制成10单位/mL青霉素标准工作液。

（3）青霉素标准曲线的制备。取灭菌培养皿15套（应选择大小一致、皿底平坦的），每皿用大口吸管吸取已冷却至45 ℃ 左右的下层培养基21 mL。水平放置，待凝固之后，再加入含菌上层培养基4 mL，将培养皿来回倾侧，使含菌的上层培养基均匀分布。

上层培养基在使用前先冷却至50 ℃ 左右，每100 mL培养基内加入50%葡萄糖溶液1 mL及金黄色葡萄球菌悬液3~5 mL，充分摇匀，在50 ℃ 水浴槽内放置10 min后使用。青霉素溶液的抑菌圈大小与上层培养基内菌体的浓度密切相关。增加细菌浓度，抑菌圈就缩小。实验中加入菌体的量应控制在使1单位/mL青霉素溶液的抑菌圈直径在20~24 mm之间。

待上层培养基完全凝固之后，在每个琼脂平板上轻轻地放置不锈钢小管4支，小管之间的距离应相等；然后用带有乳胶帽的滴管将青霉素标准溶液加入小管内，每一浓度做3皿重复。

青霉素溶液加完后，盖上培养皿盖，将培养皿移至37 ℃ 恒温箱内培养18~24 h后，移去小管，精确地量取抑菌圈直径并记录数据。

3. 计算

（1）各组（即各剂量点）抑菌圈直径平均值。

（2）各组1单位/mL的抑菌圈直径平均值。

（3）15套培养皿中1单位/mL的抑菌圈直径平均值。

（4）以 1 单位/mL 的抑菌圈直径总平均值来校正各组 1 单位/mL 的抑菌圈直径的平均值，求得各组的校正数。

（5）以校正数校正各剂量点的抑菌圈直径平均值，求得校正值。

（6）以青霉素浓度（单位/mL）的对数值为纵坐标、以抑菌圈直径的校正值（mm，数学值）为横坐标，绘制标准曲线。

依据不同时间检品稀释液抑菌圈直径的校正值在标准曲线上分别查得各检品稀释液的效价，再乘以检品的稀释倍数，即可算出各个检品（不同发酵时间的青霉素发酵液）的效价。

4. 附注各种青霉素制剂的效价（国际单位）

苄青霉素钠盐每毫克 = 1 667 国际单位

苄青霉素钾盐每毫克 = 1 595 国际单位

苄青霉素钙盐每毫克 = 1 591 国际单位

苄青霉素普鲁卡因盐每毫克 = 1 009 国际单位

[实验 8 - 4] 某药厂青霉素发酵液的效价测定方法

1. 样品制备

准确吸取过滤的发酵液，然后根据每个发酵罐中发酵液效价单位的高低分别稀释不同的倍数，具体操作方法见表 8 - 2。

表 8 - 2　样品制备

发酵液效价/（U/mg）	吸取样品体积/mL	稀释倍数	测定用稀释液体积/mL
6 000 以下	10.00	100	10.00
6 000 ~ 13 000	10.00	100	5.00
13 000 ~ 20 000	10.00	200	5.00
20 000 ~ 35 000	10.00	250	5.00
35 000 以上	5.00	100	1.00

2. 测定

按表 8 - 2 吸取稀释后的样品入 100 mL 碘量瓶中，加入 1 mL NaOH 溶液（1mol/L）于室温下放置 20 min，然后加入 1.00 mL HCl 溶液（1 mol/L）及 5.00 mL pH 为 4.4 的乙酸 - 乙酸钠缓冲溶液，准确加入 $c(1/2I_2)$ = 0.01 mol/L 碘标准滴定溶液 20.00 mL，于暗处放置 20 min，用 $c(Na_2S_2O_3)$ = 0.01 mol/L $Na_2S_2O_3$ 标准滴定溶液滴定，加 3.00 mL 0.5% 淀粉指示剂，滴定至蓝色刚刚消退，同时做试剂空白实验。

空白实验：吸取 5.00 mL pH 为 4.4 的缓冲溶液于 100 mL 碘量瓶中，准确加入 0.01 mol/L 碘标准溶液 20.00 mL，于暗处放置 20 min，然后用 0.01 mol/L $Na_2S_2O_3$ 标准滴定溶液滴定至碘紫色刚刚消退，加 3.00 mL 0.5% 淀粉指示剂，滴定至蓝色刚刚消退。

3. 计算

$$青霉素效价（U/mL）=(V_2 - V_1)\times c_1 \times 1\,670 \times n/(2.25 \times V_s \times c_2)$$

式中　V_2——空白实验消耗 $Na_2S_2O_3$ 标准滴定溶液的体积，mL；

V_1——试样消耗体积，mL；

c_1——$Na_2S_2O_3$ 标准滴定溶液的实际浓度，mol/L；

c_2——碘标准滴定溶液的实际浓度，mol/L；

V_s——取样体积，mL；

2.25——相当于 1 mg 结晶青霉素 G 的 0.01 mol/L 碘标准滴定溶液的体积，mL；

n——稀释倍数；

1 670——每毫克结晶青霉素效价的单位数。

三、青霉素发酵液中苯乙酸残留量的测定

在青霉素生产工艺中，苯乙酸作为前体在生物合成含有苄基的青霉素 G 的发酵过程中加入。因苯乙酸对青霉菌有一定毒性，故青霉素发酵液中苯乙酸浓度不能太高，实际青霉素生产中宜采用流加方式添加。正常发酵时发酵液中残余苯乙酸浓度通常控制在发酵前期 0.3% 左右，发酵中后期 0.3% ~0.5%。

[实验 8-5] 青霉素发酵液中苯乙酸残留量的测定

1. 原理

样品经反相色谱分离后，根据保留时间和峰面积进行定性和定量。

2. 仪器和试剂

（1）仪器：液相色谱仪（紫外检测器）；色谱柱：HYPERSIL ODS2（C_{18}，Φ4，6 mm×200 mm，5 μm）；超声波清洗器；10 mL 微孔玻璃注射器；0.45 μm 滤膜。

（2）试剂：① 乙腈（分析纯试剂）；② 1 mol/L NaOH 溶液：称取 4 g NaOH 溶于水中，然后定容至 100 mL；③ 1 mol/L CH_3COOH 溶液：量取 5.9 mL 冰醋酸，加水稀释至 100 mL；④ 标准品：苯乙酸（1.000 mg/mL）；⑤ 超纯水。

3. 色谱条件

（1）固定相。色谱柱：HYPERSIL ODS2（C_{18}，Φ4，6 mm×200 mm，5 μm）。

（2）流动相。乙腈（800 ~ 1 000 mL）+ 1 mol/L NaOH 溶液（26 mL）+ 1 mol/L CH_3COOH 溶液（34 mL），然后用水补至 5 000 mL。

（3）流速 1.0 mL/min。

（4）柱温。室温（25 ℃ ~30 ℃）。

（5）检测波长 UV254 nm。

（6）进样量 20 μL。

要求：以苯乙酸峰计的理论塔板数 $n \geqslant 3\ 000$，苯乙酸峰与相邻峰的分离度 $R_S > 1$。

4. 测定

（1）样品制备。准确吸取 1.00 mL 苯乙酸标准品于 50 mL 容量瓶中，用超纯水稀释至刻度，摇匀。0.45 μm 滤膜过滤后待测。

准确吸取 1.00 mL 过滤后的发酵液于 50 mL 容量瓶中，用超纯水稀释至刻度，摇匀。0.45 μm 滤膜过滤后待测。

（2）测定。开机时，依次打开高压输液泵、紫外检测器、柱温箱、数据处理机的电源开关。

选择检测样品所需流动相，设定高压输液泵的流速、最高压和最低压；检测器检定波长、柱温箱的温度；编辑应用文件。

启动高压输液泵及柱温箱温度控制，使高压输液泵的流速稳定，柱温箱的温度恒定，色谱柱的压力在恒定范围内，运行 30 min 待基线平稳后进样。

依次进标准品和待测样，分别记录色谱图。分别积分求得标准品和样品的峰面积。

样品测定结束后，按水→甲醇→水的顺序冲洗进样阀，开泵冲洗 30 min 后方可关机。

5. 计算

$$发酵液中苯乙酸的浓度 = (A_{样}/A_{标}) \times 1.000\ mg/mL$$

6. 讨论

（1）在抗生素生物合成中，菌体利用它构成抗生素分子中的一部分而其本身又没有显著改变的物质，称为前体。前体除直接参与抗生素生物合成外，在一定条件下还控制菌体合成抗生素的方向并明显提高抗生素的产量。前体的加入量应当适度，过量会产生毒性，增加成本；不足则会导致发酵单位降低。

（2）采用上述色谱条件，苯乙酸的保留时间在 4 min 左右，青霉素 G 的保留时间在 6 min 左右。如果加大流动相中乙腈的比例，出峰时间将缩短，但是苯乙酸的峰易与青霉素 G 的峰重叠。

（3）提高 NaOH 加入量时，苯乙酸出峰快；提高 CH_3COOH 加入量时，苯乙酸出峰慢。加入 NaOH 和 CH_3COOH 的主要目的是调节流动相适宜的 pH。

（4）实验用水均为超纯水，以确保色谱柱及仪器的使用寿命。

四、发酵液中还原糖测定

糖是微生物生命活动中的碳源，也是主要的能源。糖代谢与菌体生长、产物积累紧密相关。所以在微生物发酵过程中，发酵液内糖的消耗情况是一项重要的生理指标，它也是掌握发酵进程的重要依据之一。

糖的定量测定方法很多，如费林法、碘量法、蒽酮法、3，5－二硝基水杨酸法等，它们各有优缺点。实验采用邻甲基苯胺（简称 O. T. 试剂）法，邻甲基苯胺（O－toluidine）是芳香族伯胺，它与醛基作用可生成席夫碱（schiff－bases，RCH＝NR）。在酸性溶液中，邻甲基苯胺能与葡萄糖的醛基作用，生成葡糖胺和相应的席夫碱的混合物。这一混合物呈绿色，颜色稳定，其深浅与葡萄糖的浓度成正比，在一定范围内符合朗伯—比尔定律，因此可用于葡萄糖的定量测定。本方法的特点是反应灵敏，操作简便，结果准确，稳定性好。

[实验 8－6] 还原糖测定（g/100 mL 发酵液）

1. 器材

756/762 分光光度计、移液管、容量瓶、试管等。

2. 试剂

（1）标准葡萄糖溶液。取分析纯葡萄糖置于 80 ℃～90 ℃烘箱内烘 2 h，然后准确称取 20 mg 置于 100 mL 容量瓶中，用蒸馏水定容至刻度，充分摇匀，配成 0.2 mg / mL 的标准葡萄糖溶液。

（2）邻甲基苯胺试剂（O. T. 试剂）。称取硼酸（A. R.）0.65 g，溶于 212.5 mL 温热的冰乙酸中，再加入 1.25 g 硫脲。充分溶解后静置，最后加入邻甲基苯胺 37.5 mL，使总体积为 250 mL，贮存于棕色瓶内。

（3）2 mol/L HCl。

（4）2 mol/L NaOH。

3. 方法

（1）葡萄糖标准曲线的制备。

取干净试管 6 支，分别加入标准葡萄糖溶液 0.025 mL、0.50 mL、1.0 mL、1.5 mL、2.0 mL，O. T. 试剂 4 mL，用蒸馏水定容至总体积为 6 mL。

将各试管内溶液摇匀，套上试管套，置于沸水浴中加热 10 min；取出，用流水冷却至室温。

用 756/762 分光光度计，在波长 635 nm 处比色测定，读取光密度值。

以光密度值为纵坐标、糖的质量（mg）为横坐标绘制标准曲线。

（2）发酵液含糖量的测定。

酸解：因培养基内含有部分乳糖，所以应先将它水解成单糖，然后进行测定。测定时发酵液应先经滤纸过滤。取不同时间的发酵液样品（从 0 h 到 144 h ）的滤液 2 mL，分别置于干净试管中。加入 2 mol/L HCl 2 mL，摇匀，套上试管套，置于沸水浴内水解 25 min，使乳糖水解为单糖。

稀释：水解液用 2 mol/L NaOH 调至中性，然后将水解液在容量瓶中定容至刻度，充分摇匀。

显色：分别吸取不同体积稀释后的水解液，置于干净试管中；加入蒸馏水、O. T. 试剂，充分摇匀，套上试管套，置于沸水浴中加热 10 min；取出后用流水冷却至室温。

比色：以蒸馏水加 O. T. 试剂为空白对照，在波长 635 nm 处比色测定，记录光密度读数。

计算：根据测得的样品光密度值，在标准曲线上查出相应的葡萄糖质量（mg），然后按下列公式算出每 100 mL 发酵液内糖的含量。

$$\text{发酵液含糖量（g/100mL）} = A\ N/V \times 1\,000 \times 100$$

式中，A 为由光密度值查标准曲线所得的糖的质量，mg；N 为样品稀释倍数；V 为测定时所取的样品体积，mL。

五、发酵液中氨态氮的测定

氮源是微生物的营养要素之一，因为氮是构成细胞蛋白质和核酸的重要元素，因此发酵液内含氮量的变化也是微生物发酵过程中的重要生理指标。

实验利用康惠皿法测定发酵液内的氨态氮。其原理是：发酵液内 NH_3 被 K_2CO_3 释放，并被吸收剂 H_2SO_4 吸收，然后用比色法测定吸收剂内氨态氮的含量。

分析用的仪器康惠扩散皿的结构极为简单，它是一个玻璃小皿，分内外两圈，内圈玻璃高度为外壁的 1/2。皿的外圈加入反应物和试剂，内圈盛吸收剂。康惠皿用涂有凡士林或凡士林和石蜡混合物的玻片密封。

[实验 8 - 7] NH_3 - N 测定（mg 氮/100mL 发酵液）

1. 器材

康惠扩散皿及合适的玻璃盖片、721 分光光度计、移液管、试管等。

2. 试剂

（1）硫酸铵标准溶液（0.01 mol/ L）。准确称取已烘至恒重的硫酸铵 1.32 g 置于干净小烧杯内，用蒸馏水溶解并定容于 100 mL 的容量瓶内（内加浓硫酸 1 mL 作为防腐剂），充分摇匀。使用时将上述溶液再稀释 10 倍，即得 0.01 mol/L 硫酸铵溶液。

（2）饱和碳酸钾溶液。将 100 g 碳酸钾溶解于 100 mL 蒸馏水中，加热 15 min，冷却后置于带橡皮塞的细口瓶内。

（3）奈氏试剂。

制备贮存液：将 37.5 g 碘化钾和 25 g 碘加于 500 mL 烧瓶内。上述瓶内加蒸馏水 50 mL，再加汞 37.5 g，立刻猛烈摇动烧瓶 7 ~ 10 min 至溶液呈淡绿色。这步操作越快越好，不能超过 10 min；立即倒出上述溶液的清液，用蒸馏水稀释至 500 mL 即成贮存液。

制备工作液：取奈氏试剂贮存液 15 mL、10% NaOH 溶液 70 mL、蒸馏水 15 mL，充分混匀，用滤纸过滤，倒入带有橡皮塞的试剂瓶内即可。

注意：NaOH 溶液使用前必须先充分冷却，因为太热会引起试剂产生大量沉淀。

3. 方法和步骤

（1）绘制标准曲线。奈氏试剂是一种碘化钾与碘化汞的复合物，它可以与氨离子作用生成碘化铵与汞的胶体溶液，其颜色反应在一定范围内与溶液中铵的量成直线关系。

（2）按反应体积将各种溶液加于小试管中，混合后放置5 min，在440 nm波长下比色测定。

（3）以氨氮（NH_3-N）质量（mg）为横坐标、光密度值（OD值）为纵坐标，绘制标准曲线。

（4）发酵液内氨氮的测定（以NH_3-N mg/100 mL发酵液计）。将发酵液离心沉淀，并根据发酵时间进行适当稀释。

（5）在洗净并已干燥的康惠皿内外圈的口上均匀地涂一层凡士林。内圈加0.05 mol/L H_2SO_4 1 mL，外圈加稀释的发酵液1 mL，用玻璃片将康惠皿盖好并露出一小孔，再加入1 mL K_2CO_3于皿的外圈内，立即用玻璃片将皿密封。轻轻转动康惠皿使饱和K_2CO_3与发酵液混合，37 ℃放置4 h后移去玻璃片，从内圈吸出硫酸溶液0.5 mL于小试管内，加蒸馏水8.5 mL，再加奈氏试剂1 mL，放置5 min，在440 nm波长下进行光电比色测定，读取光密度值，记录实验结果。

第三节　四环素的发酵和萃取

四环素族抗菌素包括金霉素、四环素和土霉素。它们的化学结构极为相似。

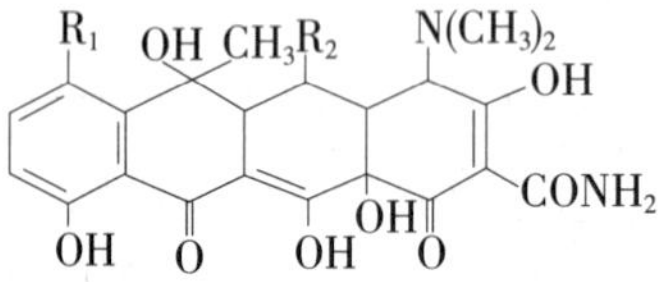

	R_1	R_2
金霉素	Cl	H
土霉素	H	OH
四环素	H	H

因为金霉素比四环素只多一个氯离子，所以只要在发酵液中加入能够阻止氯离子进入四环素分子的物质，就能使菌种产生较多的四环素。因此，在四环素发酵中，利用溴离子在生物合成过程中对氯离子有竞争性抑制作用的原理，可通过加入硫醇苯骈噻唑（即M－促进剂）抑制氯化酶的作用，增加四环素的产量。实验利用比色法测定四环素和金霉素的效价。

四环素和金霉素在酸性条件下加热可产生黄色的脱水金霉素和脱水四环素，其色度与含量成正比。碱性条件下，四环素较稳定，金霉素会生成无色的异金霉素。

根据上述原理，可以在酸性条件下，利用比色法测定四环素、金霉素混合液的总效价，而四环素效价的测定可在碱性条件下使金霉素生成无色的异金霉素，然后再在酸性条件下使四环素生成黄色的脱水四环素，经比色测得四环素效价。总效价与四环素效价二者之差即为金霉素的效价。

发酵液中加入乙二胺四乙酸二钠盐（EDTA）作为螯合剂，掩饰金属离子的干扰，改变四环素脱水条件（降低酸度或延长加热时间），可以减少发酵液中所含杂质对比色反应的干扰。

［实验8－8］四环素发酵实验

1. 实验仪器与材料

250 mL三角瓶（12个），500 mL三角瓶（48个），50 mL容量瓶，1 mL、5 mL和10 mL吸管，粗口吸管，滤纸，层析缸，比色计等。

孢子培养基：小麦数皮35 g/L，琼脂20 g/L，合成水［$MgSO_4$ 0.1 g/L，KH_2PO_4 0.2 g/L，$(NH_4)_2HPO_4$ 0.3 g/L］，蒸馏水配制，自然pH。

种子培养基：黄豆饼粉 20 g/L，淀粉 40 g/L，酵母粉 5 g/L，蛋白胨 5 g/L，$(NH_4)_2SO_4$ 3 g/L，$MgSO_4$ 0.25 g/L，KH_2PO_4 0.2 g/L，$CaCO_3$ 4 g/L。

发酵培养基：黄豆饼粉 40 g/L，淀粉 100 g/L，酵母粉 2.5 g/L，蛋白胨 15 g/L，$(NH_4)_2SO_4$ 3 g/L，$MgSO_4$ 0.25 g/L，$CaCO_3$ 5 g/L，α－淀粉酶活力为 105 U/mL。

草酸，EDTA，HCl，NaOH，pH 3.0 柠檬酸缓冲液，正丁醇，氨水。

菌种：生金色链霉菌（*Streptomyces aureofaciens*）。

2. 实验步骤及方法

（1）孢子制备：金霉素链霉菌接种在杀菌后的孢子斜面培养基上，37 ℃培养 5 d，当孢子长成灰色时，可用于接种子摇瓶。

（2）种子制备：将种子培养基 25 mL 加入到 250 mL 摇瓶中，杀菌后接种 1 cm^2 斜面孢子，于 28 ℃ 培养 20 h，观察浓度达到要求时可转接发酵摇瓶。

（3）发酵：在发酵培养基中分别加入下列成分进行发酵，比较它们对四环素产量的影响：① 加 0.2% 的 NaBr；② 加 0.2% 的 KCl；③ 加 0.2% 的 NaBr 和 0.002 5% 的 M－促进剂（原始溶液浓度为 50%）；④ 对照（除发酵培养基外不加其他物质）。

于 500 mL 摇瓶中装入发酵培养基 50 mL，杀菌后接入 10% 种子，在 28 ℃ 摇床培养 5 d，每隔 12 h 分别采用纸层析法测定效价，质量法测定菌体量。

（4）四环素效价测定：取一定量发酵液，加草酸酸化至 pH 为 1.5～2.0 后过滤，取滤液 1 mL（效价约为 1 000 U/mL）于 50 mL 容量瓶中，加入 1 mL 1% EDTA，加水 9 mL，再加入 1 mL 3 mol/L 的 NaOH，在 20 ℃～25 ℃ 保温 15 min 后，加入 2.5 mL 6 mol/L HCl，煮沸 15 min 后，冷却，在分光光度计上于 440 nm 处测定其吸光度值。

对照样品与上述步骤一样，只是在加入 HCl 后，不加热，稀释至刻度。

（5）纸层析鉴定：在 pH 2.5 的磷酸缓冲液中将新华滤纸条（长 24 cm）浸湿，取出后用干滤纸将多余的缓冲液吸去，晾干；用毛细管将四种发酵滤液和四环素、金霉素标准品溶液分别滴在处理过的滤纸上，圆点直径不大于 0.4 cm，间距 3 cm。一般效价控制在 1 000 U/mL 以上滴 3 点，500～1 000 U/mL 滴 4 点，200～500 U/mL 滴 5 点。滴好样品后将滤纸放入展开剂中饱和 6 h 以上；用 pH 3.0 柠檬酸缓冲液饱和的正丁醇作层析溶剂。在室温下展开 6～8 h（与温度有关）；展层后将滤纸取出，于溶剂前沿划记号，晾干用氨水熏数秒钟后即可在紫外灯下显影，画出黄色斑点，分别算出 R_f 值。

3. 实验数据处理

发酵培养时，每一种培养基用 500 mL 摇瓶培养 12 瓶，分别在 0 时间和间隔 12 h 取一瓶，除测定四环素效价外，采用质量法测定菌体量，结果如下表。

时间（h）	四环素效价（U/mL）	菌体量（g/L）	单位菌体量（u/g）	菌体生产率［u/(g·h)］
0				
12				
24				
36				
48				
60				
72				
84				
96				
108				
120				

4. 结果与讨论

（1）四环素类抗生素是由糖和 NH_2^- 衍生而成。四环素的母核是由乙酸或丙二酸单位缩合形成的四联环，氨甲酰基和 N－甲基分别来自 CO_2 和甲硫氨酸。根据这一原理，试讨论四环素的生物合成途径。

（2）按上表给出相应数据，并以时间为横坐标，表中数据为纵坐标绘图，分析各量的变化规律。

（3）在实验报告中给出完整的实验步骤，讨论各步骤的注意事项与必要性。

第四节　有机溶剂萃取红霉素

由于红霉素在有机溶剂和水溶液中的溶解度不同，因此，将醋酸丁酯加到含有红霉素的水溶液后，通过混合、分离操作使红霉素从水相转到有机相中，从而达到分离和浓缩红霉素的目的。

分配定律是表征溶剂萃取性能的重要指标，它与多种因素有关，其中弱电解质、溶液 pH 的大小等对分配系数的影响较大。

[实验 8－9] 有机溶剂萃取红霉素实验

1. 实验仪器与材料

仪器：分光光度计，pH 计，温度计，分析天平，分液漏斗，烧杯，试管，吸管，吸耳球。

材料：红霉素碱，醋酸丁酯，pH 为 10 的碳酸盐缓冲溶液，0.1 mol/L HCl 溶液，8 mol/L H_2SO_4，0.35% K_2CO_3 溶液，乙醇，无水 Na_2SO_3。

2. 实验步骤及方法

（1）准确称取 0.125 g 红霉素碱 2 份，分别用少量无水乙醇溶解，然后其中一份用蒸馏水稀释到 30 mL，另一份用 pH 为 10 的碳酸盐缓冲溶液稀释到 30 mL，分别取样测定效价。

（2）分别取上述溶液 25 mL，放入到 125 mL 的分液漏斗中，然后各加入 25 mL 醋酸丁酯，盖好塞子，振荡 15 min，静置分层，测定操作温度并做记录，然后排放下水层即萃取相，取样分析残液效价并测量其 pH 。

（3）用吸管吸取 10 mL 上层醋酸丁酯（萃取相）放入 60 mL 分液漏斗中，然后放入等体积 0.1 mol/L HCl 溶液，盖好塞子，振荡 0.5 min，静置分层，排放下层液（水相）并取样分析，溶液浓度换算成萃取相单位体积的浓度值。

（4）红霉素化学效价测定：吸取用缓冲溶液稀释的实验样品 5 mL，加入 5 mL 8 mol/L H_2SO_4 摇匀后，在（50 ± 1）℃ 水浴中保温 30 min，取出冷却至室温。在 721 分光光度计 483 nm 下比色，以蒸馏水为空白。记下吸光度值，在标准曲线上查找相应的浓度，乘以稀释倍数即得样品的效价。

发酵液经过滤后，根据确定好的倍数，吸取一定量溶液用 0.35% 溶液稀释，取稀释液 20 mL 于分液漏斗中，加入醋酸丁酯（工业品需处理后使用）20 mL，振荡 0.5 min，静置分层，排出下层液（水相）后，加无水 Na_2SO_3 1 g 左右于醋酸丁酯中，振荡 0.5 min（脱水完全），以液体透明为准。吸取此脱水液 10 mL 于另一个干燥分液漏斗中准确加入 0.1 mol/L HCl 10 mL，振荡 0.5 min，静置分层，将下层 HCl 溶液放入试管中，取 5 mL 于另一试管中加入 8 mol/L H_2SO_4 溶液 5 mL 摇匀于（50 ± 1）℃ 水浴，30 min 后取出冷却至室温，在 721 分光光度计 483 nm 下比色，以蒸馏水作空白。

计算：红霉素化学效价 = 发酵液稀释后取样毫升数 × 吸取 K_2CO_3 溶液稀释后毫升数/K_2CO_3 溶液稀释毫升数 × 吸取醋酸丁酯毫升数 × 吸取 0.1 mol/L HCl 毫升数。

3. 标准曲线的制备

称取 10～12 mg 样品于称量皿中，加乙醇（每 10 mg 左右样品加 1 mL 乙醇）后，加水稀释成 1 000μg/mL，分别吸取 0.1 mL，0.2 mL，0.3 mL，0.4 mL，0.5 mL 该溶液于试管中加水至 5 mL，摇匀，再加 8 mol/L H_2SO_4 5 mL，摇匀于（50 ± 1）℃ 水浴保温 30 min，取出冷却，在 721 分光光度计 483 nm 下比色

测定，以蒸馏水作空白，以光密度值为纵坐标，相应含量为横坐标作标准曲线图。

4. 结果与讨论

将所得数据整理成表，进行物料衡算和不同 pH 下分配系数数值的计算，说明溶液 pH 对分配系数的影响并分析其原因。

第五节　液体发酵法生产链霉素

瓦克斯曼（Selman A. Waksman）于 1943 年分离到一株灰色链霉菌（*Streptomyces griseus*），能产生对革兰氏阳性细菌和革兰氏阴性细菌都有抗菌作用的一种新的抗生素——链霉素。链霉素和其他抗生素一样是微生物的次级代谢产物。链霉素属于氨基糖苷类抗生素。

灰色链霉菌在下述条件下产生链霉素：对细胞足够的供氧；存在低浓度无机磷酸盐；足够的葡萄糖和足够高浓度的含氮物质。

在发酵培养基上，链霉素的发酵分三个阶段：生长阶段，菌丝形成，需氧量极大，在两天内形成链霉素不多；成熟阶段，菌丝及重量保持稳定，葡萄糖及其他碳源在培养基中消失，形成链霉素；老化阶段，有许多链霉素形成，然后链霉素产生停止，浓度下降，pH 上升，菌丝自溶，需氧量减少，此时停止发酵。

在中性溶液中，链霉素成为 3 价阳离子，故可用阳离子交换树脂吸附，然后进行洗脱和收集。二次洗脱液要通过高交联度的氢型树脂，以除去阳离子、无机杂质和小分子的有机杂质。用硫酸或氢氧化钡调 pH 至 4.5～5.0，再加入适量的活性炭，常温下脱色，可得到链霉素精制液。

纸层析是鉴别抗生素的方法之一，常用 8 个溶剂系统进行纸层析，层析后进行生物显色并绘制层析图谱，根据层析图谱对未知抗生素进行鉴定。实验采用其中一个溶剂系统，并用标准链霉素溶液作为对照对发酵液进行鉴定。

[实验 8－10]　液体发酵法生产链霉素实验

1. 实验仪器与材料

仪器：5 L 发酵罐，恒温摇床，冷冻离心机，高压灭菌锅等。

材料：灰色链霉菌（链霉素产生菌，中国菌种保藏中心），大肠杆菌，金黄色葡萄球菌，葡萄糖，蛋白胨，豌豆，正丁醇。

其他：三角瓶（500 mL），新华 3 号滤纸，层析缸（30 cm×10 cm），搪瓷盘，毛细管，培养皿。

2. 试剂

（1）牛肉膏蛋白胨固体培养基：牛肉膏 3 g，蛋白胨 10 g，NaCl 5 g，琼脂 20 g，水 1 000 mL，pH 7.4～7.6，121 ℃ 高压蒸汽灭菌 30 min。

（2）豌豆培养基：葡萄糖 10 g，蛋白胨 5 g，豌豆提取液 1 L（以 NH_2 计，100 mL 含 12～14 mg），pH 7.0～7.2，高压蒸汽灭菌（105 ℃，30 min）。

（3）查氏培养基：蔗糖 30 g，$NaNO_3$ 2 g，K_2HPO_4 1 g，$MgSO_4 \cdot 7H_2O$ 0.5 g，KCl 0.5 g，$FeSO_4 \cdot 7H_2O$ 0.01g。

（4）链霉素标准溶液（10 mg/mL）：将链霉素溶于去离子水中，无菌滤膜过滤后备用。

（5）展层溶剂系统：水饱和的正丁醇。

3. 实验步骤

（1）斜面孢子的制备。

用接种环挑取冰箱中保藏的菌种接种于豌豆培养基斜面培养基上，于27 ℃ 恒温培养箱中培养6 ~ 7 d即可得到斜面孢子。

（2）母瓶培养液的制备。

用接种环挑取斜面培养基表面上的孢子接种于灭菌的含有50 mL 豌豆培养基的三角瓶中，于27 ℃恒温摇床200 r/min 培养72 h 即成母瓶培养液。

（3）种子培养液的制备。

无菌操作取2 mL 母瓶培养液接种于含有100 mL 豌豆培养基的三角瓶中，于27 ℃ 恒温摇床200 r/min 培养3 ~ 4 d。

（4）发酵培养。

①三角瓶发酵培养：取4 mL 种子培养液接种于含有200 mL 豌豆培养基的500 mL 大三角瓶中，于28 ℃恒温摇床200 r/min 培养12 ~ 15 d 进行链霉素发酵。

②发酵罐发酵培养：在5 L 发酵罐中装入3 L 豌豆培养基，灭菌后接入60 mL 种子培养液，在控制条件下进行链霉素发酵。

（5）发酵液预处理。

发酵结束后，将发酵液在低温条件下12 000 r/min 离心，上清液即为含有链霉素的样品，如果不进行链霉素的分离纯化，可直接对发酵液进行抗生素抑菌实验和纸层析生物显色分析鉴定。

（6）发酵液抑菌实验。

在牛肉膏蛋白胨固体培养基平板上均匀涂布大肠杆菌或金黄色葡萄球菌，待其表面干燥后将小钢管垂直置于平板表面，取发酵液0.1 mL 注入小钢管中，于37 ℃ 恒温培养24 h 后观察结果。

（7）链霉素的纸层析鉴定。

①点样：在距新华滤纸（25 cm × 19 cm）底端2.5 cm 处划一道横线，用毛细管将发酵液和标准链霉素溶液（10 mg/mL）点在滤纸的横线上。每个样品之间距离2 cm。

②层析：将点样好的滤纸做成圆桶状，置于含有展层溶剂系统的层析缸中，于20 ℃ ~ 25 ℃上行扩展20 ~ 25 cm 后取出，挥发除净溶剂。

③显影（生物显影法）：将滤纸贴在接种有大肠杆菌或金黄色葡萄球菌的琼脂平板上，置于冰箱中（10 ℃，4 h），使滤纸上的抗生素渗透到平板上，然后于30 ℃ ~ 35 ℃培养10 ~ 20 h，根据平板上样品抑菌区的位置判断抗生素的类型。

第九章　发酵乳制品及乳酸菌制剂

第一节　酸乳制品的生产工艺

一、概述

目前，世界上有着众多类型的发酵乳。如酸乳、双歧杆菌发酵乳、保加利亚发酵乳、嗜酸乳杆发酵乳、酸牛乳酒等。关于发酵乳的发展，我们可以将其分为四代（见表9-1），当然这种分代方式并不是指新产品代替旧产品的更新换代。事实上，无论是现在还是将来，各代产品均会在市场上出现和不断发展壮大。

表9-1　发酵乳的发展概况

发展阶段	特征	重要性
第一代：公元前800年到1900年	由非固定菌种作用下的随机发酵获得的发酵产品	发酵乳是当时一些国家或地区的重要主食
第二代：1910年左右开始	由固定菌种的定向发酵获得的产品	发现了发酵乳的卫生预防作用
第三代：1921年到2000年	将从人体肠道中选择出来的活菌介入发酵乳生产	发酵乳的益生作用得到证实并且被进一步完善
第四代：2000年以后	通过下列途径增强发酵乳产品的营养保健作用：①利用遗传工程来提高微生物的各种生物合成能力；②添加来源于植物、微生物或其他复合体的具有生物活性的细菌；③增加牛乳及其他发酵乳所用原料的生物活性	使发酵乳对人体的保健作用得到全面发挥

作为发酵乳的一种，酸乳产品的发展代表了未来发酵乳的发展趋势之一。对全球酸乳消费市场而言，欧洲市场举足轻重。从平均每人年均消费量看，荷兰居首，瑞士次之，芬兰和法国分别位于第三、第四位。就产品种类而言，通常荷兰人、法国人和西班牙人更喜欢无糖天然凝固型酸乳，而瑞士、德国、意大利和英国人喜欢果料酸乳，其中大多数人更喜欢草莓酸乳。在欧洲，传统酸乳为凝固型和搅拌型的酸乳。由于酸乳在欧洲发展较早，已完全融入大众日常饮食结构中，从而使这些国家的消费者对产品的要求更为苛刻。消费者选择产品时不只基于其质量和价格，同时也非常重视产品的新颖性，从而使市场上各类产品竞争激烈，

新产品、新包装不断涌现。随着目前消费者对健康体魄和优美身材的追求，市场上各种低脂、脱脂酸乳深受欢迎。近几年来，通过强化各种营养素（维生素、矿物质）和益生菌而得到的高附加值酸乳更为酸乳以及发酵乳家族增辉。

由于各个国家之间生活水平、饮食习惯和气候方面存在差异，不同国家的酸乳消费量、消费者所偏爱的酸乳形态和口味也各有不同。鉴于酸乳并非我国广大消费者的传统食品；也由于酸乳属保鲜制品，在其运送和贮存过程中需冷藏；加上奶源方面的限制，我国酸乳产品的发展在世界上暂处于落后地位。

从20世纪80年代起，我国正式开始商业化生产酸乳，如北京市1982年年产酸乳仅为1 160 t，但到了1989年已年产33 210 t，8年中产量增加了近30倍。目前酸乳已成为我国发展最快的乳制品之一，酸乳生产主要集中在北京、上海、广州、天津等大、中城市。不同品牌的产品质量相差较大，产品种类仅限于传统的凝固型酸乳，搅拌型酸乳仅在近几年才得到迅速发展。

从价格上看，通常酸乳比其他冷冻甜品偏高。一般消费者将酸乳定位于较高价格的健康零食。在口味方面主要还集中于加糖的或果味酸乳，酸乳质地一般也较稀薄，近年来浓厚的果料型酸乳已渐成为市场上的新宠。

（一）发酵乳及酸乳的分类

1. 发酵乳的分类

发酵乳的定义：根据国际乳品联合会（IDF）1992年颁布的标准，发酵乳的定义为，乳或乳制品在特征菌的作用下发酵而成的酸性凝乳状产品，在保质期内，该类产品中的特征菌必须大量存在，并能继续存活和具有活性。

2. 酸乳的分类

酸乳制品：是一个综合性名称，是在乳制品加工过程中添加发酵剂的一种产品。不同的发酵菌种可制成不同的产品：

（1）乳酸菌：酸牛奶。

（2）嗜酸乳杆菌：嗜酸菌乳。

（3）乳酸链球菌：干酪。

（4）乳脂链球菌：人工酪乳。

（5）酵母菌：酒精发酵，如牛乳酒、马奶酒。

（二）酸奶的保健及营养价值

（1）抗癌作用。癌的发生主要是细胞的病变，即异常增殖。如何防止异常增殖也就是对癌症的预防方法，现代社会，由于环境及食品污染引发癌症的发病率很高。人的肠道中有三种酶，任何一种转变即可成为癌物质的前提，如β－葡萄糖浓缩酶等。经过对动物的对比实验和生物统计检验，看其显著性如何，一般选择的动物有小白鼠或猪。经保加利亚 Bogdanov 1963年、美国 Reoldy 1973年的实验，证明酸奶对治疗癌症有一定效果。

（2）降低血清胆固醇作用。通过对猪的实验，确知经喂养5～10 d酸奶后发现其中血清胆固醇明显降低。主要原因是嗜酸乳杆菌产生的一些因子具有此效果。

（3）对肠道病菌的控制作用。通过对小白鼠的实验，发现能抑制葡萄球菌、大肠杆菌、鼠伤害杆菌生长，产生类似抗生素物质，如双歧杆菌乳。

（4）容易消化乳糖的作用。乳糖不适应症主要是因为缺乳糖酶，在黑、白、黄人种中，白种人对酸奶的消化能力最强，这主要与遗传因素有关。从发展前景来说，酸奶将替代鲜乳，而且半乳糖对幼儿脑发育有很重要的作用。

（5）酸奶的营养作用。

二、发酵剂的制备

（一）发酵剂的概念、作用及其使用目的

在生产酸乳制品或乳酸菌制剂之前，必须根据生产需要预先制备各种发酵剂。所谓发酵剂是指生产干酪、奶油、酸乳制品及乳酸菌制剂时所需用的特定的微生物培养物。

1. 发酵剂的作用

分解乳糖成为乳酸，使乳的 pH 降低，从而使酪蛋白凝固，使酸度增高。

以明串珠菌为主的细菌能分解乳中柠檬酸生成羟丁酮，进而氧化成丁二酮，丁二酮具有芳香味。搅拌作用也有促使芳香物质生成的作用，同时也可以消除 - SH 的作用。

酵母菌能使乳糖发酵生成酒精，用于生产奶油。

丙酸发酵分解乳糖产生丙酸、醋酸和气体。可用于干酪生产，使干酪产生特有的风味。

2. 使用发酵剂的目的

随产品的种类和产品的要求而不同，其主要目的有下述各方面：

（1）乳酸发酵：使用发酵剂的主要目的之一。由于乳酸菌的发酵使牛乳的乳糖转变成乳酸，pH 降低、产生凝固和形成酸味，防止杂菌污染。乳酸发酵的主要作用有：①制造干酪时促进凝块的形成；使凝块收缩和容易排除乳清；防止在制造过程中和成熟期间被杂菌污染；改进产品的组织状态；成熟中给酶发挥作用创造适当的 pH 条件。②制造奶油时由于 pH 的降低，促进风味生成菌的发育和使奶油产生优美的发酵风味。③发酵乳方面能使产品形成均匀细致的凝块和产生良好的风味。

（2）产生风味：添加发酵剂的另一目的是为了使成品产生良好的风味。从广义来说，就是依靠蛋白分解菌和脂肪分解菌的作用，形成低级分解产物而产生风味。

在产生风味方面起重要代谢作用的为柠檬酸的分解。与此有关的微生物，以明串珠菌属为主，并包括一部分链球菌和杆菌。这些产生风味的细菌，分解柠檬酸而生成丁二酮、羟丁酮、丁二醇等化合物和微量的挥发酸、乙醇、乙醛等。但对风味起最大作用的为丁二酮，产生风味的程度受菌种和培养条件影响。据前人的研究，如在发酵剂的培养基中添加柠檬酸和进行通气，则可促进风味的产生，如将培养基进行中和，则会产生抑制作用。

（3）蛋白分解：在干酪生产中，发酵剂对蛋白质的分解起了重要的作用。由于酪蛋白分解生成胨和氨基酸，它们是干酪成熟后的主要风味成分。具有蛋白分解作用的发酵剂如表 9 - 2 所示。其作用随菌种而异，通常随着乳酸发酵而进行，能促进酶的作用，增进蛋白分解。

表 9-2　发酵剂用微生物及其性质

发酵剂用微生物		特性							使用的乳制品
通称	菌种名称	乳酸发酵	产生丁二酮	产气	蛋白分解	脂肪分解	丙酸发酵	产生抗生素	
乳酸球菌	嗜热链球菌 (*Str. thermophilus*)	0							各种干酪、酸凝乳
	粪链球菌 (*Str. faecalis*)	0	△						契达干酪、Provolone 干酪
	液化链球菌 (*Str. liquefaoiers*)	0							Romano 干酪
	产酶链球菌 (*Str. zymogenes*)	0			0				Romano 干酪
	乳酸链球菌 (*Str. lactis*)	0	△						各种干酪、奶油、发酵乳
	乳油链球菌 (*Str. cremoris*)	0	△		0	△		△	各种干酪、奶油、发酵乳
	丁二酮乳酸链球菌 (*Str. diacetilactis*)	0	0					△	奶油
	柠檬明串珠菌 (*Leu. citrouorum*)		0	0					奶油、发酵乳酪
	戊糖明串珠菌 (*Leu. deztranicum*)		0	0					奶油、发酵乳酪
乳酸杆菌	乳酸杆菌 (*L. lactis*)	0							Provolone 干酪、瑞士干酪
	嗜酸杆菌 (*L. acidophilus*)	0						△	嗜酸菌乳、乳酸菌素
	保加利亚杆菌 (*L. bulgaricus*)	0	△		△				酸凝乳、干酪
	嗜热杆菌 (*L. thermophilus*)	0							干酪
	干酪杆菌 (*L. casei*)	0	△		0				各种干酪
	胚芽乳杆菌 (L. plantarum)	0				△		△	契达干酪
丙酸杆菌	费氏丙酸杆菌 (*Pre. freudenreichii*)			0			0		瑞士干酪
	薛氏丙酸杆菌 (*Pro. shermanii*)			0			0		瑞士干酪
	贝氏丙酸杆菌 (*Pro. peterssonii*)			0			0		瑞士干酪

（续上表）

发酵剂用微生物		特性							使用的乳制品
通称	菌种名称	乳酸发酵	产生丁二酮	产气	蛋白分解	脂肪分解	丙酸发酵	产生抗生素	
小球菌	费氏小球菌（*M. freudeureichii*）					△			干酪、契达干酪
	溶乳酪小球菌（*M. caseniglicius*）				0				契达干酪

注：0—各菌种的通性；△—部分菌珠的性质。

（4）脂肪分解：用霉菌发酵生产干酪时，兼备蛋白分解和脂肪分解作用而达到成熟的目的。乳酸菌的一部分菌株（如乳酸链球菌、干酪杆菌）也具有脂肪分解力，在契达干酪的成熟中就有这种现象。

实际上，使用发酵剂时，没有单以脂肪分解为唯一目的的情况。通常分解脂肪的发酵剂也都兼备乳酸发酵和蛋白质分解的性能。

（5）丙酸发酵：丙酸菌将乳酸菌所生成的乳酸再分解而产生丙酸、醋酸、二氧化碳及水。这些发酵产物与瑞士干酪特有的风味及气孔有关。

（6）酒精发酵：牛乳酒一类的酒精发酵乳是用酵母将乳糖发酵生成酒精而制成的。由于乳酵母在酸性环境中发育，因此，通常与乳酸菌发酵剂混合使用，而且培养基的 pH 低，故可防止杂菌的污染。

酒精发酵也可用于酒精生产方面，发酵剂以乳清作培养基，故在乳清的利用方面具有一定的作用。

（7）产生抗生素：乳酸链球菌和乳油链球菌中的个别菌株，能产生 Nisin（乳酸链球菌素）和 Diplococcin（乳油链球菌素）抗生素。使用这种菌的目的，除了产生乳酸发酵外，还用作产生抗生素借以防止杂菌，特别是防止酪酸菌的污染。这类菌种也用于部分干酪生产中，并获得良好的效果。

（二）发酵剂用菌种的选择

发酵剂所用的菌种随生产的乳制品而异。有时单独使用一个菌种，有时将两个以上的菌种混合使用。按照使用菌种的数量不同，可称单用发酵剂或混合发酵剂。乳酸菌的混合发酵剂多以乳酸链球菌或嗜热链球菌与干酪杆菌或保加利亚杆菌混合，其组合方式随产品的种类而异，混合的目的就是利用菌种间的共生作用，相互得益。

菌种的选择对发酵剂的质量起重要作用。可根据不同的生产目的从表 9－2 中选择适当的菌种，同时对菌种发育的最适温度、耐热性、产酸力以及是否产生黏性物质等尤需特别往意。①要掌握菌种最适宜的生长温度、耐热性、产酸力等；②产品可以单独使用一种，也可混合使用。

混合的目的就是利用菌种间的共生作用。如丁二酮乳酸链球菌、柠檬酸链球菌在牛乳中不产酸，但和乳酸链球菌及乳脂链球菌一起使用时，可增加以上两种菌的产酸速度。有些微生物的营养基质则是其他微生物的代谢产物。另外，保加利亚杆菌和嗜热链球菌也具有共生的作用。

（三）发酵剂的调制

1. 培养基的选择原则

（1）调制发酵剂所用的培养基原则上要与产品的原料相同或类似。例如，调制乳酸菌发酵剂时最好用全乳、脱脂乳或还原乳。

（2）用作培养基的原料乳必须新鲜、优质；乳房炎乳、细菌污染乳以及其他各种异常乳都不得用作培养基。

（3）培养基应该严格灭菌，要求达到完全的无菌状态。当调制乳酸菌纯培养物和母发酵剂的培养基时，应采用高压灭菌或间歇灭菌，以达到完全无菌状态。调制工作发酵剂的培养基，应采用90 ℃ 60 min或100 ℃ 30～60 min杀菌。但高温灭菌或保温式灭菌易使牛乳褐变和产生蒸煮味。

2. 培养条件的选择

（1）接种量：接种量随培养基的数量、菌的种类、活力、培养时间及温度等而异。一般调制乳酸菌发酵剂时按脱脂乳的0.5%～1%接种比较适合，工业生产上需要快速出产品，接种量可略为增加。

（2）培养时间与温度培养：培养的时间与温度随微生物的种类、活力、产酸力、产生香味的程度以及凝块形成情况等而异。兹举几种常用乳酸菌的发育温度及培养时间等列入表9－3中。

表9－3　常用乳酸菌的形状、特性和培养条件

细菌名称	细胞形状	菌落形状	发育最适温度（℃）	在最适温度中乳凝固时间	极限酸度（°T）	凝块性质	滋味	组织形态	适用的乳制品
乳酸链球菌（*Str. lactis*）	双球状	光滑微白菌落有光泽	30～35	12 h	120	均匀稠密	微酸	针刺状	酸牛乳、酸凝乳、酸稀奶油、牛乳酒、酸性奶油、干酪
乳油链球菌（*Str. cremoris*）	链状	光滑微白菌落有光泽	30	12～24 h	110～115	均匀稠密	微酸	酸稀奶油状	酸牛乳、酸凝乳、酸稀奶油、牛乳酒、酸性奶油、干酪
产生芳香物质的细菌： 柠檬明串珠菌 戊糖串珠菌 丁二酮乳酸链球菌	单球状 双球状 细长链状	光滑微白菌落有光泽	30	不凝结 2～3 d 18～48 h	70～80 100～105 100～115	均匀	— 微酸 —	— 针刺状 —	酸牛乳、酸凝乳、酸稀奶油、牛乳酒、酸性奶油、干酪
嗜热链球菌（*Str. thermophilus*）	链状	光滑微白菌落有光泽	37～42	12～24 h	110～115	均匀	微酸	酸稀奶油状	酸牛乳、干酪
嗜热性乳酸杆菌： 保加利亚杆菌 干酪杆菌 嗜酸杆菌	长杆状，有时呈颗粒状	无色的小菌落如棉絮状	42～45	12 h	300～400	均匀稠密	酸	针刺状	酸牛乳、马乳酒、干酪、乳酸菌制剂

3. 发酵剂的冷却与保存

当发酵剂按照适宜的条件培养，并达到所要求的发育状态后，应迅速冷却，并存放于0 ℃ ~5 ℃ 的冷藏库中。发酵剂冷却的速度受发酵剂的数量影响。当培养大量发酵剂时，如直接放入冷藏库中则需要很长的时间才能达到完全冷却的程度。在这段时间里，酸度继续上升，会使发酵过度，因此必须提前停止培养，或者将培养好的发酵剂置于冰水中冷却。必要时可振荡发酵剂的容器，促进冷却。

保存过程中活力随保存温度、培养基的 pH 等而变化。通常为 1 个月，14 ℃时为 2 个月，-15 ℃ 时为 6 个月，如在脱脂乳中加 1% 的碳酸钙可提高生存率。

4. 调制发酵剂必要的用具及材料

调制发酵剂时，为了避免杂菌的污染，接种之前必须预先做好一切准备，必要的设备及器材有下列各种：

①干热灭菌器。供发酵剂容器及吸管等灭菌用。

②高压灭菌器。供培养基等灭菌用。

③恒温箱。供培养发酵剂用。

④母发酵剂容器。带棉塞的三角烧瓶（容量 100 ~300 mL ）。

⑤工作发酵剂容器。大型三角烧瓶或发酵罐、发酵槽等，可按生产数量选择容器。

⑥灭菌试管。带棉塞试管，供培养乳酸菌纯培养物用，预先进行干热灭菌。

⑦灭菌吸管。容量 2 ~5 mL，预先用硫酸纸包严并进行干热灭菌或高压灭菌。

⑧冰箱。能调节 0 ℃ ~5 ℃ 的冰箱，保存发酵剂用。

⑨菌种培养用脱脂乳。将新鲜脱脂乳盛入预先经过干热灭菌的带棉塞的试管中（脱脂乳量为试管容量的 1/3）并进行间歇灭菌，供移植及复活乳酸菌纯培养物用。

5. 发酵剂的制备方法

通常乳酸发酵剂分三个阶段制造，即乳酸菌纯培养物、母发酵剂和生产发酵剂。

[实验 9 -1] 纯培养乳酸菌菌种的活化

纯培养菌种也叫商品发酵剂，从微生物研究单位购进，活化程序如下：

（1）乳酸菌菌种一般接种在脱脂乳、乳清、肉汁或其他培养基中。

（2）将装菌种的试管口用火焰灭菌，按 2% ~3% 的接种量接入常用的脱脂乳培养基中。

（3）按菌种所需的生活环境进行培养，凝固后再取同样的量按同样的方法反复数次培养。

（4）如果是干粉菌种，用灭菌铂耳取出少量移入预先准备好的培养基中，在所需温度下培养。

[实验 9 -2] 母发酵剂的制备

用活化的纯培养菌种制成的发酵剂叫母发酵剂。它是乳品厂各种发酵剂的起源，制备方法如下：

（1）容器经 150 ℃，1 ~2 h 的灭菌；或 120 ℃，15 ~20 min 高压灭菌；或 100 ℃，30 min 连续三天间歇灭菌，冷却到菌种所需要的温度。

（2）取新鲜脱脂乳 100 ~300 mL 置于灭菌后的容器中，用灭菌吸管吸取 2% ~3% 纯培养菌种接种，要求充分搅拌均匀。

（3）接种后，将菌种置于所需环境下培养，使其凝固。

（4）取同样数量活化扩大数量（中间发酵剂）。

[实验9-3] 生产发酵剂的制备

指直接用于生产的发酵剂。培养基要求与成品一样，制备方法如下：

（1）培养基的制备：取实际生产量5%的原料乳放于灭菌过的生产发酵容器中，置于90 ℃~95 ℃条件下杀菌5~15 min，冷却到菌种所需要的温度。

（2）接种：接种培养基体积3%~5%的发酵剂，充分搅拌均匀。

（3）培养：按菌种所需要的温度培养凝固，培养物即为生产发酵剂。

6. 发酵剂的质量要求及鉴定

（1）发酵剂的质量要求：①凝块需有适当的硬度，均匀而细滑，富有弹性，组织均匀一致，表面无变色、龟裂、产生气泡及乳清分离等现象；②需具有优良的酸味和风味，不得有腐败味、苦味、饲料味和酵母味等异味；③凝块完全粉碎后，质地均匀，细腻滑润，略带黏性，不含块状物；④按上述方法接种后，在规定时间内产生凝固，无延长现象。活力测定时（酸度、感官、挥发酸、滋味）合于规定指标。

（2）发酵剂的质量检查。

生产酸乳制品及乳酸菌制剂时，发酵剂质量的好坏直接影响成品的质量，故对发酵剂的质量必须进行严格检查。最常用的质量评定方法如下：①感官检查。首先观察发酵剂的质地、组织状况、色泽及乳清分离等。其次用触觉或其他方法检查凝块的硬度、黏度及弹性等。然后品尝酸味是否过高或不足，有无苦味和异味等。②化学性质检查。关于这方面的检查方法很多，最主要的为测定酸度和挥发酸。酸度一般用滴定酸度表示，以0.8%~1%（乳酸度）为宜。测定挥发酸时，可取发酵剂250 g于蒸馏瓶中，用硫酸调整pH为2.0后，用水蒸气蒸馏，收集最初的1 000 mL用0.1 N氢氧化钠滴定。③细菌检查。用常规方法测定总菌数和活菌数，品质好的达10^7个/mL，必要时选择适当的培养基测定乳酸菌等特定的菌群。④实际发酵实验。按规定接种后，若能在规定时间内产生凝固，则说明活力测定合乎规定指标，发酵剂是合乎质量要求的。⑤发酵剂的活力测定。发酵剂的活力可利用乳酸菌的繁殖而产生酸和色素还原等现象来评定。活力测定的方法必须简单而迅速，可选择下列两种方法：一是酸度测定方法。在高压灭菌后的脱脂乳中加入3%的发酵剂，并在37.8 ℃的温箱内培养3.5 h，然后测定其酸度。如酸度达0.4%则说明活力较好，并以酸度的数值（此时为0.4）来表示。二是色素还原测定。在刃天青（$C_{12}H_{17}NO_4$）还原实验脱脂乳9 mL中加发酵剂1 mL和0.005%刃天青1 mL，在36.7 ℃的温箱中培养35 min以上，如褪色则表示活力良好（青兰-紫色-红色-无色等）。

第二节　酸奶的加工工艺

一、酸奶的类型

1. 法定标准

世界粮农组织和世界卫生组织规定，酸奶按含脂率可分为全脂酸奶（含脂3%以上）、半脱脂酸奶（含脂0.5%~3%）和脱脂酸奶（含脂0.5%以下）。

2. 生产方法

酸奶按生产方法可分为传统的凝固型酸奶和搅拌型酸奶。

3. 风味酸奶

在传统型酸奶中加入香精、色素、果料等制成：

（1）水果型：添加草莓、杏、菠萝、樱桃、橘子等的酸奶。

（2）香精型：添加香蕉、柠檬、柑橘等香精的酸奶。

（3）营养型：添加咖啡、可可等各种营养物质的酸奶。

4. 发酵后再加工的酸奶

（1）冷冻酸奶：（-20 ℃）为了保存。

（2）疗效酸奶：低乳糖酸奶、低热量酸奶、蛋白质强化酸奶。

（3）浓缩酸奶：总乳固体24%。

（4）干燥酸奶：水分含量6%。

二、酸奶的生产

酸奶是牛奶经过均质、消毒、发酵等过程加工而成的。酸奶的品种很多，根据发酵工艺的不同，可分为凝固型酸奶和搅拌型酸奶两大类。凝固型酸奶在接种发酵菌株后立即进行包装，并在包装容器内发酵、成熟。搅拌型酸奶先在发酵罐中接种、发酵，发酵结束后再进行无菌罐装并后熟。

嗜热乳酸链球菌（*Streptococcus thermophilus*）和保加利亚杆菌（*Lactobacillus bulgaricus*）是两类最常用的酸乳发酵菌种，乳酸菌种可以从市场销售的各类酸乳中分离。

近年来，人们又将双歧杆菌引入酸奶制造业中，使传统的单株发酵变为双株或三株共生发酵。双歧杆菌产生的双歧杆菌抑制素对肠道中的致病微生物具有明显的杀灭效果，双歧杆菌还能分解积存于肠胃中的致癌物N-亚硝基胺，防止肠道癌变，并能促进免疫球蛋白的产生，提高人体免疫力，使酸奶在原有的助消化、促进肠胃功能的基础上，又具备了防癌和抗癌的保健效果。

[实验9-4] 乳酸菌的分离纯化与鉴别

1. 实验器材与试剂

原料：市售酸奶或其他乳酸菌活菌制品、脱脂乳粉、全脂乳粉或鲜牛乳、蔗糖等。

器材：恒温水浴锅、酸度计、均质机、高压蒸汽灭菌锅、超净工作台、培养箱、酸奶瓶或一次性塑料杯、培养皿、试管、三角瓶等。

培养基：

（1）BCG牛乳培养基。

A溶液：称脱脂乳粉100 g溶于500 mL水中，加1.6%溴甲酚绿（BCG）乙醇溶液1 mL，80 ℃ 消毒20 min；

B溶液：酵母膏10 g，琼脂20 g，水500 mL，pH 6.8，121 ℃ 灭菌20 min；

将A、B溶液于60 ℃ 保温后以无菌操作等量混合，倒平板。

（2）乳酸菌分离培养基。

牛肉膏5 g，酵母膏5 g，蛋白胨10 g，葡萄糖10 g，乳糖5 g，NaCl 5 g，琼脂20 g，水1 000 mL，pH 6.8，121 ℃ 灭菌20 min后倒平板。

2. 实验步骤

（1）乳酸菌的分离纯化与鉴别。

取市售新鲜酸奶，用无菌生理盐水逐级稀释，取其中的10^{-4}、10^{-5}稀释液各0.1 mL，涂布在BCG牛乳培养基平板上，涂布均匀，置40 ℃ 温箱中培养48 h，如出现圆形稍扁平的黄色菌落及其周围培养基变为黄色者，则初步认定为乳酸菌。

（2）鉴别。

选取乳酸菌典型菌落转至脱脂乳试管中，40 ℃ 培养 8 h，若牛乳出现凝固，无气泡，呈酸性，涂片镜检细胞杆状或链球状，革兰氏染色呈阳性，则可将其连续传代。选择能使牛乳管在 3 ~ 6 h 内凝固的菌株，保藏待用。

［实验 9 - 5］ 酸凝乳的制作

1. 基料配制

将全脂乳粉、蔗糖和水以 10：5：70 的比例混匀，作为制作基料。如果以鲜牛乳为原料，由于牛乳中的乳脂率和干物质含量相对较低，特别是酪蛋白和乳清蛋白含量偏低，制成的酸凝乳的硬度不高，可能会有较多乳清析出。为了增加干物质含量，可用以下 3 种方法进行处理：

（1）将牛乳中水分蒸发 10% ~ 20%，相当于干物质增加 1.5% ~ 3%。

（2）添加浓汁牛乳（如炼乳、耗牛乳或水牛乳等）。

（3）按质量的 0.5% ~ 2.5% 添加脱脂乳粉。

表 9 - 4 酸凝乳的原料配合 （单位：kg）

原　料	例 1	例 2	例 3
脱脂乳	1 000		1 000
脱脂乳粉	25 ~ 35		
2/3 无糖浓缩脱脂乳		1 000	
加糖脱脂炼乳			100 ~ 120
蔗　糖	80 ~ 110	80 ~ 110	40 ~ 60
发酵剂	20 ~ 25	20 ~ 25	20 ~ 25
香　料	适量	适量	适量
硬化剂	适量	适量	适量

注：按上表的配合比例制成的酸凝乳，成品中含无脂干物质 13% ~ 14%。

2. 菌种扩大

将分离到的嗜热乳酸链球菌、保加利亚乳杆菌用上述培养基进行扩大培养。

3. 添加稳定剂、蔗糖

在基料中添加 0.1% ~ 0.5% 的明胶、果胶或琼脂作稳定剂，可提高酸奶的稠度和黏度，并可防止酸奶中乳清的析出。根据口味和营养需要，适当添加甜味剂及维生素。

在基料中添加 5% 的蔗糖效果较好，7% ~ 15% 都可以，生产中应进行小批量生产实验，酸甜度应适中。

4. 均质

为了提高酸奶的稳定性，并防止脂肪上浮，可用均质机在 55 ℃ ~ 70 ℃ 和 20 MPa 下将基料均质。

5. 巴氏杀菌

通常在 60 ℃ ~ 65 ℃ 下保持 30 min。较低的温度可防止乳清蛋白变性，还可增加酸奶的稳定性，但也有加热到 80 ℃ 维持 15 min 进行杀菌的工艺。

6. 牛乳冷却

牛乳经巴氏杀菌后用水冷却至 40 ℃ ~ 45 ℃ 时接种。

7. 接种

将培养好的嗜热乳酸链球菌、保加利亚乳杆菌及其等量混合菌液以 5% 的接种量分别接入上述培养基料中，摇匀。

接种量、发酵时间和温度对酸奶质量影响很大，应严格控制。保加利亚乳杆菌生长较快，经常会占优势；若酸度过高，会产生过多的乙醛，导致酸乳产生辛辣味。

8. 罐装和发酵

若要生产凝固型酸奶，接种后应立即分装到已灭菌的酸奶瓶（或一次性塑料杯）中，以保鲜膜封口；将接种后的酸奶置于40 ℃ 恒温箱中培养至凝乳块出现（约3～4 h），然后转入4 ℃ 冰箱中后熟（24 h 以上），使酸度适中（pH 4～4.5），凝块均匀细腻，无乳清析出，色泽均匀，无气泡，获得较好的口感和特有风味。

若要生产搅拌型酸奶，可直接在发酵罐中接种，接种后继续搅拌3 min，使发酵菌种与含乳基料混合均匀，每隔一定时间测定发酵液的pH（或滴定酸度），当pH 达到4.5～4.7时，即可停止发酵，进行冷却，冷却后启动搅拌，添加糖浆、浓缩果汁或果粒、香料等进行调配，配方可按个人口味而定，实验采用如下配方：

酸奶1 000 mL

50 度糖浆100 mL

浓缩菠萝汁（32 波美度）50 mL

乳化发酵牛奶香精0.6 mL

乳化菠萝香精1.0 mL

将调配好的酸奶放入冰箱中发酵24 h，即可饮用。

9. 品尝

发酵结束后，品尝比较乳酸链球菌和乳酸杆菌的等量混合物发酵制成的酸奶与单菌株发酵的酸奶在香味和口感上的异同，将结果填入表9－5中。品尝时若出现异味，表明酸奶污染了杂菌。

表9－5 乳酸菌单菌及混合菌种发酵的酸奶品评结果

乳酸菌类	品评项目					结论
	凝乳情况	口感	香味	异味	pH	
球菌						
杆菌						
球杆菌混合（1∶1）						

10. 酸凝乳的质量和营养价值

（1）酸凝乳的化学组成。酸凝乳的化学组成随材料配合和加工方法等而异。下面举几种比较普遍的组成，以供参考（见表9－6）。

表9－6 酸凝乳的化学组成

酸凝乳种类	水分（%）	蛋白质（%）	脂肪（%）	糖类（%）	灰分（%）	钙（mg/100 mg）	磷（mg/100 mg）	铁（mg/100 mg）
含脂酸凝乳	83.5	4.6	2.1	8.7	1.1	150	160	0.1
脱脂酸凝乳	84.2	4.3	0.2	10.2	1.0	140	130	0.1

（2）酸凝乳的质量鉴定。酸凝乳的质量鉴定方法与发酵剂的鉴定方法相同。除此之外，凝块的硬度是酸凝乳的一项重要指标，最好用硬度测定器进行测定。无此设备时，可将盛有酸凝乳的瓶倒置，凝块不落下也不破碎的属优质产品。

（3）酸凝乳的营养价值及医疗作用。酸凝乳中不仅含有大量的蛋白质、糖类和脂肪等，同时还含有丰富的维生素 B_2，故具有很高的营养价值。此外，由于饮用酸凝乳能使肠内的pH降低，故可抑制肠内病原微生物的发育。有些菌种还能在肠内继续繁殖，对于预防和治疗肠胃疾病具有良好的效果。

11. 注意事项

（1）采用 BCG 牛乳培养基平板筛选乳酸菌时，注意挑取有典型特征的黄色菌落，结合镜检观察来高效分离乳酸菌。

（2）制作酸奶饮料时应选用优良的乳酸菌菌株，采用乳酸链球菌与乳酸杆菌等量混合发酵（亦可以市售鲜酸奶为发酵剂），使其具有独特风味和良好口感。

（3）牛乳的消毒应掌握适宜的温度和时间，防止长时间或采用过高温度消毒而破坏酸奶风味。

（4）作为卫生标准还应进行大肠菌群的检测。

（5）经品尝和检验合格的酸奶在 4 ℃下冷藏可保存 6 ~ 7 天，酸奶饮料可保存 6 个月。

第三节　乳酸菌饮料

所谓乳酸菌饮料，即在以鲜乳或乳制品为原料经乳酸菌类培养发酵制得的乳液中，添加蔗糖和辅助材料制成原液，然后再用杀菌水稀释而制成的产品。成品中蛋白质含量不低于 7 g/L 的称为乳酸菌饮料。

一、乳酸菌饮料的工艺流程

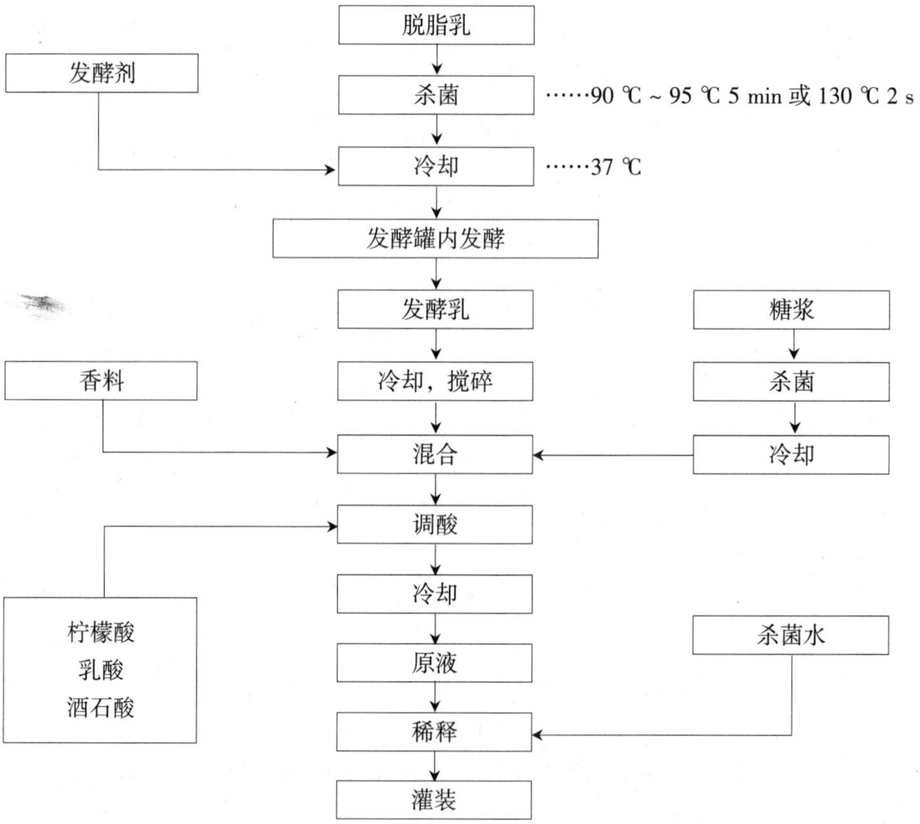

图 9 - 1　乳酸菌的工艺流程图

二、乳酸菌饮料的加工方法

将原料脱脂乳或复原脱脂乳（含干物质9%～10%），以90 ℃～95 ℃杀菌5 min或130 ℃杀菌2 s。杀菌后冷却至37 ℃，然后以与酸奶相同的方法加入2%～3%保加利亚乳杆菌等发酵剂，发酵至酸度达1.5%～2.0%，这时每毫升发酵乳中的细菌数为5～10亿个。此时将砂糖与稳定剂、色素等加水配成糖浆，经杀菌后与发酵乳混合，同时加入香料，然后进行均质（70～100 kg/cm^2），冷却后即为原液。用冷却杀菌水稀释后灌装于容器中即为成品。

这种饮料有加入果汁的果汁型，也有加入蜂蜜的制品，果汁一般先浓缩至1/5。乳酸菌饮料的配合比例如表9－7所示。

表9－7　乳酸菌饮料的配合比例

液体酸奶型		果汁型	
原　料	配合比例（%）	原　料	配合比例（%）
发酵脱脂乳	40.00	发酵脱脂乳	5.00
香　料	0.05	蔗　糖	14.00
蔗　糖	14.00	果　汁	10.00
色　素	适量	稳定剂	0.20
稳定剂	0.35	柠檬酸	0.15
水	45.60	维生素C	0.05
		香　料	0.10
		色　素	若干
		水	75.50

[实验9－6] 乳酸菌饮料制作之一

1. 原料准备

将1 L牛奶添加8 g葡萄糖，高温瞬时灭菌，冷却至40 ℃～45 ℃。

2. 接种

接种以预先用与此相同的培养基培养的假双歧乳杆菌种子液0.05 L（此菌株只代谢葡萄糖不代谢乳糖）。

3. 发酵

在充入CO_2的条件下，37 ℃培养30 h。

4. 灌装

采用无菌灌装法灌装到100 mL的纸容器中，即为乳酸菌饮料。

这种乳酸菌饮料，在25 ℃的室温下放置7 d，仍保持流动性，乳酸含量为0.8%，活菌数为10^8个/mL。

[实验9－7] 乳酸菌饮料制作之二

1. 原料准备

1 L豆乳，加入含60%乳糖的干酪乳清0.02 kg和蔗糖0.08 kg，待糖溶解后，115℃灭菌10 min，冷却至40 ℃～45 ℃。

2. 接种

接入代谢乳糖而不代谢蔗糖的保加利亚乳杆菌，45 ℃培养 20 h。

3. 灌装

采用无菌灌装法灌装到纸容器中，即制成乳酸菌饮料。

将此饮料于 5 ℃的室温下放置 7 d 后，仍成流动状态，含乳酸 1.2%，活菌数为 10^9 个/mL。

[实验 9-8] 乳酸菌饮料制作之三

1. 原料准备

取奶 0.95 L，加入 0.1 kg 蔗糖和 0.05 L 含 14% 葡萄糖及果糖的橘汁，然后进行高温瞬时灭菌，冷却至 40 ℃ ~45 ℃。

2. 接种

冷却后接种不代谢乳糖和蔗糖，只代谢葡萄糖和果糖的干酪乳杆菌。

3. 灌装

通过无菌灌装法灌装到 150 mL 的纸容器中，37 ℃培养 24 h，即成乳酸菌饮料。

在 25 ℃室温下放置 7 d，产品成液体状，乳酸含量 0.7%，活菌数为 10^8 个/mL。

[实验 9-9] 乳酸菌饮料制作之四

也可以用经过发酵的酸乳来调配，本实验采用如下配方：

酸奶（经发酵）300 mL

50 度糖浆 220 mL

食用柠檬酸 1.5 g

耐酸型食用 CMC 1.5 g

乳化发酵牛奶香精 0.8 mL

乳化草莓香精 1.0 mL

饮用水加至 1 000 mL

调配后用均质机在 55 ℃ ~70 ℃ 和 20 MPa 下均质，灌装封口后，85 ℃ 30 min 水浴消毒，冷却后，4 ℃下可保存 6 个月。

三、乳酸菌制剂

所谓乳酸菌制剂，即将乳酸菌培养后，再用适当的方法制成带活菌的粉剂、片剂或丸剂等。服用后能起到整肠和防治肠胃疾病的作用。

采用的乳酸菌种主要有：粪链球菌、嗜酸杆菌和双歧乳杆菌等在肠内能够存活的菌种。此外，也有采用其他菌种的，但因其不能在肠内存活，故其效果只能起到降低肠内 pH 的作用，而不起继续繁殖的作用。最近国际上已采用带芽孢的乳酸菌种，使乳酸菌剂进入了新的发展阶段。各国主要乳酸菌制剂和大肠杆菌制剂所采用的菌种如表 9-8 所示。

各种乳酸菌制剂的生产方法，其原理大致相同。主要生产步骤为，以适宜的方法培养乳酸菌，使其大量繁殖后，将活菌进行低温干燥而制成。但如表 9-8 中所列的各种乳酸菌制剂，只知道所采用的菌种多为嗜酸杆菌（*L. acidophilus*），而其详细的生产方法还不清楚。东北农学院帮助黑龙江省阎家岗生物药品厂生产的乳酸菌素也是采用该菌种。

表 9－8　各国主要乳酸菌、大肠杆菌制剂所用菌种

制剂名称	制造国家	菌种
Acidophilus Zyma	联邦德国	*L. acidophilus*
Antibiophilus	联邦德国	*L. acidophilus*
Bacid Culture	美国	*L. acidophilus*
Biofermin	日本	*S. faecalts*
Biosmin	日本	*L. bifiduefecais*
Carboyoghurt	意大利	*L. bulgaricus*
Colifer	联邦德国	*E. coli*
Colioral	联邦德国	*E. coli*
Colivit	英国	*E. coli*
Enpac	英国	*L. acidophilus*
Lacbon	日本	*L. sporogexes*
Lacieol	法国	*L. acidophilus*
Lactinex	美国	*L. acidophilus* *L. bulgaricus*
Lactobacillin	荷兰	*L. acidophilus*
Lactobios	意大利	*L. bulgaricus*
Lacto-Ferment	瑞士	*L. acidophilus*
lactophilus	葡萄牙	*L. acidophilus*
Nco-Cultol	美国	*L. acidophilus*
Omnitlora	联邦德国	*L. bifidus* *E. coli*
Paraghurt LEO	丹麦	*L. bulgaricus*
Vi-Lactis	意大利	*L. lactis*

下面以乳酸菌素为例，简单介绍乳酸菌制剂的生产方法。

（一）乳酸菌制剂的生产工艺流程

1. 乳酸菌制剂的生产工艺流程

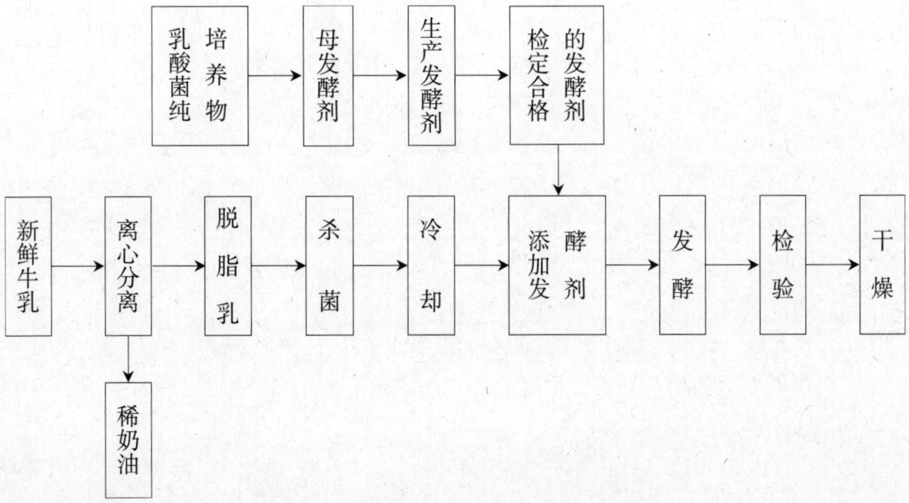

图 9－2　乳酸菌制剂的生产工艺流程图

2. 乳酸菌制剂的生产工艺简介

在生产乳酸菌素之前，需按照前述发酵剂的调制方法制备生产发酵剂，其数量可根据生产数量而定。然后，将新鲜牛乳进行离心分离，除去乳脂肪，将脱脂乳煮沸 15 min 后，冷却至 40 ℃左右，然后添加生产发酵剂进行发酵。待酸度达到 240 °T 以后停止发酵，并在 45 ℃以内的条件下进行干燥粉碎，供制备粉剂和片剂。如有条件进行冻结升华干燥，则将进一步提高其效力与延长保存期。

（二）乳酸菌素的质量标准

乳酸菌素的暂行标准如表 9－9 所示。

表 9－9　乳酸菌素暂行标准

水分	杂菌数	乳酸值	感官
不超过 5%	1 000 个/g	9% 以上	淡黄色、味酸，不得有酸败味

第十章　酿造调味品

酿造调味品在我国及东南亚各国具有悠久的历史，也是我国传统的调味品。主要包括酱油、各种发酵酱、醋、料酒、腐乳、味精等。这些产品占我国调味品销售量的80%以上。目前，酱油和醋等调味品的制作工艺和技术装备水平有了较大的完善和提高。这些调味品均作为复合调味品的基础调味料，它们质量的好坏直接影响到复合调味品的质量。

第一节　发酵法酿制食醋

食醋是我国传统的酸性调味品。食醋花色品种很多，有米醋、熏醋、陈醋、白醋和醋精等，其主要成分是乙酸。按照酿造工艺不同，可分为固态发酵和液态发酵两大类。采用固态发酵法酿造的食醋有著名的山西老陈醋、镇江香醋、保宁麸醋和北京熏醋等。此外还有仿照这些名醋工艺酿造的一般陈醋、米醋和麸曲醋等，其工艺特点是醋酸发酵时物料呈固态。以粮食为主料，以麦麸、谷糠、稻壳为填充料，以大曲、小曲为糖化发酵剂，经糖化、酒精发酵、醋酸发酵而成。固态发酵法酿造醋中有非挥发酸、酯和糖，含量多，色、香、味、体各有独特风格，成品总酸含量最低为3.5%（以醋酸计），高可达11%等优点。这类食醋多属名特优质品，驰名中外，受到消费者欢迎。

采用液态发酵法酿造的食醋有著名的浙江玫瑰醋、福建红曲醋、北京糖醋和丹东酒醋等，此外还有仿这些名醋工艺酿造的一般浙醋、红曲醋、糖醋。液态法酿醋一般以大米、饴糖、白酒为原料，采取自然发酵。其工艺特点是醋酸发酵多数在液体静置下进行，少数是在液体动态条件下进行。生产周期最短的只要几天，最长的要两三年。成品总酸含量最低的为2.5%，最高可达8%以上。

醋酸是由醋酸细菌氧化乙醇而产生的，但有的醋酸菌能直接发酵生酸，所以可以说在整个酿酒业中，酵母厂都存在醋酸细菌，例如葡萄汁及麦芽汁醋菌、醋酸菌、啤酒醋菌、葡萄酒醋菌等。这些细菌在各自的酿造品种中都属于污染杂菌。目前醋厂采用的多为人工培育型，它们具有良好的生产性能，如对营养物质要求简单，即能生长于很稀的含乙醇培养液中，仅形成很薄的膜，当振荡培养器皿时，能沉于瓶底，能迅速高产地生成醋酸，仅形成少量的黏质等。目前酿醋工业上常用的醋酸杆菌主要是恶臭醋酸杆菌、许氏醋酸杆菌等。在醋酸杆菌的代谢中，主要按下式由乙醇氧化产生醋酸。

$$CH_3CH_2OH + O_2 \longrightarrow \underset{\text{(醋酸)}}{CH_3COOH} + H_2O + 49.34\ kJ$$

具体途径是：

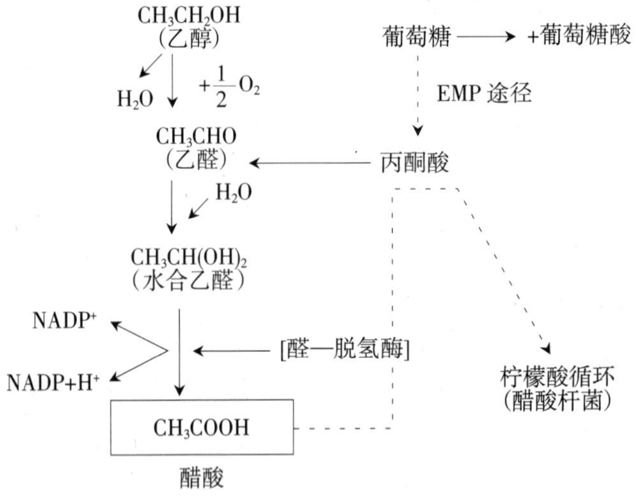

制造醋酸的最重要原料是乙醇，乙醇可以由化学合成法制备，也可由发酵法制得。为了取得某种特殊品质的醋，可以采用相应原料发酵成含酒精的产品，然后再氧化成该种醋。例如葡萄酒醋、麦芽汁醋、蜜醋、乳清醋等。当用酒精作为唯一碳源时，还必须加入其他的有机碳源，如糖、麦芽汁，以便使乙醇氧化。

食醋制造技术最早人们采用纯种人工培养的曲霉和酵母，进行固态糖化和酒精发酵，提高了出醋率。之后创造了酶法液化自然通风回流的固态发酵工艺，将酿醋过程分为液化、糖化、酒精发酵、醋酸发酵四个生化阶段，各使用了纯培养的枯草杆菌、曲霉菌、酵母菌和醋酸菌。以后又采用了液态深层发酵新工艺，是制醋工业的重要技术革新。

食醋是一种酸性调味料，在烹调食品时会引起许多化学变化，能增进风味，去腥味；还具防腐作用；还可以帮助消化，增进食欲。因食醋中含有挥发性物质，能刺激大脑中枢，促进消化液的分泌，使食物得到良好消化。此外，食醋还能防止某些疾病，因为食醋中含有各种氨基酸、有机酸、糖类等营养成分。在烹调食物时能溶解钙质，可预防小儿软骨病；熏醋有防治感冒作用；醋还可作药用和清凉饮料等。

一、传统食醋发酵工艺

我国食醋生产的传统工艺大多为固态发酵法，如山西老陈醋、镇江香醋等均采用此法。采用该发酵工艺生产的产品，在体态和风味上都具有独特风格。这里只介绍一种传统固态发酵的制醋方法。

［实验 10－1］固态发酵法制醋实验

1. 工艺流程

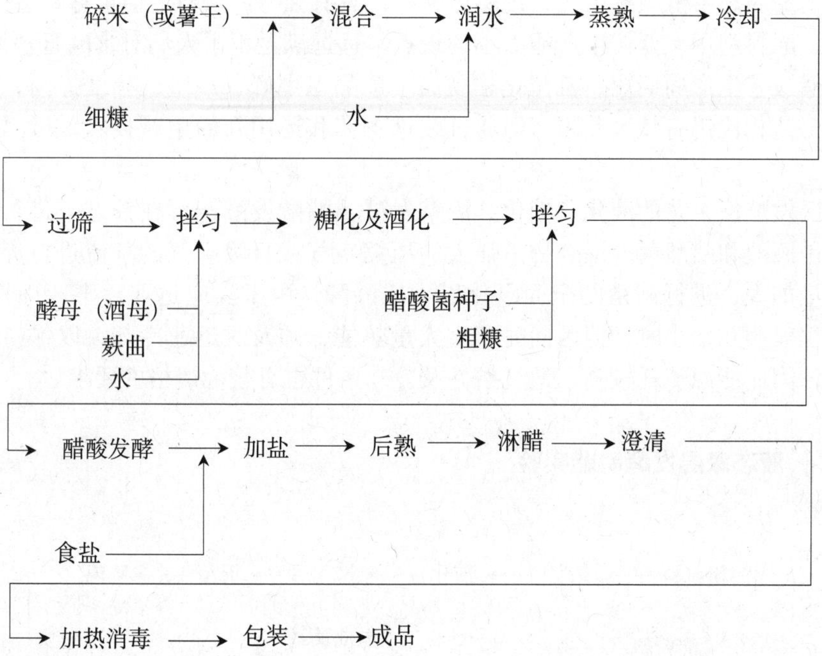

2. 工艺概要

（1）用料配比如表 10－1 所示，用水总量约 400 kg，其中蒸料前加入 70% 左右。

表 10－1　固态发酵法制醋用料配比（单位：kg）

原料	碎米或薯干	细糠	麸曲	酒母	粗糠	醋酸菌种子	食盐
用量	100	175	50	40	50	40	3.75～7.5

（2）原料处理。将碎米（或薯干）粉碎，将细糠与米粉（或薯干粉）拌和均匀；进行第一次加水，边翻边加，使原料充分吸水；常压蒸 1 h，再焖 1 h，蒸熟后移出过筛，冷却。

（3）糖化及酒化。熟料降温至 40 ℃ 左右，进行二次洒水，翻一次后摊平。将细碎的麸曲匀布料面，再将酵母液搅匀撒布其上，充分拌匀后装缸（每缸约装醅 160 kg），入缸醅温 24 ℃～25 ℃。醅温升至 38 ℃ 时，倒醅（注意不超过 40 ℃）。倒醅后 5～8 h，醅温又升至 38 ℃～39 ℃，再倒醅，以后醅温正常维持在 38 ℃～40 ℃之间。48 h 后醅温渐降，每天倒一次。5 天后降至 33 ℃～35 ℃，糖化及酒化结束。

（4）醋酸发酵。酒精发酵结束后，每缸拌加粗糠 10 kg、醋酸菌种子 8 kg，分两次拌匀倒缸。第 2～3 d 起醅温上升，控制在 39 ℃～40 ℃之间。每天倒醅一次，经过 12 d 左右，醅温降至 38 ℃ 时，每缸分次加 1.5～3 kg，拌匀。醋酸发酵结束，放置 2 d，即为后熟。

（5）陈酿。将经后熟的醋醅移入室内缸中压实，上面盖食盐层后，泥封，放置 15～20 d。中间倒醅一次，封缸存放一个月以上即可淋醋。

（6）淋醋。淋醋通常采用三组套淋法，循环萃取。在第三组醅中加自来水浸淋，将淋出液加入第二组醅中淋出二级醋，再将二级醋加入第一组醅中浸泡 20～24 h 后淋出，即为一级醋。

（7）配制及消毒。等级醋按质量标准调整后，按规定添加防腐剂，并在 80 ℃ 下进行消毒处理，澄清，包装，即为成品。

二、新型制醋发酵工艺

我国传统的固态发酵制醋工艺，产品风味好，具有独特的风格，但也存在着生产周期长、劳动强度大、原料利用率低、生产能力小的缺点，远远满足不了人们对食醋日益增长的需求。

新型制醋工艺生产周期短、机械化程度高、产品卫生好、产量大幅度提高，虽然产品的质量与传统工艺相比仍有较大差距，但通过改进工艺和运用新的生产技术，可以最大程度弥补其不足。

液态深层发酵法工艺的液化、糖化、酒精发酵及醋酸发酵都可在液态下进行，其中醋酸发酵的要点是酒液和醋酸菌的混合物借强大的压缩空气或自吸空气的气流进行充分搅拌，使气液面积尽量加大，进行酒精的全面氧化以生成醋酸，由于反应迅速，生产周期大大缩短，全部工艺过程仅用几十小时。但因同时产生大量热能，须及时迅速冷却，以保持醋酸菌的最适作用温度，因而能源消耗较高，通气条件及冷却条件也有较为严格的要求。

[实验 10－2] 液态深层发酵制醋实验

1. 工艺流程

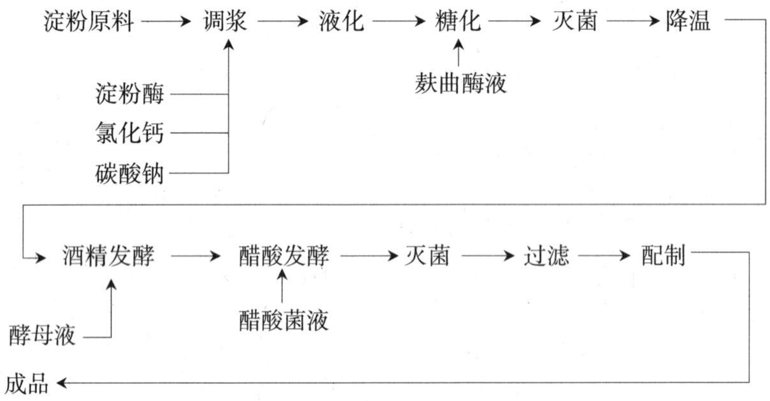

2. 工艺概要

（1）调浆。淀粉加水调成 12 °Bé 的粉浆，同时加入碳酸钠调整 pH 至 6.2～6.4，再按原料淀粉总重加入氯化钙 0.1%、淀粉酶 4%（淀粉酶制剂用量以效价单位计算为好，一般每克干淀粉约加酶制剂 80～100 单位）充分搅匀。

（2）液化、糖化。先在液化罐内加少量底水，升温至 85 ℃，再用泵将粉浆打入，控制品温 85 ℃～90 ℃，约 10～15 min，当用碘液检查呈棕黄色时，即为液化完全。升温至 100 ℃，维持 10 min，灭菌，然后打入糖化罐（原罐也可），降温到 60 ℃～65℃，加入糖化曲液（具体方法为：按原料淀粉重量的 10% 称取麸曲，以 40 ℃温水浸泡 2 h，淋出酶液备用）。保温 2～3 h 后，糖液浓度可达 13～14 °Bé。

（3）酒精发酵。将糖液打入酒精发酵罐，调整糖液浓度到 7 °Bé，然后降温至 30 ℃。按糖液量的 10% 接入酵母种子液，保温 30 ℃～32 ℃，进行酒精发酵 50～60 h，酒精含量可达 6% 以上。

（4）醋酸发酵。将酒精发酵液打入醋酸发酵罐，按规定接种量接入醋酸菌种液，控制品温 33 ℃～37 ℃，并适当调节风量。经 6 h 左右，醋酸可达 6% 以上。待酒精耗尽、醋酸不再上升时，即可放罐。发酵液经过滤、配制、加热灭菌后送入成品贮罐澄清。

（5）连续发酵。完成醋酸发酵后，放出醋液 1/3，加入酒精液 1/5，继续进行发酵，经 24 h 左右，醋酸又可升至 5% 以上。如此反复可连续发酵多次。

三、保健果醋发酵工艺

水果是一种营养丰富、食疗同源的天然食品，它不仅富含人体所需的各种营养物质，而且含有多种生理活性成分，对防治某些疾病、促进人体健康具有明显的功效。利用残次水果加工成果醋是我国传统的生产方法。

我国果品资源十分丰富，但由于果品的食用和加工能力远远跟不上生产能力，因而造成了资源的极大浪费，甚至污染环境。酿制果醋可为这些水果资源的深加工和综合利用提供一条有效的途径。水果制成果醋后，仍然能保持较为丰富的营养成分，这是普通的粮食醋所不具备的；而且，与粮食醋相比，果醋刺激性小且口味柔和，并具有水果特有的香气。近年来，果醋作为一种保健饮料，在欧美及日本各国发展很快。我国也有多种类型的果醋产品面世。

根据水果品种的特点及生产工艺的要求，果醋的酿制工艺主要有液体发酵法和固体发酵法。液体发酵法是将水果制成汁后，先进行酒精发酵（很多情况下，果汁不经过酒精发酵而直接进入醋酸发酵），或直接利用果酒并加入其他成分如蜂蜜、麦麸等，再进行醋酸发酵，制成果醋。固体发酵法是利用残次果、野果、果皮、果屑和果心等，经过制曲、配料、堆积发酵和淋醋等工序制成果醋。新酿造的果醋应经过陈酿过程，从而使产品醇香可口，具有浓郁纯正的醋香。

[实验 10－3] 残次果梨为原料酿制食醋的实验

1. 实验材料和仪器

材料：残次果梨、麦曲、酒母液、麦麸、谷糠、盐。

仪器：粉碎机、烧杯、培养箱、水浴锅、温度计。

2. 操作步骤

（1）残次果梨处理。将残次果梨摘去果柄，去除腐烂部分，清洗干净。用筛孔 1.5 cm 的饲料粉碎机将果梨破碎至米粒大，然后将渣汁煮熟成糊状，倒入烧杯中（100 mL）。

（2）酒精发酵。待熟果梨冷却至 30 ℃ 时，接入麦曲（1.6%）和酒母液（6%），盖好盖子，培养箱培养（温度 30 ℃）5～6 h，这时逐渐有大量气泡冒出，12～15 h 后气泡逐渐减少，此时果梨中的各种成分发酵分解，并有少量酒精产生。

（3）醋酸发酵。每烧杯加入麦麸（50%）、谷糠（5%），使醋醅含水 54%～58%，保温发酵。温度不得超过 40 ℃，醋酸发酵 4 d，基本结束。

（4）后熟增色。将醋醅水浴加温，保持品温 60 ℃～80 ℃，一般经 104 d，醋醅呈棕色，醋香浓郁；无焦煳味即成熟。

（5）醋淋。要求醋的总酸为 5% 左右。

[实验 10－4] 山楂果醋酿制实验

山楂属蔷薇科植物，含柠檬酸、维生素 C 等多种成分，具有消食健胃、行气活血、消积化淤、止痢降压的功能。以山楂为原料制成的产品，可适用于多种疾病的食疗，尤其对高血压、冠心病和动脉硬化等心脑血管疾病具有良好的治疗和预防作用。采用深层发酵工艺，用山楂加工成果醋，不仅产品品质良好，还可解决山楂销售难的问题。

1. 生产工艺（方法 I）

（1）工艺流程。

原料筛选→清洗→破碎（打浆）→酒精发酵→醋酸发酵→制成醋胚→淋醋→装瓶→消毒→冷却→抽检→成品入库。

（2）操作要点。

原料处理：选用正常果实，剔除病果、虫果、霉烂果及杂质等，用0.6～1.2 mm孔径的刮板式打浆机打浆，并调整山楂浆液的糖度为11～12 °Bé，其中还原糖（以葡萄糖计）占28%。

酒精发酵：往浆液中加入3%～5%的酵母液，进行酒精发酵，每天定时搅拌3～4次，通风量控制在0.2 m^3/（m^3·min）（即每升发酵液每分钟通气量），约经5～7 d后，酒精发酵完成。

醋酸发酵：在酒精发酵完成后的发酵液中加入约为原料量50%～60%的麦麸、米糠或谷壳等作为疏松剂，再加入培养好的醋母液10%～20%（亦可用未经消毒的优良生醋接种），充分搅拌均匀后装入醋化罐中，进行醋酸发酵。醋化过程中，温度应控制在30 ℃～35 ℃之间（最适温度为30 ℃～32 ℃），若温度升高至35 ℃以上时，则需翻罐通风降温；同时每天还需定时搅拌1～2次，并将通风量增大到0.4 m^3/（m^3·min）左右，以增加供氧量，加速醋化。酒精浓度应控制在12度或14度以下。约经7～8 d后，将通风量降到0.2 m^3/（m^3·min）。待醋化旺盛期将过时，加入2%～3%食盐，搅拌均匀，即制成醋胚。将醋胚压实，加盖封严，再经过5～6 d的陈酿后熟，即可淋醋。

淋醋：将后熟的醋胚放入淋醋器中，从上面徐徐注入与醋胚等量的冷却沸水，底部即可流出生醋。

装瓶与消毒：生醋装瓶后，60 ℃～70 ℃消毒15～20 min，即成熟醋，冷却，成品入库。

2. 生产工艺（方法Ⅱ）

（1）工艺流程。

选果→洗净→切片→热水浸提→滤液→发酵果汁

热水浸提↓滤渣→酒精浸提

发酵果汁、酒精浸提→合并→加入小米酒醪、醋种、谷糠→醋酸发酵→淋醋→过滤→加盐→杀菌→勾兑→成品

（2）操作要点。

将挑选并洗净后的山楂切片，用90 ℃清水浸提1～2 h，过滤得到滤液和滤渣。滤液中加入蜂蜜，利用酵母菌进行酒精发酵得发酵果汁；滤渣用白酒浸提，所得浸提液与上述发酵果汁合并后，加入小米酒醪、醋种和谷糠，混合均匀，进行醋酸发酵。淋醋，过滤，加入食盐溶解，杀菌，添加风味强化剂进行勾兑，即得成品。

[实验10－5] 苹果果醋酿制实验

苹果的主要成分是碳水化合物，其中大部分是糖，其含量随品种而异，其中蔗糖约4%，还原糖6%～9%；苹果大约含酸0.5%，其中主要为苹果酸，此外还有奎宁酸、柠檬酸和酒石酸等；苹果中还含有维生素H，这在其他果实中是不多见的，维生素H参与人体生理活动中的许多羧化反应。苹果是人们的常食果品之一，传统中医认为，苹果具有生津润肺、开胃醒酒之功效。我国苹果资源非常丰富，但加工能力远远落后于种植业的发展，造成资源的浪费。用苹果酿醋，既可充分利用苹果资源，又可生产带有苹果风味的果醋产品。

1. 工艺路线（方法Ⅰ）采用传统的固态发酵法

破碎后的苹果、瓜干粉（或玉米、小米原料）、细谷糠→混合→润水→蒸料→摊冷过筛→糖化及酒精发酵→倒醅、回淋→醋酸发酵、加盐→后熟→淋醋→陈酿→澄清→杀菌→装瓶→成品。

2. 工艺路线（方法Ⅱ）采用液态发酵法

苹果汁→巴氏灭菌→冷却、加酵母菌→酒精发酵→加醋酸菌→醋酸发酵→杀菌→过滤→装瓶→成品。

将果汁糖度调整为11～12°Bé，其中还原糖（以葡萄糖计）占28%。添加1%葡萄酒干酵母，在30 ℃～33 ℃下发酵3 d左右，使酒精含量达到5%左右。接种醋酸菌，在30 ℃左右发酵3 d，至酸度不再上升为止。

也可不添加酵母，而将苹果汁直接与醋酸菌液按 1∶1.5 的比例混合，在 30 ℃温度下发酵 2～3 个月，然后加水调配，勾兑，过滤，杀菌，装瓶，即得成品。

第二节　发酵法酿制酱油

酱油是酿造产品中最具代表性的原料，使用量很大，酱油质量的好坏在很大程度上影响着复合调味品的口感。一般来讲，使用总氮含量较高，氨基酸组成当中谷氨酸含量较多，鲜味较强的酱油比较容易得到酱香味，反之即便使用量较大，但或感觉不到酱香，或在感到酱香的同时还感到一些杂味，如焦煳味（多来自吡嗪类成分）等。所以在选择酱油原料的时候，应该把几种不同厂家的酱油放在一起作对比，在查看各厂家提供的理化分析报告书的同时，通过严格的感官鉴定决定使用对象。

在选择酱油时要注意品种的不同，通常使用的是浓口酱油，可以用于各种复合调料。我国的酱油绝大多数都属于浓口酱油，比如特级或一级酱油等。近年来随着酱油生产技术的不断改进，除了以往的低盐固态酱油以外，又出现了不少高盐稀发酵酱油产品。前者的发酵期很短，通常只有 20 天左右，后者的发酵期长，一般在 3 个月以上。另外，在所用原料上也有所不同，前者的淀粉质原料多使用麸皮或添加少量小麦，后者一般以小麦为主。还有就是发酵温度的不同，前者的制曲及发酵温度一般可达到 45 ℃以上，让曲菌酶快速分解蛋白及淀粉质原料，虽然分解得快，但分解不充分，并可能较多地产生吡嗪类成分，这些成分生成的途径很复杂，很多是由美拉德反应产生的，在感官鉴定上表现为杂味或焦煳味，生成的乙醇等香气成分较少。后者的制曲及发酵温度均较低，一般只有 30 ℃～35 ℃，曲菌酶对蛋白和淀粉质原料的分解是比较缓慢的，由于发酵温度适宜及发酵期较长，蛋白质和淀粉分解得较为充分，能够生成较多的游离氨基酸和葡萄糖，然后这些游离氨基酸，特别是葡萄糖被酵母和乳酸菌利用之后，再生成乙醇、醋类、高级醇等多种香气成分，因此由发酵产生的香气较浓，质量较高。尽管如此，但并不是说低盐固态酱油就是不可取的。低盐固态酱油含吡嗪类成分较多，虽然酱香气少一点，但味道较厚实，味的表现宽度大。另外，由于中国的老百姓长期以来吃的就是这种酱油，消费者对它的适应性也较强，价格也较低，在某些不需特别强调酱油的酱香而要表现味的厚度的复合调料中可以使用它。

酱油还有浓口、淡口以及白酱油之分。淡口酱油的生产工艺与浓口酱油基本相同，只是采取了一些避免增色的措施，主要有以下几点：①使用可以避免增色的曲菌；②酱油醪中的食盐含量较高，一般比浓口酱油高 2% 左右；③酱油醪中的含水量较高，比浓口酱油醪高 10%～20%；④熟醪期较短，一般为 3 个月左右；⑤压榨前添加甜酒；⑥低温短时间杀菌。

白酱油的生产工艺同浓口酱油有较大的差别：①白酱油的原料主要（90% 以上）或全部为小麦，很少或不用蛋白质原料；②在发酵过程中不搅拌，醪熟了之后不压榨，让酱油从醪的底部自然流出；③在发酵过程中控制乙醇发酵的程度；④不加热避免增色。

淡口酱油和白酱油的最大特点和作用是不对或尽量减少对食物本身的颜色产生影响，比如汤羹或菜肴，若希望它的颜色越淡越好的话就可以使用淡口酱油或白酱油，特别是白酱油的效果最好。白酱油具有一种独特的曲香和甜酒香，但是，白酱油和淡口酱油的风味都不能与浓口酱油相比，两者均缺乏酱醇香气和发酵鲜味。

酱油是咸、甜、酸、苦各种味道调和一体的产物，具有独特的色、香、味。这种色、香、味是由微生物（曲菌、乳酸菌及酵母等）发酵等导致的生物化学作用产生的，比如它所具有的深褐色主要来自原料中的糖与各种氨基酸之间的美拉德反应；鲜味出自大豆和小麦成分中的约 20 种游离氨基酸，特别是谷氨酸的作用最大；甜味是由酱油中 3% ~5% 的糖分形成的，约有 15 种糖，以葡萄糖为代表。此外，各种糖醇和甘氨酸也对甜味产生一定影响；酸味来自酱油中含的 1% 左右的以乳酸为主的约 15 种有机酸；酱油的 pH 为 4.7 ~4.8，酱油的香气在这个范围内能最大限度地得到发挥。

酱油的使用范围非常宽，除了作为西式菜的调料以外，几乎可以用于所有复合调味品。酱油酿造可分三种发酵工艺，即低盐固态发酵法、天然晒露发酵法和无盐固态发酵法。

一、制曲

制曲一般采用两种方法，一种是采用竹匾、竹帘或木盒制曲（种曲也应用此法），被一般小型厂采用；另一种是普遍采用的厚层通风制曲。

（一）竹匾（或木盒、竹帘）制曲

曲室按其位置一般有地上曲室及楼上曲室两种。楼上曲室设在二楼，楼下是发酵车间（发酵池），成曲可以直接由曲室输送到一楼发酵池内。地上曲室设在平房内，位于蒸料车间和发酵车间之间，这样可以缩短曲料输送距离，也便于操作。曲室大小以宽 4 m，长 10 ~12 m，高约 3 m 为适宜。过大不利于保温保湿；过小则操作不便。曲室的房顶为弧形，铺上隔热材料，以防冷凝水下滴，污染曲料。曲室内壁全部用水泥抹面，地面两边设有排水沟。为了保温起见，有条件的工厂，应将曲室建在大房间里，曲室外面为走廊。另设天窗和排气保暖装置。

制曲用具有竹匾、木盒、铝盘等。竹匾的直径一般为 90 cm 左右，竹匾制曲通风良好，但不利于保温保湿，在制曲过程中要适当补水；木盒制曲所用的曲盒长 45 cm，宽 40 cm，高 5 cm，底板刨光，背面横钉 1 cm 厚木条 3 根，木盒保温保湿性能好，但底部不利于通风。还有使用铝盘制曲的（规格为 85 cm×50 cm×4 cm），其表面光洁，易于清洗和干燥，卫生条件好。为了增加铝盘底部的通风和泄水，在底部要钻些孔。

[实验 10-6] 竹匾（或木盒、竹帘）制曲

1. 工艺流程

蒸熟曲料→冷却→接种曲→入室装匾→培养→翻曲→再培养→出曲→成曲。

2. 操作步骤

(1) 熟料冷却。熟料出锅后，即在拌和台（池）上摊开冷却或吹风冷却，要在极短时间内使曲料温度降低，若使用旋转式蒸锅蒸料，可用真空冷却，并在锅内接种及回转拌匀，以减少被空气中杂菌污染的机会，有利于曲霉的生长繁殖。

(2) 接种。接种温度冬季为 40 ℃ ~42 ℃，夏季在 38 ℃ 左右，以在装盘后能保持品温 30 ℃ ~35℃ 为宜，用曲量一般为 0.3%。为使种曲接种均匀，需先将种曲与少量麸皮搅拌，使米曲霉孢子分散，再均匀地撒布到熟料上拌匀。

(3) 入室装匾（盘）。曲料厚度为 2.5 cm 左右，同一间曲室内要求厚薄一致。冬季宜厚些，料面稍隆起，中央厚些；夏季宜薄、堆平。

(4) 培养曲料入室内。室温维持在 28 ℃ ~30 ℃，干湿度相差 1°。开始由于曲料本身散热，品温逐渐下降，应注意保温。经过 7 ~8 h，孢子发芽，再经 6 ~7 h，曲料表面逐渐出现菌丝的白斑点，品温逐渐上升，以后生长加速，菌丝更加明显，料面成小块，且带有曲香，此时即可翻曲。

（5）出曲。曲料全部呈黄绿色时进入孢子成熟期，此时即可出曲，竹匾制曲时，一般培养时间采用两日曲或三日曲。成曲质量要求，凡白色菌丝多且菌丝上密生黄绿色孢子者属好曲。若发现有黑绒毛（根霉）、蓝绿色斑点（青霉）及其他异色，以及上黄不均匀和夹心都属于劣等曲。好曲还带有特殊的曲香，不应有酸气、氨气等不良气味。好曲放在手上一捏，易松散，有滑软感。

（二）厚层通风制曲

该制曲法是将曲料置于曲池（亦称曲箱）内，其厚度达到 30 cm 左右，利用通风机供给空气及调节温度，促进米曲霉迅速生长繁殖。其优点是成曲质量稳定，节约制曲面积，管理集中，操作方便，改善制曲劳动条件，减轻劳动强度，便于实现机械化生产，提高生产率。

常用制曲设备包括曲室、通风曲池、通风机以及保温降温设施，大生产还备有翻曲机等。

曲室要求和保温保湿设施基本上与竹匾（或木盒、竹帘）制曲法相同，但曲室内设曲池及风机、控调箱，曲室面积可适当扩大。

曲池（曲箱）是厚层培养米曲霉的温床，一般采用长方形。可用钢筋混凝土、砖砌、钢板、水泥板或木板制成。目前国内比较通用的规格为长 8 ~ 10 m，宽 1.5 ~ 2.5 m，高 0.6 ~ 0.8 m，加曲池有木条、竹帘或具有孔隙的塑料板、不锈钢板制成的假底距池底 0.3 ~ 0.4 m，假底下设有通风道，通风道底部倾斜，称导风板，倾斜角度以 8.1°为宜。

厚层通风制曲一般选用中压风机，风机压力 100 ~ 300 mmH_2O（1mm H_2O = 9.806 65Pa），风量（m^3/h）为曲池内盛总原料量（kg）的 4 ~ 5 倍，例如曲池盛装总原料为 1 500 kg（曲池面积为 14 ~ 15m^2），则通风量需 6 000 ~ 7 500 m^3/h，可选用 6 A 通风机和 4.0 kW 电动机。

保温降温设施采用列管式冷却器或安装暖气片等方式，通过在其中通入热水、蒸汽或冷水等措施来实现。

[实验 10 - 7] 厚层通风制曲

1. 工艺流程

熟料→冷却→接种曲→入池培养→第一次翻曲→第二次翻曲→（铲曲）→成曲。

2. 操作步骤

（1）热料冷却、接种及入池。经过蒸煮的熟料迅速冷却，将结块尽可能打碎；当冷却至 40 ℃ 左右时接入种曲，接种量为 0.3% ~ 0.5%，种曲要先用少量麸皮拌匀后再拌入熟料中，以使接种均匀。曲料入池时，料层厚薄要均匀，疏松平整，曲料在曲箱内铺匀，厚度一般控制在 30 cm 左右。

（2）控温调湿培养。曲料入池后，为了使品温上下一致，应及时开动风机，调节温度至 32 ℃ 左右，促使米曲霉孢子发芽。为了观察品温，在曲料上、中、下及面层各插温度计一支。静止培养 6 ~ 8 h，当料层开始升温至 37 ℃时，应立即开机通风降温，以后采用开机、停机的方法来维持曲料的温度在 35 ℃ 左右，并尽量缩小上、下层之间的温差，通入的风可用循环风，或以换气方式进行温度调节，接种后 12 ~ 14 h，品温上升很快，米曲霉菌丝生长使曲料结块，通风阻力增大。虽然连续通风，但品温仍然上升，此时应进行第一次翻曲，保持品温在 34 ℃ ~ 35 ℃，继续 4 ~ 6 h 后，根据品温上升情况进行第二次翻曲。

翻曲后应继续通风，保持品温 30 ℃ ~ 32 ℃，如果曲料出现裂缝收缩，则采用压曲或铲曲措施以消除裂缝，以防漏风。培养 20 h 左右米曲霉开始产生孢子，蛋白酶活力大幅上升，培养 24 ~ 30 h 即可出曲。若是采用机械翻曲，则翻曲机转速不宜太快，一般在 200 ~ 250 r/min 为宜，池底曲料要全部翻动，以此促进米曲霉的生长。

二、低盐固态发酵法

该法始于20世纪60年代初，发酵周期约20天左右，便于管理，蛋白质利用率高，产品质量稳定，该工艺被大多数酿造厂采用。

[实验10-8] 低盐固态发酵酿制酱油实验

1. 工艺流程

成曲→制醅（加入食盐和水）→入池→保温发酵→成熟酱醅。

2. 操作要求

及时拌曲入池，防止堆积产热过度。酱曲培养成熟后，其生理作用并未停止，呼吸作用仍很旺盛，因此出曲前品温应降至30 ℃以下，要立即拌曲入池，以免酶活力降低。成曲结块比较严重的要进行粉碎，使拌曲的盐水润透，防止“干烧”现象的发生。

制醅就是将盐水加入成曲中拌匀后入池的工序。低盐固态发酵中拌曲盐水的浓度可用波美比重计直接测量。根据经验，100 kg水加入1.5 kg食盐可得到1°Bé的盐水。以20 ℃水为基准，可按下列公式调整浓度。

当盐水温度高于20 ℃时：$B \approx A + 0.05\ (t - 20\ ℃)$

当盐水温度低于20 ℃时：$B \approx A - 0.05\ (20\ ℃ - t)$

式中 B——修正后的盐水的波美度数；

A——盐水的波美度数；

t——盐水的当时温度。

食盐对蛋白酶的活力有一定抑制作用，盐度过高，会使蛋白质的分解速度下降；盐度过低，易造成产酸菌大量繁殖，使酱醅的pH迅速下降，抑制中性、碱性蛋白酶的活力。酱醅中食盐的含量不能低于5%，以7%左右为宜。所以拌曲盐水的浓度可调配至12～13 °Bé（15 ℃～20 ℃时）。拌曲盐水的温度应根据入池发酵所要求的温度来掌握。一般夏季盐水温度为45 ℃～50 ℃，冬季为50 ℃～55 ℃。

入池后酱醅品温控制在42 ℃～45 ℃为宜。盐水温度不可太高，否则会使成曲酶钝化以致失活。当成曲质量较差，杂菌数较多时，可适当提高盐水温度，并可适当加入碳酸钠（食用纯碱）调pH至9～10（拌曲后醅pH应控制在7左右），这样既可控制酸败，又有利于中性、碱性蛋白酶发挥作用，对提高原料利用率有一定效果。有的厂家为了增加酱醅的营养成分，提高发酵的效果和酱油色泽，用二淋水、三淋水拌曲。但二淋水、三淋水应无异味，pH不可过低，以免造成发酵失败。因此，新鲜尾水应及时下盐，经灭菌消毒后封存备用，但应注意在用前将pH调至7以上。拌曲盐水量对成品质量和原料分解率影响很大。在一定范围内，酱醅水分高，有利于蛋白酶、淀粉酶等酶系发挥水解作用，提高原料利用率。但水分过高，酱醅黏度大，不利于淋曲。一般酱醅含水量以52%、53%为宜，不应低于50%。生产上，拌曲盐水用量应控制在制曲原料总质量的65%左右，即加入盐水量和成曲含水量（一般为30%）的总和达到原料质量的95%左右为适当。拌曲时应使盐水和成曲拌和均匀后，浸润片刻立即入池摊平压实。为了使酱醅上下层水分趋于一致，可留出少量盐水，在曲料入池完毕后，再将此盐水浇于料面，使其全部吸入料内，最后采用加盖封面盐的办法，使醅层与空气隔绝，达到防止杂菌增殖和保温保水的目的。具体做法是在醅表面撒1～2 cm盐，并在指定位置插入温度计。

3. 保温发酵及管理

（1）发酵温度与时间。低盐固态发酵工艺一般采用酱醅品温先高后低的分段控温发酵方法。该法具有周期短、产量高、风味好、色泽深等优点。分段发酵温度与时间变化的关系如表10-2所示。

表 10-2　酱醅分段发酵的温度和时间变化关系

水浴保温池温度/℃	夏季 50　冬季 55	45	40
酱醅品温控制/℃	48～49	43～46	40 左右
时间/d	0～9	10～18	20～25

保温发酵是根据最佳的酶活温度确定其温度。蛋白酶系的最适温度一般在 40 ℃～45 ℃，若超过 45 ℃，则随着温度的上升酶的失活程度也愈甚。在低盐固态发酵过程中，由于发酵基质浓度较大，蛋白酶的耐热性会有所提高，故发酵初期温度宜高些，但不能超过 50 ℃。发酵中期应保持在 45 ℃ 左右为宜。一般维持 12～16 d，水解过程基本结束，否则酱醅容易发酸。低盐固态发酵应切记温度不能忽高忽低，尤其是起始品温非常重要，即不能过低。

（2）移池。俗称倒缸。低盐固态发酵的时间比较长，通常采用水浴或汽浴保温发酵。由于受保温装置所限，酱醅内的各部分温度不同，影响酶解作用充分发挥。一般品温控制在 48 ℃～49 ℃，发酵 8～9 d 后，翻倒酱醅一次，有的第一次倒池后再隔 8～9 d 倒第二遍池，移池可以使酱醅各部分温度、盐水、水分等趋于均匀，使菌体内的酶尽快溶出并均匀分布在酱醅内，使曲料酶解彻底，并使菌丝体自溶分解产生的氨气也得以排除，同时对增加色泽也有一定作用。

三、天然晒露发酵法

天然晒露发酵法，俗称传统酿造法，通常是以大豆和面粉为原料，制曲用竹匾或竹帘，靠空气中自然存在的米曲霉等微生物制成“黄衣”（酱曲），成曲与 20 °Bé 盐水混合制酱醅，置于室外大缸内，经三伏炎暑日晒夜露，一般六个月即可成熟，大多数优质高档酱油均采用此法生产。

［实验 10-9］天然晒露发酵法酿制酱油实验

1. 工艺流程

大豆→浸泡→沥干→蒸熟→冷却→拌面粉→装匾→入室培养→成曲→装缸→加盐水→晒露发酵→翻醅→成熟→压榨或抽滤→生酱油→晒露或加热→成品酱油。

2. 操作要点

（1）原料处理及制曲。原料配比为大豆 200 kg、面粉 100 kg。大豆洗净浸泡至豆料胀起无皱纹为度，沥干后装入蒸锅常压或加压蒸煮。常压蒸 2～3 h，焖 2 h 出锅；加压 147～196 kPa（1.5～2.0 kgf/cm^2）下蒸 40 min，以蒸至熟透而不烂为标准，出锅后堆于拌料台散热冷却至 80 ℃ 左右，与干面粉拌和，拌匀装匾，中间薄，四周稍厚，每匾约装 12～13 kg，放入曲室制曲，老法利用天然制曲，保证室温 25 ℃～28 ℃，24 h 左右品温逐渐上升，如超过 40 ℃，敞门通风散热，同时翻曲一次。若温度过高，往往有豆豉菌（即纳豆芽孢杆菌）繁殖，使曲料发黏产生酸。制曲时间一般为 6～7 d。成曲呈黄绿色，但常有根霉或毛霉生长。老法制曲选择在春分时节，气温较低，利于低温制曲。改良法都采用人工接种。

（2）制醅发酵。一般用大缸，可盛大豆 150 kg 左右。制得成曲倒入缸内压实，加入 20 °Bé 盐水约 375 kg（相当于大豆 2.5 倍），让盐水逐渐吸入曲料内，在日晒夜露期间要防止雨水进入，隔一段时间要搅动酱醅一次，发酵时间一般要 6 个月以上，经过夏天晒露的也要 3 个月，直至全部酱醅呈现滋润的黑褐色，有浓厚的酱香味时，即达成熟阶段，这种酱油质量最佳。

（3）压榨（或抽滤）。在成熟的酱醅中加入相同数量、浓度为 20 °Bé 的盐水混合成酱醪后浸泡 1 d，灌入布袋内，用杆杠或木制压榨机压榨。也可采用浸出法抽滤。方法是在成熟酱醅缸内加入适量盐水，插入细竹编好的竹筒，利用液汁压力渗入筒内，这样抽取的母油也称生抽油。

生酱油经晒露或加热、配兑、包装即成成品油。一般每 100 kg 大豆生产优质酱油 60～70 kg（不包括普通酱油回收部分）。老法酱油色泽红褐，酱香独特而浓郁，滋味醇厚而鲜美，体态浓厚且久贮不霉。

四、无盐固态发酵法

一般酿造酱油，在发酵过程中为了防止腐败，使用大量的食盐，因而抑制了酶的活力，致使发酵周期延长。如天然晒露法要半年以上，稀醪发酵法需两个月左右，分酿固稀发酵法需要一个月左右，采用低盐固态法也要半个月左右。而无盐固态发酵法属快速酿造酱油的工艺，具有三个显著特点：一是发酵周期短，仅需 56 ~ 72 h；二是发酵不添加食盐，利用较高的温度（55℃、56℃）来抑制杂菌，达到较好的分解效果；三是应用浸出法代替压榨出油，节约压榨设备，改善劳动强度，提高生产率。故此法有一定利用价值。

[实验 10 - 10] 无盐固态发酵法酿制酱油实验

1. 工艺流程

成曲→细碎→拌入热水→加入发酵容器→保温发酵→酱醅成熟。

2. 操作要点

（1）制曲。详见本章“制曲”部分。

（2）成曲升温。通风制曲的成曲，含有较多水分，一般在 30% ~33%，停止通风后，在出曲阶段米曲霉仍继续繁殖，产生大量呼吸热和分解热，使成曲迅速升温，以达 45 ℃ ~47 ℃ 为宜，不能超过 50 ℃，否则会影响酶活力，如果采用竹匾或木盘制曲，成曲需装入箩筐或麻袋内堆积升温。

（3）制配。首先做好拌曲水，拌曲需要 65 ℃ 左右的热水，天冷可适当热些，但不应超过 70 ℃。拌曲水量与原料种类及配料比有关。一般拌曲水量约为成曲的 65% ~100%，即以成曲拌水后，用手捏紧，指缝见滴水为适宜。拌曲水适合，升温就正常，成熟的酱醅呈赤褐色，鲜艳，酱醅面层接触空气表层呈暗褐色，没有焦煳味，而呈甜香气味，滋味鲜美，分解效果好，原料利用率也高。如果拌水少，酱醅升温高达 70 ℃，则成熟酱醅呈暗褐色且发黑，具有强烈焦煳味，制出的酱油鲜味不足。当拌水量过大时，升温十分缓慢，酱醅表层氧化差，致使生酸菌繁殖快，造成滤油困难，酱油色淡浑浊，质量低劣。将已升温的成曲经制醅机碎曲齿磨碎，由升高机输入螺旋拌和器（绞龙），同时立即加入热水，并均匀地落入发酵容器内。拌曲用水应掌握好，发酵容器底部少些，面层多些。落曲完毕后，在面层覆盖食盐，以保湿和防止面层因温度低而变质。落曲后的温度以 50 ℃ ~53 ℃ 为宜，最后在酱醅的指定点插入温度计，并在发酵容器上加盖。

（4）发酵。酱醅的起始温度为 50 ℃ ~53 ℃，10 h 后使温度逐渐升高至 55 ℃ ~60 ℃，维持 56 ~ 72 h，此时酱醅水解过程基本完成，即酱醅达到成熟。由于无盐固态发酵工艺历时短，因此在温度管理上十分重要。此外，制醅水分也很重要。在一定范围内，随着酱醅水量增加，发酵时间仍不变，但有助于酱油质量和蛋白质利用率的提高。

（5）滤油及配制。这一过程的工序与低盐固态发酵法的操作相同。

第三节　发酵法酿制酱类产品

一、概述

（一）酱品的生产历史

酱类是以麦子和豆类为主要原料，经过微生物发酵而制成的一种半固体黏稠状的调味品。酱类品种很多，主要有豆酱（黄酱）及面酱（甜面酱）两类。以这两种酱为主料，再加入各种辅料，例如花生、芝麻、辣椒、虾米、肉类及其他调味料，可以制成各式花色酱制品。

（二）酱品的分类

酱类生产分为自然发酵法和速酿保温发酵法。前者发酵的特点是周期较长（半年以上），占地面积较大，但味道好。后者周期短（1个多月），占地面积小，不受季节限制，可长年生产，但由于发酵时间短，故味道不如自然发酵法。此外，还有非发酵法生产，如果酱、蔬菜酱等。

在酱的分类上，有两大类——发酵酱和不发酵酱。发酵酱类中，分为黄酱和面酱两大类，此外还有蚕豆酱、豆瓣辣酱、豆豉、南味豆豉以及酱类的深加工，即各种系列花色酱等产品。除此以外，就是非发酵型的果酱和蔬菜酱等。现分别介绍如下。

1. 黄酱类

分为黄稀酱和黄干酱，还有黑酱和瓜子酱。

（1）黄稀酱。采用大豆、面粉进行制曲，成熟后加入盐水进行发酵捣缸、低盐固态发酵及液态发酵，经过30天即为成品。

（2）黄干酱。黄干酱也是采用大豆、面粉制曲，低盐固态发酵，经30天才能成熟。

在黄酱的生产加工中分为两类：踩大黄子日晒天然酱和风曲散黄子（即现在的通风制曲）。春天生产，夏日晒，秋天卖。踩大黄子的特点是没有毛子味，但生产周期较长；而通风制曲有毛子味，生产周期短。老北京人又称黄酱为“老坯酱”，东北人称其“大酱”，上海人称其“京酱”，武汉人称其“油坯”等。

（3）黑酱。内蒙古、山西、张家口等地区都喜欢吃黑酱，黑酱的原辅料也是大豆、面粉。黑酱的生产特点是发酵温度高。

（4）瓜子酱。该酱的生产特点是面粉多、大豆少，蒸完后，上捻子压，压成饼，然后切成小块，再进行发酵。

2. 面酱类

面酱，也称甜酱，是以面粉为主要原料生产的酱类，由于滋味咸中带甜而得名。它是用米曲霉分泌的淀粉酶，将面粉经蒸熟而糊化的大量淀粉分解为糊精、麦芽糖及葡萄糖。此项糖化作用在制曲时已经开始进行，在酱醅发酵期间则更进一步加强糖化。同时，面粉中的少量蛋白质也经曲霉所分泌的蛋白酶的作用分解成为氨基酸，从而使甜酱又具鲜味，成为特殊的产品。

面酱生产又分成两种不同的做法，即南酱园做法和京酱园做法，简称为南做法和京做法。它们之间的区别在于一个是发面的，一个是死面的。南酱园是发面的，即将面粉蒸成馒头，而后制曲拌盐水发酵。京酱园是死面的，即将面粉拌入少量水搓成麦穗形，而后再蒸，蒸完后降温接种制曲，拌盐水发酵。发面的特点是利口、味正；死面的特点是甜度大、发黏。

3. 甜米酱

甜米酱是介于黄酱和甜酱之间的产品。所用原料黄豆占50%，面粉和大米各占20%，进行糊化分解，而只用10%的生面粉与黄豆拌和进行通风制曲，温酿发酵。该产品味道香甜、酯香浓郁。

4. 蚕豆酱

蚕豆酱是以蚕豆为主要原料的一种酱类，一般也称豆酱。

豆瓣酱也称豆瓣辣酱或蚕豆辣酱，豆瓣辣酱主要原料为蚕豆、面粉、辣椒、食盐等，辅料有植物油、糯米酒、味精、蔗糖等。酿制豆瓣酱的辣椒以鲜椒腌制的为好，四川地区在生产中采用蚕豆叶浸泡后不经蒸熟的生料制曲工艺，保持了成品瓣形完整而且口感良好的特点，其他操作方法与蚕豆酱酿造基本一致。

5. 辣椒酱

辣椒酱是以鲜红辣椒经盐腌后破碎磨细的加工品。成品色泽金红，除含丰富的维生素C、胡萝卜素外，还含有蛋白质、糖、磷、铁、钙等营养物质，人们常用以佐食面条、饺子、饭菜等。

6. 花生酱

花生酱是以花生为原料，经脱壳、去衣后再经炒焙研磨而成。为防止在贮存过程中油层离析，可在成品快速搅拌均质后加入适量单甘油酯或卵磷脂等乳化剂，以保证质量。还可以加入奶油、可可、咖啡等香精调香。

花生酱在炒焙时要严格控制温度及时间，防止焦煳。正常的产品色泽乳黄，香气浓郁，营养丰富，除直接食用外，还可用以制作糕点或作调料使用等。

7. 芝麻酱

芝麻酱是以白芝麻为原料，经润水、脱壳、炒焙、研磨制成的酱品。色泽金黄，具有芝麻特有的浓香。芝麻酱除含有较高的油脂外，还含有丰富的蛋白质、碳水化合物等成分，通常用于直接佐餐、凉拌菜肴或制作糕点等。

8. 鱼子酱

以鲟鱼鱼卵为原料盐腌制成。蛋白质含量30%，脂肪20%，不含碳水化合物。

9. 虾酱

虾酱是以虾头、虾尾等下脚料，经过加工处理腌渍发酵而成。沿海地区生产较多。

10. 肉酱

肉酱生产工艺中没有制曲过程，这在酿造工艺原理上与豆酱生产有着根本性的区别。肉酱生产基本上是属于腌渍工艺，因此许多有益菌不可能正常繁殖并产生相应的酶类，如蛋白酶、糖化酶等，其结果是微生物对原料的分解不力，使后发酵难以进行，“酱香味”成分难以增加。

11. 果酱

果酱是以水果为原料加工而成，经过去核、去皮等处理，煮软打酱，调整果酸果胶，加糖浓缩，即为成品。其味酸甜适中，营养丰富，是西餐、野餐、旅游、野外作业、军需的方便食品，也是糕点、冷饮行业的原料之一，因而在市场上很受欢迎。

12. 蔬菜酱

蔬菜酱一般是以果蔬类和根菜类（如西红柿和胡萝卜等）为原料，其加工方法以及用途与果酱基本相同。

二、几种酱类产品的生产技术

（一）豆酱

豆酱是以大豆为主要原料的一种酱类，我国北方称之为大酱。它也是利用米曲霉为主的微生物酿制的，生产工艺与酱油大致相同。

[实验10-11] 发酵法制豆酱实验

1. 原料配方

大豆100 kg、14.5 °Bé 盐水90 kg、标准面粉50 kg；

酱醅成熟再加 24 °Bé 盐水 40 kg、成曲 100 kg、细盐 10 kg。

2. 工艺流程

（1）制曲。

种曲
↓
大豆→洗净→浸泡→蒸熟→冷却→混合←面粉
↓
接种→制曲→成曲

（2）制酱。

成曲送入容器→自然升温→加盐水→保温发酵→加盐水→翻酱→成品
↑14.5 °Bé ↑24 °Bé
食盐加水融化→澄清 ↗

（3）制作方法。

豆酱原以天然晒露发酵法生产，但由于生产周期长，卫生条件差，现已大多改用低盐固态发酵法。

制酱：大豆经制曲后，移入发酵容器，扒平，稍稍压紧，品温迅速升至 40 ℃，即将预先准备的 14.5 °Bé 盐水加热至 60 ℃，淋在面上，使之逐渐吸收，最后在面上加封食盐，并加盖使醅升温至 45 ℃ 左右，维持 10 d，补加 24 °Bé 盐水及细盐，以翻酱机匀翻使细盐溶化，之后在室温下发酵 4 ~5 d 即成。

（二）黄酱

[实验 10 - 12] 发酵法制黄酱实验

1. 原料配方

黄豆 100 kg、食盐 60 kg、面粉 50 kg、清水 240 kg。

2. 工艺流程

黄豆→过筛→浸泡→烘干水→蒸煮→碾轧→掺入面粉→入砸黄子机→切片→入曲室→码架→封席→放气→黄子成熟→刷毛→入缸→加盐水→木耙搅动→过筛→续清水→打耙→成品。

3. 制作方法

（1）采黄子（制曲）。

① 泡豆。将黄豆过筛除去杂质，清水浸泡 20 h（用水量 25%）。

② 蒸豆。捞出泡好的豆沥净水，入锅蒸煮。开始用急火，气上匀后改用微火。煮蒸时间约 3 h。蒸好的黄豆要求色红褐，软度均匀，用两个手指一捏即成饼状为好。

③ 碾轧。把蒸好的黄豆放到石碾上，掺入面粉，进行碾轧。边轧边用铁锹翻动，以轧到无整豆为止。

④ 砸黄子。将轧好的原料放入砸黄子机内，砸成结实的块状。块的长度为 80 cm、宽 53.8 cm、高 13.3 cm。再切成长 26.6 cm、宽 8.3 cm、厚 1.7 cm 的黄子块。块要切得薄厚一致。

⑤ 制黄子。将曲室打扫干净，铺上苇席，席上放长方形木椽，木椽分 167 cm、200 cm、233 cm 三种，167 cm 的横放，200 cm、233 cm 的纵放，上面再码好细竹竿，俗称黄子架。然后将切好的黄子块一卧一立码在架上，一层层地码至距离屋顶 67 cm 为止。用两层苇席封严曲室，每天往席上洒两次水，以调节室内温湿度。封席后的 3 ~5 d，曲室内温度上升到 35 ℃，将两席之间揭开一道缝散发室内温度、湿度（俗称放气）。每天放气一次，一般早晨 6 ~7 时约放气 1 h，使曲室温度保持在 30 ℃ 左右。一周后，每隔 1 ~2 d 放气一次，直至曲室内无潮气，再将席缝封严，20 d 以后黄子制成。

⑥ 刷黄子。黄子成熟后，拆开封席，吹晾一两天，用刷黄子机刷去菌毛。

（2）泡黄子（发酵）。刷净的黄子入缸，每缸 100 kg，再加入盐水，其比例为黄子 100 kg，食盐 50 kg，水 200 kg。黄子入缸后，每天用耙搅动，促使黄子逐渐软碎，然后过筛，搓开块状，筛去杂质。过筛后续入少量清水（每缸 25 kg），以调节浓度，促进发酵。但水不能一次续入，应分 3 次续入。续水时间在夏至前完成。夏至开始打耙，每天 4 次，每次 20 耙。在此期间，打耙要缓慢，不宜用力过大，防止再发酵。暑伏开始定耙，早晚各增打 20 耙，1 个月后，改为每天打耙 3 次，处暑停止打耙，黄酱即成熟。成熟的黄酱色红褐，鲜艳而有光泽，有酱香及酯香，咸淡适口，不酸、不苦，无其他异味，黏稠适度，无霉花。

（三）普通甜面酱

甜面酱，又称甜酱，是以面粉为主要原料，经制曲和保温发酵制成的一种酱状调味品。其味甜中带咸，同时有酱香和酯香，适用于烹饪酱爆和酱烧菜，如“酱爆肉丁”等，还可蘸食大葱、黄瓜、烤鸭等菜品。

甜面酱经历了特殊的发酵加工过程，它的甜味来自发酵过程中产生的麦芽糖、葡萄糖等物质。鲜味来自蛋白质分解产生的氨基酸，食盐的加入则产生了咸味。甜面酱含有多种风味物质和营养物，不仅滋味鲜美，而且可以丰富菜肴营养，增加菜肴可食性，具有开胃助食的功效。

优质甜面酱应呈黄褐色或红褐色，有光泽，散发酱香及酯香气。无酸、苦、焦煳及其他异味，黏稠适度，无杂质。保存中应注意清洁，防止高温，忌沾生水，可用熟菜油搅匀，以防止生霉。保质期一般为 3 个月。

甜面酱是一种别具风味的调味料，尤其在北方极为普遍。其实，在甜面酱的制作中，馒头的制作是最初的一个程序，所以，如果有卖剩的馒头，可以用于制作甜面酱。

［实验 10－13］ 发酵法制普通甜面酱实验

1. 工艺流程

（1）制曲。

面粉→拌和→蒸熟→冷却→接种→制曲→面糕曲

拌和 ↑ 水；接种 ↑ 种曲

（2）制酱。

面糕曲→入发酵容器→自然升温→加盐水→保温发酵→甜酱醅

加盐水 ↑ 食盐、水→配制→澄清→加热

（3）加工产品。

甜酱醅→磨细→过筛→灭菌→成品

2. 制作方法

（1）酵母面团准备。将原料面粉总量的 5% 加水调匀，同时加入事先准备好的面包酵母液 2% 左右，保温 30 ℃，任其起发，备用。

（2）蒸料。面粉加水（冬用温水），同时加入酵母面团，揉匀，放置约 1 h，切块上甑蒸熟，也可将面粉加水后直接蒸熟。

（3）制曲。面糕蒸熟后，外观膨松，冷却打碎，接种米曲霉种曲，入曲室如常法制曲，约 96 h，出老曲。

（4）制醅发酵。成曲在容器中堆积后加 16～17 °Bé 盐水浸泡，发酵温度控制在 50 ℃～55 ℃。原理与酱油生产相似。

（5）磨细。将发酵成熟的酱醅在钢磨中磨细（或再过筛），并以蒸汽加热灭菌，即为成品。必要时对干稀进行调节。

（四）豆瓣酱

豆瓣酱也叫蚕豆酱，原盛产于四川地区，是采用蚕豆作为主要原料酿制而成的酱类调味品。蚕豆也称胡豆，酿造豆瓣酱的蚕豆必须预先剥去皮壳，使之成为瓣粒。

[实验 10－14] 发酵法制豆瓣酱实验

1. 蚕豆脱壳方法

（1）湿法脱壳。蚕豆除杂后，投入清水中浸泡，使之渐渐吸水至豆粒无皱皮，断面无白心，并呈发芽状态为度。浸泡完毕后以人工或机械剥去皮壳。也可以采用化学方法，即将 2% 的氢氧化钠溶液加热至 80 ℃～85 ℃，然后将冷水浸透的蚕豆入浸 4～5 min，当皮壳呈棕红色即行取出，立即用清水漂洗至无碱性，此时皮壳极易去掉，操作必须迅速，以免豆肉变色。湿法脱壳的特点是瓣粒比较完整。但一定要注意掌握脱皮及浸泡时间，不宜过长，否则会使豆瓣变得僵硬，制曲发酵以后也不易软解，影响成品质量。

（2）干法脱壳。干法脱壳比较方便，劳动生产率高，豆瓣容易贮放。大多使用脱壳机。

2. 工艺流程

（1）制曲。

```
蚕豆瓣→浸泡→吸水→接种→制曲→蚕豆瓣曲
        ↑           ↑
        水          种曲
```

（2）制酱。

```
蚕豆瓣曲→入池发酵→陈酿后熟→豆瓣酱醅
           ↑  ↑
      糯米酒  澄清←溶化←食盐
```

（3）配制。

```
                    豆瓣酱醅
                       ↓
鲜辣椒→选洗→盐渍→磨浆→混合→防霉→成品
                       ↑
                    各种香辛料
```

3. 制作方法

（1）豆瓣处理。将干豆瓣肉质（蚕豆子叶）按颗粒大小分别倾到浸泡容器中，以不同水量进行浸泡。豆肉吸水后，一般重量可增加 1.5～2 倍，体积膨大 1.8～2.2 倍。浸泡程度的判断：将豆肉拭去表面水分，折断瓣粒，如断面中心有一线白色层，即证明水分已经达到适度。浸泡时可溶性成分略有溶出，其中有部分蛋白质，可以另行综合利用。

（2）制曲。豆肉浸泡适度后，应及时排放余水，或捞起沥干送入曲室制曲。但是由于豆瓣颗粒较大，因此制曲时间也需适当延长。一般通风制曲时间为 2 d，要特别注意调节曲室温度，防止"干皮"，必要时可在曲料面上搭盖一层席子。种曲用量为 0.15%～0.3%。

（3）制酱醅。将蚕豆瓣曲送入发酵容器中，表面扒平，稍稍压实，待品温升至 40 ℃左右时，再将 18～20 °Bé 的盐水徐徐注入曲中。盐水用量约为豆肉原料的一倍，如能将盐水加热至 60 ℃使用更好。最后加上封口盐，保持品温在 45 ℃左右进行发酵，或移至室外后熟，则香气更浓，风味更佳。

（4）辣椒处理。生产豆瓣酱用的辣椒有鲜椒和干椒两种，一般以使用盐腌的鲜椒为好。按鲜红椒每 100 kg 加盐 22～24 kg，一层鲜椒一层盐，撒布均匀，同时大力压实，再加少量食盐封面，食盐上铺竹席，用重物压上，使卤汁流出，可防止辣椒变质。并经常检查，如发现盐水耗干，应及时补加淡盐水，以保持汁水深度。容器要加盖，以免杂质落入，鲜椒一般经腌渍 3 个月后即可应用，使用时要先用轧碎机粗碎后再在钢磨中反复磨细，如水量不足，可在磨浆时添加适量 20 °Bé 的盐水，以调节稠度。通常每 100 kg 鲜椒磨浆后，可产成椒浆 150 kg 左右。椒浆贮放期间要每天搅拌一次，以防表面生霉，影响产品质量。四川豆瓣酱在磨制椒酱时有的还加入约 20% 的含盐甜米酒汁。

干辣椒使用前的处理方法是将干椒 100 kg 加水浸泡，先加部分食盐腌渍，贮放，用时再加 20 °Bé 的盐水至 500 kg 磨成浆状。此椒浆放置数天后也可以自然发酵，但不如鲜椒质量好。

（5）配制。成熟后的蚕豆瓣醅与适量椒浆混合，即成为豆瓣酱。直接佐餐作为副食品的豆瓣酱要经加热灭菌处理。配制后如能再封坛发酵半个月包装出售，风味更好。

（五）豆豉

豆豉是我国人们日常生活中很受欢迎的传统发酵食品之一。我国浙江、福建、四川、湖南、湖北、江苏、江西及北方地区广泛食用。日本及东南亚国家食用豆豉更为广泛。传统生产工艺是利用毛霉、曲霉或细菌蛋白酶的作用，分解大豆蛋白质达到一定程度时，即以加盐、酒、干燥等方法抑制酶的活力，延缓发酵进程，让熟豆的一部分蛋白质和分解产物在特定条件下保存下来，形成具有特殊风味的发酵食品。但传统工艺质量不稳定，酶活力不高，发酵周期长，且生产受季节限制。而利用米曲霉发酵大豆，既克服了传统方法的不足，生产的豆豉颗粒松散，清香鲜美，有豆豉固有风味，且各项理化指标已超过了传统方法生产的豆豉，具有较高的实用价值。

我国豆豉的种类很多，在隋唐时期有咸豆豉与淡豆豉之分，成品中含有食盐的叫咸豆豉，不含食盐的叫淡豆豉，主要用于药。只要加入不同的调味辅料即可衍生出多种各具特色的调味型豆豉。按豆豉中水分含量的高低又可分为干豆豉与水豆豉两种。干豆豉多产于南方，豆豉松散完整，油润光亮，如湖南豆豉、四川豆豉。水豆豉在发酵时加入水分较多，产品含水量较高，豆豉柔软粘连，多产于北方及一般家庭制作。按制曲时参与的微生物不同，可分为曲霉型、毛霉型和细菌型三类豆豉。利用曲霉酿造豆豉是我国最早、最常用的方法。毛霉型豆豉在全国豆豉产品中产量最大，也最富特色，主要产于四川，以三台县产最负盛名。细菌型豆豉产量甚少，以山东水豆豉为代表，一般家庭制作大豆属于细菌型豆豉。

[实验 10－15] 豆豉发酵实验

1. 主要设备

筛选机，浸料罐，蒸煮设备，曲室，发酵缸（池）。

2. 配方

大豆 100 kg，面粉 20 kg，食盐 18 kg，生姜 5 kg，花椒面 2 kg，小茴香 0.05 kg，其他混合辛香料适量。

3. 工艺流程

大豆→筛选→浸泡→蒸煮→冷却拌粉→制曲→翻曲→发酵缸→豆醅→发酵→成品。

4. 操作要点

（1）大豆筛选。大豆必须选用颗粒饱满，无霉变，无虫蛀，无伤痕的大豆。然后经淘洗再用清水浸泡，浸泡程度以豆粒表皮刚呈涨满、液面不出现泡沫为佳。取出沥干水分，同时再用水反复冲洗，除净泥沙。

（2）蒸煮。浸泡后的大豆在常压下蒸煮，蒸至豆粒基本软熟（切勿太烂）。若加压蒸煮，可在压力为 98 kPa下蒸煮 30～40 min 即可。

（3）冷却拌粉。将蒸煮后的大豆摊开，适当蒸发一些多余水分。然后拌入面粉，拌匀。

（4）制曲。豆豉原料温度为 35 ℃～40 ℃时，接种米曲霉，接种量为原料的 1%，拌匀后移入曲池。原料厚度一般为 20～30 cm，堆积疏松平整，品温在 30 ℃左右恒温培养。其间每隔 1～2 h 通风 12 min，品温不得高于 35 ℃。入池 11～12 h 左右，菌丝结块，料层温度出现下低上高现象，品温升高，此时应立即进行第一次翻曲。培养 18 h 后，需进行第二次翻曲。经 50 h 左右的恒温培养，曲料变成黄绿色，即为成曲。

(5) 发酵。将成曲转入发酵缸中，加入50 ℃ ~55 ℃ 13%的食盐水，拌盐水时要随时注意掌握水量大小，通常在醅料入缸最初时加入盐水量略少，以后逐步加大水量，盐水量要求为原料总量的65% ~100%。再加入生姜、花椒面、小茴香及适量的混合辛香料，拌匀，摊平。然后在豆醅面封盐，豆醅品温要求为42 ℃ ~50 ℃，发酵4 ~8 d后即成豆豉。

5. 质量要求

色泽黝黑光亮，清香鲜美，回味甜润，有豆豉特有的风味。含氨基酸氮0.8 g/100 g，总酸0.6 g/100 g，水分46 g/100 g，还原糖4.5 g/100 g。

(六) 腐乳

1. 腐乳的种类

腐乳又称为乳腐或豆腐乳，是我国独有的一种传统发酵食品，产地遍及全国各地。它是一种口味鲜美、风味独特、质地细腻、营养丰富的佐餐食品。我国现有的腐乳种类很多，按产品的颜色和风味大体上可分为红腐乳、白腐乳、青腐乳、酱腐乳及各种花色腐乳。按生产中所使用的微生物类型可分为细菌型腐乳和霉菌型腐乳。按产品规格又可分太方腐乳、中方腐乳、丁方腐乳和棋方腐乳。

(1) 红腐乳。北方称红酱豆腐，南方称红方或南孔，是腐乳中的一大类产品。表面鲜红或紫红，断面为杏黄色，滋味鲜咸适口，质地细腻，是十分普及的一种佐餐小菜或烹饪用调味料。其最大的工艺特点是在后酵用的汤料中加入了着色剂——红曲。

(2) 白腐乳。也是腐乳中的一大类产品。此类产品颜色表里一致，为乳黄色、淡黄色或青白色。醇香浓郁，鲜味突出，质地细腻。其主要特点是含盐量低，发酵周期短、成熟较快，大部分在南方生产。

a. 糟方腐乳。是白腐乳类的一个品种。因为在发酵时以酒酿糟或酒酿为主要辅料而得名。用作辅料的酒酿糟为黄酒发酵完成后经榨去汁而余下的酒糟，在生产糟方腐乳时要在酒酿糟中加入适量的白酒。但生产糟方腐乳时大多数使用酒酿卤，即不经压榨的原发酵黄酒酒醪，将酒酿汁和酒酿糟一起使用。

b. 霉香腐乳。霉香腐乳是白腐乳中的一个主要品种，主要产地在长江流域以南。这种腐乳有浓郁的霉香和酒香味。此品种分辣味型和普通型，辣味型以桂林和广州的产品最为有名，普通型以四川夹江生产的腐乳为代表。之所以称为霉香腐乳是因为在后期发酵中，盐坯本身含盐量较一般腐乳低，蛋白质的分解程度较其他腐乳（青腐乳除外）要完全一些，氨基酸含量较高，而且有微量的硫化物被分解出来，赋予产品以霉香味。

c. 醉方腐乳。醉方腐乳也是白腐乳中的一个品种，因为在后期发酵中加入纯黄酒作为辅料，或者用白酒和花椒兑成汤料，酿成的腐乳酒香和酯香浓厚，所以称为醉方。醉方腐乳的产地在我国长江以南。

(3) 青腐乳。又名青方，俗称臭豆腐。此类产品表里颜色均呈青色或豆青色，具有刺激性的臭味。最具代表性的是北京王致和臭豆腐。

(4) 酱腐乳。这类腐乳在后期发酵中以酱曲为主要辅料酿制而成。本类产品表面和内部颜色基本一致，具有自然生成的红褐色或棕褐色，酱香浓郁，质地细腻。它与红腐乳的区别是不添加着色剂——红曲，与白腐乳的区别是酱香味浓而醇香味差。

(5) 花色腐乳。又称别味腐乳，该类产品因添加了各种不同风味的辅料而酿成了各具特色的腐乳。这类产品的品种最多，有辣味型、甜味型、香辛型和咸鲜型等。其制作方法有两种：一种是同步发酵法，另一种是再制法。前者是将各种辅料一次性加入配成汤料与盐坯一起进入后酵，后者是先制成一种基础腐乳或使用成熟的红腐乳或白腐乳，把能产生某种风味的辅料拌到腐乳的表面，再装入坛中经短期的成熟，即制成某种风味的花色腐乳。由于同步发酵法在长期的发酵过程中大量地损失了挥发性风味物质，所以花色腐乳生产用再制法的较多。

a. 辣味型腐乳。是花色腐乳的一个基本类型。该产品在生产过程中加入了辣椒作辅料，辣味突出。在红、白、青腐乳中均可以添加辣椒而增加其调味性能，如南京的红辣腐乳、广州的辣味霉香腐乳、北京的甜辣腐乳和辣臭腐乳等。赋予腐乳辣味可使用辣椒或辣椒油。辣椒油一般多添加在瓶装腐乳的汤液表面，既可达到防腐的目的，又可增加辣味。

b. 甜味型腐乳。也是花色腐乳的一个类型。该类型的腐乳因在生产过程中添加了甜味料和花果香料，具有较明显的花香味和甜味。本类产品使用的花果香料一般为糖桂花或糖玫瑰，是采摘刚刚要开花的花蕾用糖腌制而成，含有较多的香味成分，作为食品香料有较高的使用价值。使用的甜味料大多为食糖和面酱曲，必要时可添加少量糖精和香精，以增强甜香效果，但用量不宜太多，更不能全部代替。

c. 香辛型腐乳。花色腐乳中的一类产品。该产品在生产过程中添加了植物香辛型原料作为腐乳的主要辅料，具有明显的植物香料的香辛味。经常使用的是花椒、八角、茴香、桂皮、丁香、肉桂等。本类产品不仅具有强烈的香辛味，有的还具有一定的辛辣味，只是在刺激程度上较辣味型腐乳清淡而已。五香腐乳是本类产品中的一个典型品种，带有较浓郁的五香气味和味道，特点极为突出。

d. 咸鲜型腐乳。花色腐乳中的一大类。在生产过程中，添加肉、禽、水产品、食用菌等辅料，除具有腐乳的特点外，有明显的辅料香气和味道。这类产品品种较多，一般采用火腿、虾籽、蘑菇等为辅料，比较著名的有火腿腐乳、虾籽腐乳。由于辅料大多为动物性食品，因此添加到腐乳中之前，要配以其他调味料蒸熟，才能作为辅料来配制汤料。

（6）太方、中方、丁方和棋方腐乳。这几类腐乳是以规格区别腐孔。太方腐乳规格最大，一般大小为 7.2 cm×7.2 cm×2.4 cm，每四块重量为 500 g 左右。采用这种规格制作的腐乳以红腐乳为最多，但随着消费特点的变化，现在很少生产这种规格的腐乳，因其块型太大，吃剩下的部分不易保存，且包装和销售都有不便之处。

中方腐乳的块型大小适中，是目前产量最多的一种规格，其大小一般在 4.2 cm×4.2 cm×1.6 cm 左右。这种规格的腐乳几乎所有类型的腐乳都有，是消费者最常见的规格。

丁方腐乳的块型大小约为 5.5 cm×5.5 cm×2.2 cm，比太方小比中方大。这种规格的腐乳多属于红腐乳类型。

棋方腐乳规格最小，大小一般为 2.2 cm×2.2 cm×1.2 cm 左右，因为块型大小类似棋子，故名棋方。目前出口较多的霉香腐乳大多采用这种规格，但这种规格因块型小，生产过程中的效率低，其他品种很少用这种规格。

2. 腐乳的生产技术

豆腐乳是我国民间传统的发酵食品之一，是用豆腐发酵制成的奶酪型产品。有的豆腐乳及其卤汁还是很好的调味品。我国各地都有豆腐乳生产，虽然它们的外观、形状、大小不一，且因配料不同而名称和风味各异，但其制造方法大体相同。

[实验10-16] 豆腐乳发酵实验

1. 豆腐乳的工艺流程

(1) 腐乳坯制造。

大豆→浸泡（水）→磨浆→滤浆→煮浆→点浆（凝结剂）→养花→压榨→划块→腐乳坯。

(2) 发酵。

腐乳坯→接种（毛霉或根霉种曲）→培菌→腌坯（食盐）→装坛（各种配料）→后熟→成品。

2. 制作方法

(1) 制坯。

①浸泡。泡豆的目的是使大豆充分吸水膨胀。浸泡时间长短要根据气温高低的具体情况决定。一般冬季气温低于15 ℃时泡8~16 h，春秋季气温在15 ℃~25 ℃ 时泡3~8 h，夏季气温高于30 ℃时仅需2~5 h。泡豆程度的感官检查标准是掰开豆粒，两片子叶内侧呈平板状，但泡豆水表面不出现泡沫。泡豆水用量约为大豆重量的4 倍左右。

②磨浆。将浸泡适度的大豆连同适量的三浆水均匀送入磨孔，磨成细腻的乳白色的连渣豆浆。在此过程中大豆的细胞组织被破坏，大豆蛋白质得以充分溶出。

③滤浆。将磨出的连渣浆及时送入滤浆机（或离心机）中，将豆浆与豆渣分离，并反复用温水套淋三次以上。一般100 kg 大豆约可滤出5~6 °Bé 的豆浆1 000~1 200 kg（测定浓度时要先静置20 min以上，使浆中豆渣沉淀）。

④煮浆。滤出的豆浆要迅速升温至沸（100 ℃），如在煮沸时有大量泡沫上涌，可使用消泡油或食用消泡剂消泡。生浆煮沸要注意上下均匀，不得有夹心浆。消泡油用量不宜过大，以能消泡为度。

⑤点浆。点浆是关系到豆腐乳出品率高低的关键工序之一，一般点浆温度为80 ℃，pH 5.5~6.5，适当浓度凝结剂（如用盐卤，一般用12~15 °Bé），点浆时间不宜太快，凝结剂要缓缓加入，做到细水长流，通常每桶熟浆点浆时间约需3~5 min，黄浆水应澄清不浑浊。

⑥养花。豆浆中蛋白质凝固有一定的时间要求，并保持一定的反应温度，因此养花时最好加盖保温，并在点浆后静置5~10 min，点浆较嫩时，养花时间相应延长一些。

⑦压榨。豆花上箱动作要快，并根据花的老嫩程度均匀操作。上完后徐徐加压，划块最好待坯冷后再划，以免块形收缩，划口应致密细腻，无气孔。

⑧制坯。制坯过程要注意工具清洁，防止积垢产酸，造成“逃浆”。出现“逃浆”现象时，可试以低浓度的纯碱溶液调节pH 至6.0，再加热按要求重新点浆。如发现豆浆pH 高于7.0时，可以用酸黄浆中和，调回pH，至达蛋白质的等电点。

(2) 培菌。

①菌种准备。将已充分生长的毛霉麸曲用已经消毒的刀子切成2.0 cm×2.0 cm×2.0 cm的小块，低温干燥磨细备用。

②接种。在将腐乳坯移入木框竹底盘的笼格前后，分次均匀撒加麸曲菌种，用量约为原料大豆质量的1%~2%。接种温度不宜过高，一般约在40 ℃~45 ℃（也可培养霉菌液后用喷雾接种），然后将坯均匀侧立于笼格竹块上。

③培养。腐乳坯接种后，将笼格移入培菌室，呈立柱状堆叠。保持室温25 ℃ 左右。约20 h后，菌丝繁殖，笼温升至30 ℃~33 ℃，要进行翻笼，并上下互换。以后再根据升温情况将笼格翻堆成“品”字形，先后3~4 次，以调节温度。入室76 h后，菌丝生长丰满，不黏，不臭，不发红，即可移出（培养时间长短与不同菌种、温度以及其他环境条件有关，应根据实际情况掌握）。

(3) 腌坯装坛。

腐乳坯经短时晾笼后即进行腌坯。

腌坯有缸腌、箩腌两种。缸腌是将毛坯整齐排列于缸（或小池）中，缸的下部有中留圆孔的木板假底。将坯列于假底上，顺缸排成圆形，并将毛坯未长菌丝的一面（贴于竹块上的一面）靠边，以免腌时变形。要分层加盐，逐层增加。腌坯时间约5~10 d。腌坯后盐水逐渐自缸内圆孔中浸出，腌渍期间还要在坯面淋加盐水，使上层毛坯含盐均匀。腌渍期满后，自圆孔中抽去盐水，静置一夜，起坯备用。箩腌是将毛坯平放于竹箩中，分层加盐，腌坯盐随化随淋，腌两天即可供装坛用。配料前要先将腌坯每块分开，然后计数装坛，并根据不同的品种配料。装坛时将腌坯依坛排列，用手压平，分层加料。装完后灌足卤汁，卤汁以淹过坯面 2 cm 左右为好。装坛不宜过满，以免发酵时卤汁涌出坛外。

3. 品种和配方

豆腐乳品种很多，现将华东地区的红腐乳、白腐乳、青腐乳三种配法介绍如下。

（1）红腐乳（小红方）。

①原料配方（每万块，重约 270 kg）。

其中配料 a：加入染坯红曲卤（红曲 1.5 kg、面糕曲 0.6 kg、黄酒 6.5 kg）配料后浸泡 2 ~ 3 d，磨浆，再加黄酒 18 kg，搅匀备用。

配料 b：装坛红曲卤（红曲 5 kg、面糕曲 1.2 kg、黄酒 12.5 kg），浸泡 2 ~ 3 d，磨浆，加黄酒 63 kg、糖精 15 g（开水溶化后加入），搅匀备用。

②装坛。腌坯先在染坯卤中染红，要求块块均匀无白心，然后装入坛内，再灌装坛用卤，顺序加面糕曲 150 g，荷叶 1 ~ 2 张，封口盐 150 g，最后加白酒 150 g。

（2）白腐乳（小白方）。

小白方为季节性销售产品，一般不采用腌坯装坛，只将毛坯直接在坛内盐腌 4 d，用盐量为每坛（350 块坯，重约 6 kg）0.6 kg。

白方豆腐坯含水量较高，灌坛卤汁由盐水和新鲜腌坯汁（毛花卤）加冷开水并成 8 ~ 8.5 °Bé 灌至坛口，加封口黄酒 0.35 kg。

（3）青腐乳（青方）。

青方也是季节性销售的产品，腌坯装坛时使用的卤汁（每万块重 300 ~ 320 kg）用冷开水 450 kg、黄浆水 75 kg 及适量的腌坯汁（毛花卤）和盐水配制而成。卤汁应在当天配用，灌至坛口，每坛加封口白酒 50 g 。腐乳坛口可用水泥和熟石膏的混合物加水封固，泥料的常用配方是水泥：熟石膏：水 =1：3：4。

豆腐乳成熟期因品种而异。一般约在 6 个月左右。青方、白方因腐乳坯含水量大（76% ~80%）、氯化物少、酒精度低，所以成熟快，保质期短。一般小白方 30 d 左右即可成熟，青方也在 1 ~2 个月成熟，不能久藏，否则应在生产时采取腌坯措施，并调整盐酒配料。

[实验 10 - 17] 广东白辣腐乳发酵实验

白辣腐乳是广州地区生产的一种特色产品，色泽金黄鲜嫩，风味独特，具有质地细腻、口味鲜美、咸辣适口的特色。

该腐乳生产中，除必要的食盐、白酒、辣椒等配料外，不添加其他香辛料，投料比例如下：500 kg 黄豆，80 ~ 90 kg 食盐，100 kg 酒精含量为 50% 的白酒，18 kg 辣椒油。白酒使用前用自来水调到酒精含量为 19% ~20% 备用。

此腐乳在后期发酵成熟前 1 个月须将腐乳汁倒出，过滤后再重新灌入，并增加适量辣椒油封面，继续发酵 1 个月方为成品。

理化指标：蛋白质 11% 以上，氨基酸态氮 0.429 6% 以上，总酸 1.0% 以下，水溶性无盐固形物≥7% 。

[实验 10 - 18] 桂林腐乳发酵实验

桂林腐乳是广西著名土特产，桂林腐乳颜色淡黄、质地细腻、气香味鲜、咸淡适宜、无杂质杂味。

1. 原料配方

主料大豆，辅料（以万块计）：每 1.5 kg 香料与 50 kg 盐拌和，香料中八角占 88% 、草果 4% 、沙姜 2% 、小茴香 2% 、陈皮 4% 。辣腐乳即添加辣椒粉，桂花腐乳即添加桂花香料。

2. 工艺流程

大豆→浸泡→磨浆→煮浆→洗浆→豆浆→点脑→酸水
↓　↑
毛霉试管斜面→三角瓶培养→前发酵←切块←成型→黄浆水
↓
成品←后发酵←封口←腌制←盐、酒、香料

3. 制作方法

（1）生产豆腐坯。

①选择黄豆。蛋白质含量高，含水分少，豆粒新鲜、丰满、有光泽，无变坏、无虫蚀、泥土杂物少。

②大豆浸泡。据大豆品种及气候变化条件不同，泡豆时间有所不同，一般春、秋季泡 7 h，夏季泡 4 h，冬季泡 10 h。一般体积增加 70% ~80%，重量增加 80% ~100%。泡好的黄豆豆皮肿胀发亮，用手指轻压豆感觉有弹性，豆皮容易脱落，把豆瓣分开，豆瓣肿胀而中间有槽。

③煮浆、洗浆。与传统做法相同。用酸水点脑易使蛋白质变性，促进其沉淀。15 kg 黄豆的熟浆用酸水 2 ~3 桶（每桶 12. 5 kg）冲豆腐，然后用木斗插到缸底围绕缸边轻轻地搅动，经一定时间静置，豆腐与豆腐水慢慢地分成清浊两层。豆脑凝固之后再经压榨，划块即成豆腐坯。酸水是黄浆水（即点脑清液），经过乳酸杆菌和醋酸杆菌作用而成的。每次生产豆腐坯时留一定的酸水，再冲入新鲜的黄浆水，保持在 20 ℃ ~28 ℃ 的温度下，放置 15 ~24 h，酸水即形成。

（2）豆腐乳发酵。

①前期发酵。毛霉菌在乳坯上发酵至成熟，这段时间称前期发酵。豆腐乳毛霉发酵采用自然接种和人工接种相结合的办法。毛霉菌最适培养温度为 18 ℃ ~24 ℃，毛霉菌以无性孢子传代，孢子在 16 ℃ ~32 ℃的情况下发芽，20 h 后进入生长旺盛期，放出热量，44 ~48 h 后，菌丝顶端已长出孢子囊，孢子囊不断长大，乳胚下毛霉呈棉花絮状，菌丝下垂，色素变深。

②后期发酵。把成熟的乳坯加入辅料，入坛，每坛装 80 块乳坯，20°米酒 1 kg 左右，然后密封进行后期发酵，在 20 ℃ ~25 ℃温度下，经 100 d 的后熟，豆腐乳即为成熟。

第十一章　葡萄酒酿造

葡萄酒是用新鲜的葡萄汁制成的低度酒精饮料。它的主要成分有单宁、酒精、糖分、有机酸等。葡萄酒的品种繁多，按酒色分为白葡萄酒、桃红葡萄酒、红葡萄酒；按酒中糖分含量分为干葡萄酒、半干葡萄酒、半甜葡萄酒、甜葡萄酒；按饮用方式分为餐前、佐餐和餐后葡萄酒；按酿造方法分为天然葡萄酒、加强葡萄酒、添香葡萄酒；按酒中 CO_2 含量分为静酒和起泡酒。葡萄酒的生产工艺成熟，原料来源丰富，既可大型工厂大规模生产，又可庄园小批量酿造。

葡萄酒可以用植物提取物和果汁制造，这些原料中含有适当水平的可发酵性糖类。但是大多数葡萄酒是用葡萄藤浆果制造的，它们可以在世界大多数不同温度区域生长。这类葡萄酒成为中欧和南欧、北美和南美、南非、澳洲和新西兰等地的主要发酵产品。现在全世界总的产量大约是 10^{10} L/年。

葡萄是季节性的果品，成熟期较短，不易运输和贮存。加工时间仅有两个月左右，因此做好葡萄加工前的准备工作是很重要的。

第一节　酿造场所

一年一度的葡萄加工季节开始之前，必须做好加工车间的一切准备工作。只有这样才能做到井井有条，不致临时措手不及，造成混乱。

（1）加工车间里面一切非生产用具要全部清除。

（2）墙壁及水泥池外表面用石灰或油漆涂刷，场地打扫干净，进行彻底杀菌。

（3）检查容器是否渗漏，长期没用的容器要装满水检查。

（4）检查发酵池门、阀门、所有管道是否完好。

（5）检查所有酿造机器设备，电动机、破碎机、输送泵、冷却设备等是否完好，并做空机运转。

（6）凡是铁质设备和工具，与酒接触处一般都应挂上一层纯钨。

（7）事先准备好发酵需要的各种配料，如白砂糖、酒石酸、单宁以及各种检测仪表等。

（8）输送葡萄浆和葡萄酒的胶管要用毛刷彻底清洗干净。放置在中间高、两头低的胶管架上，沥干水分备用。

发酵与贮酒用的木桶和水泥池必须经过处理后才能使用。现将各种容器，根据不同情况选用不同的处理方法，简述如下：

（一）木桶

酿造葡萄酒用的木桶以橡木制成的最好，因橡木中含有松枸酸，氧化后生成的香草素能增加酒的香味。用楸木或其他硬木制成的木桶质量较差，松木和柏木因有强烈怪味故不能用于制作木桶或工具。

1. 新木桶的处理

（1）蒸洗熏蒸。将已用水浸泡2～3周的木桶桶口朝下，通入水蒸气加热30～60 min，直到流出的水澄清无色为止，然后用2%的碱水或0.5%～1%的硫酸水洗涤，最后用清水洗净。

（2）用沸水洗涤。容量较少的木桶（300～400 L）可以用100 ℃沸水冲洗干净备用。

（3）用酒精浸泡。先用55 ℃～60 ℃热水浸泡2～3 d，使桶不漏为止。再用65°～75°的交换酒精浸泡15～20 d，最后用水洗净备用。

2. 旧木桶的处理

用过的旧桶放置一定时间不但会发生干裂而渗漏，甚至含有酸味或其他臭味等。如不能很好地处理，将会影响酒的质量。处理方法如下：

（1）生霉的酒桶。先用水洗净后，再用65°～70°的交换酒精浸泡5～10 d。然后再用40 ℃～50 ℃热水洗刷干净备用。

（2）有酸味的桶。用碱中和。加5%的碳酸钠溶液浸泡数小时，再用40 ℃～50 ℃热水洗刷到无酸味为止。

（3）盛过红葡萄酒带有色素的桶。用65°～70°交换酒精浸泡或用5%氢氧化钾（或氢氧化钠）溶液洗刷，使色素与氢氧化钾生成可溶性的盐，便于洗刷除去色素，最后再用热水洗刷干净。

3. 空桶保存方法

暂时不用的酒桶洗刷干净后，每周用熏硫器燃烧硫黄杀菌一次，并将桶口密封，使用时必须重新洗刷。

（二）水泥池

水泥池可用于葡萄酒的发酵和贮藏。新制的水泥池，因含有氧化镁、氧化钙、氧化铅等碱性物质，能与酒中的酸起作用，生成不溶性的盐。不但使酒中的酸降低，影响酒的质量，同时水泥池表面容易被酒腐蚀而缩短使用寿命。因此使用前必须进行涂料或衬玻璃，防止酒与水泥池直接接触。涂料方法简述如下：

1. 涂石蜡

（1）石蜡。选用的石蜡最好符合下列要求：①石蜡为无色板状，熔化后无怪味；②黏度高，在低温下不易破裂；③有耐酸碱性，加热后黏着性较好。

（2）操作要点：①首先检查池壁面是否平整，若有小孔，涂蜡后容易产生小泡；②将石蜡捣成小块投入熔化锅里，温度140 ℃～150 ℃下熔化，溶液呈沸状即可；③涂蜡前先用喷灯烘烤池壁，使其受热干燥，便于黏着石蜡；④趁热用棕刷子将熔化好的石蜡迅速涂上，立即用喷灯烘烤，随刷随烘烤，使石蜡分布均匀，牢固地附着在池壁上；⑤按上法接连涂刷两次，每次蜡层不可过厚或过薄，掌握厚度为2 mm左右；⑥涂完石蜡后应检查并修补砂眼和气泡处，然后用90°酒精全面擦抹池壁，以除去火油味，再用冷水浸泡数日，刷洗干净备用。

2. 涂环氧树脂

与石蜡相比，采用环氧树脂作水泥池涂料具有耐腐蚀性能良好、附着牢固、操作简便的优点，是一种较好的涂料。

（1）配料比例。

6101#环氧树脂	100 g
邻苯二甲酸二丁酯	15～20 g（增塑剂）
丙酮	20 g（溶剂）

乙二胺　　　　　　　　　　6～7 g（固化剂）
石英粉（120 目）　　　　　10～15 g（填充料）

（2）操作要点：①先用砂纸将水泥池表面打磨干净，除去浮灰。用电阻丝在池内加热使池壁干燥。②涂刷前先按比例将环氧树脂与溶剂丙酮混合，在 50 ℃～60 ℃下加速熔解，再加入邻苯二甲酸二丁酯掺拌均匀备用。③涂料前取混合好的配料按比例加入乙二胺，搅拌均匀后再加填充料，每次配料不超过 1 kg，在 30～40 min 内用完。④施工温度不低于 15 ℃，一般应涂刷 3～4 次。第一层涂刷完后在 40 ℃左右的温度下烘烤，经 1～2 d 干燥后再涂第二层。⑤每层涂刷应间隔 24 h，涂完最后一层在室温下（不低于 20 ℃）保护 6～7 d 即可使用。⑥使用前用 60°～70°酒精将涂料表面擦抹一遍，再用水浸泡数天洗净备用。

3. 表面衬玻璃

这种方法较经济耐用，已在国内推广应用。使用的玻璃即普通窗玻璃，厚度 2～3 mm。衬贴方法如下：

（1）先将玻璃割成不大于 40 cm^2 的方块备用。

（2）施工前将池壁抹上一层水泥砂浆，砂浆不应太稠，要抹平整。

（3）将割好的玻璃从水泥池一端逐块放平与砂浆接触，挤出内部空气，不能有气泡存在。

（4）玻璃与玻璃之间的间隙为 1 mm。将玻璃全部铺好后，再用环氧树脂胶泥抹缝。

（5）环氧树脂胶泥配料，参照上述环氧树脂涂料配比制作。

（三）金属容器

金属容器以不锈钢材料制成的不锈钢罐最理想，目前在国内各葡萄酒厂使用较为普遍，不但加工快、搬运方便，而且内部不用涂料，容易洗涤。如果用铁质容器，内部表面必须涂料，防止酒与铁直接接触，影响酒的质量。涂料有环氧树脂、聚氯乙烯、石蜡等。具体操作与上述方法相同，但涂料前铁罐内部表面必须彻底除锈，除锈方法有人工磨刮、酸洗法、喷砂法，其中以喷砂法最好。涂料前要注意安全，照明电要安变压器，把电压 200 V 变为 32 V，以防触电。上下铁罐门必须打开，操作人员在短时间内轮流涂刷，罐内必须适当通风。

第二节　二氧化硫的应用

SO_2 的添加是目前葡萄酒酿造过程中一项不可缺少的基本技术，在葡萄酒酿造工艺中起着不可估量的作用。

在合理使用的前提下，SO_2 对葡萄酒的酿造有很多有利的影响，但是过量的 SO_2 会产生一些不利的后果。一方面它会控制降酸微生物的活动，延缓或阻止苹果酸－乳酸发酵，而且由于其抗氧化作用，会推迟葡萄酒的成熟；另一方面它在还原条件下，会形成 H_2S，给葡萄酒带来怪味，且 H_2S 会与乙醇化合物产生硫醇，对人体产生毒害。因此，正确使用 SO_2 能保证葡萄酒的酿造和储藏顺利进行，提高葡萄酒的质量。

一、SO_2 在葡萄酒酿造中的作用

1. 杀菌作用

SO_2 是一种杀菌剂，它能控制各种发酵微生物的活动（繁殖、呼吸、发酵）。如果 SO_2 浓

度足够高，可以杀死各种微生物。

发酵微生物的种类不同，其抵抗 SO_2 的能力也不一样。细菌最为敏感，在加入 SO_2 后，它们首先被杀死；其次是柠檬形克勒克酵母，酿酒酵母抗 SO_2 的能力则较强。所以，可以通过 SO_2 的添加量来选择不同的发酵微生物。适量使用 SO_2 时，虽然推迟了发酵的触发，但是在以后则会加速酵母菌的繁殖和发酵作用。

2. 澄清作用

SO_2 抑制发酵微生物的活动，推迟了发酵开始的时间，从而有利于发酵基质中悬浮物的沉淀，这对于制造白葡萄酒有很大的好处。

3. 溶解作用

SO_2 添加到葡萄醪中立即生成亚硫酸，有利于果皮上某些成分的溶解，增加葡萄酒的颜色。在使用浓度较高的情况下，SO_2 可以促进浸渍作用，提高色素和酚类物质的溶解量。但在正常使用浓度下，SO_2 的这一作用并不显著。

4. 增酸作用

增酸是杀菌与溶解两个作用的结果。SO_2 加入到葡萄醪中可以提高发酵基质的酸度。一方面，SO_2 在基质中转化成酸，并且可以杀死植物细胞，促进细胞中酸性可溶物质，特别是有机酸盐的溶解。另一方面，SO_2 可以抑制以有机酸为发酵基质的细菌的活动，特别是乳酸菌的活动，从而抑制苹果酸－乳酸发酵。

5. 抗氧化作用

破损的葡萄原料和霉变的葡萄原料的氧化，分别主要由酪氨酸酶和漆酶催化。SO_2 可以抑制氧化酶的作用，从而防止原料的氧化。因此，应在葡萄采收后到酒精发酵开始以前，正确使用 SO_2 防止原料的氧化。

发酵结束后，葡萄酒不再受到 SO_2 的保护而易被氧化。如果对葡萄发酵基质进行 SO_2 处理，它所形成的亚硫酸盐比基质中的其他物质更易与基质中的氧发生反应而被氧化为硫酸和硫酸盐，从而抑制或推迟葡萄酒各构成成分的氧化作用。所以 SO_2 可以防止白葡萄酒的氧化和变色；可以防止氧化破败病；可以防止由乙醛引起的氧化味；可以防止葡萄酒病害的发生和发展。

二、SO_2 的形式

常用的 SO_2 添加剂有固体、液体和气体三种形式。

1. 固体

最常用的固体 SO_2 添加剂是偏重亚硫酸钾，又名双黄养，是白色结晶体。其理论 SO_2 含量为 57.6%，但在实际使用中，其计算用量为 50%。偏重亚硫酸钾保存时必须放在干燥处，以防止与空气接触氧化成硫酸钾，失去杀菌作用。

一般不使用偏重亚硫酸钠。因为偏重亚硫酸钠的 SO_2 不固定，同时与空气接触时很快转化成硫酸钠，使葡萄酒发生苦味。另外，钠盐也不是一般果汁中所含有的正常成分。

2. 液体

气体 SO_2 在一定的加压（30 MPa，常温）或冷冻（－15 ℃，常压）下，可以成为液体。液体 SO_2 一般储藏在高压钢桶（罐）中。其使用最为方便，可有两种方式：

（1）直接使用。将需要的 SO_2 量直接加入发酵容器中。但这种方法容易使 SO_2 挥发、损耗，而且加入的 SO_2 较难与发酵基质混合均匀。

（2）间接使用。将 SO_2 溶解为亚硫酸后再使用。SO_2 的水溶液浓度最好为 6%。

3. 气体

在燃烧硫黄时，生成令人窒息的无色气体，即 SO_2。这是一种最古老的方法，主要用于贮酒室、贮酒和发酵容器的杀菌。

从理论上讲，1 g 硫燃烧后会生成 2 g SO_2。但实际上，在 225 L 酒桶中燃烧 10 g 硫，只能产生 13～14 g SO_2，只有理论值的 70%。

熏硫时一般采用简单的熏硫器。操作方法如下：

将硫黄块放在小盘内，点燃后立即由操作门放入熏硫器内，等产生白烟时，将器管插入桶或池中，使整个桶或池充满白烟进行杀菌。操作时要注意防止硫黄块掉到桶内，以免使酒受到污染，产生一种臭鸡蛋味，影响酒的质量。

目前应用于葡萄酒酿造过程的 SO_2 的主要形式及其应用情况见表 11－1。

表 11－1　SO_2 形式及其使用方法

名称	SO_2 含量	应用工序	使用方法
偏重亚硫酸钾	以 50% 计	前处理	用 10 倍软化水溶解，立即加入
亚硫酸	6%～8%	前处理、容器杀菌、SO_2 调整	直接加入
液体 SO_2	100%	SO_2 调整	用 SO_2 添加器直接加入
硫黄片		容器杀菌	在不锈钢杀菌器中点燃放入容器

三、SO_2 的用量

SO_2 的用量取决于很多因素。

1. 发酵基质的性质

在纯水中，SO_2 对酵母的致死量为 0.05 g/L，但在葡萄汁中须达到 1.2～1.5 g/L 或更多一些，才能达到良好的杀菌效果。因为 SO_2 和葡萄醪中的糖分结合，生成添加化合物，这种形式称为固定 SO_2，使其失去杀菌能力。SO_2 只同醛糖结合，不和果糖结合，只有游离 SO_2 类具有杀菌力。所以，基质的含糖量越高，结合 SO_2 的含量越高，活性 SO_2 的含量越低。

SO_2 添加在葡萄醪中先与水结合成亚硫酸，它和醪液中有机酸盐（例如，酒石酸钾）作用，生成酸性亚硫酸盐。最后酸性亚硫酸盐与部分葡萄糖结合，生成不活泼的固定亚硫酸化合物。反应是可逆的，一般在 24 h 左右，两者达到平衡，该平衡随着温度和醪液成分的变化而变化。pH 越低，SO_2 被固定的速度和数量也越低，活性 SO_2 含量越高。

2. 微生物的含量和活性

葡萄酒酵母比野生酵母对 SO_2 抵抗力强。成熟葡萄皮上存在的各种酵母中，以尖端酵母最敏感，其次是巴斯酵母，真正葡萄酒酵母对 SO_2 有较强抵抗力，能在适量 SO_2 控制下生长，达到自然选育酒母的目的。经过驯养的酵母能在相当高浓度的 SO_2 中生长，如葡萄酒蝶酵母对 SO_2 有较强抵抗力，细菌对微量 SO_2 极其敏感，多数微生物在 100 ppm 以下就被抑制生长。

酿酒时添加 SO_2，应在发酵醪入池时一次全量加入，而不是分批添加。因为要淘汰不需要的而保存有用的微生物，必须一开始就添加足够的游离状态的 SO_2。发酵旺盛时，SO_2 对酵母的作用比较小，可能是由于一部分 SO_2 被发酵生成的乙醛固定的缘故。所以一次添加比分批添加更为有效。尤其是破碎和霉变的葡萄原料中，各种微生物的含量高且活性强，必须一开始就使添加的游离 SO_2 的浓度达到要求，以保证酵母菌的正常发酵。

3. 温度

在葡萄醪温度较低时（15 ℃ ~18 ℃），添加少量（0.08 ~0.1 g/L）的 SO_2 能延迟发酵。温度超过 25 ℃，添加 0.2 ~0.3 g/L 的 SO_2 不会延迟发酵，同时可以达到净化的目的。葡萄醪中游离 SO_2 和固定 SO_2 的比例随着温度、含糖量及 pH 的变化而有所变化，温度越高，SO_2 越易与糖化合，固定 SO_2 的比例越大，杀菌力越低。

4. 所生产的葡萄酒类型

一般来说，SO_2 的用量标准是在保证酒体质量的前提下添加最低量的 SO_2，而且应在尽可能低的总 SO_2 浓度前提下得到所要求的游离 SO_2 浓度。因此，SO_2 使用剂量需全面考虑葡萄酒的各方面因素，在遵循国家标准的前提下，在实践中具体决定 SO_2 的使用剂量。

现在国内规定葡萄酒含 SO_2 的总量不超过 250 ppm，游离 SO_2 量不超过 50 ppm。

以干白、干红为例，SO_2 的用量大致如表 11 -2 所示。

表 11 -2　干白、干红葡萄酒的 SO_2 用量

	前处理阶段（以总 SO_2 为准）		陈酿、后处理阶段
	质量状况好	染有葡萄孢霉	（以游离 SO_2 为准）
干白葡萄酒	60 ~80mg/L	80 ~120 mg/L	30 ~40 mg/L
干红葡萄酒	40 ~60 mg/L	60 ~70 mg/L	20 ~30 mg/L

四、SO_2 的添加时间

1. 发酵以前

SO_2 处理应在发酵触发以前进行。但对于酿造红葡萄酒的原料来说，应在葡萄破碎、除梗后泵入发酵罐时立即进行，并且一边装罐一边加入 SO_2，装罐完毕后进行一次倒罐，以使所加的 SO_2 与发酵基质混合均匀。切忌在破碎前或破碎除梗过程中对葡萄原料进行 SO_2 处理，因为这样会导致下列情况发生：

（1）SO_2 不能与原料混合均匀。

（2）由于挥发和被原料固体部分的吸附而损耗部分 SO_2，达不到保护发酵基质的目的。

（3）在破碎、除梗时，SO_2 气体会腐蚀金属设备。

对于酿造白葡萄酒的原料，SO_2 处理应在取汁之后立即进行，以保护葡萄汁在发酵以前不被氧化。严格避免在破碎、除梗后、葡萄汁与皮渣分离前进行 SO_2 处理，因为：① 部分 SO_2 被皮渣固定，从而降低其保护葡萄汁的效应；② SO_2 的溶解作用可加重皮渣浸渍现象，影响葡萄酒的质量。

2. 葡萄酒陈酿和储藏时

在葡萄酒陈酿和储藏过程中，必须防止氧化作用和微生物的活动，以保护葡萄酒，防止其变质。因此，必须使葡萄酒中的游离 SO_2 含量保持在一定水平（见表 11 -3）。

表 11-3 不同情况下葡萄酒中游离 SO_2 需保持的浓度

SO_2 浓度类型	葡萄酒类型	游离 SO_2 浓度（mg/L）
储藏浓度	红葡萄酒	20~30
	干白葡萄酒	30~40
消费浓度（装瓶浓度）	红葡萄酒	10~30
	干白葡萄酒	20~30
原酒运输浓度	红葡萄酒	25~35
	干白葡萄酒	35~45

在储藏过程中，葡萄酒中游离 SO_2 的含量不断变化。因此，必须定期测量、调整葡萄酒中游离 SO_2 的浓度。在进行调整前，应取部分葡萄酒在室内观察其抗氧化能力。在加入 SO_2 时，应考虑到所加入的 SO_2 有 2/3 将以游离状态存在，而 1/3 将以结合状态存在。

例如：假设葡萄酒中需保持的游离 SO_2 量为 40 mg/L，葡萄酒中现有的游离 SO_2 量为 16 mg/L，所以需加入的游离 SO_2 量为：

$40-16=24$（mg/L）

需要加入的 SO_2 总量为：

$24\times3/2=36$（mg/L）

第三节 葡萄酒酵母

葡萄酒是新鲜葡萄或葡萄汁的发酵产品，葡萄果粒破碎后，酵母菌利用葡萄浆中的糖类代谢生成乙醇、二氧化碳和其他副产物，并获得生长繁殖所需的能量。与此同时，酵母菌代谢葡萄汁中的含氮化合物和硫化物，合成葡萄酒的风味和香味物质。

在葡萄汁和葡萄酒中存在很多不同的酵母菌，它们不仅属于不同的科、属，而且具有不同的形态特征和生物学、化学特征，其中有的有利于葡萄酒酿造，有的则不利于葡萄酒酿造。

一、葡萄酒酵母的来源

葡萄酒酵母在葡萄未成熟时已出现在果粒上，当葡萄成熟时在葡萄果皮、果柄、果梗上都有大量的酵母存在，因此葡萄破碎后不久就会自动出现发酵现象。巴斯德（1875 年）指出，空气中只存在较少量的酵母，主要是来自葡萄本身，当葡萄成熟时，葡萄果粒表面形成一层蜡状物质，为酵母的依附创造了条件。葡萄采收完毕，大多数酵母衰老死亡，一部分被蜂蝶类昆虫带走，另一部分以孢子状进入土壤过冬，到明年春天葡萄生长时，土壤中的酵母孢子又随风飘扬，重新在葡萄皮上附着繁殖。

葡萄酒厂内也有大量的酵母菌存在。发酵容器以及一切盛酒容器、管道都是酵母菌繁殖的场所。

常年栽培葡萄的地区，酵母年年增长，逐渐适应当地的风土气候、葡萄的特性，起了天然选择作用。新开辟的葡萄园或栽种量小的葡萄地区，则土壤中不仅酵母数量少，质量也差，酵母作用也不正常。

二、酵母的不同形态和特性

在植物分类学上，酵母属于子囊菌纲中的酵母属，是一种单细胞微生物。取一滴正在发酵的旺盛的葡萄发酵醪液在显微镜下观察，可以看到葡萄酒发酵是由好几种不同形态的酵母共同作用的，一般常见到的有下列四种不同形态的酵母。

（一）葡萄酒酵母（*S. ellisoideus*）

细胞透明，呈圆形和椭圆形，形态比较大，一般 7 ~ 12 μm。含有转化酶，发酵力比较强，能发酵蔗糖、葡萄糖、果糖、麦芽糖、乳糖等，能抵抗度数较高的酒精，是酿造葡萄酒的主要酵母。

（二）尖端酵母（柠檬形酵母，*S. apicutatus*）

此种酵母两端呈尖状，形似柠檬，体形最大，4 ~ 5 μm，不生成孢子，不发酵蔗糖。在自然界广泛存在，能抗低温、耐高酸，开始发酵快，酒精达到 5% 时即停止发酵，让位于葡萄酒酵母。

（三）巴斯德酵母（*S. pastorianus*）

这种酵母形状呈长卵形，一般 6 ~ 10 μm，发酵很慢，是葡萄酒后期发酵的酵母，新栽培的葡萄园中存在较多。

（四）圆酵母属（*Torulas*）

细胞圆球形，不能形成孢子。一般不发酵蔗糖，发酵力很差，生成较小量的酒精，不属于真酵母类。

三、葡萄酒酵母需要的成分

酵母像其他生物一样，需要呼吸、代谢，它需要水分、含氮物、碳水化合物和无机盐等。这些成分大量存在于天然的葡萄醪中，是一个适合酵母生活的营养基质。

酵母的比重为 1∶180，和葡萄醪相似，但比葡萄酒的比重大得多，所以发酵完毕酵母很快下沉，生成酒脚。

（一）水分

新鲜活泼的酵母细胞含水分 68% ~70%，葡萄醪会有差不多比例的水分，适于酵母发育繁殖。

（二）碳水化合物

酵母不含叶绿素，不能利用光合作用制造碳水化合物，只能依靠发酵直接利用基质中的糖（主要是葡萄糖与果糖），蔗糖须先经酵母本身分泌的转化酶作用，将蔗糖分解为葡萄糖与果糖才能同化。

酵母同化碳水化合物有两种方式，一种是在空气存在的情况下，以呼吸作用进行的同化；另一种是无空气的情况下，用发酵方式进行的同化。

1. 呼吸作用

在有空气时，酵母主要通过 TCA 循环、乙醛酸循环，以及呼吸链的电子传递系统的呼吸作用使糖氧化，分解成二氧化碳与水，从而得到能量。

2. 发酵作用

酵母在无空气时，用分子间呼吸，使糖分解得到生活所需的能量。

（三）含氮物质

酵母不能利用大分子蛋白质，只能利用肽、胨等蛋白质水解物，特别是氨基酸，最容易被酵母菌同化。葡萄醪液中含有足够的含氮物质，能够使酵母正常发育与繁殖。

（四）无机成分

钾和磷是酵母生长必不可少的成分，钙并不是酵母菌必需元素，而镁有利于酵母菌的活动。成熟的葡萄中含有足够的能满足酵母菌正常生长繁殖所需的矿质元素。

四、葡萄酒酵母的扩大培养

（一）葡萄酒酵母的纯培养

葡萄酒质量的好坏很大程度取决于进行发酵的酵母，如果是同一种葡萄汁而用不同的酵母发酵，酿制的葡萄酒质量也不相同。

葡萄汁发酵可以是自然发酵，也可以是纯种发酵。自然发酵对葡萄酒的质量难以预测和控制；纯种发酵减少了野生酵母对葡萄酒质量的影响。发酵可以用适当的葡萄酒酵母菌株的商品制剂，经过活化后加入；也可以加入一部分旺盛发酵的发酵醪。

作为葡萄酒生产的良好酵母菌株，应具备下列条件：①产酒风味好，有悦人的果香和酒香；②发酵能力强，彻底，残糖在0.2%以下；③抗 SO_2 能力强；④有较高的乙醇耐受能力；⑤具有稳定的发酵特性，发酵行为可以预测；⑥发酵结束后，能产生较紧密的沉淀，便于从酒中分离。

我国优良的葡萄酒酵母有轻工部发酵工业科学研究所1203号酵母，烟台张裕酿酒公司39号酵母等。为了长期保存，一般将酵母接种于果汁固体培养基中低温保存。

（二）葡萄酒酵母的扩大培养

自试管斜面培养的酵母到生产使用的酵母，必须经过几次扩大培养。

1. 试管培养

在葡萄发酵前7 d，采摘完全成熟无腐烂的葡萄进行破碎压榨。过滤制得的新鲜果汁分装在已加热杀菌好的6支试管中，葡萄汁装入试管量约为全管1/4，装完后塞上棉塞，放在常压100 ℃下保持1 h以上，或在0.058 8 MPa蒸汽压力下保持30～40 min进行杀菌，杀菌后冷却备用。

试管的葡萄汁冷至28 ℃～30 ℃以下即可在无菌室或无菌箱内进行接种。每支固体试管可接入10支液体试管，接种后摇动试管，使酵母均匀分布，然后放在28 ℃～30℃保温箱内培养1～2 d，发酵旺盛时再移入三角瓶内。

2. 三角瓶培养

制得的新鲜葡萄汁分装在2个300～500 mL的三角瓶中，装入量约为三角瓶全容量的1/2，塞好棉塞，同样在常压100 ℃下保持1 h进行杀菌，然后冷却至28 ℃～30 ℃，在无菌室内或无菌箱内进行接种，每个三角瓶可接入2支液体试管，接种后充分摇匀，培养1～2 d，发酵旺盛时再接入大玻璃瓶中。

3. 大玻璃瓶

玻璃瓶的容量一般是5 L，装入的葡萄汁约为玻璃瓶容量的70%，杀菌方法同上。接种量为2%，培养1～2 d，发酵旺盛时再接入生产用的酵母桶中扩大培养。为了使酵母能适应 SO_2 环境，在接种前2 h可加入0.12 g/L的偏重亚硫酸钾。

4. 酵母桶培养

酵母桶容量最大为500 L，一般为200～300 L，用前必须用蒸汽杀菌，然后加入新鲜葡萄汁 2/3 ~ 3/4，加入 80 ~ 100 ppm SO_2，放置 4 h 后，接入 10% 发酵旺盛的大玻璃瓶酵母液，桶口用酒精灭菌并安装发酵栓，掌握温度不超过 30 ℃，发酵 2 ~ 3 d 即可使用。每次留下 1/3 做种子用，再添加经过 SO_2 处理的葡萄汁，培养 1 ~ 2 d 后再次使用。为保证生产需用量可备两只桶轮流培养，但使用 7 ~ 10 d 后需要更换新种，培养方法同前。

五、葡萄酒活性干酵母的使用

葡萄酒酵母在保护剂的共存下，低温真空干燥，在惰性气体（通常为氮气）保护下，密封包装成商品出售，这种酵母具有潜在的活性，故称为活性干酵母。目前葡萄酒厂普遍使用葡萄酒活性干酵母进行发酵。

葡萄酒活性干酵母一般是浅灰色的圆球形或圆柱形颗粒，虽然这些酵母称为活性干酵母，但仍含有低于 5% ~9% 的水分，含蛋白质 40% ~45%，酵母细胞数为 2×10^{10} ~ 3×10^{10} 个/g。它们一般充氮密封包装，保存期长，20 ℃常温下，保存 1 年失活率约为 20%，4 ℃低温保存 1 年，失活率仅为 5% ~10%。当贮存在冷环境下时，它们可以维持活性至少 1 年。但启封后最好一次用完。

活性干酵母在添加到葡萄汁中之前，必须进行复水和活化。正确的方法有以下两种：

1. 复水活化后直接使用

活性干酵母必须先使它们复水，恢复它们的活力后才能直接投入发酵使用。这种方法简单，为工厂所使用。其做法是：将活性干酵母加入 35 ℃ ~38 ℃的含 4% 的葡萄糖（或蔗糖）温水中或者加入不加 SO_2 的稀葡萄汁中，活性干酵母的添加量为 10%（即采用 1 : 10 的复水活化用水量），小心混匀，静置使之复水、活化，每隔 10 min 轻轻搅拌一下，经 20 ~ 30 min（最多不超过 30 min），培养的酵母已完成复水活化，可直接添加到经 SO_2 处理的葡萄汁中发酵。

2. 活化后扩大培养制成酒母使用

由于活性干酵母有潜在的发酵活性和生长繁殖能力，为了提高使用效果，减少商品活性干酵母的用量，也可在复水活化后进行扩大培养，制成酒母使用，这样能使酵母进一步适应使用的环境条件，恢复全部的潜在性能。具体做法是：将复水活化的酵母投入澄清的含 80 ~ 100 mg/L SO_2 的葡萄汁中培养，扩大比为 5 ~ 10 倍，当培养至酵母的对数生长期后，再次扩大 5 ~ 10 倍培养；但为了防止污染，每次活化后酵母的扩大培养以不超过 3 级为宜。培养条件与一般的葡萄酒酵母扩大培养相同。

第四节　物理与化学因素对发酵的影响

发酵的环境条件直接影响酵母的生存与作用，所以必须充分了解各种物理和化学因素对发酵的影响，这样才能掌握适当的葡萄酒酿造条件。

一、物理因素的影响

1. 温度的作用

酵母和其他生物一样，只能在一定的温度范围内生活。过高、过低的温度都会抑制酵母的繁殖与生长。温度在10 ℃以下时，存在于葡萄皮上的酵母和孢子一般不发芽或发芽很慢，但温度即使降到 -20 ℃，酵母孢子也不会完全死亡，当周围环境好转时，它又重新发芽繁殖。相反，温度的略为升高，会对酵母产生显著影响。从20 ℃ ~22 ℃开始，发芽速度已经很快，单位时间内分解的糖随着温度的升高而增加，一直到34 ℃ ~35 ℃左右。到37 ℃ ~39 ℃，酵母活力减弱；从40 ℃开始酵母停止发芽，这是葡萄酒酿造从来不应达到的温度。而且温度处于38 ℃ ~40 ℃时，细菌最易繁殖，在生存竞争中，酵母处于不利地位。

2. 压力影响

高压影响酵母的繁殖，但即使用1 000个大气压也不能杀死酵母。香槟酒及密闭发酵槽一般用4 ~5个大气压防止酵母繁殖，工业上用0.784 MPa高压的二氧化碳保存葡萄汁。

二、化学因素的影响

许多化学因子对发酵有或多或少的影响，这里只论述存在于葡萄汁中的化学物质（氧、酸、糖、单宁）、发酵产生的物质（乙醇、二氧化碳）和在法律上许可的添加物（亚硫酸及其盐类），以及可能带入葡萄醪的防腐剂与杀虫剂。

1. 氧

酵母和一切生物一样，需要在氧气的存在下进行发育生长，但酵母也可以在一定的条件下，处于兼氧状态，在无氧情况下生活。

根据巴斯德的发酵理论，好气生活是直接氧化基质得到能量，叫做呼吸。兼气生活是分解可发酵的物质而得到能量，叫做发酵。酵母根据它们的培养条件，能够用任何一种方式得到生活所必需的能量。

葡萄酒生产必须控制适当通风，使酵母发芽繁殖，生长足够酵母细胞，能在正常时间内将糖全部发酵成酒精，如果通风过度就会由于酵母好气生活而损失酒精。

在生产实践中，通过葡萄破碎、醪液循环流动和分离等操作，能充分得到酵母发酵必需的氧。我们经常考虑的问题是怎样防止葡萄酒过度氧化。

2. 酸

酸对发酵的影响因酸的性质和强度而不同，无机酸的影响一般比有机酸的明显。

酒精发酵时酸度高低影响酒精得率，醪液的pH或真正酸度对微生物的发育繁殖有不同影响；另外，pH也影响酵母的活力。在pH 4.2 ~4.5范围内，葡萄上的其他微生物也同样能够生长。因此葡萄酒发酵最好控制在pH 3.3 ~3.5之间（相当于4 ~5 g硫酸/L）。因为酵母比细菌耐酸，在这个酸度下，杂菌受到抑制，而酵母能正常发酵，如果pH太低（3.0或更低），发酵就会削弱。

气候炎热地区的葡萄往往糖分高而酸不足（pH >3.15，滴定酸度低于4 g/L），须添加酒石酸或柠檬酸调节酸度。否则酒味平淡，色泽暗淡，成品保存性差。

3. 糖及其他碳源

大多数酵母能在含碳、氧和无机盐的培养基上生长，单糖是最普通而且可能是酵母最喜欢的基质，但也能在许多其他碳源上生长。例如酵母在发酵初期，能消费相当数量的醋酸。葡萄酒酵母也能氧化乙醇，大部分葡萄酒酵母发酵葡萄糖比果糖快。

当糖分在1% ~2%时，发酵速度最快。葡萄糖超过5%时，每克糖的酒精产量下降。正常的葡萄酒厂中最大酒精得率时的糖分是16%，但因菌株、温度、通风条件和发酵方法而异。用浓厚糖浆状醪液发酵，酒精得率可以显著提高。酵母可以驯养使适合浓糖发酵。当糖分超过25%时，会延滞发酵，在糖浓度增加到70%时，大部分葡萄酒酵母不能发酵。高糖分阻碍发酵的原因，部分是由于渗透压影响。如果要阻止发酵，糖浓度需达到60%～65%（含糖850～900 g/L)。浓缩的葡萄糖浆须保持在无空气条件下，否则会很快吸收大气中的水分，使表面糖液稀释，引发发酵。

4. 单宁

单宁达到某一浓度会抑制酵母活力，甚至使发酵停止。有色葡萄和红葡萄的压榨醪中富含单宁及有色物质，有时会使发酵迟缓而且不完全，这是由于过多单宁吸附在酵母细胞膜表面，妨碍了原形质的正常生活，阻碍了透析，使酒精酶的作用停止。这种现象常出现在发酵快结束的时候，可以通过醪液循环或和另一个正在旺盛发酵的浅色醪液混合，或以倒一次桶的方法，使酵母获得空气，恢复发酵活力。

5. 酒精

一般来讲，发酵产物都对酶有阻碍作用，酒精和二氧化碳对酵母也是如此。酒精对酵母的作用，因菌株、活力及温度而异。尖端酵母在5%酒精中即不能生长，而葡萄酒酵母能抵抗13%或更高的酒精。生产高酒精的葡萄酒发酵时间一般比酒精度为9%～11%的葡萄酒长，酒精度达到16%～17%时发酵完全停止。

6. 二氧化碳

二氧化碳对酒发酵的影响往往被人们忽视。当二氧化碳含量达到15 g/L时（约7.2大气压)，酵母即停止生长，这是工业上用8个大气压保存葡萄汁的理论根据。二氧化碳抑制酵母生长并不能完全阻止酒精发酵，阻止发酵需要更高的压力。乳酸杆菌能在高压下生长，克勒克氏酵母及球拟酵母能在二氧化碳压力下产生醋酸。用密闭容器在二氧化碳压力下发酵，每克糖能生产较多酒精，用于酵母繁殖的糖，发酵停止时往往残留糖分。目前，西德、南非和澳大利亚广泛采用此法，用于生产半干白葡萄酒。

7. 亚硫酸及其盐类

从中古开始采用SO_2作为酿造葡萄酒的杀菌剂，现在全世界都用它来保护酿造容器和葡萄酒。SO_2对微生物的杀菌作用受很多因素的影响，详细内容请见“SO_2在葡萄酒酿造中的作用”。

第五节　葡萄浆和葡萄汁的制取

分选后的葡萄要进行破碎与除梗，使果汁与果皮上的酵母接触后才能发酵，红葡萄酒酿造除梗后将果实压破，使之成为葡萄浆。白葡萄酒酿造除梗后必须进行渣、汁分离。

一、葡萄破碎与除梗的工艺要求

（1）葡萄穗上的果粒要破碎完全，否则果粒所含的糖分不容易被利用。

（2）破碎时要防止果核压碎，并除净果梗。因果核中含有大量的单宁和脂肪，果梗中含有木质素、单宁、树脂和无机盐等，这些物质会增加酒的苦涩味和生青梗气味，直接影响酒的质量。

（3）葡萄进厂后应及时破碎，当天进厂的葡萄必须当天处理完毕，以保证原料的新鲜度。

二、渣汁分离的工艺要求

（1）葡萄破碎后利用果汁分离机或卧式气压机、双压板式压榨机，将葡萄浆中的果汁与渣分开，取葡萄汁进行发酵。1982 年烟台张裕公司参照国外资料，成功研制了每小时处理 10 t 的果汁分离机，不但出汁率高，皮渣可以自动分离，而且适合于连续化生产。

（2）葡萄汁与果渣分离要快，以防氧化。

（3）葡萄汁中残留的果渣含量要少，白葡萄汁的出汁率一般要超过 50%。

三、葡萄汁的改良方法

由于气候条件、栽培管理等因素，有时会使葡萄出现成熟度不够、含糖低、含酸高、着色浅等现象，这样的葡萄汁在发酵前要调整成分，调整方法有以下几种：

（一）糖度的调整

每 1.7 g 糖可以生产 1 mL 酒精。只有提高葡萄汁的含糖量，发酵后才能提高酒精度，我国目前多采用添加白砂糖的方法提高葡萄酒的酒精度。

1. 加糖计算法

增加 1°酒需要 1.7 g 糖，而 1 kg 的砂糖占有 0.625 L 的体积。例如：含糖 15.4% 的葡萄汁，发酵后酿成 12°的干红葡萄酒。问每 1 000 L 葡萄汁应加多少白砂糖？

（1）生产 12°酒需要糖量：$12 \times 1.7 = 20.4$（g）

（2）每升葡萄汁增加 1°所需糖量：

$1 \times 1/(100 - 20.4 \times 0.625) = 0.011\,46$（kg）

（3）应加入白砂糖：

$1\,000 \times 0.011\,46 \times (20.4 - 15.4) = 57.3$（kg）

即每 1 000 L 葡萄汁加入白砂糖 57.3 kg。

2. 加糖操作要点

葡萄汁开始发酵后，达到主发酵时，将所需要的糖先用正在发酵的酒溶化开，然后分次加入发酵酒中，充分混合均匀。加糖前后都应测定浓度，以校对加糖量是否正确。但注意不能将干糖直接加入发酵酒中，因干糖溶解慢，容易沉入容器底部，使发酵不彻底。

（二）酸度的调整

酸在葡萄酒酿造中起着重要作用。它能抑制细菌繁殖，使发酵顺利进行；使葡萄酒获得鲜明的颜色；使酒在贮存过程中不易酸败，提高酒的稳定性；使酒味清爽，增加柔和感；能与酒精化合成酯，增加酒的芳香。

1. 增酸

例如：葡萄汁的总酸为 0.55%，预将 1 000 L 葡萄汁提高酸度到 0.8%，需增加酒石酸或柠檬酸多少？

$(0.8 - 0.55) \times 1\,000 = 2.5$（kg）

即每 1 000 L 葡萄汁中需增加酸 2.5 kg。

2. 降酸

葡萄汁的降酸多采用化学降酸法，常用的降酸剂有中性酒石酸钾、碳酸钙。

碳酸钙用量计算如下：

所需碳酸钙的量 = 0.66 ×（果汁的酸含量 - 降酸后的酸含量）×果汁体积

（三）调整色素

颜色是红葡萄酒的主要外观指标，其颜色的来源，除色素葡萄外，主要来自红葡萄皮上的色素，目前调整色素的方法有以下几种：

1. *混合发酵法*

将红色的葡萄与浅色的葡萄混合发酵，以增加葡萄酒的色泽。

2. *热浸提法*

葡萄色素主要存在于果皮中，它不易溶于冷水和葡萄汁中，而易溶于热水和酒精溶液中，因此可以采用热浸提法。即通过加热果浆，充分提取果皮和果肉中的色素物质，然后进行皮渣分离，使果汁的色泽加深。

3. *皮渣再发酵法*

色泽深的葡萄原料（如染色葡萄品种）发酵结束后放出原酒，剩下的皮渣加入色浅的葡萄浆，混合发酵，可以增加原酒的色泽。

4. *酒精浸泡法*

染色品种的葡萄，用发酵后的皮渣加入葡萄酒精或脱臭处理的酒精浸泡，用浸泡过葡萄皮渣的酒精调配葡萄酒可以增加酒的色泽。

为了使葡萄酒获得理想的色泽，可根据葡萄酒的特点，选用以上几种方法。但不能用人工色素着色，因为人工色素没有自然感，不能保持色泽稳定，而且在色素的用量和品种上，国家都有严格规定，如超出规定范围，就不符合食品卫生法的要求。

（四）酒度的提高

当葡萄发酵后达不到所需酒度时，可以直接加入葡萄酒精或脱臭处理的酒精来提高酒度。计算方法：

葡萄汁升数×（需达到的酒精度 - 葡萄汁发酵产生的酒精度）/（加入酒精的度数 - 需要的酒精度）

例如：葡萄汁 1 000 L 含糖 15.3 g/L，若想生产 12°的红葡萄酒应加入 85°的酒精多少？

葡萄汁发酵和产生的酒精度：

$15.3 \div 1.7 = 9.0°$

需要加的酒精量：

$1\,000 \times (12 - 9) / (85 - 12) = 41$ L

第六节　干白葡萄酒的酿造工艺

一、概述

干白葡萄酒是一种没有甜味的纯葡萄酒。采用的葡萄品种主要有雷司令、贵人香、勒卡奇杰里、巴亚西里、龙眼等，葡萄质量的好坏，对于干白葡萄酒的质量有决定性的影响。在采摘葡萄时应就地分选，要求葡萄成熟完好，无生青烂果粒，葡萄的含糖量在 18 g/L 以上。干白葡萄酒的色泽是禾秆黄或近似无色，酒液透明晶亮，有新鲜悦怡的果香和优美的酒香。味微酸爽口，细腻柔雅，回味良好。一般酒精含量为 10% ~13%，含糖量 0.5 g/L 以下，总酸0.6%～0.7%。

酿造优质干白葡萄酒的工艺特点是：皮汁分离、果汁澄清、低温发酵、防止氧化。

二、干白葡萄酒工艺流程

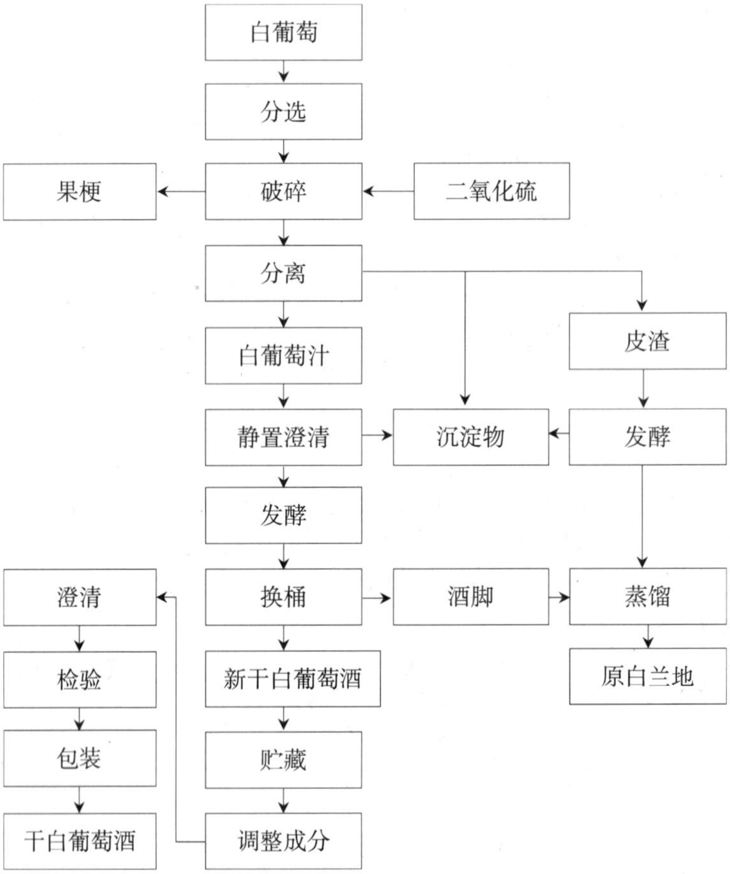

图11－1　干白葡萄酒工艺流程

三、原料处理

（一）葡萄破碎与分离

葡萄采摘后就地进行分选，按等级分品种包装，进厂后在24 h内，利用破碎、除梗、送浆联合机进行破碎去梗。在破碎过程中，每100 kg葡萄加入10～15 g偏重亚硫酸钾防止氧化。破碎后的葡萄浆立即进行压榨分离出果汁，皮渣单独发酵蒸馏白兰地。

1977年前，我国大多数葡萄酒厂将葡萄破碎去梗后，采用木棚式螺旋压榨机进行压榨，自流汁与压榨汁分开发酵。也有的厂家将葡萄浆直接送入水泥池中，从池底出酒口放出自流汁。此法放汁速度慢，果汁与皮渣接触时间长，出汁率仅有35%～40%。近年来，沙城、青岛、烟台三家葡萄酒厂推广国外先进技术，应用果汁分离机制取果汁，不仅分离速度快，果汁与皮渣接触时间短，而且出汁率可达50%以上。

（二）果汁澄清处理

葡萄汁澄清处理是酿造高级干白葡萄酒的关键工序。自流汁或经压榨的葡萄汁中含有一定的果胶质和少量的果肉、果籽以及杂质等，因此浑浊不清。处理方法是：一般采用 SO_2 静置澄清、果胶酶制剂澄清和皂土澄清。

1. SO_2 静置澄清

将葡萄汁放入不锈钢罐内，用人工方法降低温度保持在 15 ℃～20 ℃之间，添加 150～200 ppm SO_2，搅拌均匀，然后静置 24 h，果汁内即产生灰白色絮状物，沉于罐底即可分离，用虹吸法将上层清液抽出，除去沉淀物，分别进行发酵。

2. 果胶酶制剂澄清

应用果胶酶制剂澄清葡萄汁可以使葡萄汁内的果胶质被破坏，变成果胶酸，降低葡萄汁的黏度，使悬浮的浑浊体逐渐下沉，葡萄汁得到澄清透明。

精制的果胶酶制剂在国外市场上已有商品出售。在国内有的酒厂自行制备，采用的方法是：利用白酒生产的黑曲霉加 4 倍的清水，浸泡 24 h，过滤除渣，经过两次浸泡的滤液合并，用 95°的酒精提取，加入酒精后调整滤液酒精度为 65°～70°，充分搅拌均匀，静置 4～6 h，滤液底部产生灰白色沉淀物，用虹吸法吸取出上层清液，蒸馏回收酒精。下层灰白色沉淀用离心机分离，放在烘干箱内用 45 ℃～50 ℃的温度烘干，然后磨成粉末密封备用。一般得率为 3%～5%，加入果汁澄清时用量为 2%～3%。

3. 皂土澄清

葡萄汁用酒泵自下而上送入不锈钢罐内一半时，加入事先浸泡好的皂土。皂土的用量为 0.5/10 000～1/10 000，待罐内装满时搅拌均匀，然后静置 24 h。经检查澄清度符合要求时，立即进行换桶，用硅藻土过滤机进行过滤。

（三）发酵与贮藏

1. 发酵

干白葡萄酒发酵罐大多为不锈钢制的圆筒体，底盖与顶盖由于内部不受压，多采用锥形封头。发酵温度要求 14 ℃～15 ℃，因此必须用人工降温。降温装置对于中小型发酵罐大多采用罐顶外喷淋，使冷却水在罐外形成水膜进行冷却，对于较大的发酵罐，在罐内安装冷却蛇管，管内通冷却水或盐水降温。冷却时必须不停地搅拌，防止局部受冷而影响正常发酵。有的采用蛇管内冷却和罐外喷淋相结合的方法进行冷却，这是控制发酵温度最有效的办法。

发酵时间约三周，发酵至残糖 2.5～3 g/L 时，再加皂土澄清，皂土用量 2/10 000～3/10 000，补加 SO_2 总量达到 100 ppm，用酒泵密闭循环 15 min，发酵完全结束后，控制品温在 10 ℃～12 ℃之间，静置一周后用硅藻土过滤机过滤除去沉淀。

2. 贮藏

葡萄汁发酵成酒后，一般称为原酒，再经过贮藏后即为干酒。贮藏容器多采用钢制圆筒罐，利用冬季在室内密闭贮藏，贮藏温度一般为 12 ℃～15 ℃，最低 1 ℃～2 ℃，最高不超过 20 ℃。贮藏 3～6 个月，逐罐取样检查，选出优质原酒进行勾兑，调整酒精度达到 10°～12°。在贮藏期间罐内用二氧化碳封口，防止氧化影响干白葡萄酒的质量。

第七节　红葡萄酒的生产工艺

一、概述

红葡萄酒一般可分为甜红葡萄酒和干红葡萄酒两种。采用的葡萄品种主要有：蛇龙珠、赤霞珠、玛瑙红、加利娘、玫瑰香以及色素葡萄品种烟73号、烟74号等。目前国内生产的葡萄酒大多为甜红葡萄酒，干红葡萄酒主要供应出口，在国际市场上占有一定的比例。

二、干红葡萄酒生产工艺

干红葡萄酒的颜色通常有深红色、宝石红色以及紫红色等。酒精含量与干白葡萄酒相似，一般为10%～20%。优良的干红葡萄酒应具有以下特点：类似宝石红一样的色泽；有品种的典型性（葡萄的糖度最好为20°Bé～21°Bé）；酒味浓而不烈，醇和协调，没有涩味和刺舌感；有浓郁酒香，温和圆润，没有过酸的现象；发酵比较彻底，残糖在5 g/L以下。

（一）干红葡萄酒工艺流程

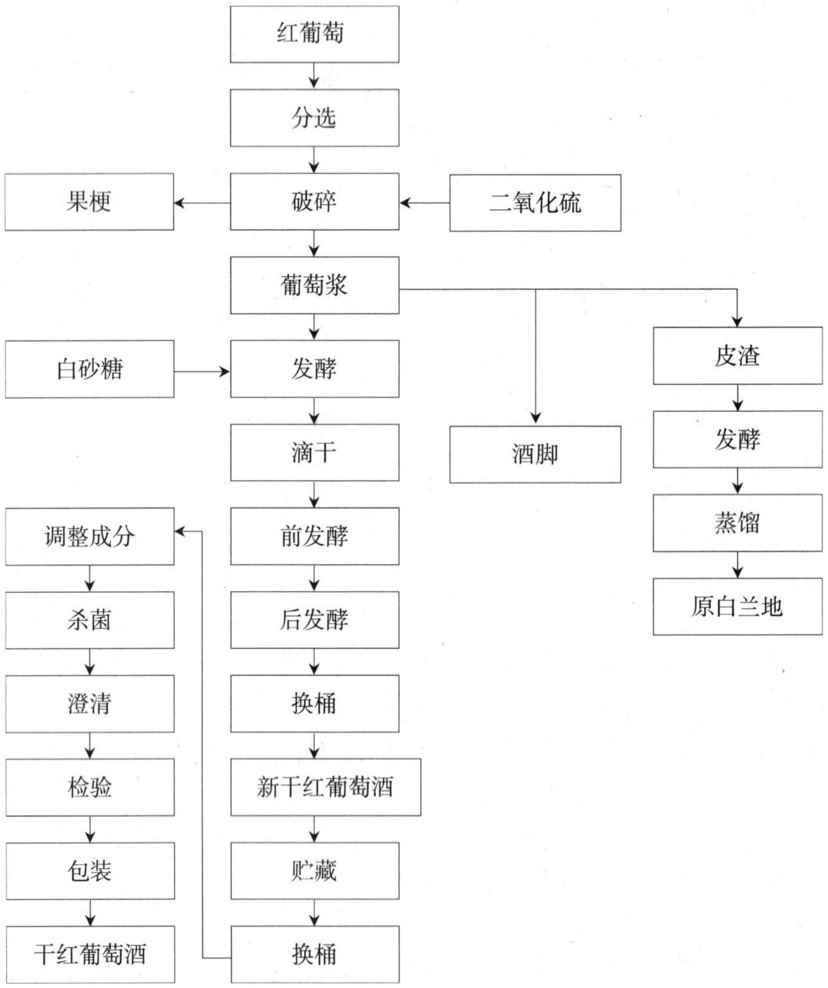

图11-2　干红葡萄酒工艺流程

（二）发酵

干红葡萄酒发酵的主要特点是：葡萄破碎除去果梗后，葡萄浆中的果皮、果肉、果汁混合在一起进行发酵，使葡萄皮上的色素、单宁和芳香成分，以及其他物质溶解到发酵液中。在前发酵过程中，从葡萄浆进入发酵池，一直到主发酵结束新酒出池为止，所发生的物理与化学变化有以下5个方面：①由于酵母的作用，葡萄浆中的糖分大部分转变为酒精和二氧化碳及少量发酵副产物；②由于二氧化碳的排出越来越旺盛，使发酵液出现沸腾现象；③发酵液的温度迅速升高；④果皮上的色素及其他成分逐渐溶解到发酵液中；⑤在发酵池表面，由于发酵产生的二氧化碳将醪液中的葡萄皮和其他固形物质带到醪液表面，形成一个酒盖。

干红葡萄酒发酵的操作方法有以下几种：

1. 开放式发酵

操作要点是：将葡萄浆送入发酵池内，经过酵母的作用产生大量的二氧化碳，将葡萄皮顶浮到液面逐渐形成“酒盖”。因与空气接触，故酒盖处发酵特别旺盛，一般“酒盖”的温度较底部高5 ℃~6 ℃。由于发酵温度高影响酵母活动，使好气性的病菌趁机侵入，引起病害，使酒精变成挥发酸。另外，未发酵完的糖沉于池底，底部虽然有酵母，但因缺乏空气，使酵母不能大量繁殖，因此发酵缓慢。为了克服以上缺点，必须将“酒盖”经常浸入葡萄汁中，最简单的方法是每天在一定的时间内进行捣池，即将发酵液由发酵池底部水龙头放出，然后经酒泵送到发酵池上部的喷头，喷淋到漂浮的葡萄皮上。如此上下循环，不仅起到散热和充氧的作用，而且起到搅拌作用，使葡萄皮上的色素、芳香物质得到充分的浸提。

2. 半开放式发酵

这种发酵池的装置与前一种不同，在发酵池中上部固定一层木条制成的篦子，木条间的缝隙约0.5 cm，当葡萄浆送入发酵池中，葡萄皮全部被拦在篦子下面，葡萄汁通过木条缝上下对流，将葡萄皮浸入葡萄汁中，浸没的深度约6~10 cm。在发酵过程中，每天必须按时进行捣池，搅拌1~2次，使醪液与葡萄皮充分接触，醪液的温度上下均匀一致。

3. 密闭式发酵

这种发酵设备的装置主要是在发酵池上加盖进行密闭发酵。为了使二氧化碳及时排出，而又不让空气进入，在发酵池的盖上装一个发酵栓，在发酵栓内盛有一定量的水，使二氧化碳穿过水排出。采用这种密闭式的发酵方法比较理想。一方面可以使葡萄皮中所含的有效成分全部溶解于酒中，另一方面也可以避免有害细菌的感染，使发酵正常进行。

（三）主发酵期的管理

在主发酵过程中，应当做好以下几项管理工作：

1. 测定发酵醪液的浓度与温度

为了科学地管理发酵工作，掌握准确的发酵时间，应当建立温度和比重的测定制度。每天早晚对每个发酵池的浓度、温度测定2~3次，把测好的数字记录在发酵卡上，画成曲线图。从曲线图上可以看出温度先升高，然后逐渐降低，当温度下降到不再变化时，证明主发酵已基本结束。比重逐渐下降，证明糖分逐渐减少。根据温度和比重的曲线图可以了解发酵情况，准确掌握发酵结束的时间。

2. 冷却

主发酵期间应当随时注意发酵醪的温度，一般每天测量3~4次。因为酵母的最佳温度是25 ℃~28 ℃，当温度超过30 ℃时，应当立即进行人工降温。一般在发酵池外通过蛇管冷却器循环流动冷却，使醪液品温渐渐达到要求的温度时即停止降温。

3. 发酵迟缓或停止

主发酵期间经常出现发酵迟缓或停止现象，一般采用下列几种处理方法：

（1）捣池翻汁。捣池能使醪液接触空气，经过通风，使陷入瘫痪的酵母重新恢复发酵活力。

（2）换桶。换桶时进行通风，与皮渣分离，除去酒脚。

（3）添加少量正发酵旺盛的葡萄汁，可以促进主发酵完成。

（四）分离与后发酵

1. 分离

主发酵结束时，发酵液中的绝大部分原料已分解成酒精、二氧化碳以及其他产物。从表面现象观察，看不到二氧化碳的产生，也听不到什么声音。用物理方法测定时，一般品温不再升降，醪液比重也停止下降，此种现象证明主发酵已经结束，即可进行出桶分离，完成时间一般是 6～7 d。分离的方法有压榨与滴干两种。滴干是让发酵池中的酒自由地流出来；压榨实际上是滴干与压榨相结合的分离方法，即滴干后再将皮渣进行压榨。压榨酒和滴干酒因所含的成分不同，应当单独进行后发酵。

2. 后发酵

后发酵的目的是将主发酵酒中含有的少量糖分继续进行发酵，使糖分减少到半度以下。由于后发酵微弱，发酵时间较长，病菌容易繁殖。因此，后发酵应当在温度较低的条件下进行密闭发酵。酒桶要装满，不要留有空隙，并注意不可封严，以免后发酵产生的二氧化碳将桶胀破。

三、甜红葡萄酒生产工艺

甜红葡萄酒的特点是：酒中不仅含有未发酵完的糖分，而且酒精含量也较高，一般不低于 15%。酒的色泽有红色、深红色、宝石红色等，采用的葡萄品种主要有玫瑰香、蛇龙珠、加利娘以及色素葡萄品种等。酿造工艺主要有干酒调配、主发酵加糖和主发酵加酒精保留葡萄糖三种方法。

（一）干酒调配法

这个方法的特点是首先酿制不甜的红葡萄酒，然后再根据成品要求的标准进行调配。用精制的酒精或原白兰地调整酒度，用甜菜糖调整糖度，再经过一段时间的贮藏，使酒精与糖得到充分同化，即成了甜红葡萄酒的成品。因为干酒便于贮存、节约容器，在产品种类上既可生产干酒也可生产甜酒，所以国内大多数酒厂都采用干酒调配法生产甜红葡萄酒。

（二）主发酵加糖法

此法主要是在主发酵期间加入白砂糖，使酒度和糖度都达到成品要求的标准。例如：要想配制酒精度为 16°、糖度为 12 g/L 的甜红葡萄酒，按 1. 7 g 糖产 1°酒计算，所需总糖度为 39. 2 g/L。在主发酵期间分 3～4 次加入白砂糖，每次加糖后的浓度不超过 15 g/L。

此法由于浓度大，产酒多，因此必须添加人工培养的酵母。烟台张裕公司于 1957 年自己选育和驯化的 39 号酵母，能产酒达 15°，发酵时间为 10～12 d。由于发酵时间长，果汁与皮渣接触时间长，使酒中的单宁含量偏多，因此必须提前分离进行后发酵，当发酵产酒接近产品标准时，应立即降温或加热杀菌使发酵停止。

（三）主发酵加酒精保留葡萄糖法

此法是在主发酵期间加入酒精（葡萄酒精）使发酵中止，保留一部分葡萄糖。例如：要想制得酒精度为 16°，糖度为 12°Bé 的甜葡萄酒，而葡萄本身含糖量为 20°Bé，即 20°Bé 糖要保留 12°Bé，还剩余 8°Bé 进行发酵。按 1. 7g 糖产 1°酒算，8°Bé 糖只能产 4. 7°酒。当发酵醪产酒 4. 7°时，立即加酒精调整酒精度达到 16°，停止发酵，低温贮藏。

[实验 11-1] 干白葡萄酒的酿制

1. 实验目的

学习葡萄酒酿制的原理，掌握干白葡萄酒酿制工艺。

2. 实验原理

葡萄酒的酿造原理是利用葡萄皮自带的酵母或人工接种的葡萄酒酵母菌，将新鲜葡萄汁中的葡萄糖、果糖发酵，生成酒精、二氧化碳，同时生成高级醇、脂肪酸、挥发酸、酯类等副产物，并将葡萄原料中的色素、单宁、有机酸、果香物质、无机盐等所有与葡萄酒质量有关的成分都带入发酵的原酒中，再经陈酿澄清，使酒质达到清澈透明、色泽美观、滋味醇和、芳香宜人的标准。

3. 实验材料与仪器

（1）材料。

新鲜葡萄（酿制干白葡萄酒采用玫瑰香、贵人香、龙眼、霞多丽、白羽、白玉霓等品种的白肉葡萄或红皮绿肉葡萄，活性干酵母菌，活性乳酸菌，果胶酶，SO_2 或 $SO_2 \geqslant 6\%$ 的亚硫酸（或偏重亚硫酸钾），白砂糖，酒石酸（柠檬酸），滤纸，过滤棉，酒精，硅藻土，皂土，白布袋，白色细绒布袋，锥型漏斗。

（2）仪器（器皿）与药品。

发酵瓶，水循环式真空泵，碱式滴定管，1 000～2 000 mL 大烧杯，1 mL 和 2 mL 吸管，手持式糖度仪，酒精蒸馏装置，酒精计，250 mL 和 500 mL 锥形瓶，0.1 mol/L NaOH 标准溶液，费林试剂，4 g/L 浓度的碘液（精确浓度为 3.97 g/L），2% 可溶性淀粉溶液，1.0 g/L 标准葡萄糖溶液（盐酸酸化），1 mol/L NaOH 溶液，1/3 浓度的 H_2SO_4。

4. 干白葡萄酒酿制的实验操作步骤

（1）器皿准备。

破碎葡萄之前，先将用具洗刷干净，发酵及储酒容器用 2% 的亚硫酸溶液冲洗，或用硫黄烟熏进行消毒。所用器具应选择上釉陶缸，玻璃瓶，瓷盆，不锈钢桶，橡木桶等，不得用铁、铜制造的用具，因葡萄汁（酒）与铁、铜接触，会使铁、铜离子溶进葡萄汁（酒）中，而使酒变质。

（2）原料与分选。

采用新鲜成熟白肉葡萄或红皮绿肉葡萄，选择无病果、无霉烂果、非杂果、无农药污染果（采收前一个月禁止喷洒农药），成熟的绿色葡萄果皮由绿色变为黄色或浅黄色，果实透明发亮；红色葡萄呈紫色或紫黑色。葡萄成熟系数（M）= 果实含糖量（s）(g/L) / 果实含酸量（A）(g/L)，一般情况下 $M \geqslant 25$。果穗整齐，味酸甜。将采收的葡萄剔除霉烂果、杂（青）果以及其他杂质，取样化验酸度和糖度。

（3）破碎与压榨。

将经分选和化验的好葡萄放在瓷盆内，除去果梗，把葡萄粒装入经消毒干净的白色布袋中，用手挤压布袋榨取果汁，汁与皮渣分别放入不同的发酵瓶内进行发酵。葡萄汁发酵后为一级酒，葡萄皮渣发酵后为普通酒。

（4）葡萄汁自然澄清。

葡萄经破碎榨汁后，应立即添加 SO_2。添加 SO_2 的量视葡萄质量而异，一般添加 SO_2 40～80 mg/L（相当于 SO_2 含量为 6% 的亚硫酸 0.8～1.5 mg/L 或偏重亚硫酸钾 2.5 mg/L）。于 15 ℃下静置 2～4 h；若在室温下，则静置 24 h 。待汁液澄清后，采用虹吸法分离沉淀物，取得澄清葡萄汁。

（5）果胶酶澄清。

将自然澄清后的葡萄汁加入发酵瓶（罐）后，一次加入溶化好的果胶酶。添加量为 0.02～0.05 g/L，计量的果胶酶用 10 倍的水溶解即可。控温 15 ℃，澄清 8～12 h，分离后的清汁装入发酵瓶（罐）。

（6）果汁成分调整。

调整方法有：一是在葡萄汁发酵期补加白砂糖，以供发酵生成所需的酒精。二是在发酵结束后补加酒精，提高酒精含量。

①糖度调整。

如果葡萄汁中糖含量小于 204 g/L（特殊品种根据具体情况而定），应人工补加一级白砂糖，将糖含量调至204 g/L。加糖方法：在化糖烧杯中用葡萄汁将所加糖溶解后，一次加入发酵瓶（罐）中，并用力摇动发酵瓶，使之溶解。另外，在实际生产上，每生产1%酒精需要1.7 g的糖，那么加糖量可按下式计算：

$$\rho_M = \frac{V \times 1\ 000\ (w \times 1.7 - w_b)}{100 - w \times 1.7 \times 0.625}$$

式中 ρ_M——加糖量，g/L；

0.625——1 kg糖溶解后的体积，L；

V——葡萄汁体积，L；

w——需要达到的酒精含量，%；

w_b——葡萄汁的含糖量，%。

②酸度调整。

酿制葡萄酒要求葡萄汁含酸量在8～12 g/L之间为宜，这样有利于酵母的繁殖和发酵，且适宜的酸度有利于形成酒的良好风味和色泽。如果酸度低，酒的口味淡薄，酒体瘦弱，不耐贮存。如果酸度低于8.5 g/L，需要加酒石酸调整葡萄汁的含酸量，使总酸达到8.5 g/L（特殊品种根据具体情况而定）。入瓶（罐）时，用葡萄汁溶解酒石酸，随葡萄汁分次加入。

（7）发酵。

用果胶酶澄清并调整成分后的葡萄汁加入洁净的发酵瓶（罐）中，充满系数为80%～90%，以防止发酵时产生泡沫溢出而造成损失。瓶口上安有带发酵栓的橡皮塞，便于排出发酵产生的CO_2，又防止发酵瓶外的杂菌进入发酵瓶（罐）。取样测量葡萄汁的相对密度和温度。与此同时接入活性白葡萄酒干酵母，先将干酵母溶入相当于其重量10倍的40 ℃温水中活化20 min，再加入葡萄汁中活化20 min。酵母添加量为0.1～0.2 g/L。也可以用发酵旺盛的瓶（罐）的发酵液作种子，接种量为15%～30%。发酵期间，温度控制在17 ℃～19 ℃之间，可把发酵瓶放在盛水的浴盆内，通过调节浴盆内水温（比如加冰块或换水）控制发酵温度；也可把发酵瓶放在控温培养箱内进行发酵；有条件的还可把葡萄汁放入自动控温的不锈钢发酵罐中进行自动控温发酵。发酵过程中每天测量发酵温度和相对密度（残糖）。测量前，把温度计用70%酒精擦洗，取样管经干热灭菌，以防发酵液染菌。取样及测温均应在发酵液位的中部，并填写记录作好发酵曲线图。当相对密度为0.993～0.994，发酵液总糖≤4 g/L时，发酵基本结束。

（8）封瓶（罐）。

主发酵基本结束后，加液体SO_2封瓶（罐），SO_2按40～50 mg/L一次加入，以防杂菌污染引起挥发酸升高。添加后，封闭发酵栓，进行静置后发酵7～10 d后分离酒脚。具体操作为：把乳胶管浸入酒液中，用虹吸法吸取澄清酒液，移入另一个干净、经消毒、无异味的大试剂瓶中，注意切勿搅动酒脚。分离的同时进行下皂土澄清处理（若是经品尝鉴定为下木桶酒则不需要进行此工艺步骤）。

（9）下胶、澄清、过滤。

为了提高酒的质量，使酒能较长时间贮存且保持澄清透明，生产上常采用下胶处理。下胶材料有：鸡蛋清、蛋白片（粉）、明胶、单宁或皂土等。目前一般采用皂土，经小型下胶实验，确定皂土的最佳添加量。按酒体计算出皂土的用量，将皂土溶于10～15倍的冷水中，在溶胀过程中不断搅拌，完全溶解后，停止搅拌静置过夜。第二天使用前再搅拌15 min即可使用，将皂土浆徐徐地加入酒中，边加边摇晃酒液，使之充分混合后，静置7～10 d，待酒澄清后即可用虹吸法分离沉淀物，并采用滤纸加过滤棉或白色细绒布袋（内放过滤棉）的方法过滤浑酒，有条件的可用硅藻土过滤机。经下胶、澄清、过滤获得的清酒为干白原酒。

（10）干白原酒化验、品尝鉴定。

过滤后的干白原酒需要做热稳定实验。取200 mL酒样，升温至55 ℃，恒温3 d，无混浊或絮状沉淀为合格，并检测全项理化指标。酿成的干白原酒呈淡黄色，澄清透明，具有新鲜的果香，滋味润口，酒分协调。其理化指标为：酒精含量11%～12%（体积分数），还原糖≤4.0 g/L，总酸6.5～7.5 g/L，游离SO_2 30～40 mg/L，总SO_2≤150 mg/L，挥发酸≤0.8 g/L，热稳定实验合格。

（11）原酒储存管理。

澄清后的干白原酒经品尝、鉴定后分为一级、二级、三级，以勾兑不同等级的葡萄酒，分开储存管理，便于勾酒使用。

①满罐贮存。贮存期间注意满瓶（罐）保存，贮酒液面应保持在瓶（罐）脖的1/3～1/2处，漂硫盆（可在瓶脖口液面上放漂装有SO_2的瓶盖或牛津杯），并随季节的变化而添加或取出酒液，确保满瓶（罐）贮存。

②对于非满瓶（罐）贮存的干白原酒，应漂硫盆并使用惰性气体（CO_2或N_2）对上部空间体积进行隔氧。

③控制游离SO_2含量：定期（1次/月）测量SO_2含量，使酒中游离SO_2的含量保持在30～40 mg/L之间。贮存期间，避免不必要的倒瓶（罐），必须倒瓶（罐）时，先将空瓶（罐）充满N_2，以防止原酒氧化。

（12）速冻、过滤与无菌过滤。

为了防止产品在销售过程中出现酒石沉淀或杂菌污染，在灌装成品之前应进行速冻（冷冻）处理并过滤除去酒石，还需要采用超滤膜进行无菌过滤。

[实验11-2] 干红葡萄酒的酿制

干红葡萄酒的酿造工艺与干白葡萄酒的酿造工艺相似。主要不同的是：葡萄破碎后不压榨，将皮肉与汁混合发酵（即带皮发酵），以浸提果皮中的色素；酿造过程中需要增加苹果酸-乳酸发酵，以降低葡萄酸的酸度。不同的操作和要求如下：

1. 原料葡萄

采用蛇龙珠、赤霞珠、品丽珠、梅鹿辄等品种的红葡萄。要求一般年份的蛇龙珠、赤霞珠、品丽珠、梅鹿辄最低糖度≥18°Bé；特殊年份、特殊品种根据当年具体情况而定。

2. 浸渍、酒精发酵

（1）接种酵母。

用10倍的水和果浆混合液按1∶1比例溶解酵母，保持温度38 ℃～40 ℃。搅拌均匀后静置20 min，再加入10倍的果浆，搅拌均匀，静置20 min后从上样孔加入，加入时一定要使酵母液均匀分布在皮盖表面。静置酒罐12～24 h，然后用酒泵循环60 min或干净的木棒搅拌2～3次，酵母添加量为0.1 g/L。也可以用发酵正常的葡萄汁作接种种子，接种量为15%～30%。

（2）注意发酵瓶（罐）的密闭、保压；每3 h用酒泵循环发酵醪液30 min；温度控制：普通红葡萄原酒为25 ℃～28 ℃，高档红葡萄原酒为28 ℃～30 ℃。每天测量发酵温度和相对密度（残糖），绘制发酵曲线，并特别注意单宁和色度的变化。

3. 分离

当相对密度降至0.995～0.998时（参考色度、单宁含量），先用虹吸法将果汁分离（采用发酵罐者可自上截门分离果汁），然后将葡萄皮渣装入白布袋中用手或木棒挤压榨取汁液（量大者可采用压榨机取汁），分别得到自流酒和压榨酒。品尝压榨酒，若口感较好，可一同并入自流酒中。然后装入经洗净消毒的储酒容器中，但不得超过容量的95%。压榨后的皮渣可进行蒸馏制取白兰地。

4. 苹果酸-乳酸发酵

酒精发酵并经分离后的自流酒和压榨酒温度保持在（23±1）℃，以便诱发苹果酸-乳酸发酵或直接加入乳酸菌。乳酸菌的用量是1～2 g/t。苹果酸发酵的条件为：苹果酸发酵的最佳温度是25 ℃；SO_2在酒液中的含量越低越好，总SO_2含量小于40 mg/L；最佳pH为3.3～3.4；最佳酒精含量为12%～14%（体积分数）。在苹果酸发酵过程中，定期用纸层析法检测，直至完成苹果酸-乳酸发酵。发酵结束后，调整原酒中游离SO_2含量为50～60 mg/L封瓶（罐），保持温度20 ℃以下，3～5 d后进行开放式倒瓶（罐）。倒瓶（罐）后自然澄清2～3个月，要求20 ℃以下静置存放，游离SO_2保持在25～35 mg/L，平均40 d左右倒瓶（罐）一次。注意：第一次倒瓶（罐）时若酒体丰满、醇厚、单宁感强，则进行开放式倒瓶（罐）；若口感轻柔则进行封闭式倒瓶（罐），以后的倒瓶（罐）均为封闭式倒瓶（罐）。

5. 红葡萄原酒品尝鉴定

经发酵后的干红葡萄酒原酒应具有酒香和果香浓郁、酒体丰满醇厚、单宁感强等特点。其理化指标为：酒精含量11% ~12%（体积分数），还原糖≤4.0 g/L，总酸6.0 ~6.5 g/L，游离 SO_2 25 ~35 mg/L，总 SO_2≤200 mg/L，挥发酸≤0.8 g/L，热稳定实验合格。

6. 原酒储存管理

苹果酸－乳酸发酵后的红葡萄原酒贮藏管理与干白葡萄原酒相同。

[实验 11 -3] 葡萄酒理化指标的测定

1. 糖度测定

先用费林试剂滴定法或手持式糖度仪测葡萄汁的糖度（°Bé），再通过查表得出糖含量。

2. 酸度测定

0.1 mol/L NaOH 标准溶液滴定。当酒体颜色浅时，使用酚酞指示剂，当酒体颜色较深时，选用紫色石蕊指示剂。

3. 酒精含量测定

发酵液经蒸馏后，用酒精计测得。

4. 总 SO_2、游离 SO_2 测定

（1）总 SO_2 的测定。取葡萄酒 25 mL，加入 250 mL 碘量瓶中，加入 10 mL 水稀释，再加入 1 mol/L 氢氧化钠 10 mL，加塞，摇匀，反应 10 min，添加 1/3 浓度的硫酸 3 ~5 mL，2 ~3 滴 2% 淀粉指示剂，立即用 4 g/L（此浓度的碘液 1 mL 相当于 1 mg SO_2）的碘液滴定。

（2）游离 SO_2 的测定。在反应瓶中加入 25 mL 酒样，加入 20 mL 水稀释，添加 1/3 浓度的硫酸 3 mL，2 ~3 滴 2% 淀粉指示剂，立即用 4 g/L 的碘液滴定。

5. 苹果酸、乳酸的纸层析检测

（1）点样。在距层析滤纸（20 cm×30 cm）底端 2.5 cm 处划一道横线，用毛细管将酒样点在滤纸的横线上，以苹果酸和乳酸标准溶液（2 g/L）作为对照，每个样品之间距离 2.5 cm。

（2）层析液。在分液漏斗中装 100 mL 水，100 mL 正丁醇，10.7 mL 浓甲酸和 10 g/L 的溴甲酚绿溶液，在通风橱中摇匀混合；几分钟后丢弃，将上相 70 mL 放入层析缸中，盖好盖。

（3）层析。将点好样的滤纸做成圆桶状，置于含有展层溶剂系统的层析缸中，于 20 ℃ ~25 ℃ 温度下上行扩展 20 ~25 cm 后取出，展开 6 h 左右。每次层析后，将溶剂中水相除去可重复使用。

（4）显色。取出层析纸后，放在通风良好的地方风干，直至甲酸完全挥发，剩下为蓝绿色背景上带黄色的酸的斑点。R_f（斑点运动距离与溶剂前沿之比）大约为：酒石酸 0.28，柠檬酸 0.45，苹果酸 0.51，乳酸和琥珀酸 0.78，富马酸 0.91；显色剂前沿的 R_f 为 0.8 ~0.9。

6. 液相色谱法测定苹果酸、乳酸

可选用 SCR－101H 色谱柱，流动相用高氯酸。调 pH 为 2.5 的二次蒸馏水，流速选择 0.6 mL/min，柱温选择 55 ℃，检测波长为 210 nm，进样量为 10 μL。

[实验 11 -4] 葡萄酒的品尝

1. 实验目的和要求

认识和体会葡萄酒感官质量构成的要素，分析和掌握葡萄酒的平衡、结构及不同产地、品种葡萄酒的特点，建立葡萄酒的感官质量标准，同时进行品尝结果的统计与分析，对所评酒样进行感官质量评价。

2. 实验样品

4 ~6 种国产红葡萄酒。

3. 实验主要内容

（1）在规定时间内进行酒样的品尝，填写相应的品尝表格。

（2）给出所品尝酒样的感官质量综合评价。

葡萄酒感官评定标准

项目	颜色（满分30）	香味（满分20）	滋味（满分30）	组织状态（满分20）	总分（满分100）
一级	25～30 红宝石色	17～20 具有浓郁的酒香	25～30 滋味适中，口感细腻，黏稠，酸甜适宜，无异味	17～20 均匀稳定，无分离，无沉淀	84分以上
二级	20～24 颜色基本呈红宝石色	14～16 稍具酒香	20～24 滋味较浓（淡），甜酸适口，较黏稠，无异味	14～16 较均匀，稍有沉淀	70分以上
三级	＜20 颜色变暗，呈红褐色	＜14 熟味，无酒香或过浓	＜20 滋味过浓（淡），无异味	＜14 分层沉淀较为明显	68分以上

第十二章　生物碱类化合物的提取分离

生物碱（alkaloids）是生物体内一类重要的含氮有机化合物（氨基酸、蛋白质、肽及核酸、含硝基和亚硝基的化合物如马兜酸类、卟啉类除外），它们有类似碱的性质，能和酸结合成盐。应包括以下几类：①氮原子在环状结构内，呈碱性，一般具有强烈生物活性的化合物；②氮原子不在环状结构内，但呈弱碱性并具有生物活性的化合物，如麻黄碱；③氮原子虽接在环状结构内，但几乎不显碱性的化合物，如蓖麻碱、喜树碱等；④氮原子既不在环状结构内，也不是弱碱，但生物活性很强的化合物，如秋水仙碱；⑤从海洋生物、微生物及昆虫代谢产物中发现的含氮化合物。生物碱在天然产物研究中占有极其重要的地位，它对人类治疗疾病和发展化学药物方面都起了很大的作用。生物碱在植物体内往往集中在某一部分或某一器官，例如黄柏和金鸡纳树中的生物碱集中在皮部；石蒜中的生物碱集中在鳞茎；三颗针中的生物碱集中在根部，尤以根皮中含量较高；白屈菜虽全草均含生物碱，但其根部的含量比花与叶部要多些；麻黄碱主要含在麻黄的茎内，且以茎的髓部含量较高，其根部则不含麻黄碱。生物碱在生物体内的含量一般较低，大多低于1%，但有少数含量特别多或特别少的特殊情况。如黄连根中小檗碱含量可高达8%～9%，金鸡纳树皮中的生物碱含量达10%～15%，而长春花中的长春新碱含量只有百万分之一。

生物碱在植物中分布广泛，据统计，最少有100多个科的植物中均含有生物碱。大多数生物碱集中分布在系统发育较高级的植物中。如裸子植物的红豆杉科、松柏科、三尖杉科等；单子叶植物的百合科、石蒜科和百部科等；双子叶植物的防己科、茄科、罂粟科、豆科、夹竹桃科、毛茛科、小檗科、紫草科、马钱科、茜草科、芸香科、龙胆科、番荔枝科等。生物碱在低等植物中分布较少，例如菌类植物麦角菌类含有麦角生物碱；苔藓、地衣类植物中含吲哚类生物碱；蕨类植物的木贼科、卷柏科、石松科等植物也含有生物碱。但同一种生物碱可分布在多种科中，如小檗碱在毛茛科、芸香科、小檗科的一些植物中都有存在。

根据溶解性能可分为亲脂性生物碱和水溶性生物碱两大类。亲脂性生物碱数目较多，绝大多数叔胺和仲胺生物碱都属于这一类。它们易溶于苯、乙醚、氯仿、卤代烷烃等极性较低的有机溶剂，在丙酮、乙醇、甲醇等亲水性有机溶剂中有较好的溶解度，而在水中溶解度较小或几乎不溶。水溶性生物碱主要是指季胺生物碱和某些含氮氧化物的生物碱，数目较少。它们易溶于水、酸水和碱水，在甲醇、乙醇和正丁醇等极性大的有机溶剂中亦可溶解，但在低极性有机溶剂中几乎不溶解。生物碱一般都具有碱性，能使红色石蕊试纸变蓝，只是碱性强弱不同而已。大多数生物碱在酸性水溶液或稀醇溶液中都可能与某一种或数种试剂反应，生成难溶于水的复盐或络合物沉淀，利用这种沉淀反应，不但可以预试某些中草药中是否含有生物碱，亦可用于检查提取是否完全，也可借此沉淀反应精制生物碱，并能凭沉淀的颜色、形态等特征进行生物碱的鉴定。生物碱能与某些试剂反应而显特殊的颜色。

生物碱大多具有生物活性，常常是许多药用植物的有效成分。例如萝芙木中的降血压成分利血平、鸦片的镇痛成分吗啡、麻黄的抗哮喘成分麻黄碱、长春花的抗癌成分长春新碱、黄连的抗菌消炎成分黄连素等。但也有例外，如贝母和乌头中的生物碱并不代表原生药的疗效，有些甚至是中草药的有毒成分（如马钱子中的士的宁）。有些中草药虽然含有几种或几十种生物碱，但有效的往往只有一两种，如麻黄碱有效，而伪麻黄碱、甲基麻黄碱则无效。生物碱的有毒或无效是相对而言的，随着药学的发展和研究的深入，原来被认为有毒或无效的成分已找到了新的用途，如蒂巴因可用作合成某些强效镇痛药物的原料，士的宁可作为中枢神经兴奋剂。

第一节　生物碱的分类及其结构

生物碱的分类有三种：植物来源分类法、生物来源途径分类法、结构母核分类法。按结构母核分类较为常见。这里主要介绍以下几种基本母核类型生物碱的结构特征：

一、有机胺类生物碱

有机胺类生物碱是一类氮原子不接在环内的生物碱，其种类繁多，分布较广，其中药用价值或生理活性较高的有秋水仙碱、麻黄碱、益母草碱等。各种有机胺类生物碱由于来源不同，结构相差较大。

（一）麻黄碱

从麻黄中分离到的生物碱总称为麻黄生物碱，已知结构的在 6 种以上，含量较多的是左旋麻黄碱和右旋伪麻黄碱，此外还有少量左旋甲基麻黄碱、左旋去甲麻黄碱、右旋甲基麻黄碱和右旋去甲麻黄碱。麻黄生物碱主要存在于草麻黄和木贼麻黄的草质茎中，在草麻黄中含量可达 1.3% 以上，在木贼麻黄中含量更高，达 1.75%，以左旋麻黄碱为主，占总生物碱的 60% ~90%。麻黄碱又叫麻黄素，属于芳香族胺基醇衍生物，为仲胺类生物碱，学名为 1 - 苯基 - 1 - 羟基 - 2 - 甲胺基丙烷，氮在侧链上。麻黄碱分子中有两个不对称碳原子，故有四个异构体：左旋麻黄碱、右旋麻黄碱、左旋伪麻黄碱和右旋伪麻黄碱。常用的麻黄碱指左旋麻黄碱，它与右旋伪麻黄碱互为旋光异构体，它们在苯环的侧链上都有两个手性碳原子，有四个旋光异构体，但在麻黄草中只有左旋麻黄碱和右旋伪麻黄碱存在。

麻黄碱具有兴奋中枢神经、升高血压、扩大支气管、收缩鼻黏膜及止咳作用，伪麻黄碱具有拟肾上腺素的药理作用。

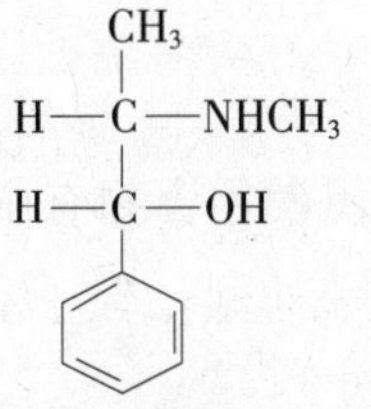

(-) - 麻黄碱

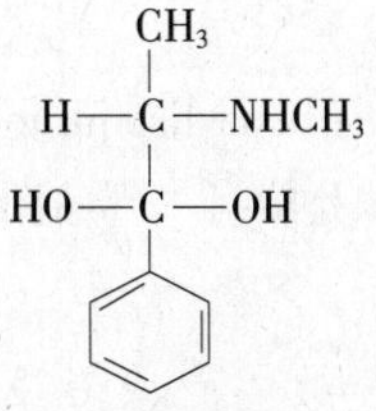

(+) - 伪麻黄碱

（二）秋水仙碱

秋水仙碱是环庚三烯酮醇的衍生物，分子中有两个并合七元碳环，氮在侧链上，成酰胺状态。此碱为灰黄色针状结晶，可溶于水，易溶于乙醇或氯仿。秋水仙碱能抑制细胞有丝分裂，临床用于治疗癌症，可抑制癌细胞的增长，对急性中风有特异性作用，但副作用较大，可引起恶心、腹胀、肠麻痹、白细胞和血小板减少等症状。

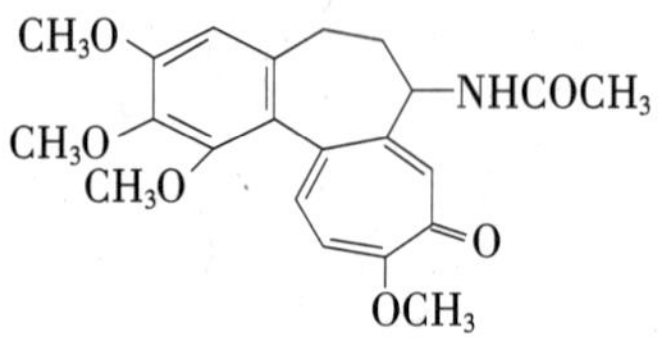

秋水仙碱

（三）益母草碱

益母草碱是胍的衍生物，氮在侧链上，具有较强的碱性。它是从中药益母草中分离出来的一种重要生物碱，在益母草中的含量为0.02%～0.04%。益母草碱能收缩子宫，对子宫有增加其紧张性与节律性的作用，临床可用于催产。

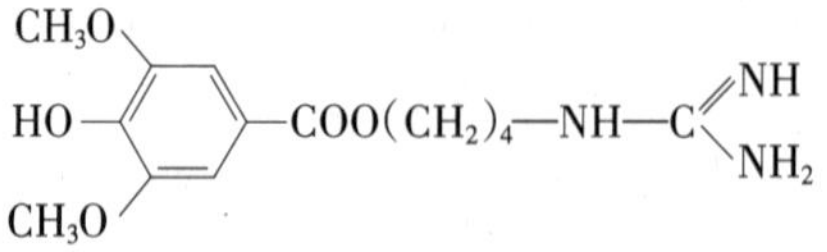

益母草碱

二、杂环衍生物类

（一）异喹啉类生物碱

异喹啉类生物碱广泛分布于防己科、罂粟科、豆科、小檗科和番荔枝科的植物中。异喹啉类生物碱的生源前体是苯丙氨酸或酪氨酸。异喹啉是最大的一类生物碱，数量最多，结构类型也多，生物活性广，以异喹啉或四氢异喹啉为基核。根据连接基团的不同，异喹啉生物碱又可分为以下八类：

1. 简单异喹啉生物碱

异喹啉核上只有简单取代基的化合物，如鹿尾草（Salsolarichteri）中的鹿尾草碱（salsoline），它是这类化合物中具有降压作用的成分。

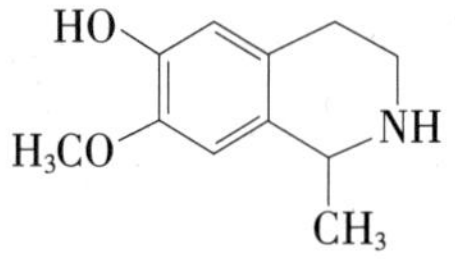

鹿尾草碱

2. 苄基异喹啉（benzylisoquinoline）生物碱

是异喹啉核 C_1 上接有一苄基的生物碱。这类成分的代表化合物有中药厚朴中的厚朴碱（magnocurarine）。

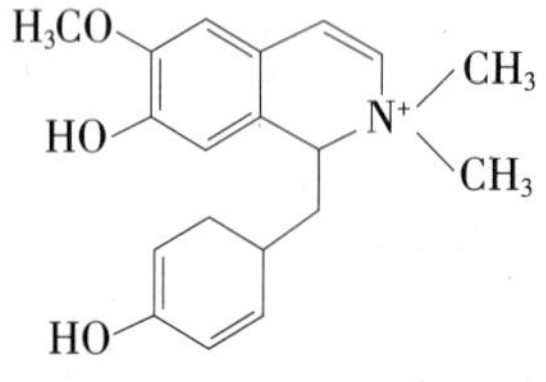

厚朴碱

3. 双苄基异喹啉（bisbenzylisoquinoline）生物碱

这类生物碱是由两个苄基异喹啉衍生物通过一个、两个或三个醚键相连接的。若以异喹啉为头、苄基为尾，则有尾－尾相连、头－头相连等多种形式的生物碱，如汉防己甲素（tetrandrine）。

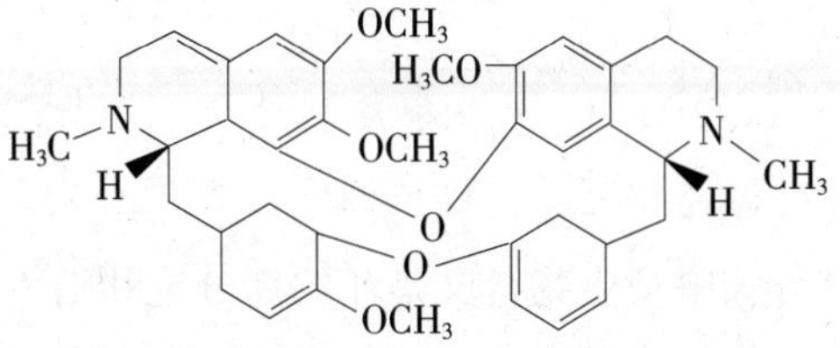

汉防己甲素

4. 阿朴啡（aporphine）生物碱

具有菲类或二氢菲骨架的生物碱，如存在于马兜铃的根和种子及其他多种植物中的木兰碱（magnoflorine）。

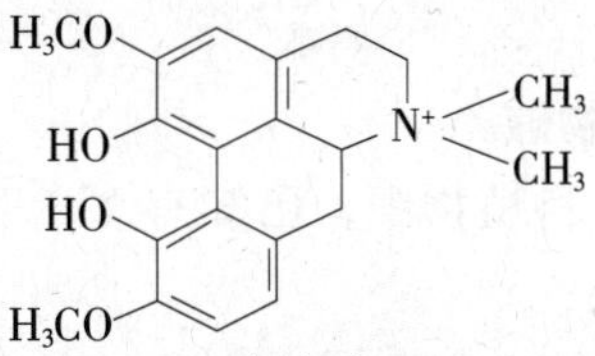

木兰碱

5. 小檗碱（berberine）和原小檗碱（protoberbedne）类生物碱

这类生物碱是由两个异喹啉环稠合而成，如黄连（Coptis chinensis）与三颗针（Berberispoiretii）等植物中所含的抗苗成分小檗碱（黄连素，berberine），小檗碱中 7 位、8 位、13 位、14 位还原就构成了原小檗碱。

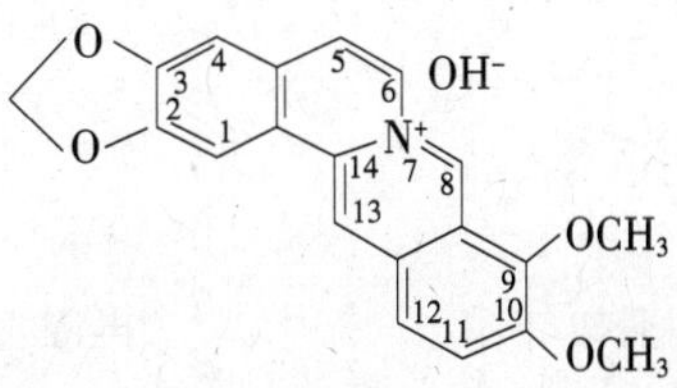

小檗碱

6. 前托品（protopine）类生物碱

这类生物碱是由原小檗碱在 7、14 位开环并在 14 位形成羰基而构成，如延胡索（Corydalis turtshaninovii）中常见的普罗托品（protopine）。

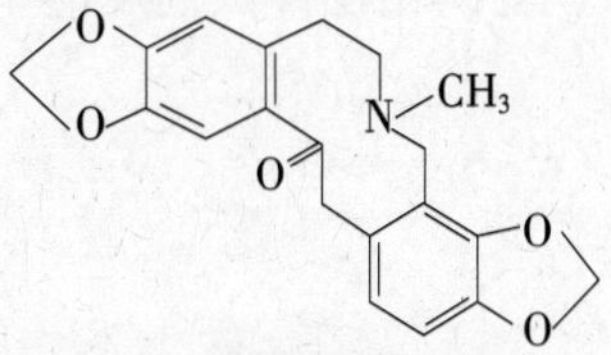

普罗托品

7. α－萘菲啶（a－naphthaphenanthrichne）类生物碱

这类成分是由异喹啉的 3、4 位稠合一个萘环构成的，如博落回（Macleaya cordata）中的血根碱（sanguinarine）。

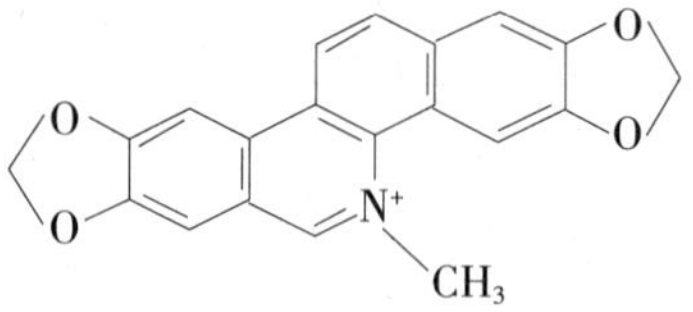

血根碱

8. 吗啡（morphine）类生物碱

这类生物碱既属于苄基异喹啉衍生物，又是菲的部分饱和衍生物，它的代表药物是吗啡。

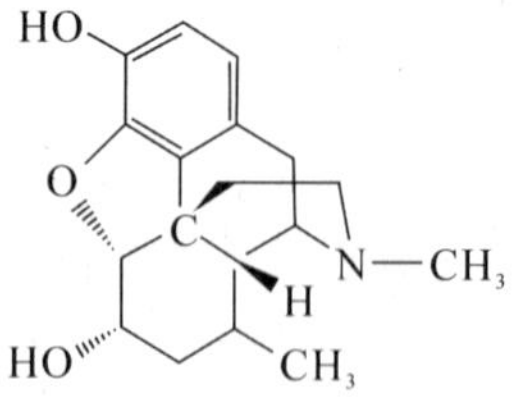

吗啡

（二）喹啉（quinoline）类生物碱

喹啉类生物碱主要分布在芸香科植物中，已知有150多种，喹啉类生物碱生物来源上来自邻氨基苯甲酸，主要有以下几类：

1. 呋喏喹啉（furoquinoline）和吖啶酮（acridone）类生物碱

呋喏喹啉类生物碱是具有呋喃并［2，3］喹啉骨架的生物碱，大部分化合物的6位、7位和8位都是被甲氧基或二氧亚甲基（methylenedioxy）取代，5位是较少见的含氧官能团（Pelletier S. W.，1970）。而具有苯并［2，3］喹啉骨架的生物碱为吖啶酮类生物碱，如冉特可林酮（姚新生，1988）。

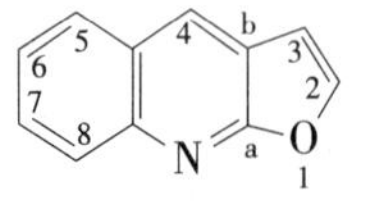

呋喏喹啉骨架

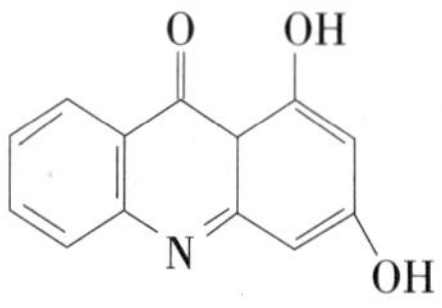

冉特可林酮

2. 喜树碱（calnptothecine）及其类似物

1966年从喜树茎秆中分离得喜树碱，并通过基碘乙酰衍生物的x射线衍射方法确定它的结构，分子中唯一的20位手性碳为S构型。喜树碱类是带有喹啉环的五环化合物，分子式为$C_{20}H_{16}N_2O_4$，其中含有δ-内酰胺与δ-内酯环，是一类特殊的生物碱。它们属于中性至近酸性的化合物，无一般的生物碱反应，与碘化铋钾试剂反应呈阴性，也不溶于一般有机溶剂与水，能溶于稀碱而开内酯环。

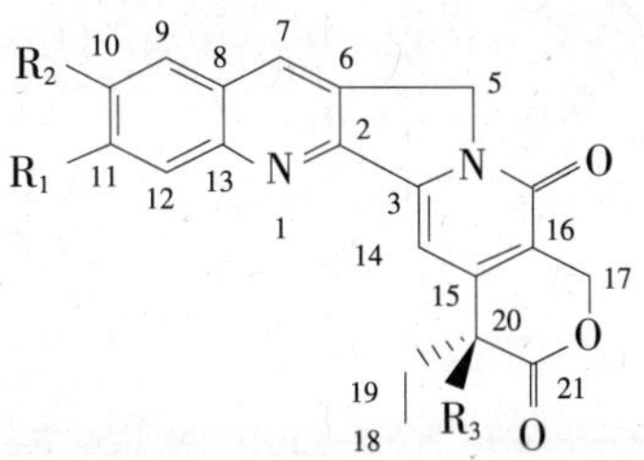

喜树碱	$R_1=R_2=H$　$R_3=OH$
羟基喜树碱	$R_1=H$　$R_2=R_3=OH$
10 - 甲氧基喜树碱	$R_1=H$　$R_2=OCH_3$　$R_3=OH$
11 - 羟基喜树碱	$R_1=OH$　$R_2=H$　$R_3=OH$
11 - 甲氧基喜树碱	$R_1=OCH_3$　$R_2=H$　$R_3=OH$
去氧喜树碱	$R_1=R_2=R_3=H$

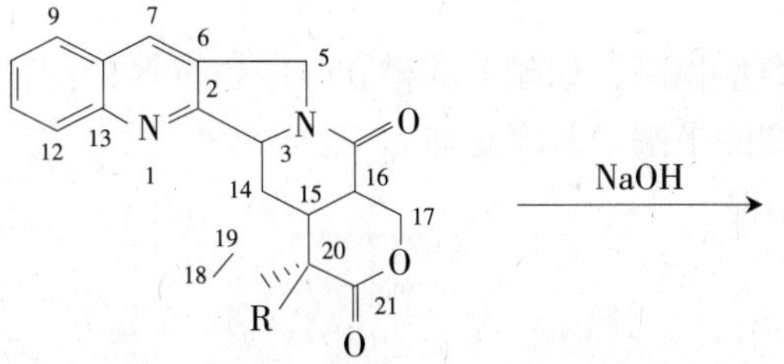

3. 金鸡纳生物碱（cinchonaalkaloids）

金鸡纳是茜草科金鸡纳属（Cinchoha）木本植物的总称。南美洲植物，可以治疗疟疾，其中的有效成分是奎宁（quinine）。奎宁类衍生物的骨架基本一致，只是6位的取代情况不同；另外8位、9位手性中心构型的差别构成了一系列奎宁类光学异构体。

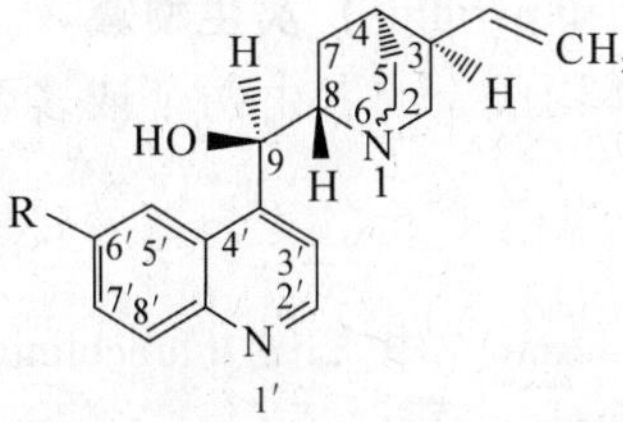

金鸡纳生物碱

（三）吡咯烷（pyrrolldine）类生物碱

生物来源上来自鸟氨酸或赖氨酸吡咯烷类生物碱，属于吡咯或四氢吡咯衍生物。可分为两类：

1. 简单的吡咯烷类生物碱

这类成分是有一个吡咯烷骨架的生物碱，如古豆碱（hygrine），它是从古柯种植物古柯（*Erythroxylum coca*）叶中分出的液体生物碱。

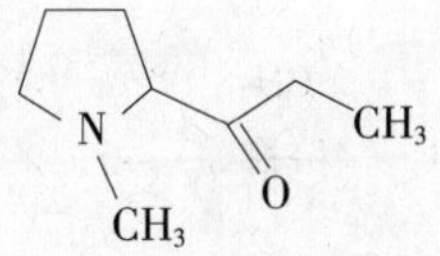

古豆碱

2. 吡咯联啶（pyrrolizidine）类生物碱

这类生物碱如大叶千里光碱（macrophylline），普遍存在于千里光属（Senecio）植物中，主要存在于野百合属（Crotalaria）、大芥菜属（Heliotropiurn）、毛束草属（Trichodesrna）等多种植物中。

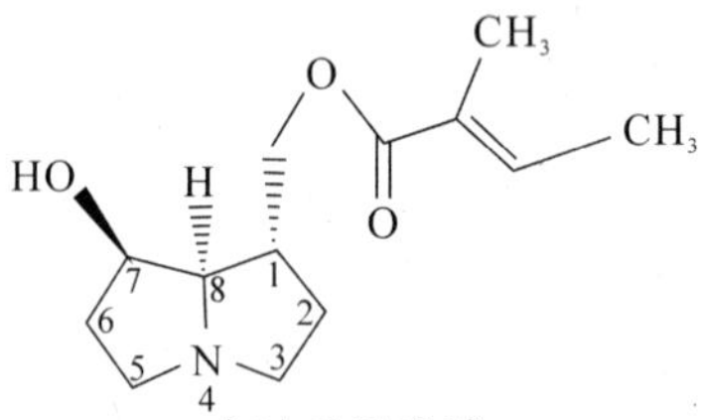

大叶千里光碱

（四）莨菪烷（tropane）类生物碱

许多重要的中草药主要成分为这类生物碱，如颠茄的根和叶中含有多种莨菪烷类生物碱，其中以莨菪碱为主要成分。这类化合物能平喘、解痉止痛。

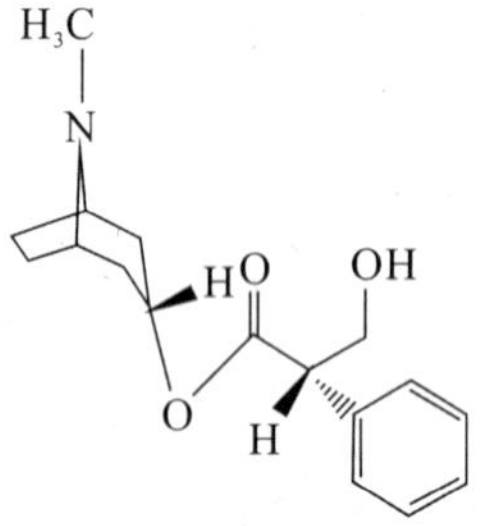

莨菪碱

（五）哌啶和吡啶（piperidine 和 pyridine）类生物碱

这类成分由一个吡啶或哌啶环构成，或者由两个或多个哌啶环稠合而成。它又可分为两类：

1. 简单的哌啶和吡啶生物碱

这类化合物有猕猴桃碱（actinidine）、槟榔碱（arecoline）、烟碱（nicotine）等。

2. 喹啉联啶（quinolizidine）类生物碱

喹啉联啶类生物碱具有以叔氮为中心的两个哌啶环的稠合结构。最简单的是单喹啉联啶环生物碱羽扇豆碱（lupinine），其次是金雀花碱（cytisine）。但大多数此类化合物具有两个喹啉联啶环横向稠合的结构，如无叶豆碱（sparteine）；或竖向稠合的结构，如苦参碱（matrine）。这类化合物又称为羽扇豆类生物碱（lupinine）。

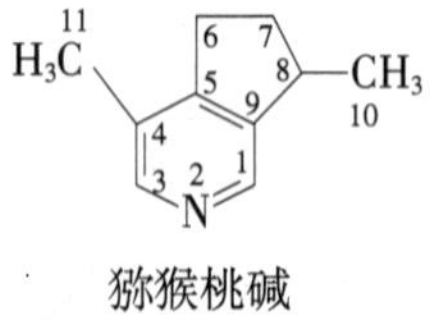

猕猴桃碱

槟榔碱

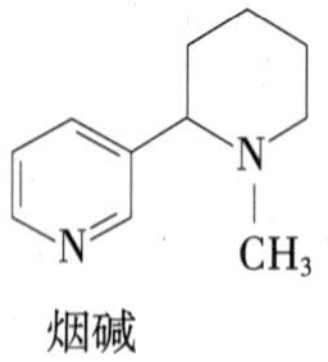

烟碱

（六）吲哚联啶（indolizidine）生物碱

如一叶萩碱（securinine），它是从大戟种植物一叶萩（*Securinega suffruticosa*）的叶与根中分离出的生物碱，是胆碱酯酶抑制剂，有兴奋中枢神经的作用，临床用于治疗急性脊髓灰质炎及某些神经系统紊乱所引起的头晕等病症。

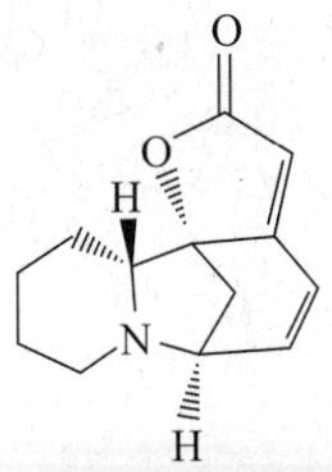

一叶萩碱

（七）吲哚（indole）类生物碱

在生物来源上以色氨酸（tryptophan）为前体形成了一系列吲哚类生物碱。

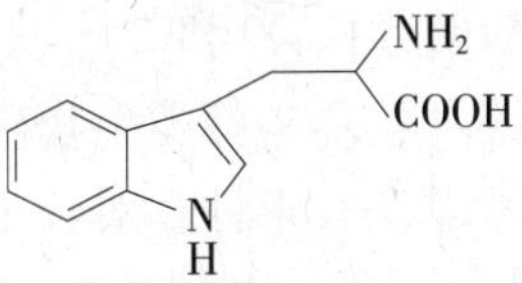

色氨酸

1. 吲哚胺类

自然界中存在的色氨酸简单衍生物中最重要的是5－羟色胺（5－hydroxytryptamine 或 serotonln）。它广泛存在于动物细胞中，在棉花（*Gossypium hirsutum*）和 *Panelous campamdatus* 中也含有。5－羟色胺在大脑中扮演着调节神经活动的角色。

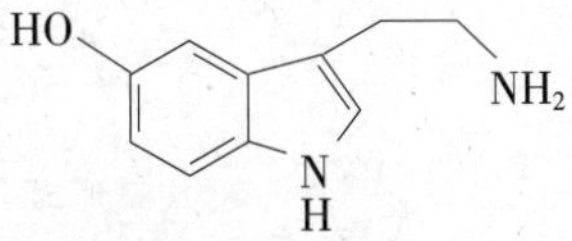

5－羟色胺

2. 长春碱（vinbiastine）

长春碱和长春新碱（vincristine）是由两个吲哚核构成的一种二聚体生物碱（dimer alkaloids），是从夹竹桃科植物长春花（*Vinca rosea*）中分离出的治疗白血病的高效药物。

3. 番木鳖碱（士的宁，strychnine）和马钱子碱（brucine）

番木鳖碱和马钱子碱难溶于水，易溶于氯仿，可溶于乙醇、甲醇，微溶于乙醚。这是研究得比较深入的一类吲哚生物碱，其在两方面具有重要的药物作用：一是中枢神经兴奋作用；二是箭毒样作用。

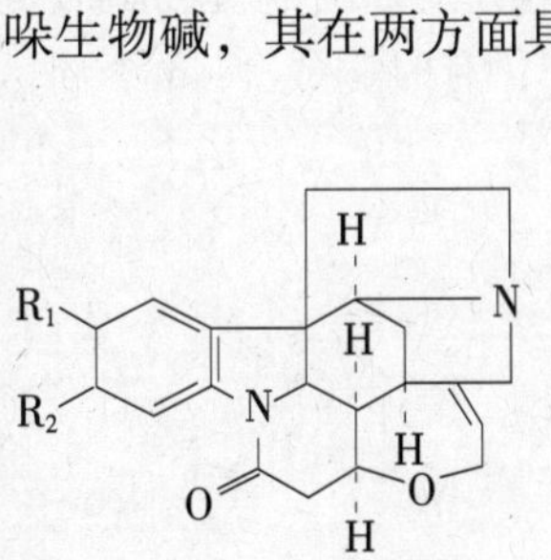

番木鳖碱　$R_1=R_2=H$

马钱子碱　$R_1=R_2=OCH_3$

三、甾衍生物类

各类天然甾体的含氮衍生物构成甾体生物碱，如环孕甾烷（cyclopregnane）（C_{24}）生物碱环氧黄杨木巳索（cycloxobuxidine F）和胆甾烷（cholestane）生物碱茄定碱（solasodine）等。

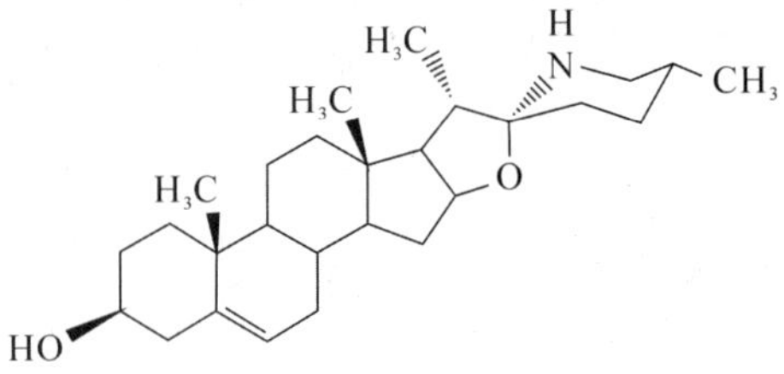

茄定碱

四、萜衍生物类

二萜生物碱分为两类：去甲二萜碱（C_{19}）和二萜碱（C_{20}），C_{19}类生物碱大多为剧毒的酯，代表性化合物如乌头碱（aconitine），乌头碱类生物碱以乌头碱和牛扁碱型为主，取代基较多；C_{20}类生物碱通常没有多少氧代基团，毒性相对较小，如乌头根碱（atisine）。乌头碱类化合物主要分布于毛茛科乌头属（Aconitum）和翠雀属（Delphimium）植物中。

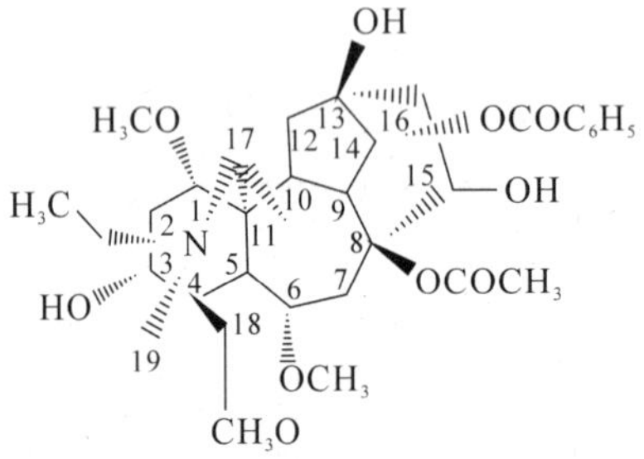

乌头碱

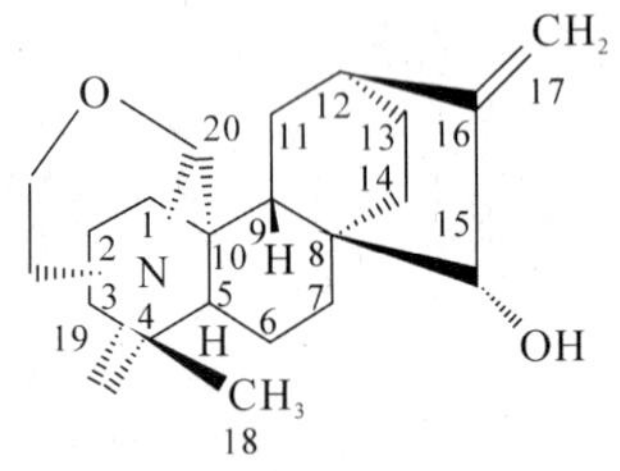

乌头根碱

五、环肽类生物碱

环肽类生物碱主要从茜草科、鼠李科、石竹科、番荔枝科和海洋藻类植物中分离得到。这类生物碱的结构特点是含有两个以上酰氨基，且大多属于大环结构。这些环肽从结构上可分为柄型（ansa）和无柄型两大类。柄型环肽如 discarine L。这类环肽结构比较固定，通常都有一个 3－羟基或 4－羟基苯乙胺类单元，两端分别以酚醚键和酰胺键结合在环中。无柄型中所有的氨基酸残基构成一个完整的环，无支链，有时构成 2～3 个环，如 annomuricatin B。

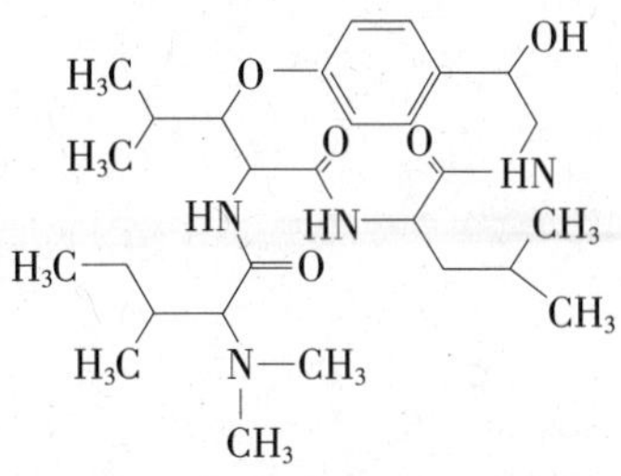

discarine L

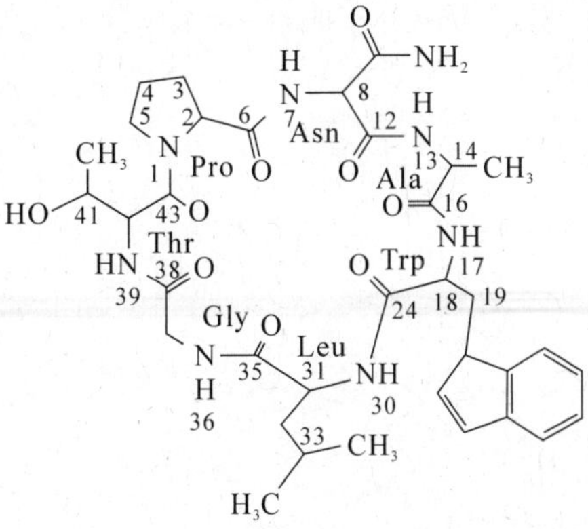

annomuricatin B

第二节　生物碱的理化性质

生物碱的种类很多，它们的化学结构大多比较复杂，基本结构也是多种多样的，但在种类繁多的生物碱中能归纳出一些基本的共同性质，熟悉这些基本的共性，有利于进一步了解个别生物碱的特性。

一、性状

生物碱除少数为液体（如烟碱、毒芹碱）外，大多数生物碱均为结晶形固体，有一定的结晶形状和一定的熔点，只有少数为无定形粉末，如乌头中的乌头原碱（aconine）。液体生物碱除少数例外，分子中多不含氧原子。如果分子中有氧原子存在，也多结合成酯键，如槟榔中的槟榔碱（arecoline），这些液态生物碱在常压下可以随水蒸气蒸馏而不被破坏。生物碱多具苦味，能溶于氯仿、丙酮、乙醇等有机溶剂中，不溶于碱水。如盐酸小檗碱。少数具有升华性，如咖啡因等。大多数生物碱挥发性不强，个别生物碱具有挥发性，如麻黄碱。生物碱的碱性强弱有差别，一般能与无机酸或有机酸生成盐，大部分生物碱盐都能溶于水。但生物碱与某些特殊的酸生成的盐不溶于水，如无机酸中的硅钨酸和有机酸中的苦味酸，可以利用这个性质来鉴别和分离生物碱。此外，生物碱能通过一些显色反应显示不同的颜色，可由此来区别和判断生物碱。

二、颜色

绝大多数生物碱是无色或白色的化合物，但如果结构中具有较长的共轭体系，并有助色团等官能团存在，则在可见光下呈现颜色。例如小檗碱和萝芙木中的蛇根碱（serpentine）为黄色，是由于它们都是呈共轭状态的季胺碱的缘故。假若将小檗碱经硫酸和锌粉的还原反应生成四氢小檗碱，失去原有共轭状态季胺碱的结构部分，即转为无色。还有一些不是季胺碱的生物碱也具有颜色，例如一叶萩碱或称叶底珠碱（securinine）是淡黄色结晶体，但其盐类则无色，则是由于其分子中氮原子上的孤电子能与环内双键产生跨环共轭的缘故。

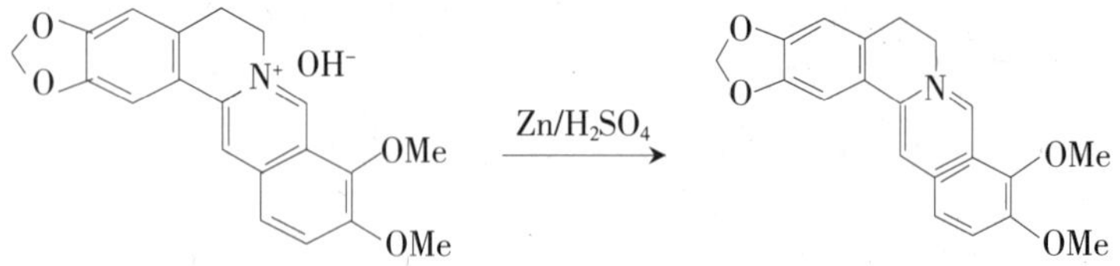

小檗碱（黄色）　　　　四氢小檗碱（无色）

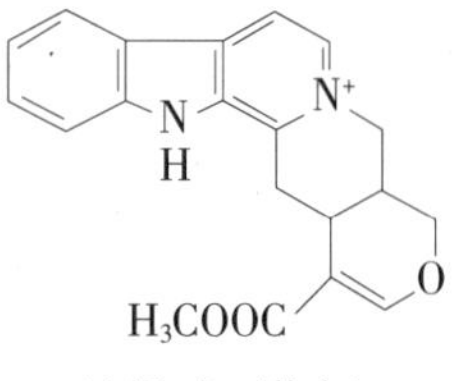

蛇根碱（黄色）

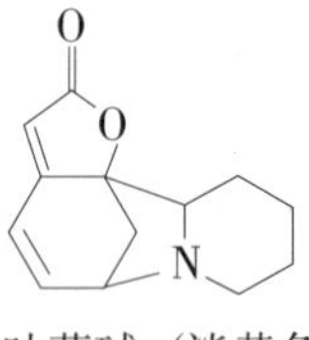

一叶萩碱（淡黄色）

三、旋光性

又称“光活性”。分子的旋光性最早是由 19 世纪的 Pasteur 发现的。旋光性是由结构决定的，手性是一种抽象概念，抽象概念不能决定旋光性，旋光性具有明确的方向性，它必然是由具有明确方向性的结构特征所决定的。生物碱若结构中有手性碳原子或手性分子，则具有旋光性。其旋光性与手性碳原子的构型有关，并具有加和性。大多数生物碱的分子结构中具有手性碳原子或不对称中心，有光学活性，且多数为左旋光性，只有少数生物碱分子中没有手性碳原子，例如存在于延胡索、白屈菜中的原托品碱无不对称中心，无旋光性。莨菪碱的旋光性易因外消旋化而消失，从而转为消旋莨菪碱（即阿托品）。生物碱的旋光性受溶液酸碱性和溶剂等因素影响，如麻黄碱在氯仿中呈左旋，但在水中则变为右旋。有时游离生物碱与其盐类的旋光性并不一致。如游离的烟碱呈左旋光性，而与酸结合成盐后即转为右旋光性。在中性介质中，烟碱、北美黄连碱呈左旋，在酸性溶液中则变为右旋；在氯仿中吐根碱呈左旋，但其盐酸盐则呈右旋。

生物碱的旋光性与其生理活性有着密切关系。一般来说，左旋的生物碱具有显著的生理活性，而右旋体则无生理活性或活性极弱，如去甲乌头碱仅 L－型具有强心作用，L－型莨菪碱的散瞳作用比 D－型莨菪碱约大 100 倍。也有极少数生物碱右旋体的生理活性较左旋体的强，如 D－型古柯碱的局部麻醉作用比 L－型的大 2.6～3 倍。

四、溶解度

生物碱的溶解性能是生物碱提取分离的重要依据之一。生物碱及其盐类的溶解度与其分子中 N 原子的存在形式、分子的大小、结构中官能团极性大小、数目以及溶剂种类等密切相关。游离状态的生物碱根据溶解性能可分为亲脂性生物碱和水溶性生物碱两大类。亲脂性生物碱数目较多，绝大多数叔胺和仲胺生物碱都属于这一类。它们易溶于苯、乙醚、氯仿、卤代烷烃等极性较低的有机溶剂，在丙酮、乙醇、甲醇等亲水性有机溶剂中有较好的溶解度，而在水中溶解度较小或几乎不溶。水溶性生物碱主要是指季胺生物碱和某些含氮氧化物的生物碱，数目较少，它们易溶于水、酸水和碱水，在甲醇、乙醇和正丁醇等极性大的有机溶剂中亦可溶解，但在低极性有机溶剂中几乎不溶解。

大多数游离生物碱均不溶或难溶于水，能溶于氯仿、乙醚、丙酮、醇或苯等有机溶剂。

碱性的生物碱还能溶解在酸性水溶液中生成盐。也就是说生物碱盐类尤其是无机酸盐和小分子的有机酸盐多易溶于水，可以离子化，生成带正电荷的生物碱阳离子，不溶或难溶于常见的有机溶剂。生物碱盐一般易溶于水，难溶或不溶于亲脂性有机溶剂，但可溶于甲醇或乙醇。生物碱盐的水溶液加碱至碱性，则生物碱又以游离碱的形式存在。如亲脂性生物碱盐，加碱后生成的游离碱又可自水溶液中沉淀析出。碱性极弱的生物碱和酸不易生成盐而仍以游离碱的形式存在，或生成的盐不稳定，其酸水溶液不需碱化，即可以氯仿萃取出游离碱。

同一生物碱与不同的酸结合成盐也会具有不同的溶解度。通常是无机酸盐的水溶性大于有机酸盐。无机酸盐中，含氧酸盐如硫酸盐、磷酸盐大于卤代酸盐，而卤代酸盐中以盐酸盐溶解度最大，氢碘酸盐溶解度最小，但也有个别例外，如盐酸小檗碱难溶于水，高石蒜碱的盐酸盐不溶于水而溶于氯仿等。有机酸盐中，小分子有机酸盐的溶解度大于大分子有机酸盐。如果季胺类生物碱与氢碘酸或盐酸结合成盐，则溶解度反而降低，甚至从溶液中析出。碱性弱的生物碱只能与强酸结合成盐，而且这种盐往往不稳定，还可能表现出类似生物碱的性质。例如弱碱性的利血平，溶解在醋酸水溶液中生成的盐很不稳定，如果于醋酸的酸性溶液中加氯仿振摇提取，游离的利血平就能从酸性水溶液转溶到氯仿层中。

有一些生物碱由于其特有的分子结构，能表现出特有的溶解度。例如麻黄碱属于芳烃胺衍生物，分子比较小，故能溶于水，也能溶于有机溶剂。所有季胺生物碱，由于碱性强，离子化程度大，亲水性强，则比较容易溶于水中，一般水溶性生物碱多数是对季胺生物碱而言的。少数生物碱虽不属于季胺碱，但在水中也可能有较大的溶解度，例如苦参碱和氧化苦参碱均较易溶于水。但氧化苦参碱分子中的氧原子是通过半极性配位键与 N 原子共享一对电子的，与生物碱盐有一定的相似性，极性较大，因此在水中的溶解度大于苦参碱，而在有机溶剂中则溶解度比苦参碱小。

有些生物碱的结构中既有碱性氮原子，又具有酸性基团，如酚羟基、羧基等，兼有酸碱两性的生物碱，则既能溶解于酸性水溶液，又能溶解于碱性水溶液，在常见的有机溶剂中的溶解度也与只有碱性的生物碱不同。例如游离的槟榔次碱，带有羧基，亲水性比较强，易溶于水或稀乙醇，几乎不溶于亲脂性有机溶剂，包括氯仿、乙醚和无水乙醇等。如果将其分子中的羧基甲酯转化为槟榔碱，只呈碱性不显酸性，就能恢复只有碱性的生物碱的溶解性，易溶于无水乙醇、氯仿或乙醚中。可是槟榔碱也易溶于水，似乎与其分子中亲脂性基团酯状结构不相适应。所以现在多采用季胺式的结构来代表槟榔碱，借以解释其在水中的溶解度。吗啡也是酸碱两性的生物碱，由于带有酚羟基而有弱酸性，亲水性小，加以分子比较复杂，所以游离的吗啡在水中的溶解度很小，在亲脂性有机溶剂包括氯仿中溶解度也很小，只有在醇类溶剂如乙醇、戊醇中溶解度才比较大。同样，将吗啡分子中的酚羟基甲基化，转为只有碱性的可待因，就能增加在氯仿等亲脂性有机溶剂中的溶解度。

另外，有少数生物碱盐类却能溶于氯仿中，如盐酸奎宁。在奎宁（quinine）分子中，有两个呈碱性的氮原子，是二价盐基，与酸结合能形成中性、酸性两大类型的盐。当一分子奎宁与二分子盐酸结合，奎宁分子中的两个氮原子均被盐酸中和，从结构上来看，似乎属中性盐，但是由于盐酸是强酸，奎宁是比较弱的碱，当它们结合时，仍然表现微酸性反应，所以称为酸性盐酸奎宁或二盐酸奎宁。若一分子奎宁与一分子盐酸结合，仅喹核碱（quietdine）部分的氮原子被中和，喹琳环部分的氮原子仍为游离的叔胺基，呈弱碱性。从结构式来看，应属于碱式盐。事实上，由于盐酸的酸性强，不可能表现出碱性，而是显近于中性。所以称为中性盐酸奎宁或简称盐酸奎宁。此种盐酸奎宁在水中的溶解度（1∶16）比二盐酸奎宁

（1：0.6）小，在氯仿中的溶解度盐酸奎宁（1：1）却比二盐酸奎宁（微溶）大得多。可能是盐酸奎宁分子中保留有游离的叔胺基，仍然有与游离生物碱相似的性质，因此表现在氯仿中有较大的溶解度。

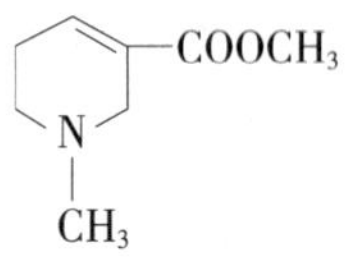

槟榔碱

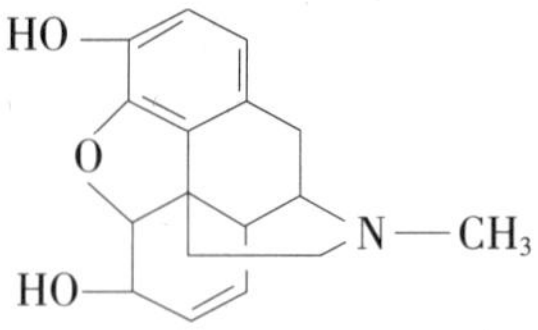

吗啡

大多数含有内酯结构的生物碱，于氢氧化钠溶液中加热，可使内酯环开环形成钠盐而溶于水，但也有个别特殊的例子，如喜树碱（camptothecine）和去氧喜树碱（deoxycamptothecine），是吲哚里西啶衍生物，结构中均有一个内酯环，喜树碱在室温条件下就能与氢氧化钠溶液反应，开环生成钠盐而溶于水，但去氧喜树碱需在 80 ℃加热下才能使内酯开环形成钠盐而溶于水，说明它们内酯环的稳定性是有差别的，这是由于喜树碱分子中 20 位由一羟基取代，可与内酯环上羰基产生分子内氢键，使内酯环稳定性降低，因而易于开环。

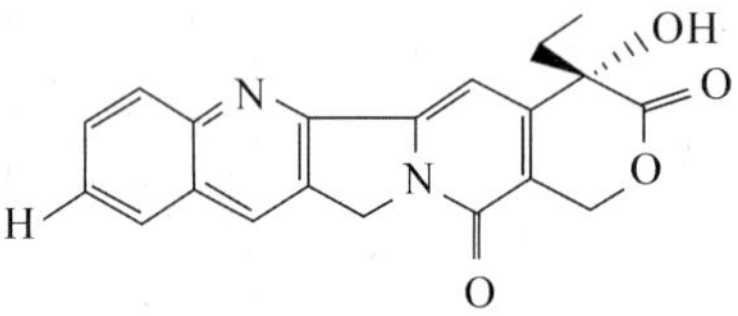

喜树碱

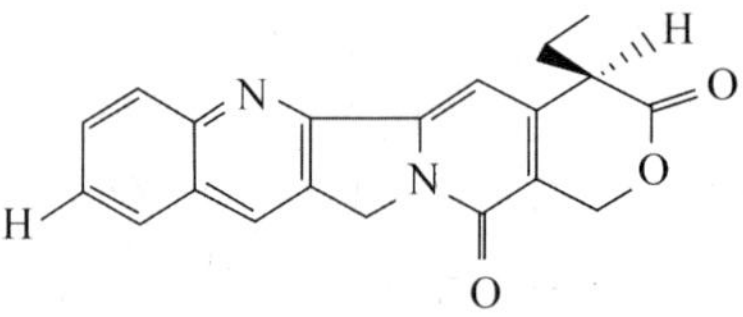

去氧喜树碱

五、碱性

生物碱分子结构中都有氮原子，通常生物碱一般都具有碱性，能使红色石蕊试纸变蓝，只是碱性强弱不同而已。其碱性的强弱与多种因素有关。生物碱之所以能显碱性，是因为它们的分子中包含氮原子，这些氮原子与氨分子中的氮原子一样有一对孤对电子，对质子有一定程度的亲和力，因而表现出碱性。碱性基团的 pK_a 值大小顺序一般是：胍类［$-NH(C=NH)$］NH_2 > 季胺碱 > 脂肪胺 > 芳杂环（吡啶）> 酰胺类。

影响生物碱碱性强弱的因素通常不是单一存在的，所以在分析生物碱碱性强弱时要综合考虑。一般来讲主要包括生物碱的碱性强弱与氮原子的杂化类型、诱导效应、诱导－场效应、共轭效应、空间效应以及分子内氢键形成等方面。

1. 氮原子的杂化类型与碱性的关系

一般是随杂化度升高而碱性增强，即：$sp^3 > sp^2$。例如吡啶氮（sp^2）的碱性小于四氢吡咯环上的氮（sp^3）。

2. 诱导效应与碱性的关系

供电子的诱导效应使氮原子电子云密度增大，碱性增强；吸电子的诱导效应使氮原子电子云密度减小，碱性减弱。季胺型碱的叔胺生物碱除外，因为季胺型碱的氮阳离子和羟基呈离子键形式，碱性增强，如小檗碱 pK_a 为 11.5。同样，供电子基的共轭效应使生物碱碱性增强；反之，吸电子基的共轭效应使生物碱碱性减弱，如酰胺型的秋水仙碱 pK_a 为 1.85，近中性。

3. 共轭效应与碱性的关系

如果分子中氮原子孤电子对处于 p－π 共轭体系中，一般而言，其碱性较弱。生物碱中，常见的 p－π 共轭效应主要有苯胺型、烯胺型和酰胺型。

4. 诱导－场效应与碱性的关系

生物碱分子中如同时含有 2 个氮原子，即使其处境完全相同，碱性强度总是有差异的。一旦第一个氮原子质子化后，则产生一个强的吸电基团。此时，它对第二个氮原子产生两种碱性降低的效应，即诱导效应和静电场效应。

5. 空间效应与碱性的关系

甲基麻黄碱（pK_a 为 9.30）碱性弱于麻黄碱（pK_a 为 9.56），这是甲基的空间位阻所致。氮杂六元环体系中，与氮的电子对处于 1，3－双直立关系的键如利血平（pK_a 为 6.07）中 C_{19}—C_{20} 键，则使其碱性减弱。东莨菪碱分子中 N 原子附近的环氧环的空间位阻，使其碱性（pK_a 为 7.50）弱于莨菪碱（pK_a 为 9.65）。

6. 分子内氢键与碱性的关系

分子内形成氢键使碱性增强，如钩藤碱盐的质子化氮上氢可与酮基形成分子内氢键，使其更稳定。而异钩藤碱的盐则无类似氢键的形成，所以前者碱性（pK_a 为 6.32）大于后者（pK_a 为 5.20）。

需要指出的是，判断一个生物碱碱性强弱，必须综合分析。一般情况下，空间效应和诱导效应共存时，前者起主要作用；诱导效应和共轭效应共存时，后者的影响较大。此外，除了分子结构本身影响外，外界因素如溶剂、温度等也有影响。

例如萝芙木中含有的数十种生物碱，按其碱性的强弱可以分为三类。第一类属强碱性（pK_a 10.4～11），是黄色的季胺衍生物，如蛇根碱等，由于属于季胺衍生物，离子化程度大，使氮原子具有金属相似性，所以呈强碱性。第二类为中等强度碱性（pK_a 8.15～8.3），如阿马林碱等。第三类碱性更弱（pK_a 6.0～7.5），如利血平等。阿马林碱和利血平都不是季胺衍生物，所以碱性才都比蛇根碱弱，它们的分子中都含有两个氮原子，利血平的 N_1 是属于芳香性的吲哚，N_1 上的孤电子对参与共轭体系，由于共轭效应的影响，N_1 上的电荷密度小，不易释放出电子，所以碱性很弱，甚至还可能吸收电子，表现出似酸的性质。阿马林碱的 N_1 状态与利血平有显著不同。首先它属于二氢吲哚的衍生物，芳香性减弱了，只有苯环对它有共轭效应的影响，与利血平相比，显然阿马林碱的 N_1 比利血平的 N_1 释放电子的可能性要大。阿马林碱的 N_4 系醇胺结构，若异构化成季胺型，可表现强碱性。但由于 N_4 处在稠环的桥头，难以异构化成季胺型，又由于羟基的诱导效应，故不可能表现强碱性质，而只呈现弱碱的性质，这些可能就是阿马林碱的碱性比利血平强的原因。蛇根碱分子中 N_4 的 α、β 位有双键。N_4 上的孤电子对参与了共轭体系，故当双键转位，N_4 可形成季胺型，N_1 原子就作为 N_4 季胺的电子受体，因而碱性最强。

又如某些醇胺型生物碱分子中具有 α－羟胺结构，能异构化成季胺型，一般表现为强碱性，如小檗碱就属于强碱性生物碱。由于生物碱大多数为氮的杂环衍生物，所以立体效应往往也是影响生物碱碱性强弱的重要方面。例如苦参中主要的生物碱苦参碱具有比较强的碱性，它的分子中有两个氮原子，N_{16}呈酞胺状态几乎没有碱性，N_1 属叔胺，三价都结在环上，由于它的立体结构便于接受质子，减弱了立体效应的影响，所以碱性比较强。又如在东莨菪碱的分子中，由于三元氧环的存在，氮原子的孤电子对产生显著的立体效应（加强空间位阻），使氮原子不容易给出电子，所以使其碱性减弱。

如果氮原子与羧酸缩合成酰胺状态，则会几乎完全消失碱性。如胡椒碱和秋水仙碱都近于中性，均是由于它们分子中的氮原子成酰胺状态的缘故。又如咖啡碱（caffeine）、茶碱（theophylline）和可可豆碱（theobromine）的结构中虽含有较多氮原子，但由于都是黄嘌呤（xanthine）（可看作是咪唑和嘧啶相合并的二环化合物）的衍生物，咖啡碱是三甲基黄嘌呤的衍生物，分子中两个氮原子成酰胺状态，两个氮原子处在咪唑环上，其中一个呈弱碱性，另一个则不但碱性极弱，且更近于弱酸性。因此从整个分子来看咖啡碱的碱性很弱，且易与酸结合成盐，结合后所成的盐亦极不稳定，溶于水或醇中能立即分解，转为游离的咖啡碱和酸。茶碱和可可豆碱是二甲基黄嘌呤的衍生物，不但碱性很弱，还能溶解在氢氧化钠水溶液中生成钠盐，表现出两性化合物的性质。

有些生物碱的分子中带有酚性羟基或羧基，则具有酸碱两性反应，既能与碱反应，又能与酸反应生成盐，如与小檗碱共存于三颗针中的药根碱和槟榔中含有的槟榔次碱，前者带有酚性羟基，后者带有羧基。上述例子充分说明，生物碱的碱性强弱，不但与杂环结构中 N 原子结合的状态有关，也与 N 原子所处的化学环境有关，如是否有电性效应、立体效应以及其他取代基团与分子内氢键等因素的影响，但要从分子整体性来全面考虑。

六、沉淀反应

大多数生物碱在酸性水溶液或稀醇溶液中都可能与某一种或数种试剂反应生成难溶于水的复盐或络合物沉淀，这些试剂称为生物碱沉淀试剂。利用这种沉淀反应，不但可以预试某些中草药中是否含有生物碱，亦可用于检查提取是否完全，也可借此沉淀反应精制生物碱，并能因沉淀的颜色、形态等不同而有助于生物碱的鉴定。但需注意的是：如直接采用中草药的酸浸液来做沉淀反应，由于酸浸液中常夹杂有蛋白质、鞣质等成分，也可能和生物碱沉淀试剂生成沉淀，因此虽有沉淀生成亦不能直接判定有生物碱的存在。故往往需要排除这些干扰，才能得到比较可靠的结果。排除非生物碱类成分的干扰，一般可以利用游离生物碱及生物碱盐类溶解度的特点，用氯仿从生物碱的碱性水溶液中萃取精制，氯仿层含游离生物碱，再将生物碱转溶于酸水中，生物碱转为盐溶于水中，再加入生物碱沉淀剂检查生物碱。但对于季胺型水溶性生物碱，则需将萃取溶剂改为醋酸乙酯、正丁醇或氯仿中加入一定比例的乙醇，才能将季胺型生物碱自水中提取出来。较简易的方法是应用薄层层析或纸层析手段，以适当的溶剂系统展开后，再喷洒可以显色的生物碱沉淀剂，观察有无生物碱斑点。有少数生物碱与某些沉淀试剂并不能产生沉淀，如麻黄碱。而且不同的生物碱对这些试剂的灵敏度也不一样。

生物碱沉淀试剂的种类很多，大多为重金属盐类或相对分子质量较大的复盐以及特殊无机酸（如硅钨酸、磷钨酸）或有机酸（如苦味酸）的溶液。其中较为常用的有以下几种。

碘化汞钾试剂（Mayer 试剂，$HgI_2 \cdot KI$）：在酸性溶液中与生物碱反应生成白色或淡黄色沉淀［为一种络盐 $AIK \cdot HI \cdot (HgI_2)n$，AIK 表示生物碱］。

碘化铋钾试剂（Dragendorff 试剂，$BiI_3 \cdot KI$）：在酸性溶液中与生物碱反应多生成黄色至橘红色沉淀［为一种络盐 $AIK \cdot HI \cdot (BiI_3)n$］。

碘－碘化钾试剂（Wager 试剂，$I_2 \cdot KI$）：在酸性溶液中与生物碱反应生成棕红色沉淀（为一种络盐 $AIK \cdot HI \cdot In$）。

硅钨酸试剂（Bertrand 试剂，$SiO_2 \cdot 12WO_3$）：在酸性溶液中与生物碱反应生成淡黄色或灰白色沉淀。

磷钼酸试剂（Sonnenschein 试剂，$H_3PO_4 \cdot 12MoO_3$）：很灵敏，在中性或酸性溶液中与生物碱反应生成鲜黄色或棕黄色沉淀。

苦味酸试剂（Hager 试剂）：即 2，4，6 - 三硝基苯酚，与生物碱反应生成黄色沉淀。

雷氏铵盐试剂：组成为 $NH_4[Cr(NH_3)_2(SCN)_4]$，与季胺型生物碱反应生成红色沉淀或结晶。

在实验时，通常选用三种以上不同的生物碱沉淀试剂进行实验，如均为正反应，表示溶液中可能有生物碱存在。如需确证，则要进一步精制后再行实验，如再次实验均呈正反应，即可肯定有生物碱存在。如第一次实验时就对三种沉淀试剂呈负反应，即可肯定无生物碱存在。

七、显色反应

生物碱能与某些试剂（显色剂）生成特殊的颜色，可供生物碱的识别。实验中，应对供试液进行纯化精制，纯度越高，显色越明显。显色剂的种类很多，除浓硫酸、浓硝酸、硫酸和重铬酸钾、浓盐酸或氯化铁外，大多数是由浓硫酸中加入少量其他化学试剂组成。常用的显色剂如下：

1. 矾酸铵 - 浓硫酸溶液（Mandelin 试剂）

为 1% 矾酸铵的浓硫酸溶液。该试剂能与多数生物碱反应，呈现不同的颜色，如与阿托品、东莨菪碱显红色，与马钱子碱显血红色，与士的宁显紫色，与奎宁显淡橙色，与吗啡显棕色，与可待因显蓝色。

2. 钼酸铵（钠） - 浓硫酸溶液（Frohde 试剂）

为 1% 钼酸铵或钼酸钠的浓硫酸溶液。该试剂能与可待因显黄色，与小檗碱显棕绿色，与乌头碱显黄棕色，与阿托品及士的宁不显色。在使用时应注意，该试剂与蛋白质也能显色。

3. 甲醛 - 浓硫酸试剂（Marquis 试剂）

为 30% 甲醛溶液 0.2 mL 与浓硫酸 10 mL 的混合液。该试剂能与可待因显蓝色，与吗啡显紫红色，与咖啡碱不显色。

4. 浓硫酸

该试剂能与乌头碱显紫色，与小檗碱显绿色，与阿托品不显色。

5. 浓硝酸

该试剂能与小檗碱显棕红色，与秋水仙碱显蓝色，与乌头碱显红棕色，与咖啡碱不显色。

第三节　生物碱的提取和分离

自中药中提取与分离生物碱的方法有多种，选用何种方法主要根据植物中生物碱的性质和存在状态以及目的是要进行系统研究还是为了得到某些药用生物碱等因素而定。一般来说，除少数具有挥发性的生物碱（如麻黄碱及一些液体生物碱）可选用水蒸气蒸馏法、具有升华性的生物碱（如咖啡碱）可采用升华法提取外，绝大多数生物碱是用溶剂抽提出总生物碱后，再进一步进行分离。下面主要介绍溶剂提取法。

一、总生物碱的提取

1. 水或酸水提取法

原理是具碱性的生物碱在植物体内多以盐的形式存在，而弱碱性或中性生物碱则以不稳定的盐或游离碱的形式存在。生物碱盐类一般不溶于亲脂性有机溶剂而溶于水或醇。以水为溶剂提取生物碱，植物体内一些亲脂性的弱碱或中性碱提取不完全或不被提出，但如用酸水提取则使生物碱都以盐的形式被提出，故生物碱的提取一般采用酸水为溶剂，较少采用水提取。

酸水提取法常用0.5% ~1%的乙酸、硫酸、盐酸或酒石酸等为溶剂。多采用浸渍法、渗漉法提取，如药材淀粉含量少可采用煎煮法。通常以酸水或水为溶剂的提取法提取液体积较大，浓缩困难，而且水溶性杂质多，如要得到较纯的总碱，可采用下列方法处理。

离子交换法：将提取液通过强酸型阳离子交换树脂柱，使生物碱盐阳离子交换结合在树脂上而与非碱性的化合物分离。对于亲脂性生物碱可采用氨液碱化树脂，使生物碱从交换树脂上以游离碱的形式游离出来，树脂晾干后，再用亲脂性有机溶剂提取即得总生物碱；水溶性生物碱也可直接用碱水液洗脱，得到游离生物碱。

有机溶剂萃取法：这种方法是利用亲脂性生物碱溶于亲脂性有机溶剂，而其盐溶于水的性质设计的。即水或酸水提取液浓缩到适当体积后，再用氨水、石灰乳等碱化，使生物碱盐转变成游离碱，再用氯仿、乙醚或苯等亲脂性有机溶剂萃取，合并有机溶剂萃取液，除去水溶性杂质，最后浓缩即得总生物碱。

2. 醇类溶剂提取法

醇类溶剂提取法一般用浸渍法、渗漉法或热回流提取法，有条件用连续回流提取法则更为理想：可以节约大量溶剂。醇类溶剂提取液中除含有生物碱及其盐类外，尚含有大量的其他脂溶性杂质，用烯醇提取的还含有一些水溶性杂质，需进一步处理。通常采用酸水－碱化－亲脂性溶剂萃取的方法反复进行处理。具体操作是将醇提取液减压回收溶剂，用稀酸水溶解，过滤除去不溶解的非碱性脂溶性杂质。此外，剩下的脂溶性杂质可用乙醚或氯仿萃取几次除去。但因为生物碱盐也能溶于氯仿，因此含生物碱盐的氯仿液需再次处理。酸水液碱化后用亲脂性有机溶剂（如氯仿）萃取，可使生物碱盐转变成游离碱而溶于亲脂性有机溶剂，从而与水溶性杂质分离。亲脂性有机溶剂萃取液用水洗涤1 ~2次，除去残留的水溶性成分和碱水，用无水碳酸钾干燥，回收溶剂即得总生物碱。也可将酸水液碱化后依次用乙醚、氯仿等溶剂分别萃取数次，萃取液在水洗、干燥处理后回收溶剂，借此常可分离得到不同溶解性能的生物碱总碱。在碱化后用有机溶剂萃取的操作中，也可在碱化前先加入有机溶剂，然后再碱化，这样碱化时刚游离出来的生物碱立即溶入有机溶剂，提取效率较高。另外，也可将稀酸水提取液用离子交换法处理得总生物碱。

3. 亲脂性有机溶剂提取法

大多数游离生物碱都是脂溶性的，因此可以用亲脂性有机溶剂，如氯仿、二氯甲烷或苯等提取。由于生物碱一般以盐的形式存在于植物细胞中，故采用亲脂性有机溶剂提取时，必须先使生物碱盐转变成游离碱。其方法是先将药材粉末用石灰乳、碳酸钠溶液或稀氨水等碱水湿润后再用溶剂提取。有时为了只提取药材中碱性较弱的生物碱而不提出碱性较强的生物碱，则采用水甚至稀有机酸水代替碱水湿润药材，仅使植物细胞膨胀，然后用亲脂性有机溶剂提取。此时碱性强或中等强度的生物碱仍以盐的形式存在，不被溶剂提出，而碱性弱的生物碱盐不稳定，遇有机溶剂即转变成游离碱而被提出。此种方法一般不适用于植物中生物碱的系统分离研究，只适用于药用生物碱的提取。例如，长春花中含60余种生物碱，而目前临床应用的只是长春碱和长春新碱，它们是弱碱性生物碱，pK_a 值约为7.4，在总生物碱中含量极微。若提出长春花总碱后再进行分离，不仅操作烦琐，而且得率很低。故生产中采用药材粉末用水湿润后用苯提取的方法，使大部分碱性较强的生物碱不被提出，只有弱碱性生物碱被提出，这样有利于进一步分离出纯品。亲脂性有机溶剂提取法提出的总生物碱一般只含有亲脂性生物碱，不含有水溶性生物碱。这种提取方法提得的总生物碱杂质较少，易于进一步纯化。对于含油脂较多的药材，最好先用石油醚等溶剂脱脂后再进行提取。

亲脂性有机溶剂提取法一般采用冷浸法、加热回流提取法或连续回流提取法，提取液回收溶剂后即得总生物碱。必要时也可将提取液适当浓缩后用酸水萃取，萃取液碱化后再用亲脂性有机溶剂萃取的方法处理，可得较纯的总亲脂性生物碱。由于亲脂性有机溶剂有的毒性大，有的易燃易爆，故采用这种提取方法时，对设备要有严格要求，必须防止溶剂泄漏。

二、水溶性生物碱的提取分离

水溶性生物碱用亲脂性有机溶剂提取法提不出，仍留在原料中；如用水或酸水提取法以及醇类提取法可被提出，但进一步处理后则留在碱水中，将其从碱水中分离出可用以下方法处理。

1. *沉淀法*

将碱水液用酸调 pH 至弱酸性，加生物碱的沉淀试剂，使水溶性生物碱与试剂生成不溶于水的复合物或盐而析出，滤取沉淀，净化、分解即得水溶性生物碱。实验室常用雷氏铵盐沉淀法，具体操作是将碱水液加盐酸调至 pH = 2 左右，加入新鲜配制的雷氏铵盐饱和水溶液，滤集生成的生物碱雷氏盐沉淀，用少量水洗涤 1～2 次，抽干。将沉淀溶于丙酮（或乙醇）中，滤除不溶物，再将此丙酮液通过氧化铝柱净化，并用丙酮洗脱，收集丙酮洗脱液，向其中加入硫酸银饱和水溶液。也可不经过氧化铝柱净化直接向生物碱雷氏盐丙酮溶液中加入硫酸饱和水溶液，使生物碱雷氏盐分解，生成生物碱硫酸盐和雷氏银盐沉淀，过滤后再向滤液中加入氯化钡溶液，生成生物碱盐酸盐和硫酸钡沉淀，过滤，滤液蒸干即得水溶性生物碱盐酸盐，整个反应过程以反应式表示如下。

$$B^+ + NH_4[Cr(SCN)_4(NH_3)_2] \longrightarrow B[Cr(SCN)_4(NH_3)_2]\downarrow + NH_4^+$$

$$2B[Cr(SCN)_4(NH_3)_2] + Ag_2SO_4 \longrightarrow 2Ag[Cr(SCN)_4(NH_3)_2]\downarrow + B_2SO_4$$

$$B_2SO_4 + BaCl_2 \longrightarrow 2BCl + BaSO_4\downarrow$$

B^+ = 季胺生物碱阳离子

也可将生物碱雷氏盐丙酮液通过氯离子型阴离子交换树脂柱，直接得到生物碱的盐酸盐。

$$R^+Cl^- + B^+[Cr(SCN)_4(NH_3)_2]^- \longrightarrow R^+[Cr(SCN)_4(NH_3)_2]^- + B^+Cl^-$$

RCl = 氯离子型阴离子交换树脂

如用磷钨酸、硅钨酸作沉淀剂时，所得的生物碱复合物沉淀用氢氧化钡或氢氧化钙分解。如用重金属盐作沉淀剂，则所得的生物碱沉淀物可用硫化氢气体分解。

2. *溶剂法*

水溶性生物碱可溶于与水不相混溶的极性有机溶剂，可用这些溶剂从水中将水溶性生物碱萃取出来。

3. 离子交换树脂法

用阳离子交换树脂，用碱水洗脱得游离碱、用酸水洗脱得生物碱盐。

三、生物碱的分离

用上述各种方法提得的总生物碱往往是多种生物碱的混合物，在一般情况下，某种药材的总生物碱中有多个生物碱常属于同一类型，甚至母核相同，仅取代基团不同。总生物碱中除含生物碱外，亦含有一些非生物碱类化合物，因此尚需进一步分离。通常是利用总碱中各生物碱或其不同盐类的溶解性差异、碱度差异、极性差异或官能团的差异进行分离。一般是先将总生物碱初步分成几个类别，再进一步分离个别生物碱。但是也有总生物碱不经过初步分离即采用不同方法分离单体生物碱的，一般视具体情况而定。

1. 总生物碱的初步分离

它是根据生物碱的碱性强弱和溶解性先将总生物碱分成弱碱性生物碱、中强碱性和强碱性生物碱、水溶性生物碱三部分，前两部分又可根据生物碱结构中有无酚性基因（主要指酚羟基）分为酚性生物碱和非酚性生物碱两类。

2. 生物碱单体的分离

（1）利用生物碱碱性的差异进行分离。总生物碱中各单体生物碱之间的碱性常存在一定的差异，因此可以在 pH 不同的条件下进行分离，此种方法即 pH 梯度法。具体操作方法有两种，一种是将总碱溶于酸水，逐步加碱使 pH 由低至高，每调节一次 pH，就用氯仿等有机溶剂萃取一次，使碱度较弱的生物碱先游离出来，并转溶于氯仿中而得到分离；另一种是将总碱溶于氯仿等有机溶剂中，用 pH 由高到低的酸性缓冲液依次萃取，将生物碱按碱度由强至弱的顺序自总碱中分离出来，然后将各部分缓冲液碱化，用有机溶剂萃取后回收溶剂，即得不同碱度的生物碱。采用 pH 梯度法分离时，通常先用多缓冲纸色谱法对总碱中各生物碱的碱度强弱作初步了解，这样可以有针对性地采用不同 pH 的缓冲液进行萃取。如金鸡纳树皮生物碱的提取。

（2）利用生物碱或生物碱盐溶解度的差异进行分离。生物碱之间由于结构差异，使其极性不完全相同，表现为在不同有机溶剂中的溶解度可能有较大差异，常可利用此差异进行分离。如氧化苦参碱为苦参碱的氮氧化物，极性稍大，因此氧化苦参碱不溶于乙醚而苦参碱溶于乙醚，故可以向含有两者的氯仿液中加入大量乙醚，使氧化苦参碱析出沉淀。又如，粉防己碱和防己诺林碱的分离，两者的基本结构相似，仅仅一个取代基不同，粉防己碱的极性小于防己诺林碱，防己诺林碱难溶于冷苯，而粉防己碱可溶于冷苯。将两者的混合物用 5 ~ 6 倍的冷苯浸一定时间，过滤。滤液中含粉防己碱，而不溶物为防己诺林碱。再如麻黄碱和伪麻黄碱的分离，麻黄碱的草酸盐比伪麻黄碱的草酸盐在水中的溶解度小，可将两者溶于适量的水中，加入一定量的草酸，麻黄碱生成的草酸盐先从水溶液中析出从而将其分离。

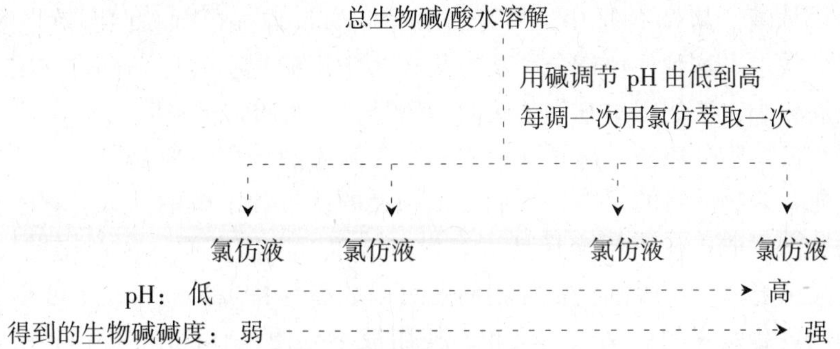

方法 1

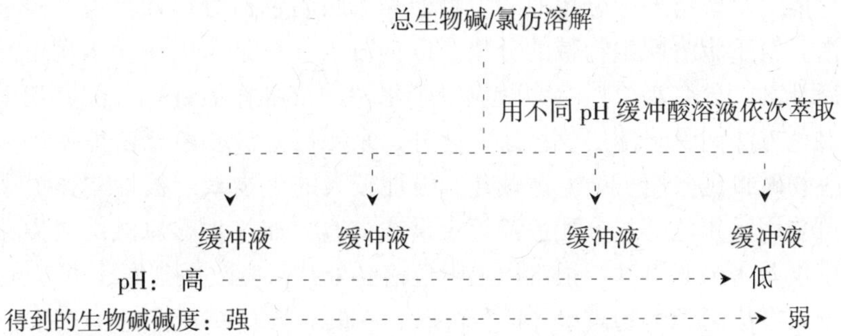

方法 2

（3）利用生物碱的特殊官能团进行分离。有些生物碱的分子结构中含有酚羟基、羧基等酸性基团、内酯及酰胺结构。这些基团或结构能发生可逆性化学反应，可据此分离此类生物碱。如含有羧基和含有酚羟基的生物碱，可分别溶解在碳酸氢钠和氢氧化钠溶液中而与其他生物碱分离；含有内酯结构的生物碱，在碱性条件下加热可水解，内酯环开环而溶于碱水溶液中，酸化后，闭环还原为原来的生物碱而得到分离；含有酰胺结构的生物碱，在碱性条件下加热同样可发生水解反应而与其他生物碱分离。

例如：
- 有无酚羟基——利用酚羟基可溶于 NaOH 溶液，用 NaOH 溶液处理与无酚羟基者分离。
- 有无内酯或内酰胺结构——利用内酯、内酰胺在苛性碱溶液中加热可开环生成溶于水的羧酸盐，与无内酯、内酰胺结构的生物碱分离。
- 制备功能基衍生物——利用仲胺可与亚硝酸生成亚硝基衍生物，或与氯乙酰或氯甲酸乙酯生成相应的酯等，与叔胺分离。

（4）利用色谱法进行分离。植物原料中所含生物碱的种类繁多，而且有些结构与性质比较相近。采用上述方法往往不能完全分离，需利用色谱分离法得到生物碱单体。

①硅胶柱色谱分离法。硅胶柱色谱分离法主要利用二氧化硅作为填料，是较为常用的柱色谱分离方法。硅胶为中性无色颗粒，其性能稳定。硅胶层析柱适用范围广，既能用于非极性生物碱也能用于极性生物碱，且成本低，操作方便，是常见的生物碱分离方法。例如，长春碱与醛基长春碱（长春新碱）的分离，将从长春花中提取的游离总生物碱溶于苯－氯仿（1∶2）中，通过氧化铝吸附柱，用苯－氯仿（1∶2）洗脱液洗脱，先洗脱下来的是长春碱，后洗脱下来的是醛基长春碱。

②氧化铝柱色谱分离法。氧化铝柱色谱分离法是以氧化铝作为填料的层析分离法，适合于酸性大、活化温度较高的生物碱的分离。比如采用氧化铝层析方法正向分离非酚性粉防己

碱与粉防己诺林碱，其 R_f 值适中，展开后放置 10 min 以显色剂喷湿润效果为最好，且稳定，可得到较好的效果。这种柱色谱分离法也是较为常用的生物碱分离的方法之一。这是由于许多生物碱极性较小，氧化铝对它们的吸附力较小，而杂质常被吸附。

③离子交换树脂分离法。离子交换树脂对吸附质的作用主要是通过静电引力和范德华力达到分离纯化化合物的目的。随着人们对生物碱的认识和了解的深入，离子交换树脂已应用于生物碱的分离提取中。离子交换技术有设备简单、操作方便、生产周期短、能源消耗少、成本低、产品纯度高、不吸潮、不加辅料就可以成型等特点。而传统的水煮法和水醇法提取分离得到的制剂总是又黑、又大、又粗，使用极不方便；有机溶剂萃取方法，溶剂用量大，环境污染严重。因而离子交换树脂法在生物碱的提取、分离的研究与生产中应用日益广泛。

④分配柱色谱。某些结构十分相似的生物碱采用吸附色谱分离效果不一定理想，因而可采用分配色谱法。对于脂溶性生物碱的分离，以硅胶为支持剂，固定相多用甲酰胺，以亲脂性有机溶剂作展开剂。分离水溶性生物碱应以亲水性的溶剂作展开剂。配制流动相时，需用固定相饱和。显色方法同吸附薄层色谱法。此外，采用高效液相色谱法能使许多用其他色谱难分离的混合生物碱得到分离。对生物碱苷、极性较大的生物碱或极性差异很小的生物碱混合物的分离也可采用反相色谱、分配色谱等色谱法分离。如三尖杉总碱中三尖杉酯碱和高三尖杉酯碱结构中仅差一个亚甲基，很难用吸附色谱法分开，应改用分配柱色谱法。

上述各种分离方法用于生物碱单体的分离时，一般需要多种方法配合应用才能达到目的。得到的单体必须经薄层色谱检查纯度。单体必须是单一斑点，结晶必须经重结晶后达到晶体均匀、色泽均匀、熔距短（1 ℃ ~2 ℃以内）的要求，才能进行进一步的鉴定。

第五节　生物碱的结构测定

一、生物碱的降解反应

（一）N—C 键裂解反应

生物碱分子中 N—C 键的断裂反应是这类成分区别于其他化学成分的重要化学反应，常用的方法为霍夫曼降解（Hofmann degradation）、埃姆德降解（Erode degradation）和 Von Braun 裂解反应。

1. 霍夫曼降解

通过此降解反应，可以了解氮原子在分子中的结合状态，是早年测定生物碱结构的一种非常重要的手段。

机理：羟基离子（常来源于 Ag_2O）向氮原子的 β－质子进攻，脱水而形成烯键，同时伴随 N—C 键的断裂。因此霍夫曼降解的必要条件是氮的 β 位应有质子。对于伯胺、仲胺或叔胺则应先用碘甲烷和氧化银进行彻底甲基化，生成季胺碱后再进行霍夫曼降解。

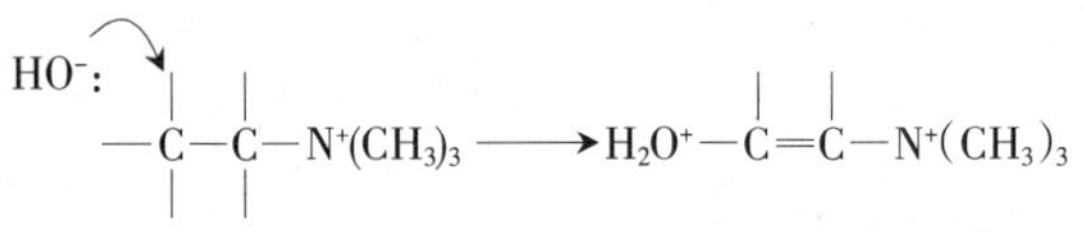

步骤：季胺碱在碱性溶液中加热，产生裂解，脱水产生烯键和三甲胺。

判断：

（1）氮原子在侧链上的生物碱通过一次霍夫曼降解（断裂一个 N—C 键）即可得到三甲胺。

（2）氮原子在环中的生物碱需通过 2 ~ 3 次霍夫曼降解才能得到三甲胺。

影响霍夫曼降解的因素：
- β 碳上烃基取代：烷基取代多；有芳烃或吸电子基取代 → β - 质子易消除
- β - 质子与季氮的相对构型—β - 质子与季氮处在反式

有副反应或不能产生霍夫曼降解的结构：四氢喹啉、吡啶、喹啉、异喹啉类。

2. 埃姆德降解

埃姆德降解是指对于无 H 的生物碱，用 Na - Hg、Na - NH_3 等还原剂，可以将 C—N 键切断的反应。凡具有等结构的生物碱，不能进行霍夫曼降解，可用埃姆德方法使 C—N 键断裂。

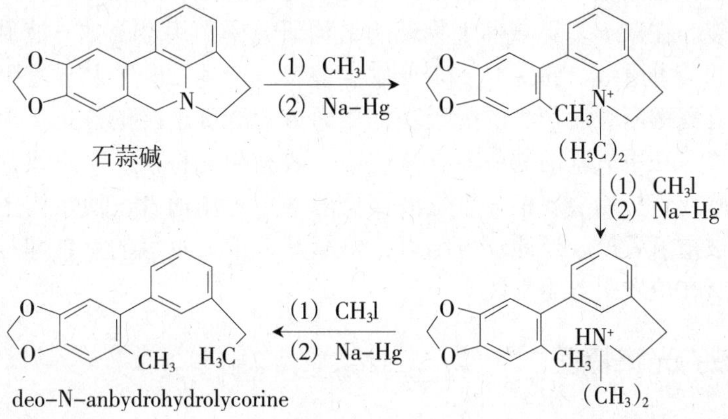

3. Von Braun 裂解反应

机理：叔胺和氰发生亲和取代，溴离子与烷基再发生亲核取代，使 N—C 键断裂，生成二取代氨基氰化物，再进一步水解生成羧酸，脱羧即成仲胺。

Von Braun 裂解反应是指用溴化氰为试剂裂解 N—C 键的反应。在生物碱类型裂解时，氰基常和氮原子结合，溴则和碳相连。在另一些情况下，Von Braun 裂解使化合物脱烷基，形成环状的 N—CN 化合物。

4. N—C 键断裂的一般规律

当氮原子在环中处于不对称位置时，一般溴和碳链较短的一侧相连。

当 N—C 键中碳原子在苯环中，则不发生裂解。

当 N—C 键中碳原子在交叉结构中，则不易发生裂解。

用羟基溶剂，N—C 键裂解，同时在碳原子上引入羟基或烷基。

（二）氧化反应

用于将化合物氧化裂解成小分子化合物，由此推知环状结构的类型及取代基的种类和位置。

特点：规律性不强，氧化剂不同，反应产物不同。易作用在双键。

常用氧化剂：温和的氧化剂——过氧化氢、臭氧。

中等强度的氧化剂——碱性高锰酸钾、三氧化铬醋酸溶液。

较强的氧化剂——重铬酸钾硫酸溶液、二氧化锰硫酸溶液。

（三）还原反应

主要作用于结构中的功能基，进行剧烈的还原反应可以发生降解。

（1）常用的还原剂：钠－液氮、锂铝氢、钠硼氢、醇钠；金属和酸水液释放新生态氢；铂或钯等催化剂的接触氢化。

（2）锂铝氢还原作用较强，在醚中进行。

（3）钠硼氢或钾硼氢的还原作用较弱，可在甲醇、乙醇等水溶性溶剂中进行。

（4）接触氢化常用的催化剂是铂或钯，接触氢化主要使双键加氢还原成单键。如用 HCl 做溶剂，则加强反应活性，使其他官能团还原。

（5）金属还原试剂常用锂、钠和锌，常用的溶剂有液氮、烷基胺、醇、盐酸及甲酸。

反应机理：从金属中转移电子至化合物，形成金属离子和阴离子基，它们再与溶剂或酸中的电子作用。

应用：如金属钠在液氮中的还原作用，可使烯醚键或芳香醚键断裂，但缩醛或缩酮中的醚键不能发生断裂。在双苄基异喹啉生物碱的结构研究中，用金属钠—液氮还原，可使二个苄基异喹啉之间的芳香醚键（ph－O－ph）发生裂解，产生二个苄基异喹啉，其中一个苄基异喹啉分子保留有醚键断裂后产生的酚羟基，从而可知醚键连接的位置。而另一个苄基异喹啉上醚键连接位置多在甲氧基的邻位，具体位置一般利用先将样品用重氮盐酸处理后，再用金属钠—液氮还原或直接用金属钠—重氢液氨反应确定。用前者，使结构中甲氧基邻位未被醚键取代的质子被重氢置换，还原反应结束，甲氧基邻位无重氢的位置即是醚键的位置，用后者，则在醚键所在位置引入重氢。

二、生物碱的光谱特征

最常用的光谱分析法有红外光谱（IR）、紫外光谱（UV）、质谱（MS）和核磁共振（NMR）。

1. 红外光谱

生物碱反映在红外光谱上的共同特征不多，对于大多数生物碱，红外光谱主要用于官能团的定性鉴定以及已知结构生物碱的对照鉴定。

2. 紫外光谱

对于不同结构类型的生物碱，紫外光谱在结构鉴定中起着不同的作用。

（1）对于分子基本骨架为发色团的生物碱，其分子骨架是由共轭体系构成的，如吡啶、喹啉，2－喹酮氧化阿朴菲、吲哚生物碱类，其紫外主要吸收峰受取代基的影响很小，可用来判断分子结构和类型。

（2）对于发色团在分子非主体部分的生物碱，如吡咯里西定、喹喏里西定、萜类和甾体生物碱等，紫外光谱不能反映分子骨架特征，在结构测定中有一定的局限性。

（3）对于发色团为分子主体结构部分的生物碱，如阿托品、苄基四氢异喹啉、普罗托品、二氧吲哚、吗啡类，这类生物碱的结构特征是不同类型生物碱都具有相似的紫外光谱，所以紫外光谱在对这类生物碱的骨架推断中仅起辅助作用。

（4）生物碱紫外光谱与测定 pH 之间的关系。生物碱的碱性氮原子处于发色团之中。其紫外光谱数据随测试液中性与酸性的不同而不同。如吖啶酮在酸性液中测试，短波带红移、长波带紫移。当生物碱仅有酚羟基处于发色团中时，其紫外光谱数据随测试液碱性与中性的不同而不同，其酚羟基在碱性条件下生成酚氧负离子而使紫外吸收峰发生红移。

3. 质谱

（1）分子整体结构由芳香体系组成难以发生质谱裂解的生物碱，其分子结构紧密时，一般观察不到由骨架裂解产生的特征离子，产生的基峰往往是分子离子峰［M+］或［M+1］$^+$、［M+］$^+$、［M-1］$^+$峰，由取代基或侧链的裂解产生特征离子。如喹啉类、4-喹酮类、吖啶酮类、去氢阿朴啡类、酮式阿朴啡类等。

（2）分子整体结构非芳香化，质谱裂解以氮原子为中心的生物碱，大多数生物碱属于此类，如四氧喹啉类、二氢吲哚类、莨菪烷类、石松碱类、甾体类等，其质谱裂解因氮原子的存在而进行的α-开裂、苄基开裂和RDA开裂等裂解方式多涉及分子骨架的开裂，对生物碱整体结构组成、取代基的类别以及立体异构等鉴定有重要作用。

4. 核磁共振谱

（1）^{1}HNMR。确定生物碱的类型是结构测定中的首要问题，而在很多情况下可以根据化学位移值及偶合常数，代替化学方法来测定分子中的功能基，还可以揭示芳环的取代情况、分子的立体结构等重要信息，如阿普非类生物碱中，δ 2.5处的单峰为氮甲基，δ 4.0附近的单峰为芳香环上的甲氧基，δ 6.0处的单峰为二氧亚甲基。

环肽类的^{1}HNMR信号也有规律可循。δ 4.5～5.5的信号是各氨基酸残基的α-H信号，也应用于结构解析；δ 3.0～4.0的多重峰是脯氨酸残基中的连氮质子信号；δ <2.5的复杂信号是脂肪族氨基酸残基的羟基质子信号。

（2）^{13}CNMR。根据碳谱提供的信息，可确定化合物的骨架、取代基连接位置等，这点是其他波谱无法代替的。由于生物碱结构类型多，大多结构复杂，难以全面介绍。仅举例说明，如环肽化合物位于δ 10～20的信号大多是脂肪族氨基酸残基中甲基或偕二甲基的信号；δ 20～30的信号是脂肪族 $-CH_2-$ 信号；δ 55～63的信号是α-C信号，该信号的数目对应着氨基酸残基的数目。

第六节　长春碱与长春新碱

一、实验目的和要求

（1）掌握从长春花中提取长春碱与长春新碱的原理和方法；
（2）熟悉长春碱与长春新碱的化学性质和鉴定方法；
（3）掌握硅胶色谱的基本操作方法。

二、实验原理

主要根据这两个生物碱都是弱碱的特点，用苯渗漉原料，酒石酸提取弱碱，再通过控制pH来制备硫酸盐粗晶体，而后经转化成游离碱，通过一次氧化铝柱层析，即可分离到这两种生物碱的单体。

三、实验材料

长春花夹竹桃科植物长春花［*Catharauthus roses*（*L.*）*G. . Don*］的全草。分布于长江以南各地。长春花的主要化学成分为长春碱和长春新碱等生物碱。临床上用它们的硫酸盐治疗何杰金氏病、急性淋巴细胞性白血病、淋巴肉瘤、绒毛膜上皮细胞癌等恶性肿瘤。这是目前国际上应用得最多的两种植物抗癌药。

长春碱（vinblastine）异名长春花碱。分子式为 $C_{46}H_{58}N_4O_9$，相对分子量为 810.96。为针状结晶（甲醇），熔点为 211 ℃ ~216 ℃，易溶于甲醇、乙醇、丙酮、乙酸乙酯和氯仿，几乎不溶于水和石油醚。其硫酸盐熔点为 284 ℃ ~285 ℃。

长春新碱（vincristine）异名新长春碱、醛基长春碱。分子式为 $C_{46}H_{56}N_4O_{10}$，相对分子量为 824.94。为片状结晶，熔点 218 ℃ ~220 ℃，其硫酸盐为白色至微黄色结晶性粉末，有吸湿性，易溶于水、甲醇和乙醇。

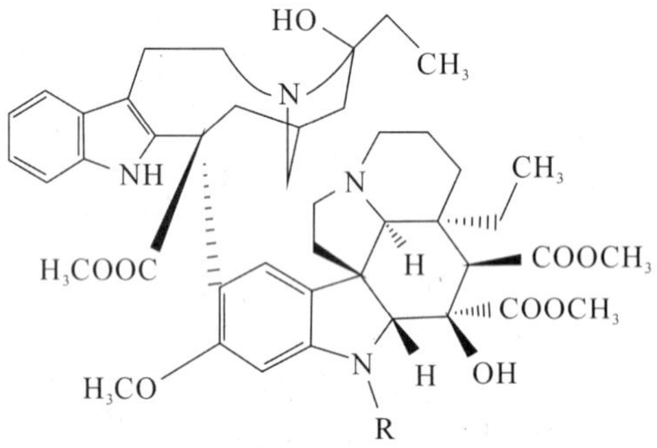

长春碱 R-CH_3

长春新碱 R-CHO

四、实验方法

1. 长春碱和长春新碱的提取

（1）渗漉和萃取：长春花全草干粉（过 80 目筛孔）加自来水以 1∶0.3（药粉∶水）比例拌匀，放置约 0.5 h，投入预先放好苯的渗漉桶中浸没，加盖密闭浸 48 h 后开始渗漉，随时添苯以防表面流干。收集生药粉 5 倍量的苯渗漉液，与 6% 的酒石酸在四支串联的玻璃管中进行液－液逆流萃取。当第一管酸水的 pH 为 4 时，放出，换入新配的酒石酸溶液继续萃取，直至苯液全部交换完，放出第 1 ~3 管中的酸水液，置于分液漏斗中，先加入 0.4 倍的氯仿，然后加约 14% 的氨水调节 pH 至 6 ~7，振摇，放出氯仿层，以后又用水溶液体积的 0.2 倍的氯仿振摇三次。氯仿提取液静置去水，减压蒸干，然后加少量丙酮抽松，得总弱生物碱。

（2）纯化：将总弱生物碱加甲醇 1 ~1.5 倍溶解，放置过夜，滤去结晶，收集甲醇滤液，减压蒸干，抽松，将此游离碱加 0.5 倍无水乙醇溶成浓溶液，然后加 5% 硫酸使无水乙醇溶液至 pH 3.8 ~4.1，放置过夜，析出混合长春碱硫酸盐。滤出结晶，加蒸馏水 1.5 ~2 倍溶解，移入分液漏斗中，先加 1.5 倍量氯仿，然后加约 14% 的氨水调节 pH 至 8 ~9，振摇，将游离碱提入氯仿，直至最后振摇的氯仿不呈明显的生物碱反应为止，共约提 6 次，氯仿提取液加无水硫酸钠干燥，滤出硫酸钠，滤液减压蒸干，得纯化游离弱碱。

（3）长春碱、长春新碱的分离：将上述纯化游离弱碱在真空干燥器中充分干燥后，按 1 g 用 30 g 氧化铝（化学纯）的比例，在氧化铝柱上层析分离，洗脱溶剂为重蒸的苯－氯仿混合液（相对密度 1.3），将前段洗脱液抽干（放于 P_2O_5 的真空干燥器中抽干 12 h 以上），称重，加无水乙醇 1.5 ~2 倍溶解，再加 5% H_2SO_4 使无水乙醇溶液 pH 至 3.8 ~4.1，密塞在

25 ℃以下放置48 h，析出长春碱硫酸盐结晶。滤出少量无水乙醇，立即移置真空干燥器中干燥，即为硫酸长春碱粗品。中段洗脱液为长春次碱及交叉混合物（另行处理）。后段洗脱液经减压蒸干，置真空干燥器中干燥后称重，加无水乙醇1.5～2倍溶解，再加5% H_2SO_4 使无水乙醇溶液至pH 3.8～4.1（偏3.8），在25 ℃以下放置48 h即析出长春新碱的硫酸盐粗品。

（4）精制：加蒸馏水和甲醇使硫酸长春碱粗品在60 ℃左右全部溶解，容器用甲醇洗涤，滤液合并，减压回收甲醇，立即将150倍量预先加热至沸的无水乙醇加入，迅速摇匀后放置，很快析出白色针晶，放置一段时间后，滤出针晶干燥，即得硫酸长春碱精品，熔点为284 ℃（分解）。

硫酸长春新碱粗品加少量甲醇溶解，过滤，减压浓缩掉部分甲醇，加入30倍量无水乙醇摇匀，放置过夜，滤出析出的结晶，放于干燥器中抽干，即为精制硫酸长春新碱，熔点为218 ℃～220 ℃。

2. *长春花碱提取流程*

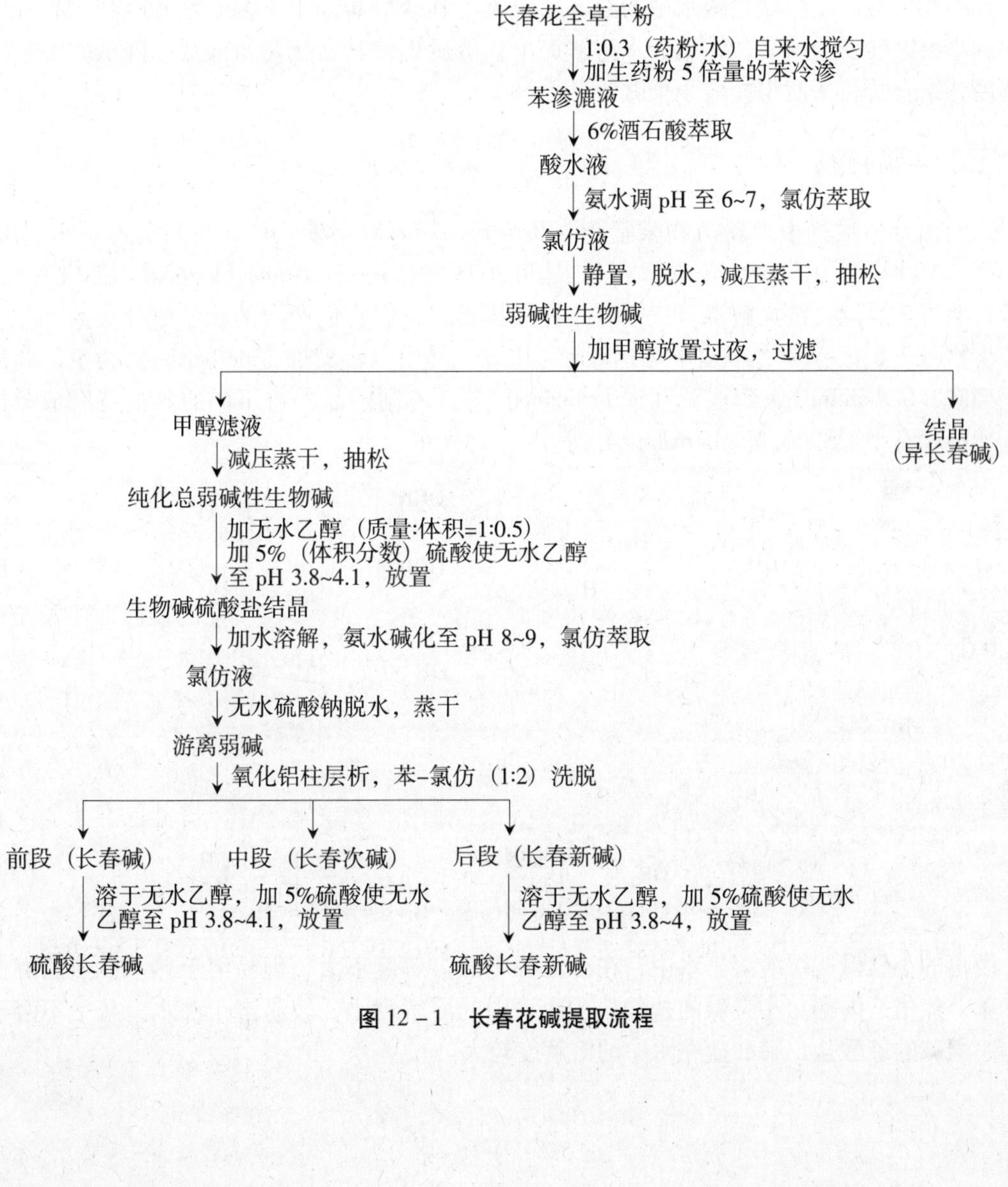

图12－1　长春花碱提取流程

第七节　三颗针小檗碱

一、实验目的和要求

（1）掌握从三颗针或黄檗中提取小檗碱的原理和方法；
（2）熟悉小檗碱的化学性质和鉴定方法；
（3）掌握薄层色谱的基本操作方法。

二、实验原理

利用小檗碱的硫酸盐在酸水中的溶解度较大而其盐酸盐几乎不溶于水的性质，首先将药材中的小檗碱转变为硫酸盐，用酸水溶解提出，然后再使其转化为盐酸盐，降低其在水中的溶解度，结合盐析法制得盐酸小檗碱。

三、实验材料

三颗针为小檗科小檗属植物豪猪刺（*Berberis soulieana Schneid*）、小刺黄连（*B. wilsonae Hemsl*）、细叶小檗（*B. poiretii Schneid*）、匙叶小檗（*B. vernae Schneid*）的根。三颗针性寒、味苦，能清热燥湿、泻火解毒。三颗针品种虽然繁多，但它们所含的化学成分颇为相似，主要含生物碱2.5%～6%，根皮中可达8%～12%，其中以小檗碱（berberine）为主，此外含有小檗胺（berbamine）、药根碱（jatrorrhizine）等。不同的品种有不同的其他特有成分，如欧小檗中含有小檗红碱（berberrubine）等。

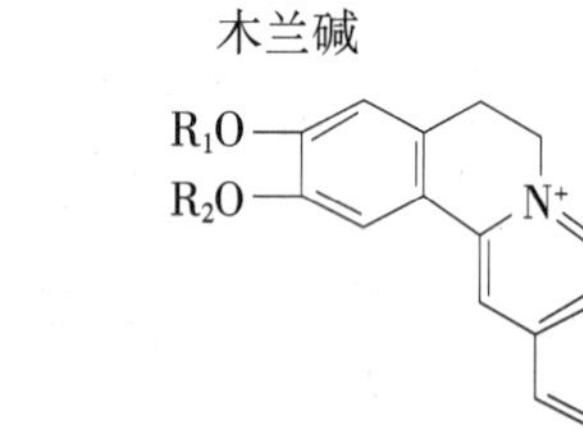

木兰碱

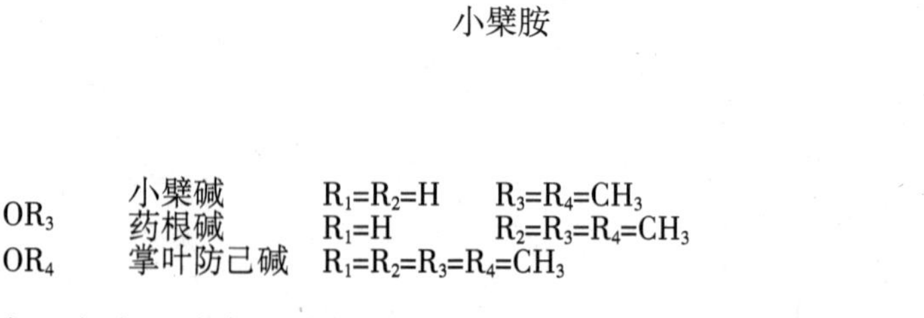

小檗胺

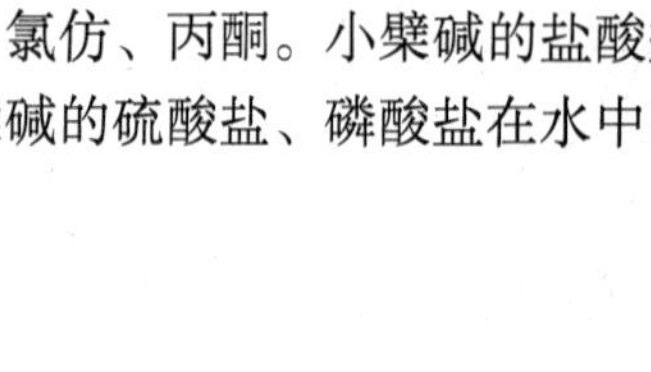

小檗碱	$R_1=R_2=H$	$R_3=R_4=CH_3$
药根碱	$R_1=H$	$R_2=R_3=R_4=CH_3$
掌叶防己碱	$R_1=R_2=R_3=R_4=CH_3$	

游离的小檗碱能缓缓溶于水中，在冷乙醇中的溶解度不大，但易溶于热水或热乙醇。难溶于苯、氯仿、丙酮。小檗碱的盐酸盐在冷水中的溶解度小，较易溶于沸水，几乎不溶于乙醇，小檗碱的硫酸盐、磷酸盐在水中的溶解度较大。

四、实验方法

（一）三颗针小檗碱提取

1. 渗漉

称取三颗针 100 g，加入 0.5% 硫酸 100 mL，搅拌混匀，使湿润度合适，放置 0.5 h 后，装入渗漉筒内，以 1% 硫酸为溶剂浸泡过夜后，开始渗漉，速度以 5 ~ 6 mL/min 为宜，收集渗漏液 500 ~ 600 mL 后即可停止渗漏。

2. 酸化盐析

将渗漏液加入盐酸，调至 pH 2 ~ 3，再加入 10% NaCl 即析出大量黄色沉淀，放置过夜，常压过滤，即得到粗制盐酸小檗碱。将沉淀置烘箱内于 80 ℃以下干燥。

3. 精制

将盐酸小檗碱粗品加于 25 倍量沸水中，于水浴上加热使之溶解，然后加入石灰乳调节至 pH 8 ~ 9，趁热过滤，滤液于 65 ℃左右加浓盐酸调至 pH 3 ~ 4，放置冷却，即析出大量黄色沉淀，过滤，沉淀用蒸馏水洗至 pH = 4 左右，抽干。于 80 ℃以下干燥后，即得精制盐酸小檗碱。称重，测熔点，计算产率。

4. 盐酸小檗碱的鉴别

（1）取自制精制盐酸小檗碱 0.05 g 溶于 50 mL 热水中，加入 10% NaOH 溶液 2 mL，混合均匀后，于水浴上加热至 50 ℃，加入丙酮 5 mL，放置，即有柠檬色丙酮小檗碱结晶析出。抽滤，水洗后干燥，测熔点。

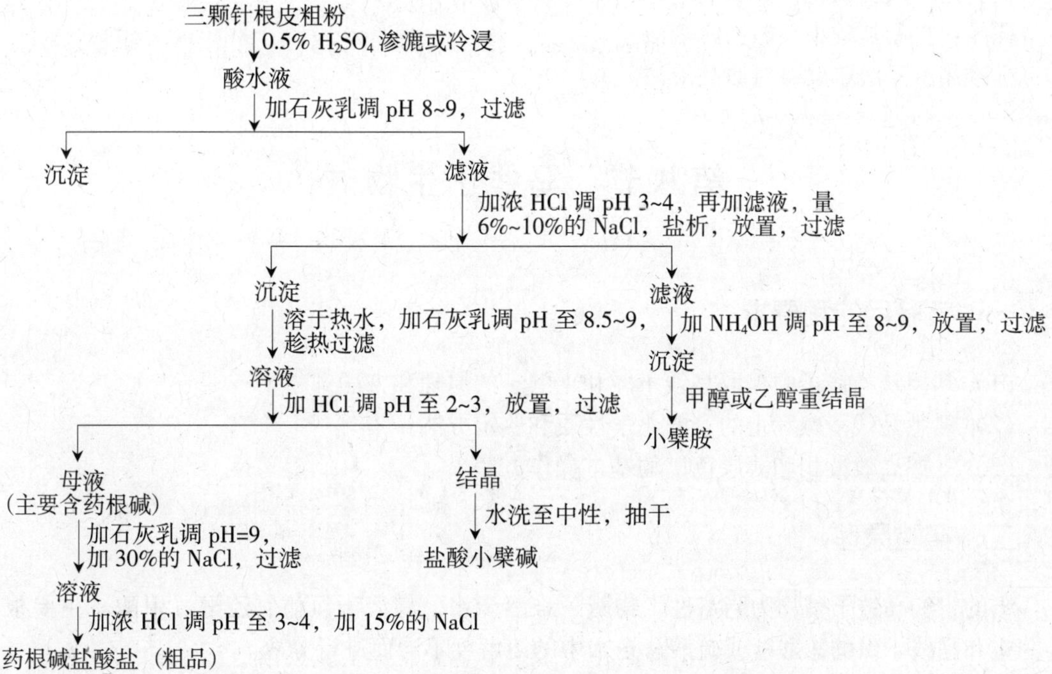

图 12 - 2　三颗针小檗碱提取分离流程

（2）取自制精制盐酸小檗碱少许，加稀盐酸 2 mL，待溶解后，加漂白粉少许，即显示红色。

（3）取自制精制盐酸小檗碱少许，加水 1 mL，待溶解后，加浓硝酸 1～2 滴，即产生绿色硝酸小檗碱沉淀。

（4）取自制精制盐酸小檗碱少许，加水 1 mL，待溶解后，加锌粉少许，再分数次加入浓硫酸数滴，每隔 10 min 加一次，观察其黄色是否消退。

（二）盐酸小檗碱的纯化

1. 柱色谱

（1）湿法柱色谱。

吸附剂：取中性氧化铝（100～200 目）35 g 于烧杯中，加入 50 mL 95% 乙醇，调成浆状，湿法装柱。

样品：取 50～100 mg 自制盐酸小檗碱，溶于少量 95% 热乙醇中，加样。

洗脱液：95% 乙醇，收集开始流出的鲜黄色带，即为纯化的盐酸小檗碱。

（2）干法柱色谱。

吸附剂：取中性氧化铝（100～200 目）35 g 于烧杯中，通过小漏斗用干法装柱。

样品：取 50～100 mg 自制盐酸小檗碱，溶于少量 95% 乙醇中，然后加入适量中性氧化铝，拌匀，加样。

洗脱：操作同湿法柱色谱。

2. 盐酸小檗碱的薄层色谱鉴定

吸附剂：中性氧化铝制成色谱板。

展开剂：乙酸乙酯：95% 乙醇：乙二胺（3：6：1）或 $CHCl_3$：甲醇（9：1）。

显色剂：改良碘化铋钾试剂。

样品：自制盐酸小檗碱乙醇溶液。

标准品：盐酸小檗碱对照品溶液。

第八节　马钱子生物碱

一、实验目的和要求

（1）掌握从马钱子中提取马钱子碱和士的宁的原理和方法；

（2）熟悉马钱子碱和士的宁的化学性质和鉴定方法；

（3）掌握高效液相和薄层色谱的基本操作方法。

二、实验原理

士的宁和马钱子碱均为脂溶性生物碱，难溶于水，易溶于氯仿、乙醇、甲醇。主要根据士的宁和马钱子碱的盐酸盐或硫酸盐在水中的溶解度不同而进行分离。

三、实验材料

马钱子为马钱科植物马钱（*Strychnos muxvomica L.*）或云南马钱（*Strychnos pierriana*

A. W. *Hill*）的干燥成熟种子。从生品及炮制品中共分离得到 16 个生物碱，都属于吲哚衍生物。有士的宁（strychnine）、马钱子碱（brucine）、依卡精（icajine）、马钱子碱氮氧化物（brucine - N - oxide）等。

1. 士的宁（strychnine）

又名番木鳖碱。为斜柱状结晶，味苦。分子式 $C_{21}H_{22}N_2O_2$，相对分子质量 334.41。熔点 286 ℃ ~288 ℃。难溶于水，易溶于氯仿。可溶于乙醇、甲醇，微溶于乙醚。硝酸士的宁为五色针晶或白色粉末，易溶于水，难溶于氯仿。士的宁盐酸盐在水中的溶解度小，易从水中结晶析出，士的宁硫酸盐在水中的溶解度大，不容易结晶析出。

2. 马钱子碱（brucine）

别名二甲氧基士的宁，针状结晶。分子式 $C_{23}H_{26}N_2O_4$，相对分子质量 394.46。熔点 178 ℃，味极苦，难溶于水，易溶于甲醇、乙醇及氯仿；马钱子碱硫酸盐易从水中结晶析出，而其盐酸盐在水中的溶解度较大，不易结晶析出。可根据士的宁和马钱子碱的盐酸盐或硫酸盐在水中的溶解度不同进行分离。

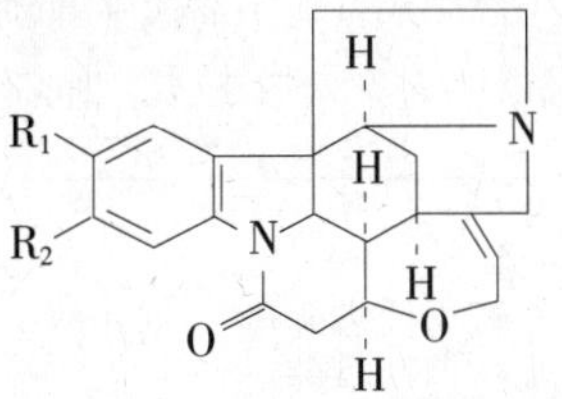

番木鳖碱　$R_1=R_2=H$
马钱子碱　$R_1=R_2=OCH_3$

四、实验方法

（一）马钱子士的宁和马钱子碱提取

在 1 000 mL 锥形瓶中，加入 100 g 粉碎的马钱子，用 10% 氨水浸润后，再加入 300 mL 氯仿，安装冷凝管，在电磁搅拌器中加热回流 5 h，冷却、抽滤，再按上法重复萃取一次，合并两次滤液，得白色粉状固体即为总生物碱。

马钱子粗粉在室温下用浓氨水：水（1：9）浸泡过夜，然后悬浮在氯仿中，振荡，8 h 后滤取氯仿液（反复 4 次），合并氯仿提取液，真空浓缩，得氯仿提取物。氯仿提取物用 8% 酸（200 mL）提取 8 次。合并提取液，用 60% Na_2CO_3 调 pH 至 9 ~ 10，再用氯仿提取。将氯仿提取液真空浓缩，得总生物碱。总生物碱经硅胶柱色谱，用洗脱液洗脱得到单个组分，具体流程参见图 12 - 3。

（二）马钱子生物碱的鉴别反应

（1）与生物碱沉淀试剂的反应。士的宁与大多数生物碱沉淀试剂可产生沉淀反应。

（2）浓硫酸和重铬酸钾实验。士的宁加浓硫酸，再加少许固体重铬酸钾，最初显蓝色，缓缓变为紫堇色，最后为橙黄色。马钱子碱遇浓硫酸和重铬酸钾不能产生相似反应。

（3）硝酸实验。士的宁遇硝酸呈黄色。马钱子碱与硝酸反应呈红色，加入氯化亚锡溶液，则由红色转为紫色。

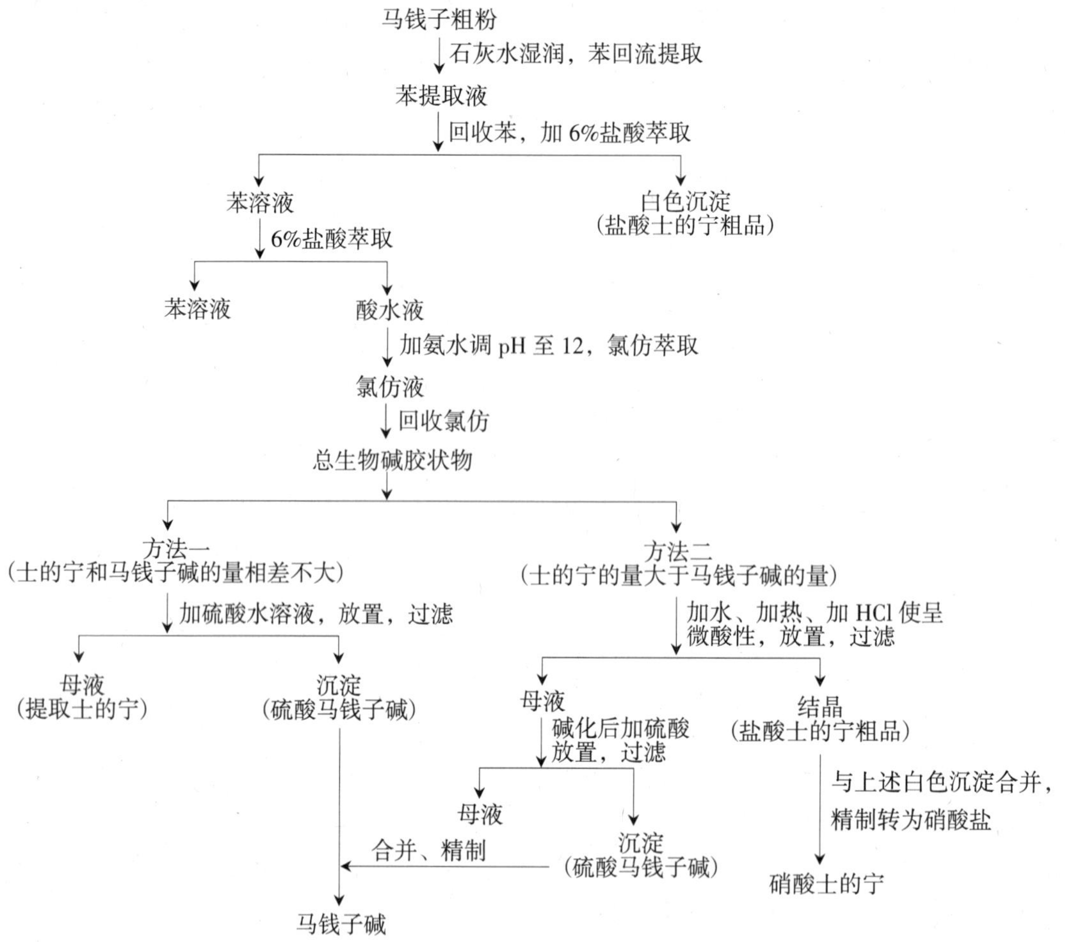

图 12－3　马钱子碱的提取分离流程

（三）马钱子士的宁和马钱子碱的成分分析

1. *双波长分光光度法*

通过 $NH_4OH-CHCl_3$ 提取士的宁，然后用 H_2SO_4 萃取定容后，在 $\lambda_S=254.0$ nm，$\lambda_R=276.5$ nm 处测定。马钱子碱用水煎液，浓氨水调 pH 至 10，氯仿萃取后用 H_2SO_4 定容，在 $\lambda_S=263$ nm，$\lambda_R=246$ nm 处测定，含量最高。

2. *高效液相色谱法*

可用碱性氯仿提取法，氯仿：氨水（9：1）水浴回流提取，过滤后用氯仿定容，测定。固定相：无定形硅胶（3～5 uM）。流动相：乙醚：甲醇：氨水（80：20：1），流速 2 mL/min，检测波长 250 nm。由于本法操作简便、准确、重现性好，更适于马钱子及其制剂的常规分析。

3. *薄层扫描法*

一般多采用氨性氯仿超声振荡或浸泡提取，过滤，浓缩后用氯仿定容点于硅胶 G 板，展开剂为乙酸乙酯：异丙醇：浓氨水（6：3：1）。士的宁 $\lambda_S=254$ nm，$\lambda_R=350$ nm；马钱子碱 $\lambda_S=265$ nm，$\lambda_R=360$ nm。用反射锯齿扫描法测定。薄层扫描法集分离和测定于一体，不仅可用于单味马钱子中士的宁和马钱子碱的测定，还可用于含有马钱子的中成药的测定。

第九节　麻黄碱

一、实验目的和要求

（1）掌握从麻黄中提取麻黄碱的原理和方法；
（2）熟悉麻黄碱的化学性质和鉴定方法；
（3）掌握麻黄碱的鉴别反应方法。

二、实验原理

麻黄碱易溶于水和乙醇，可溶于氯仿、乙醚、苯或甲苯。与无机酸或酸性较强的有机酸结合成的盐大多易溶于水（草酸盐难溶于冷水），可溶于乙醇，但几乎不溶于氯仿、乙醚、苯等有机溶剂。伪麻黄碱易溶于乙醇、乙醚、苯或甲苯等有机溶剂，在水中的溶解度较小。伪麻黄碱的盐类易溶于水，其盐酸盐能溶于丙酮、氯仿，其草酸盐易溶于冷水。

三、实验材料

麻黄为麻黄科植物草麻黄（*E. phedra sinica*）、木贼麻黄（*E. equisetina*）和中麻黄（*E. intermedia*）的干燥茎与枝，是我国特产药材，为常用中药。麻黄味辛、苦，性温，具有发汗、平喘、利水等作用。主治风寒感冒、发热无汗、咳喘、水肿等症。现代药理实验表明，麻黄碱有收缩血管、兴奋中枢神经的作用，能兴奋大脑、中脑、延脑和呼吸、循环中枢，有类似肾上腺素的作用，能增加汗腺及唾液腺分泌，缓解平滑肌痉挛；伪麻黄碱有升压、利尿的作用；甲基麻黄碱有舒张支气管平滑肌的作用。

（一）麻黄生物碱及其化学结构

麻黄中含有多种生物碱，含量因产地和品种不同而有一定差异，一般在1%～2%之间。所含生物碱以麻黄碱和伪麻黄碱为主，麻黄碱占总生物碱的40%～90%，此外是少量的甲基麻黄碱、甲基伪麻黄碱和去甲基麻黄碱、去甲基伪麻黄碱，它们的结构如下。

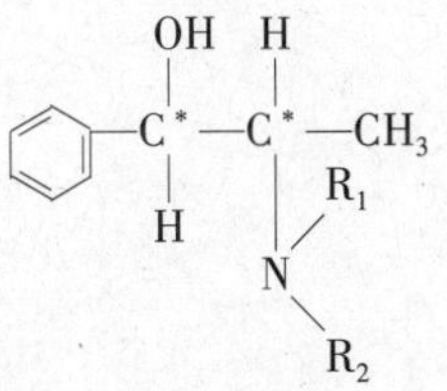

$R_1 = H$　$R_2 = CH_3$　*l*－麻黄碱
$R_1 = CH_3$　$R_2 = CH_3$　*l*－甲基麻黄碱
$R_1 = H$　$R_2 = H$　*l*－去甲基麻黄碱

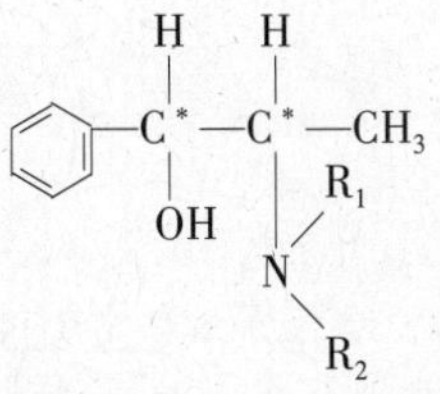

$R_1 = H$　$R_2 = CH_3$　*d*－伪麻黄碱
$R_1 = CH_3$　$R_2 = CH_3$　*d*－甲基伪麻黄碱
$R_1 = H$　$R_2 = H$　*d*－去甲基伪麻黄碱

麻黄生物碱分子中的氮原子都在侧链上，麻黄碱和伪麻黄碱属仲胺衍生物，互为立体异构物。

（二）麻黄生物碱的理化性质

1. 性状

麻黄碱为无色似蜡状或结晶形固体，也可能是颗粒，无臭，常含半分子结晶水。游离麻黄碱含水物熔点为400 ℃。伪麻黄碱为无色斜方形结晶，相对分子质量较小。两者都有挥发性，能随水蒸气蒸发出来而不被分解。

2. 碱性

麻黄碱和伪麻黄碱的氮原子在侧链上，为仲胺类生物碱，碱性较强。伪麻黄碱的共轭酸与 C_2 - OH 形成分子内氢键，其稳定性大于麻黄碱，所以伪麻黄碱的碱性（pK_a 为 9.74）稍强于麻黄碱（pK_a 为 9.58）。

3. 溶解性

麻黄碱易溶于水和乙醇，可溶于氯仿、乙醚、苯或甲苯。与无机酸或酸性较强的有机酸结合成的盐大多易溶于水（草酸盐难溶于冷水），可溶于乙醇，但几乎不溶于氯仿、乙醚、苯等有机溶剂。伪麻黄碱易溶于乙醇、乙醚、苯或甲苯等有机溶剂，在水中的溶解度较小。伪麻黄碱的盐类易溶于水，其盐酸盐能溶于丙酮、氯仿，其草酸盐易溶于冷水。

四、实验方法

（一）麻黄碱和伪麻黄碱的提取分离

1. 水蒸气蒸馏法

麻黄碱和伪麻黄碱在游离态时具有挥发性。可用水蒸气蒸馏法从麻黄中提取，分离流程如图 12 - 4 所示。该方法不用有机溶剂，设备简单，操作简便。使用该法时需先将麻黄原料的煮提液浓缩成膏，碱化后再用水蒸气蒸馏，此过程加热时间较长，部分麻黄碱被分解产生胺和甲胺而影响产品质量和得率。

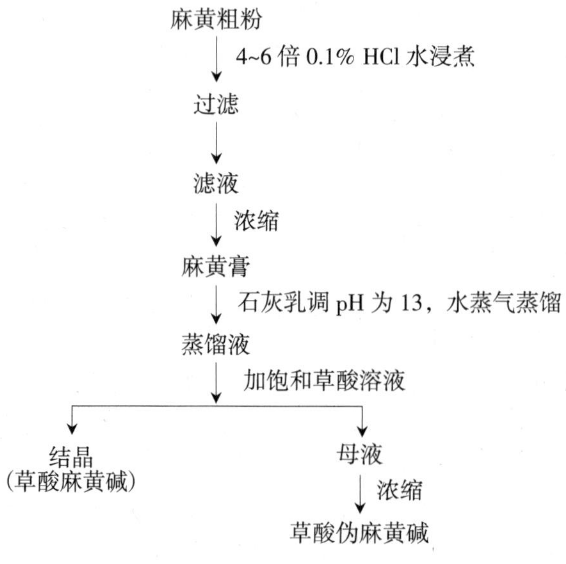

图 12 - 4　麻黄碱的水蒸气蒸馏法提取流程

2. 溶剂法

利用麻黄碱和伪麻黄碱既能溶于水，又能溶于亲脂性有机溶剂的性质进行提取，利用麻黄碱草酸盐比伪麻黄碱草酸盐在水中溶解度小的性质进行分离。提取分离流程如图 12－5 所示。

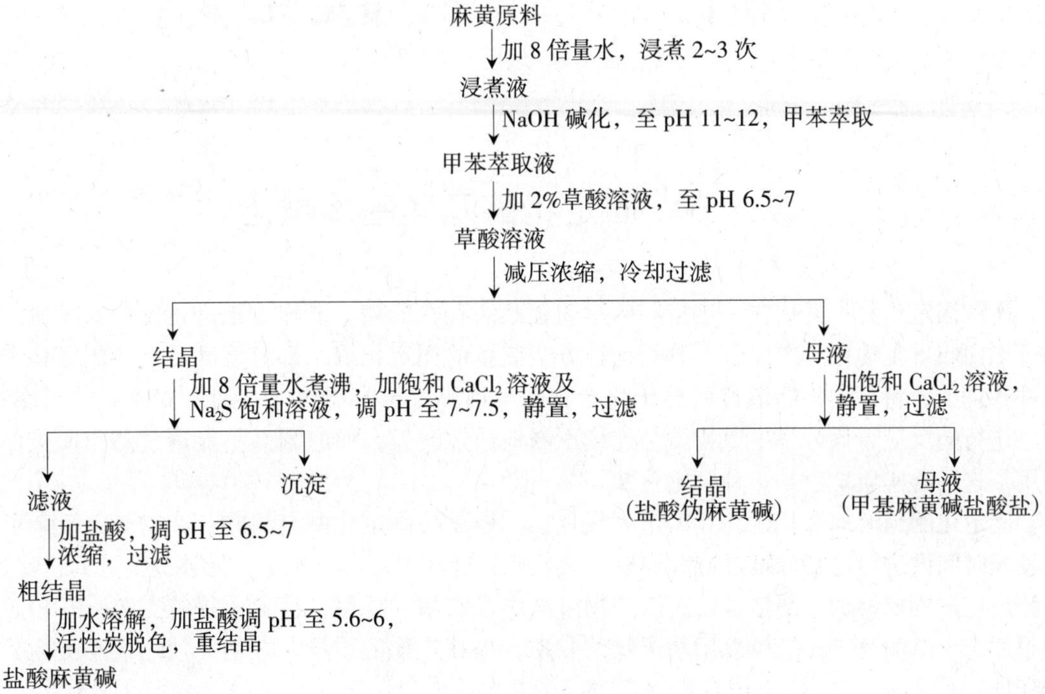

图 12－5　麻黄碱的溶剂法提取流程

3. 离子交换树脂法

利用麻黄草的酸性水提液通过强酸型阳离子树脂柱子时，生物碱盐阳离子被交换到树脂上，再用酸性水或碱性乙醇洗脱，麻黄碱的碱性比伪麻黄碱弱，可先从树脂柱上洗脱下来，而使两者分离。

（二）麻黄碱的鉴别反应

（1）生物碱沉淀试剂反应。麻黄碱和伪麻黄碱都是仲胺类生物碱，氮原子在侧链上，不含氮杂环，因此，它们与大多数生物碱沉淀试剂均不易发生沉淀反应，与碘化铋钾试液可生成不显著的沉淀。

（2）二硫化碳－硫酸铜反应。在麻黄碱或伪麻黄碱的乙醇溶液中加入二硫化碳、硫酸铜试剂和氢氧化钠试剂，即产生棕黄色沉淀。

（3）铜络盐反应。在麻黄碱和伪麻黄碱的水溶液中加入硫酸铜试剂，随后加入氢氧化钠试剂，溶液即显蓝紫色，再加入乙醚振摇分层，乙醚层即显紫红色，水层为蓝色。

第十三章　酶的固定化

第一节　固定化酶及其基本概念

所谓固定化酶，是指在一定空间内呈闭锁状态存在的酶，能连续地进行反应，反应后的酶可以回收重复使用。因此，不管用何种方法制备的固定化酶，都应该满足上述固定化酶的条件。例如，将一种不能透过高分子化合物的半透膜置于容器内，并加入酶及高分子底物，使之进行酶反应，低分子生成物就会连续不断地透过滤膜，而酶因其不能透过滤膜而被回收再用，这种酶实质上也是一种固定化酶。

固定化酶与游离酶相比，具有下列优点：①极易将固定化酶与底物、产物分开；②可以在较长时间内进行反复分批反应和装柱连续反应；③在大多数情况下，能够提高酶的稳定性；④酶反应过程能够加以严格控制；⑤产物溶液中没有酶的残留，简化了提纯工艺；⑥较游离酶更适合于多酶反应；⑦可以增加产物的收率，提高产物的质量；⑧酶的使用效率提高，成本降低。

与此同时，固定化酶也存在一些缺点：①固定化时，酶活力有损失；②增加了生产成本，工厂初始投资大；③只能用于可溶性底物，而且较适用于小分子底物，对大分子底物不适宜；④与完整菌体相比不适宜于多酶反应，特别是需要辅助因子的酶反应；⑤胞内酶必须经过酶的分离程序。

固定化酶是20世纪50年代开始发展起来的一项新技术，最初是将水溶性酶与不溶性载体结合起来，成为不溶于水的酶的衍生物，所以曾被称为“水不溶酶”和“固相酶”。但是后来发现，也可以将酶包埋在凝胶内或置于超滤装置中，高分子底物与酶在超滤膜一边，而反应产物可以透过膜逸出，在这种情况下，酶本身仍处于溶解状态，只是被固定在一个有限的空间内不能自由流动。因此，用水不溶酶或固相酶的名称就不恰当了。在1971年第一届国际酶工程会议上，正式建议采用“固定化酶”的名称。

一、酶的固定化方法

固定化酶的模式如图13－1所示。细胞器和微生物的固定化与固定化酶在本质上是相同的，亦应尽量在温和条件下进行。在具体方法上除了载体结合法中的共价结合法和离子结合法不大采用外，图13－1中其他方法均可采用。

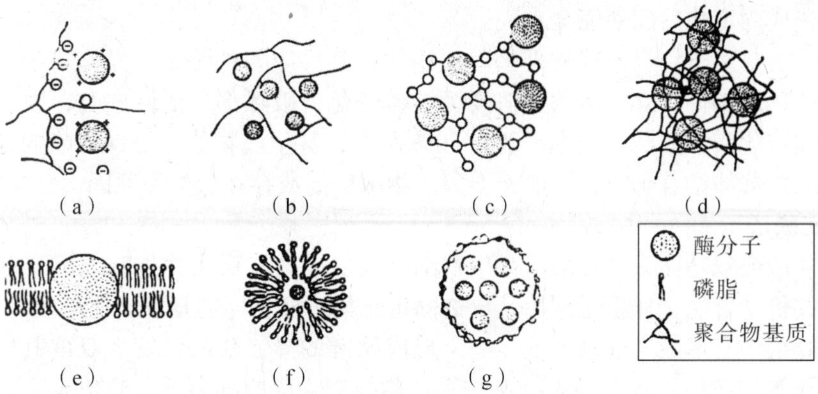

图 13－1　固定化酶的模式

(a) 离子结合；(b) 共价结合；(c) 交联；(d) 聚合物包埋；
(e) 疏水相互作用；(f) 脂质体包埋；(g) 微胶囊

载体结合法是将酶结合于水不溶性载体的一种固定化方法。根据结合的形式不同，可分为物理吸附法、离子结合法和共价结合法等。

（一）物理吸附法

这是酶被物理吸附于不溶性载体的一种固定化方法。此类载体很多，无机载体有活性炭、多孔玻璃、酸性白土、漂白土、高岭石、氧化铝、硅胶、膨润石、羟基磷灰石、碳酸钙、金属氧化物等；天然高分子载体有淀粉、谷蛋白等；最近大孔型合成树脂、陶瓷等载体也十分引人注目；此外还有具有疏水基的载体（丁基或已基－葡聚糖凝胶）可以疏水性吸附酶，以及以单宁作为配基的纤维素衍生物等载体。

物理吸附法具有酶活性中心不易被破坏和酶高级结构变化少的优点，若能找到适当的载体，这是很好的方法。但是它有酶与载体相互作用力弱、酶易脱落等缺点。

物理吸附法也能固定微生物细胞，并有可能开发出固定化增殖微生物的优良载体。

（二）离子结合法

这是酶通过离子键结合于具有离子交换基的水不溶性载体的固定化方法。作为此法的载体有多糖类离子交换剂和合成高分子离子交换树脂。例如 DEAE－纤维素（或葡聚糖凝胶），CM－纤维素，AmberliteCG－50，Dowex－50 等。

离子结合法有操作简单，处理条件温和，酶的高级结构和活性中心的氨基酸残基不易被破坏，酶活回收率较高等优点。但是载体和酶的结合力比较弱，容易受缓冲液种类或 pH 的影响，在离子强度高的条件下进行反应时，酶往往会从载体上脱落。

迄今已有许多酶用离子结合法固定。例如 1969 年应用于工业生产的固定化氨基酰化酶，就是使用多糖类阴离子交换剂 DEAE－葡聚糖凝胶固定化的。离子结合法也能用于微生物细胞的固定化，但是由于微生物在使用中会发生自溶，故用此法时要十分注意。

（三）共价结合法

这是酶共价结合于载体的固定化方法，是载体结合法中报道最多的方法。操作时要注意两点：一是将载体有关基团活化，然后与酶有关基团发生偶联反应；二是在载体上接上一个双功能试剂，然后将酶偶联上去。可与载体结合的酶的官能团有 α 或 ε－氨基、γ－羧基、巯基、羟基、咪唑基、酚基等，但参与共价结合的氨基酸残基应当不是酶催化活性所必需的，否则往往会造成固定化后酶活完全丧失。

共价结合法与离子结合法或物理吸附法相比，其反应条件苛刻，操作复杂，且由于采用了比较激烈的反应条件，会引起酶蛋白高级结构变化，破坏部分活性中心，因此往往不能得到比活高的固定化酶，酶活回收率一般为30%左右，甚至底物的专一性等酶的性质也会发生变化。但是酶与载体结合牢固，一般不会因底物浓度高或存在盐类等原因而轻易脱落。

（四）交联法

这是双功能或双功能试剂使酶与微生物细胞或微生物与微生物细胞之间交联的固定化方法。此法与共价结合法一样也是利用共价键固定化酶，所不同的是它不使用载体。

作为交联剂的有形成席夫碱的戊二醛，形成肽键的异氰酸酯，发生双重氮偶合反应的双重氮联苯胺或N，N'-乙烯双马来酰亚胺等。参与交联反应的酶蛋白的功能基团有N末端的α-氨基、赖氨酸的ε-氨基、酪氨酸的酚基、半胱氨酸的巯基和组氨酸的咪唑基等。

交联法反应条件比较激烈，固定化的酶活回收率一般比较低，但是尽可能降低交联剂浓度和缩短反应时间将有利于固定化酶酶活的提高。最常用的交联剂是戊二醛，其反应式如下所示：

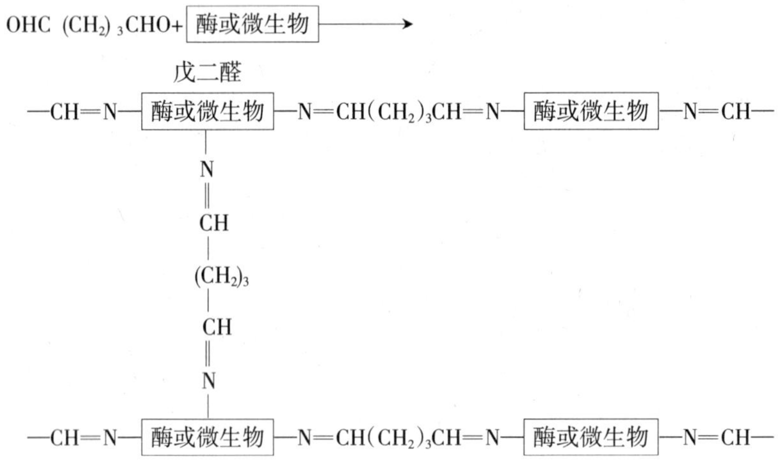

（五）包埋法

包埋法可分为网格型和微囊型两种。将酶或微生物细胞包埋在高分子凝胶细微网格中的称为网格型；将酶或微生物包埋在高分子半透膜中的称为微囊型。包埋法一般不需要与酶蛋白的氨基酸残基进行结合反应，很少改变酶的高级结构，酶活回收率较高，因此可以应用于许多酶、微生物和细胞器的固定化，但是在发生化学聚合反应时的包埋，酶容易失活，必须巧妙设计反应条件。包埋法只适合作用于小分子底物和产物的酶，对于那些作用于大分子底物和产物的酶是不适合的，因为只有小分子可以通过高分子凝胶的网格扩散，并且这种扩散阻力还会导致固定化酶动力学行为的改变，降低酶活力。

1. 网格型

载体有聚丙烯酰胺、聚乙烯醇和光敏树脂等合成高分子化合物以及淀粉、明胶、胶原、海藻酸和角叉胶等天然高分子化合物。合成高分子化合物常采用单体或高聚物在酶或微生物存在下聚合的方法，而溶胶状天然高分子化合物则在酶或微生物存在下凝胶化。网格型包埋法是固定化微生物中用得最多、最有效的方法。

2. 微囊型

微囊型固定化酶通常是直径为几微米到几百微米的球状体，颗粒比网格型要小得多，比较有利于底物和产物扩散，但是反应条件要求高，制备成本也高。制备微囊型固定化酶有下列几种方法。

(1) 界面沉淀法。利用某些高聚物在水相和有机相的界面溶解度极低而形成皮膜的原理将酶包埋。例如，先将含血红蛋白的酶溶液在水不互溶的有机相中乳化，这时它们就在油溶性的表面活性剂存在的情况下形成油包水的微滴，再将溶于有机溶剂的高聚物在油－水界面上沉淀、析出，形成膜，将酶包埋，最后在乳化剂的帮助下由有机相移入水相。此法条件温和，酶失活少，但要完全除去膜上残留的有机溶剂很麻烦。作为膜材料的高聚物有硝酸纤维素、聚苯乙烯和聚甲基丙烯酸甲酯等。

(2) 界面聚合法。利用亲水性单体和疏水性单体在界面发生聚合的原理包埋酶。例如，将含血红蛋白的酶溶液与1，6－二已胺的水溶液混合，立即在氯仿－环已烷中分散乳化，加入溶于有机相的癸二酰氯后，便在油－水界面上发生聚合反应，形成尼龙膜，将酶包埋。除尼龙膜外还有聚酰胺、聚脲等形成的微囊。此法制备的微囊大小能随乳化剂浓度和乳化时的搅拌速度而自由控制，制备过程所需时间非常短。但在包埋过程中由于发生化学反应会引起酶失活。

(3) 二级乳化法。酶溶液先在高聚物（常用乙基纤维素、聚苯乙烯等）有机相中乳化分散，乳化液再在水相中分散形成次级乳化液，当有机高聚物溶液固化后，每个固体球内包含着多滴酶液。此法制备比较容易，但膜比较厚，会影响底物扩散。

此外还有脂质包埋法，由表面活性剂和卵磷脂等形成液膜包埋酶，其特征是底物或产物的膜透过性不依赖膜孔径大小，而只依赖于膜成分的溶解度，因此可加快底物透过膜的速度。

Parthasarathy 等建立了聚合微胶囊排布的方法。用微孔聚碳酸酯滤膜制备微囊，膜有圆柱形孔，作为制备微囊的模板。他们用模板法获得直径、长度均一的中空聚合微囊，微囊高密度地排布，每个微囊从表面伸出，像牙刷毛一样。微囊里可填充高密度的酶，负载了酶的微囊排布可起生物反应器的作用，既可在水溶液中也可在有机溶液中起作用。这种微囊的壁很薄，仅有 25 nm，电子可以通过，且有非常好的机械强度，迄今已固定了过氧化物酶、葡萄糖氧化酶。微囊不渗漏，而且可在无水有机溶剂中作用。理想的固定化方法要有温和的化学条件，固定化酶的量大，在小体积内为酶－底物接触提供大量的表面积，具有化学、机械稳定性。

二、微生物细胞的固定化方法

微生物细胞种类繁多，大小和特性各不相同，故微生物细胞固定化方法亦多种多样，归纳起来可分为吸附法和包埋法两大类。

（一）吸附法

利用各种固体吸附剂，将细胞吸附在其表面而使细胞固定化的方法称为吸附法。

用于细胞固定化的吸附剂主要有硅藻土、多孔陶瓷、多孔玻璃、多孔塑料、金属网丝、微载体和中空纤维等。

酵母细胞带有负电荷，在 pH 3～5 的条件下能够吸附在多孔陶瓷和多孔塑料等载体的表面，制成固定化细胞，用于酒精和啤酒的发酵生产；在环境保护领域广泛使用的活性污泥中含有各种各样的微生物，这些微生物可以沉积吸附在硅藻土、多孔玻璃、多孔陶瓷、多孔塑料等载体的表面，用于各种有机废水的处理，以降低废水中的化学需氧量（COD）和生化需氧量（BOD）；各种霉菌会长出菌丝体，这些菌丝体可吸附在中空纤维外壁，用于生产色素、香精、药物和酶等次级代谢物；动物细胞大多数属于贴壁细胞，必须依附在固体表面才能正常生长，故可吸附在容器壁、微载体和中空纤维外壁等载体上，制成固定化动物细胞，用于各种功能蛋白质的生产。

用吸附法制备固定化微生物时，操作简单易行，对细胞的生长、繁殖和新陈代谢没有明显的影响，但吸附力较弱，吸附不牢固，细胞容易脱落，使用受到一定的限制。吸附法是制备固定化动物细胞的主要方法。动物细胞大多数具有附着特性，能够很好地附着在固体表面。

吸附法制备固定化植物细胞，是将植物细胞吸附在泡沫塑料的大孔隙或裂缝之中，也可将植物细胞吸附在中空纤维的外壁。用中空纤维制备固定化植物动物细胞，有利于动植物细胞的生长和代谢，具有较好的应用前景，但成本较高且难于大规模生产应用。

（二）包埋法

将细胞包埋在多孔载体内部而制成固定化细胞的方法称为包埋法。包埋法可分为凝胶包埋法和半透膜包埋法。

以多孔凝胶为载体，将细胞包埋在凝胶的微孔内而使细胞固定化的方法称为凝胶包埋法。细胞经包埋固定化后，被限制在凝胶的微孔内进行生长、繁殖和新陈代谢。

凝胶包埋法是应用最广泛的细胞固定化方法，适用于各种微生物、动物和植物细胞的固定化。所使用的载体主要有琼脂、海藻酸钙凝胶、角叉菜胶、明胶、聚丙烯酰胺凝胶和光交联树脂等。

1. *琼脂凝胶包埋法*

将一定量的琼脂加到一定体积的水中，加热使之溶解，然后冷却至 48 ℃ ~55 ℃，加入一定量的细胞悬浮液，迅速搅拌均匀后，趁热分散在预冷的甲苯或四氯乙烯溶液中，形成球状固定化细胞胶粒，分离后洗净备用。也可将琼脂细胞混悬液摊成薄层，等其冷却凝固后，在无菌条件下，将固定化细胞胶层切成所需的形状。由于琼脂凝胶的机械强度较差，而且氧气、底物和产物的扩散较困难，故其使用受到限制。

2. *海藻酸钙凝胶包埋法*

称取一定量的海藻酸钠溶于水，配制成一定浓度的海藻酸钠溶液，经杀菌冷却后，与一定体积的细胞或孢子悬浮液混合均匀，然后用注射器或滴管将冷液滴到一定浓度的氯化钙溶液中，形成球状固定化细胞胶粒。用海藻酸钙凝胶制备的固定化细胞已用于多种酶的发酵生产研究。例如用 4% 的海藻酸钠溶液与等体积的黑曲霉孢子悬液混合，滴到 1% 的氯化钙溶液中，制成直径约 1 mm 的固定化黑曲霉细胞，用于糖化酶的生产，取得显著效果，糖化酶的产率比游离细胞高 30%，固定化细胞可连续使用 30 d。

海藻酸钙凝胶包埋法制备固定化细胞操作简便，条件温和，对细胞无毒性，通过改变海藻酸钠的浓度可以改变凝胶的孔径，适合于多种细胞的固定化。但磷酸盐会破坏凝胶结构，使用时应控制好培养基中磷酸盐的浓度，并要在培养基中保持一定浓度的钙离子，以维持凝胶结构的稳定性。

3. *角叉菜胶包埋法*

将一定量的角叉菜胶悬浮于一定体积的水中，加热溶解，灭菌后冷却至 35 ℃ ~55 ℃，与一定量的细胞悬浮液混匀，趁热滴到预冷的氯化钾溶液中，或者先滴到植物油中，成型后再置于氯化钾溶液中，制成小球状固定化细胞胶粒，也可按需要制成片状或其他形状。

角叉菜胶还可以用钾离子以外的其他阳离子，如铵离子、钙离子等，使之凝聚成型。

角叉菜胶具有一定的机械强度，若使用浓度较低、强度不够时，可用戊二醛等交联剂再处理，进行双重固定化。角叉菜胶包埋法操作简便，对细胞无毒害，通透性能较好，是一种良好的固定化载体。自 1977 年以来，在固定化细胞和固定化菌体方面广泛应用。

4. 明胶包埋法

配制一定浓度的明胶悬浮液，加热溶化、灭菌后，冷却至 35 ℃以上，与一定浓度的细胞悬浮液混合均匀，冷却凝聚后做成所需形状的固定化细胞。若机械强度不够时，可用戊二醛等双功能试剂交联强化。

5. 聚丙烯酰胺凝胶包埋法

先配制一定浓度的丙烯酰胺和亚甲基双丙烯酰胺的溶液，与一定浓度的细胞混悬液混合均匀，然后加入一定量的过硫酸铵和四甲基乙二胺（TEMED），混合后让其静置聚合，获得所需形状的固定化细胞胶粒。

用聚丙烯酰胺凝胶制备的固定化细胞机械强度高，可通过改变丙烯酰胺的浓度以调节凝胶的孔径，适用于多种细胞和酶的固定化。然而由于丙烯酰胺单体对细胞有一定的毒害作用，在聚合过程中，应尽量缩短聚合时间，以减少细胞与丙烯酰胺单体的接触时间。

6. 光交联树脂包埋法

光交联树脂包埋法制备固定化细胞是行之有效的方法，通过选择不同相对分子质量的高聚物可使聚合而成的树脂孔径得以改变，适合于多种不同直径的酶分子和细胞的固定化；光交联树脂的强度高，可连续使用较长的时间；用紫外光照射几分钟就可完成固定化，时间短，对细胞繁殖和新陈代谢没有明显的影响。

三、整细胞的固定化

整细胞的固定化主要是生活细胞的固定化，这种固定化方法是一种不用载体的工艺。通过化学的或者物理的手段，使整细胞彼此附着相连。化学交联是指细胞体借助双功能或多功能试剂，如醛或胺的共价附着相连，固定含 L－门冬氨酸解氨酶（门冬氨酸酶）活性的*E. coli*细胞。他们是通过应用双功能试剂（戊二醛以及甲苯二异氰酸酯）来强化细胞壁或细胞膜的交联。使用戊二醛时，所得的 L－门冬氨酸解氨酶活性保存 34%，用甲苯二异氰酸酯或 1，6－二氨基已烷时，可使固定化细胞制品钝化。用聚丙烯酰胺截留*E. coli*细胞，所得的制品活性最高，可保持门冬氨酸解氨酶活性至 73%。

除了化学交联法外，还有载体黏合法、凝胶体截留法和金属螯合法等多种方法。

载体黏合法是将整细胞黏合到支撑体表面，根据整细胞黏合的方式，又可分为吸附、螯合和共价结合三种。用此法固定细胞时，应注意选择载体及黏合方法。载体有两种：有机载体和无机载体。有机载体又可分为天然的和合成的，天然的如聚多糖（纤维素、葡聚糖、琼脂糖）、蛋白质（明胶、胶原蛋白）、碳材料（木材、无烟煤）；合成的如乙烯和马来酐共聚物、合成的离子交换材料等。无机材料有玻璃、陶瓷、硅藻土和含水的金属氧化物等。黏合方法最常用的是吸附法，它简单、温和、细胞存活率高。螯合法和共价法尚未广泛采用，因使用的螯合剂和偶联剂有毒性，常会导致酶活性的丧失及细胞存活能力的丧失。

截留法是在一种压紧的结构内将细胞吸留。这种结构牢固得足以阻止细胞漏出，同时能让基质渗入和产物扩散。这一方法区别于交联法和黏合法，使生物催化剂本身不和凝胶本体或膜联结。因此，这种方法已广泛应用于截留各种生物大分子、整细胞以及大小不同性质相异的细胞器。截留方法有三种：凝胶截留法、纤维截留法以及微密封法（图 13－2）。

关于固定化整细胞的存活问题有各种报道，由于实际应用强调的是单酶反应，故常将细胞的存活问题置之一旁，如果是多酶反应，则必须是活细胞才行，在固定化时就必须考虑整细胞的“活”。

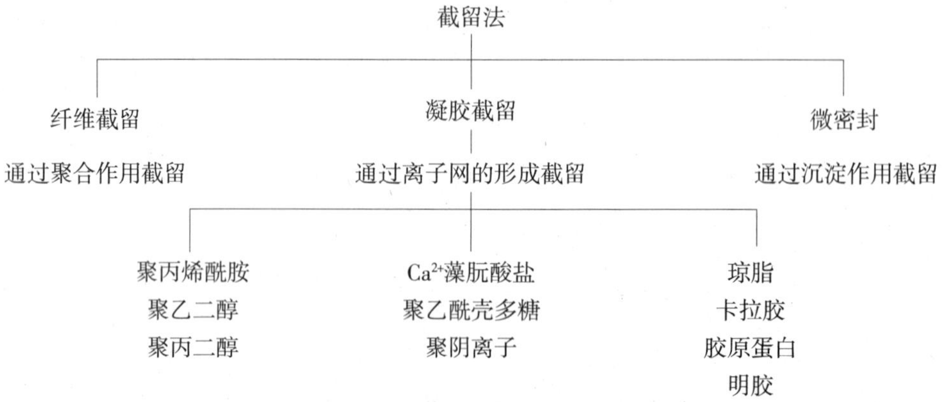

图 13－2　整细胞固定化作用中的截留

四、动植物细胞的固定化

（一）植物细胞固定化

植物是各种天然色素、香精、药物和酶的重要资源。20 世纪 80 年代发展起来的植物细胞培养和发酵技术，为上述这些天然产物的工业化生产开辟了新途径，呈现出美好的前景。然而由于植物细胞体积较大，对剪切力较敏感，加上生长周期长，容易聚集成团等原因，植物细胞悬浮培养及发酵生产中存在稳定性较差、产率不高等问题。人们在不断探索解决这些问题的途径，其中植物细胞固定化技术所显示的优点对植物游离细胞的不足之处起到了弥补的作用。

固定化植物细胞具有下列特点：

（1）植物细胞经固定化后，由于有载体的保护作用，可减轻剪切力和其他外界因素对植物细胞的影响，提高植物细胞的存活率和稳定性。

（2）细胞经固定化后，被束缚在一定的空间范围内进行生命活动，不容易聚集成团。

（3）固定化植物细胞发酵可简便地在不同的培养阶段更换不同的培养液，即首先在生长培养基中生长增殖，在达到一定的细胞密度后，改换成发酵培养基，以利于生产各种所需的次级代谢物。

（4）固定化植物细胞可反复使用或连续使用较长的一段时间，大大缩短生产周期，提高产率。

（5）固定化植物细胞易于与培养液分离，利于产品的分离纯化，提高产品质量。

植物细胞固定化的方法主要有吸附法和包埋法两种。

吸附法是将植物细胞吸附在泡沫塑料的孔洞或裂缝内，或者将植物细胞吸附在中空纤维的外壁上。例如，将洗净、灭菌后的泡沫塑料粒放进辣椒细胞的培养液中，振荡培养一段时间，辣椒细胞则吸附在泡沫塑料的孔洞内，并在其中进行生长繁殖和新陈代谢。采用中空纤维为载体进行植物细胞固定化是具有美好前景的方法。此法是把植物细胞定置在中空纤维的外壁与外壳容器的内壁之间，细胞吸附在中空纤维的外壁，培养液及氧气在中空纤维的管内流动，各种营养成分及溶解氧透过中空纤维的半透膜管壁传递给管外壁的细胞，植物细胞的代谢产物又通过中空纤维膜扩散到管内培养液中，随培养液流出。这种方法近似于植物体内物质的传递与交换形式，有利于细胞生长和新陈代谢的进行。中空纤维作为固定化载体的缺点是有时纤维管会阻塞而影响物质传递，而且中空纤维管成本较高，难以大规模生产利用。利用中空纤维固定化植物细胞的研究发展很快，据报道，利用中空纤维固定化的豌豆细胞和胡萝卜细胞进行生产多酚化合物的研究，取得了显著效果，可连续使用一个月。

包埋法是将植物细胞包埋在琼脂、角叉菜胶、海藻酸钙凝胶、聚丙烯酰胺凝胶、明胶等多孔凝胶之中。包埋方法与微生物细胞包埋方法基本相同。此法已在植物细胞固定化以及发酵生产次级代谢物方面广泛应用。

1979 年，Brodeliu 等人首次用海藻酸钙凝胶包埋法制备固定化长春花细胞、毛地黄细胞和海巴戟细胞，开创了植物细胞固定化的研究。此后，此技术迅速发展，已有不少成功的报道。现把某些固定化植物细胞的研究情况列举如表 13－1 所示。

表 13－1　某些植物细胞固定化方法与用途

植物细胞	固定化方法	产　物
长春花	琼脂糖	Cathenamine→阿吗碱异构物
	藻酸盐	色氨酸→阿吗碱
	琼脂或明胶	色氨酸→阿吗碱
罂粟	藻酸盐	可待因酮→可待因
毛地黄	藻酸盐	毛地黄毒苷→地高辛
		甲基毛地黄毒苷→甲基地高辛
胡萝卜	藻酸盐	毛地黄毒苷配基→杠柳毒苷配基
		芰毒配质→5β－羟基芰毒配基
薄荷	聚丙烯酰胺	薄荷酮→新薄荷酮
		长叶薄荷酮→异薄荷酮
澳洲茄	聚苯氧化物	甾类糖苷生物碱
海巴戟	藻酸盐	蒽醌
辣椒	泡沫	辣椒素
薰衣草	藻酸盐	蓝色素
甜菜	尼龙片	β－花青苷
烟草	Xanthan/聚丙烯酰胺	生物碱
	藻酸盐	烟碱
大豆	中空纤维	酚类
唐松草	藻酸盐	小檗碱
甘草	藻酸盐	反查尔酮

（二）动物细胞固定化

动物细胞可生产激素、酶和免疫物质等动物功能蛋白质，但由于动物细胞体积大，又没有细胞壁的保护作用，在培养过程中极易受到剪切力等外界因素的影响；加上动物细胞生长缓慢、培养基组分复杂昂贵、产率不高等因素，使动物细胞在生产上的应用受到限制。为此需在提高动物细胞稳定性、缩短生产周期、提高生产速率方面下工夫。其方法之一就是进行固定化。

动物细胞中，除了一部分属于悬浮细胞可以自由悬浮在培养液中以外，绝大部分属于附着细胞，它们必须附着在固体表面才能进行正常的生长繁殖。这就使固定化技术在动物细胞培养方面具有更重要的意义。

固定化动物细胞有下列特点：

（1）提高细胞存活率。动物细胞经固定化后，由于有载体的保护作用，可以减轻或免受剪切力的影响，同时动物细胞可附着在载体表面生长，从而可以提高动物细胞的存活率。

（2）提高产率。动物细胞经固定化后，可先在生长培养基中生长繁殖，使细胞在载体上形成最佳分布并达到一定的细胞密度。然后可简便地改换成发酵培养基，控制发酵条件，使细胞从生长期转变到生产期，以利于提高产率。

（3）固定化动物细胞可反复使用或连续使用较长的时间。例如，中国仓鼠卵巢细胞（CHO）生产人干扰素可以稳定地生产 30 d。

（4）固定化细胞易于与产物分开，利于产物分离纯化，提高产品质量。

动物细胞固定化的方法有吸附法和包埋法两种，现分述如下。

1. 吸附法

大多数动物细胞属于附着细胞，它们在培养过程中，必须趋向于附着在固体表面。故此吸附法特别适用于动物细胞的固定化。此法操作简便、条件温和，是动物细胞固定化中最早研究和使用的方法。常用的吸附固定化载体有转瓶、微载体和中空纤维等。

转瓶由玻璃或塑料制成，表面经过一定方法处理而带上电荷。如用高锰酸钾等氧化剂、强酸、强碱或紫外光照射等进行表面处理，就可使动物细胞容易附着在其表面生长。培养时，转瓶以一定速度转动。转瓶培养的设备简单，操作容易，但比表面积（S/V，表面积与体积的比值）较小，细胞的生长繁殖受到限制。若在转瓶内加进列管或多层平板组成列管式转瓶或多层平板式转瓶即可使其比表面积增加，从而提高生产能力。

微载体是指颗粒细小的固定化载体，直径一般为 100～200μm，相对密度接近 1.0，是由带有表面电荷的葡聚糖、明胶、纤维素、聚丙烯酰胺、聚苯乙烯或玻璃等材料制成。

微载体已用于多种动物细胞的固定化，用于生产 β－干扰素、人组织纤溶酶原活化剂、白细胞介素以及各种疫苗等。

微载体具有很大的比表面积，S/V 达到 150，即每 1 cm^3 的微载体其表面积达到 150 cm^2，比转瓶的比表面积大几百倍，对细胞的生长和物质传递非常有利，缺点是固定化细胞的强度不够，容易破碎，使用时间较短。

中空纤维由聚丙烯、硅化聚碳酸酯等高分子聚合物制成，纤维管壁是半透膜。使用时，将动物细胞置于纤维管外壁和外壳容器的内壁之间，细胞附着在中空纤维外壁，培养液在中纤维管内流动，各种营养成分、溶解氧和代谢产物透过中空纤维膜进行传递，这种固定化细胞与动物体内细胞的存活方式类似，中空纤维起着相当于体内微血管的作用，对动物细胞的生长和新陈代谢非常适宜。中空纤维固定化适用于动物附着细胞，也适用于悬浮细胞培养。

2. 包埋法

包埋法已成功地用于动物细胞固定化。包埋固定法一般适用于悬浮细胞。根据载体和方法的不同，有凝胶包埋法和半透膜包埋法两种。

（1）凝胶包埋法。

利用各种多孔凝胶为载体将动物细胞固定化。细胞被固定在凝胶的微孔中生长繁殖和新陈代谢，由于有载体的保护，动物细胞有较好的稳定性，可显著提高其存活率。用于动物细胞固定化的凝胶载体主要有琼脂糖凝胶、海藻酸钙凝胶和血纤维蛋白等。

琼脂糖凝胶包埋法是将1%～2%的琼脂糖加热熔化后，冷却至37 ℃～38 ℃，与一定量的动物细胞混合，分散在石蜡油中。然后使温度由37 ℃降低至10 ℃左右，得到直径为0.1 mm或0.3 mm的微球状固定化细胞。分离洗涤后可用于培养，可进行单克隆抗体、白细胞介素等的生产。

海藻酸钙凝胶包埋法是将动物细胞与一定浓度的海藻酸钠溶液混合均匀，然后用注射器将混合液滴到一定浓度的氯化钙溶液中，形成直径约1 mm的固定化细胞。

血纤维蛋白包埋法是将动物细胞与血纤维蛋白原混合，然后加入凝血酶。该酶将血纤维蛋白原转化成不溶性的血纤维蛋白，将动物细胞固定在其中。

（2）半透膜包埋法。

利用高分子聚合物形成的半透膜将动物细胞包埋，形成微囊型固定化动物细胞。半透膜的孔径可以根据需要加以控制和改变。微囊的直径为1～2 mm。其制备过程一般采用海藻酸钙－聚赖氨酸（ALG－PLL）包埋技术。操作时，动物细胞先用海藻酸钙凝胶包埋制成直径1～2 mm的胶粒，再用聚赖氨酸处理，使胶粒外层包上一层聚赖氨酸薄膜，然后将它泡在柠檬酸钠溶液中，使海藻酸钙凝胶溶解，便获得由聚赖氨酸膜包埋的近乎透明的微囊型固定化动物细胞。

固定化动物细胞可用于生产各种单克隆抗体、疫苗、激素和酶等功能蛋白质。

五、微生物细胞的固定化

采用物理或化学的方法固定化微生物细胞是利用酶或酶系的一条捷径。对于固定化细胞，以微生物细胞在固定化后的生长状态可分为固定化死细胞、固定化活细胞和固定化增殖细胞三类。固定化死细胞是在固定化前或固定化后对微生物细胞进行加热、冷冻、干燥、表面活性剂、化学试剂等处理，使细胞处于死亡状态；固定化活细胞是在固定化后细胞仍存活但并不增殖；固定化增殖细胞是固定化后细胞不仅存活，而且在使用过程中还能增殖。这三类固定化细胞中最令人感兴趣的是固定化增殖细胞，因为多数微生物代谢的产物与其生长相关。

完整细胞的固定化对于细胞内酶的利用有明显的优点，它保持了酶在细胞内环境中的稳定性，成本低，可以利用细胞内的复合酶系进行反应。当反应需要辅助因子时，固定化细胞的优点更加突出，因为活细胞能再生辅助因子。

微生物细胞的固定化方法与固定化酶的方法类似，有吸附法、包埋法和微载体法。固定化细胞的活力及其他性质与游离细胞有所不同。细胞经固定化后，一般细胞的稳定性增加。固定化细胞的最适反应温度比一般游离细胞的高；最大反应速度大多与游离细胞相同；饱和常数与游离细胞相比有的不变，有的变化很大，这可能是由于载体与底物间静电相互作用以及存在扩散效应的缘故。

α－半乳糖苷酶（α－galactosidase，EC 3.2.1.22）也称蜜二糖酶，是催化α－半乳糖苷键水解的酶类。它能水解非还原性末端以α－键结合的半乳糖苷化合物，因此能水解蜜二糖、棉子糖、水苏糖、毛蕊花糖等低聚糖，此外还能水解含有α－半乳糖苷键的杂多糖。该酶在食品、饲料、医药等工业领域具有广阔的应用前景。

α－半乳糖苷酶是嗜热脂肪芽孢杆菌产生的胞内酶，直接将嗜热脂肪芽孢杆菌的细胞固定化，不仅省去了细胞破碎和酶的提取等繁杂的步骤，而且使存在于菌体细胞内的α－半乳糖苷酶保持原有的稳定性。

用聚丙烯酰胺包埋法固定含α-半乳糖苷酶的嗜热脂肪芽孢杆菌的基本原理是在菌体悬浮液内加入丙烯酰胺单体和交联剂N，N'-甲叉双丙烯酰胺，然后再加入聚合反应的催化剂四甲基乙二胺（TEMED）、过硫酸铵或者加入核黄素，在光照条件下进行聚合反应，菌体细胞即被包围在聚合成的凝胶孔穴内。

凝胶孔穴的大小是由聚合反应中的单体浓度和交联剂浓度决定的。一般孔穴的大小平均在1~4 nm。这样的大小既能保证菌体细胞不会散出凝胶之外，又能使底物分子能自由出入凝胶的孔穴。

[实验13-1] α-半乳糖苷酶菌体细胞的固定化

1. 试剂的准备

（1）丙烯酰胺溶液：4.4 g丙烯酰胺加冷的无菌水10 mL溶解；甲叉双丙烯酰胺溶液：0.45 g N，N'-甲叉双丙烯酰胺加冷的无菌水10 mL溶解；

（2）过硫酸铵溶液：0.5 g过硫酸铵用冷的无菌水10 mL溶解，临用前配制；

（3）四甲基乙二胺；

（4）0.1 mol/L pH 7.0磷酸缓冲液；

（5）1 mol/L Na_2CO_3溶液。

2. 细胞悬浮液的制备

称取产α-半乳糖苷酶的嗜热脂肪芽孢杆菌湿菌体3 g，加无菌水6 mL，搅拌均匀制成悬浮液。

3. 细胞的固定化

在小烧杯中加入丙烯酰胺溶液3 mL，甲叉双丙烯酰胺溶液1 mL，菌体悬浮液2 mL，混合后再加入过硫酸铵溶液0.5 mL，四甲基乙二胺50 μL，搅拌均匀，放置凝固，所得到的凝胶块即为固定化菌体细胞。

将上述凝胶块切成小块，每小块为3~4 mm^3，用少量蒸馏水洗涤5次，漏斗过滤。用滤纸吸去凝胶小块表面的水分，称重。

4. 酶活力测定

（1）细胞悬浮液的酶活力测定。

将菌体悬浮液2 mL稀释200~500倍，取试管2支，每管加入2 mmol/L底物邻硝基苯α-半乳糖苷（ONPG）溶液0.5 mL，在65 ℃恒温水浴中预热5 min后，每管分别加入上述菌体悬浮稀释液0.5 mL，65 ℃精确反应15 min后，每管加入1 mL 1 mol/ L的Na_2CO_3溶液终止反应，3 200 r/min离心5 min，取上清液在分光光度计上比色测定，读取420 nm处的吸光度值。取2支测定管的平均值。空白管以0.5 mL 0.1 mol/L pH为7.0磷酸缓冲液代替菌体悬浮稀释液，其余操作同上。

（2）固定化菌体细胞的酶活力测定。

精确称取固定化菌体细胞30 mg于一试管内，加入0.5 mL 0.1 mol/L pH为7.0的磷酸缓冲液，加入预热的2 mmol/L底物ONPG溶液0.5 mL，以下操作同菌体悬浮液酶活力的测定。空白管内不加固定化菌体，也无须离心。所测数据填入下表：

项目	总量	测定平均值A_{420}	稀释倍数	总酶活力
菌体悬浮液	2 mL			a
固定化菌体细胞	30 mg			b

菌体悬浮液总酶活力a（相对值）

$$a=\frac{\text{测定平均值}（A_{420}）\times\text{总量}\times\text{稀释倍数}}{0.5\times15}$$

固定化菌体细胞总酶活力 b（相对值）

$$b=\frac{\text{测定平均值}（A_{420}）\times\text{固定化菌体量}（mg）}{30（mg）\times15}$$

$$\text{酶活力回收}=（b/a）\times100\%$$

α－半乳糖苷酶活力以邻硝基苯α－半乳糖苷（ONPG）为底物，用分解出的邻硝基酚（ONP）的量来表示。它的活力单位定为：在65 ℃ 条件下，每分钟分解出1 μmol 邻硝基酚的酶量为1单位。

［实验13－2］ α－半乳糖苷酶活力的测定

1. 邻硝基酚标准曲线的制作

于7支试管中各加入1μmol ONP（0.139 μg/mL，用0.1 mol/L，pH为7.0的磷酸盐缓冲液配制）0 mL、0.05 mL、0.1 mL、0.2 mL、0.3 mL、0.4 mL、0.5 mL，分别补加pH为7.0的磷酸缓冲液至1 mL，65 ℃ 保温10 min，加1 mol/L Na_2CO_3 1mL，摇匀后以第一管作空白管在420 nm处测定吸收值 A_{420}。以ONP含量为横坐标，A_{420}为纵坐标作标准曲线，由曲线斜率求得K值。

2. α－半乳糖苷酶活力的测定

取适当稀释的酶溶液0.5 mL，加0.5 mL 2 mmol/L的ONPG溶液（用pH为7.0的磷酸盐缓冲液配制），65 ℃精确反应10 min，加1 mol/L的 Na_2CO_3 1 mL终止反应后，测定A_{420}值。空白管以磷酸盐缓冲液代替酶溶液，操作步骤相同。

3. 酶活力计算

$$\alpha-\text{半乳糖苷酶活力}=（A_{420}\times K\times Z）/10$$

［实验13－3］ 酵母菌细胞的固定化

1. 试剂及材料

（1）酵母菌细胞：将酵母菌细胞在麦芽汁（10 °Bé）中培养，在对数生长期离心（3 000 r/min，20 min）收集细胞。

（2）海藻酸钠溶液：用蒸馏水配制2 %的海藻酸钠溶液，灭菌后备用。

（3）2% 氯化钙溶液。

2. 操作方法

（1）取酵母菌湿细胞2 g，悬浮在10 mL海藻酸钠溶液中混合均匀。

（2）用灭过菌的注射器吸取上述悬浮液，逐滴滴入到50 mL氯化钙溶液中，浸泡30～120 min。

（3）滤出凝胶珠用无菌水洗涤，得到固定化细胞。

（4）取固定化细胞1 g，放进25 mL麦芽汁（10 °Bé）中，30 ℃振荡增殖培养16～24 h（可换新鲜培养液再增殖培养2 ～3 次）。用显微镜观察细胞生长情况，以及凝胶珠直径和重量的变化。

注：麦芽汁中含有一定浓度的钙离子有利于保持凝胶的强度。

六、糖化酶的固定化

糖化酶也称葡萄糖淀粉酶，它能够催化淀粉液化产物——糊精及低聚糖进一步水解成葡萄糖。糖化酶对底物的作用是由非还原性末端开始，将α－1，4 键和α－1，6 键逐一水解，酶作用时糖苷键在C_{1-6}间断裂，所产生的葡萄糖为β－构型，几乎100%转变为葡萄糖。工业生产使用的糖化酶主要来自曲霉、根霉及拟内孢霉，它被广泛应用于酿酒、制糖等工业，是非常重要的酶制剂。

酶的固定化方法通常按照用于结合的化学反应类型进行分类，大致可分为 3 种：①非共价结合法（包括结晶法、分散法、物理吸附法及离子结合法）；②化学结合法（包括共价结合法及交联法）；③包埋法（包括微囊法及网格法）。所谓离子结合法就是酶通过离子键结合于具有离子交换基的水不溶性载体的固定化方法，常用载体有：葡聚糖凝胶、离子交换树脂、纤维素等。实验采用柱式固定化酶工艺，以离子交换树脂为载体，应用离子交换结合法制备固定化糖化酶。本法操作简便，处理条件温和，酶的高级结构和活性中心的氨基酸残基不易被破坏，酶的活性回收率高，可反复连续生产，对稀酶液有浓缩作用，载体可再生使用。但载体和酶的结合力较弱，容易受缓冲液种类或 pH 的影响。在高离子强度条件下进行反应时，酶易从载体上脱落。

固定化糖化酶的基本工艺流程如下：

阴离子交换剂→湿法装柱→无水乙醇浸泡→自来水冲洗→2 mol/L NaOH 处理→去离子水洗至 pH 6.5 ~ 7.0→2 mol/L HCl 处理→去离子水洗至 pH = 6.0→合格载体。

糖化酶液→下行流经反应柱→固定化酶反应→去离子水冲洗酶柱→除去未结合的游离酶→甩干→固定化酶→置密封容器 4 ℃保存。

[实验 13 - 4] 糖化酶的固定化

1. 实验材料与仪器

（1）实验材料：糖化酶液，GF - 201 大孔强碱阴离子交换剂，葡萄糖，可溶性淀粉，$CuSO_4 \cdot 5H_2O$，次甲基蓝，酒石酸钾钠，氢氧化钠，亚铁氰化钾，乙酸，乙酸钠，无水乙醇，盐酸。

（2）实验仪器：200 × 15 带夹套玻璃反应柱，恒流泵，恒温水浴锅，酸度计，1 000 W 电炉，秒表，容量瓶，量筒，烧杯，移液管，酸式滴定管，比色管，锥形瓶，其他（试管架、吸耳球等）。

2. 试剂的配制

（1）糖化酶液：市售商品化糖化酶液（10 万 u/mL ），用去离子水稀释 8 倍后作为上柱酶液，用前现配现用。

（2）2 mol/L 氢氧化钠溶液：称取 8 g 固体氢氧化钠，用去离子水溶解并定容至 100 mL。

（3）2 mol/L 盐酸溶液：用量筒量取 17 mL 浓盐酸，用去离子水稀释定容至 100 mL。

3. 实验装置的连接

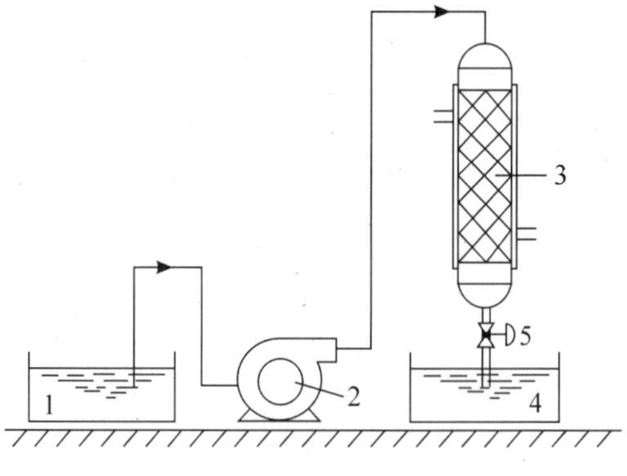

图 13 - 3　固定化糖化酶工艺实验装置连接图

1. 贮液槽；2. 恒流泵；3. 反应柱；4. 收集槽；5. 阀门

参照图 13 - 3 将固定化糖化酶实验所用装置连接起来，要求玻璃柱垂直于水平面，掌握恒流泵的使用方法。

4. 载体的预处理

（1）装柱：采用自然沉降法装柱，首先检查反应柱是否与水平面垂直。反应柱中预先加入约半柱高度的去离子水，称取15 g湿离子交换剂放入50 mL烧杯中，加约30 mL的去离子水，用玻璃棒边搅拌边缓缓将离子交换剂注入反应柱中，同时若柱中水量过多可从柱底部阀门排出少量水。控制柱底部排水口流速，使整个装柱过程始终保持液面高于固体层面200 mL以上。装柱完毕，继续用2～3倍柱体积的去离子水冲洗平衡柱子，排出多余去离子水，使液面高于固体床层表面约5 mm，关闭下水口阀门，检查柱中离子交换剂床层装填是否均匀、是否有气泡，备用。

装柱工艺是非常重要的一道工序，它直接关系到料液流通过程中固体床层中的每个横截面受料是否均匀，料液是否以活塞流形式通过反应柱而没有产生沟流，从而进一步对载体的预处理、酶的固定化以及连续糖化工艺带来影响。

（2）乙醇处理：向上述装有离子交换剂的反应柱中注入约2倍柱体积（约50 mL）的无水乙醇，操作时从反应柱上方缓缓加入乙醇，同时柱下端排出水，注意控制流体的流速，以保持液面高于固体床层，当流出无水乙醇时，关闭下口阀门，用无水乙醇浸泡离子交换剂过夜（约12 h），然后，用去离子水连续冲洗反应柱，洗除无水乙醇。

本道工序是为了除去新离子交换剂在合成后残留的某些微量有机高分子材料，它们会对酶的活性、固定化及糖液的质量等产生影响。然而，这些有机高分子材料可溶于乙醇而被除去。因此，对于再生后使用的旧载体可省略此操作。

（3）碱处理：用2倍柱体积（约50 mL）的2 mol/L氢氧化钠溶液处理阴离子交换剂，使碱液以下行的方式（即流体自上而下）流经反应柱，流量约为3 mL/min。然后，再以相同的流量用去离子水冲洗至pH 6.0～7.0。

（4）酸处理：用2倍柱体积（约50 mL）的2 mol/L盐酸溶液处理阴离子交换剂，使酸液以下行的方式流经反应柱，流量约为3 mL/min。然后，再以相同的流量用去离子水冲洗至pH为6.0。此时，即获得合格载体，可用于固定化酶使用。

5. 糖化酶的固定化

（1）酶的固定化：用量筒量取300 mL糖化酶液倒入贮液槽。先用秒表及10 mL量筒，以糖化酶液直接校准恒流泵的流量为1.8 mL/min。开始进行酶的固定化，用恒流泵将贮液槽中的酶液以1.8 mL/min流量下行流经反应柱，调节柱下口开关，使反应柱中的液面高于载体床层且保持恒定不变。反应过程中，随时观察流出液色泽，待酶液大约消耗50 mL以后，可收集流出柱子的反应后残留酶液。此步实验需取样测定的样品为：反应前原酶液、反应后残留酶液的活性。

（2）固定化酶后处理：完成酶的固定化操作后，先用去离子水将反应柱中酶液顶洗出去，再以3～4 mL/min流量冲洗固定化酶床。然后，关闭下口开关，用乳胶管（长约0.5 m）边抖动边缓慢插入酶床中部，用吸耳球在乳胶管另一端先吸取流出的水，此时迅速将吸耳球更换为50 mL烧杯，待流出约400 mg固定化酶后停止。再用滤纸将湿固定化酶表面的水分吸干，用分析天平称量湿重200～400 mg（根据糖化酶的活性及固定化效果而灵活掌握）用于固定化酶活性的测定。

（3）固定化酶的贮藏：若制备的固定化酶直接用于葡萄糖生产，则该酶可暂时存放在反应柱中（不可超过2 d），以备继续使用（注意必须使用去离子水浸泡，不允许干柱）。若固定化酶需进行运输、贮藏和销售，则需将固定化酶从柱中取出，用甩干机去除表面水分，置于密封无毒容器中，保持相对湿度100%，低温4 ℃保存备用。

6. 分析方法

（1）液相酶活力的测定。

待测酶液的制备：称取酶粉1～2 g，精确至0.000 2 g（或吸液体酶1.00 mL），先用少量的乙酸缓冲液溶解，并用玻璃棒捣研，将主清液小心倾入容量瓶中。沉渣部分再加入少量缓冲液，如此捣研3～4次，最后全部移入容量瓶中，用缓冲液定容至刻度（估计酶活力在100～250 u/mL），摇匀。通过4层纱布过滤，滤液供测定用。

测定：于甲、乙两支 50 mL 比色管中，分别加入可溶性淀粉 25 mL 及缓冲液 5 mL，摇匀后，于 55 ℃恒温水浴中预热 5 min。在甲管（样品）中加入待测酶液 2 mL，立刻摇匀，在此温度下反应 30 min，立刻各加入 5 mol/L 氢氧化钠溶液 0. 2 mL，摇匀，两管取出迅速冷却，并于乙管（空白）中补加待测酶液 2 mL。取上述反应液与空白液各 5 mL，分别置于碘量瓶中，准确加入碘溶液 10 mL，再加 0. 1 mol/L 氢氧化钠溶液 15 mL，摇匀于暗处反应 15 min。取出，加硫酸溶液 2 mL，立即用硫代硫酸钠标准溶液滴定，直至蓝色刚好消失为其终点。

酶活力单位的定义：1 g 固体酶粉（或 1 mL 液体酶），于 55 ℃，pH 为 4. 6 的条件下，1 h 分解可溶性淀粉产生 1 mg 葡萄糖，即为一个酶活力单位，以 u/mL（u/g）表示。

计算：

$$U = (A - B)\ c \times 90.05 \times \frac{32.2}{5} \times \frac{1}{2} \times n \times 2 = 579.9 \times (A - B)\ c \times n$$

式中 U——样品的酶活力，u/mL 或 u/g；

A——空白消耗硫代硫酸钠溶液的体积，mL；

B——样品消耗硫代硫酸钠溶液的体积，mL；

c——硫代硫酸钠标准溶液的浓度，mol/L；

90. 05——与 1mL 硫代硫酸钠标准溶液（1 mol/L）相当的以克表示的葡萄糖的质量；

32. 2——反应液的总体积，mL；

5——吸取反应液的体积，mL；

1/2——吸取酶液 2mL，换算为 1mL；

n——稀释倍数；

2——反应 30 min，换算成 1 h 的酶活力系数所得的结果表示至整数。

（2）固定化酶活性的测定。

在 50 mL 容量瓶中，加入 2% 可溶性淀粉溶液 15 mL，再加 pH 为 4. 6 的 0. 1 mol/ml 乙酸缓冲液 15 mL，混匀置于 55 ℃ 恒温水浴中预热 3 ~ 4 min，加入湿重为 400 mg 的固定化酶（从酶柱取出后，用滤纸吸除颗粒表面水分后称量），摇匀立即计时，边反应边轻轻摇动容量瓶，使固定化酶能均匀充分地与底物溶液接触，反应 10 min 后，迅速将 50 mL 容量瓶置于冷水浴中，并同时加入 0. 1 mol/mL 的氢氧化钠溶液 10 mL 中止酶反应。采用费林试剂热滴定定糖法测定反应液中葡萄糖含量（m_1）。（注意：反应液注入 25 mL 酸式滴定管时，应防止固定化酶与溶液一起进入，否则易堵塞滴定管的下端出口）。

固定化酶活力单位的定义：在 55 ℃，pH 4. 6 的条件下，每毫克固定化酶水解可溶性淀粉产生 1 μmol 葡萄糖，即为一个酶活力单位，以 μmol/（min · mg）表示［或以 u/（mg · min）表示］。

计算：

$$固定化酶活力 = \frac{m_1}{m \cdot t \cdot (1 - w_{H_2O}) \cdot 180}$$

式中 m——固定化酶湿重，mg；

w_{H_2O}——预热的固定化酶的含水量（约 67%）；

m_1——反应液中葡萄糖的质量，mg；

t——反应时间，min。

7. 实验结果

（1）酶活力单位的测定结果。

表 13－2　酶活力单位的测定结果

	原酶	残留酶	固定化酶
V_1/mL			
V_2/mL			
x/mg			
n			
液体酶活性/［μmol/（min· mL）］			
固定化酶活性/［μmol/（min· mg）］			

（2）偶联率及相对活力的计算。

表 13－3　固定化酶的偶联率及相对活力

	加入酶	残留酶	固定化酶
总活力/u			
固定化酶的活力回收			
偶联率			
相对活力			

计算公式：

液体酶总活力（u）＝酶活力（u/mL）×总体积（mL）

固定化酶总活力（u）＝酶活力（u/mL）×总质量（mg）

固定化酶的活力回收（%）＝（固定化酶总活力/加入酶总活力）×100%

偶联率（%）＝［（加入酶活力－上清液酶活力）/加入酶活力］×100%

相对活力＝［固定化酶总活力/（加入酶总活力－残留酶总活力）］×100%

［实验 13－5］包埋法固定化 L－谷氨酸脱羧酶

1. 固定化 L－谷氨酸脱羧酶的制备

控制柱底部排水口吸取 30% 丙烯酰胺贮液 4 mL（称取丙烯酰胺 28.5 g，甲叉双丙烯酰胺 1.5 g，加蒸馏水至 100 mL，置于棕色瓶中，于 4 ℃ 冰箱保存备用），加入 L－谷氨酸脱羧酶液 2 mL，再加入 pH 4.6，0.2 mol/L 醋酸缓冲液 4 mL。混匀后，加入 10% 过硫酸铵溶液 100 mL（当天配制使用），混匀，再加入四甲基乙二胺 50 mL，迅速混匀后倒在容器上，让其聚合而成。

2. 固定化 L－谷氨酸脱羧酶的后处理

聚合好后，切成一定体积和形状的小颗粒，用 pH 4.6 醋酸缓冲液（取 0.2 mol/L 醋酸与 0.2 mol/L 醋酸钠溶液等体积混合而成）冲洗凝胶粒表面，以除去表面的 L－谷氨酸脱羧酶。浸在 pH 4.6 醋酸缓冲液中备用。

3. 固定化 L－谷氨酸脱羧酶活力的测定

称取固定化 L－谷氨酸脱羧酶 5 g，置于三角瓶中，加入水 12 mL 和 pH 4.6 醋酸缓冲液 6 mL，于 37 ℃ 恒温下放置 10 min，再加入 40 mmol/L 谷氨酸标准溶液 2 mL，于 37 ℃ 振荡反应 30 min。反应前后分别取样，经适当稀释后，用茚三酮显色法测定 L－谷氨酸含量。

在上述条件下，每分钟催化 1 mol 谷氨酸脱羧的酶量为一个酶活力单位。

$$酶活力（u/mL）=\frac{谷氨酸的减少量（\mu mol）}{30（min）}$$

$$比活力=\frac{酶活力}{固定化酶重量}=\frac{谷氨酸的减少量（\mu mol）}{30（min）\times 5（g）}$$

第二节　应用固定化糖化酶生产葡萄糖

随着固定化酶（细胞）技术的不断更新完善，近年来此技术已在发酵、制药、轻化工等工业广泛应用，使传统工业发生着巨大的变革。而在其他领域如医学、化学分析、能源、生化基础理论研究等方面在很大程度上也得益于固定化酶技术的发展。目前将其应用归纳为以下几个方面：①利用固定化酶生产各种生物产品，包括酒类、酒精、氨基酸、有机酸、酶和辅酶、糖类、抗生素等；②制造生物传感器；③制备控释载体药物、导向药物；④用于酶的结构与功能研究；⑤其他方面：临床诊断，临床治疗，固定化基因工程菌以提高其稳定性，用固定化酶测量环境中微量有毒物质进行环境监测，开发新的化学能源，等等。总之，固定化酶（细胞）技术在许多工业领域有很广阔的应用前景，其用途不胜枚举。

用于酶催化反应的装置称为酶生化反应器，简称酶反应器（enzyme ractor），它以游离酶或固定化酶（细胞）为催化剂。固定化酶（细胞）反应器的种类繁多，如：搅拌罐式反应器、填充床反应器、流化床反应器、膜式反应器、循环反应器、鼓泡塔式反应器、淤浆反应器、滴流床反应器、气栓式流动反应器、转盘式反应器、筛板反应器以及不同类型反应器的结合型等，尤其以前4种反应器最为常用。虽然有多种固定化酶（细胞）反应器可供使用，但没有一种通用的理想反应器，在实际应用中需根据具体情况，依据固定化酶的形状、底物的性质、酶反应动力学的特性、酶的稳定性以及工艺操作要求和反应器的价格等因素，综合考虑来选择适用的酶反应器。

糖化是利用糖化酶（也称葡萄糖淀粉酶）将淀粉液化产物——糊精及低聚糖进一步水解成葡萄糖的过程。影响糖化的因素有酶的用量、底物浓度、糖化时间、温度和 pH 等。固定化糖化酶生产葡萄糖工艺已是非常成熟并且已被国内外众多厂家广泛使用的技术，其最常用的反应器为填充床式酶反应器，即将固定化酶装入柱子中，制成填充床式酶柱，再使底物流经酶柱进行酶的催化反应，其特点是固定化酶在柱中稳定性很高，半衰期很长，底物反应液在酶柱中停留的时间很短，葡萄糖液着色很浅，简化了后提纯工艺，从而大大降低了生产成本。据资料报道，某种固定化糖化酶采用填充床反应器进行催化反应，在45 ℃条件下进行酶反应，半衰期可长达645 d，每年生产363～454 kg 葡萄糖，底物在酶柱内实际停留时间只有10 min 左右（而通常溶液中游离的糖化酶催化相应量的底物生成 DE 值等于95%的葡萄糖浆，约需75 h）。

糊精是若干种分子大于低聚糖的碳水化合物的总称。它具有还原性、旋光性，能溶于水，不溶于酒精。因分子大小的不同，糊精遇碘可呈现不同颜色，一般聚合度（葡萄糖单位）在30～35以上，遇碘才能呈蓝色，随着聚合度的降低，色变呈暗紫、紫、红褐、暗红、红和浅红。

实验是将固定化糖化酶装入填充床反应器中，以糊精为底物，控制酶反应的最佳温度、pH 和底物流速，糊精溶液以下行方式流经酶柱，流出的产物即为 DE 值≥85% 葡萄糖浆。本实验的设计是模拟大规模工业化生产实际操作工艺流程，对学生全面了解酶法制糖工艺具有现实的指导意义。

本实验的操作工艺流程简示如下：

固体糊精→配制成5%的糊精溶液（pH 4.6）

↓下行

固定化糖化酶→装填反应柱→填充床反应器→DE值≥85%的葡萄糖浆

[实验13-6] 应用固定化酶填充床生产葡萄糖浆

1. 实验材料与仪器

（1）实验材料：固定化糖化酶，糊精，乙酸，乙酸钠，氢氧化钠，盐酸，费林试剂（测还原糖用）。

（2）实验仪器：填充床反应器，超级恒温水浴，恒流泵，pH计（酸度计），手持量糖计，普通密度计，秒表，1 000 W电炉，玻璃仪器。

2. 试剂的配制

（1）pH为4.6，0.05 mol/L的乙酸缓冲液：将配制的pH为4.6，0.1 mol/L的乙酸－乙酸钠缓冲液稀释一倍，用酸度计校正pH为4.6。

（2）5%糊精溶液：称取25 g糊精，加入少许pH为4.6，0.05 mol/mL的乙酸缓冲液，将糊精调匀成糊状，缓慢倒入煮沸的同样缓冲液中，不断搅拌，煮沸几分钟后，冷却后用同样缓冲液定容至500 mL，脱脂棉过滤去除杂质，使用密度计测定糊精溶液的相对密度，采用手持量糖计测定其总糖含量 w（质量分数）。

（3）2 mol/L NaOH溶液：称取8 g固体NaOH，用去离子水溶解并定容至100 mL。

（4）2 mol/L HCl溶液：用量筒量取17 mL浓HCl，去离子稀释定容至100 mL。

（5）5 mol/L NaCl溶液：称取29.25 g的NaCl，用去离子水溶解并定容至100 mL。

3. 实验装置连接

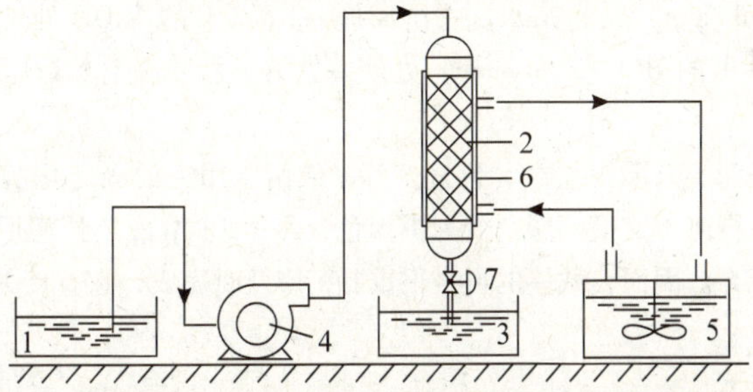

图13－4　应用填充床反应器生产葡萄糖浆的实验装置连接图

1. 糊精溶液贮槽；2. 酶反应器；3. 葡萄糖液收集槽；4. 恒流泵；

5. 超级恒温水浴槽；6. 反应柱保温夹套；7. 阀门

将超级恒温水浴槽温度控制到55 ℃，将其循环水泵的进出口与酶反应柱的保温夹套进出口相连，使夹套下方口为进水口，上方口为出水口。先用5%糊精溶液校准恒流泵流量为1.0 ～1.2 mL/min，然后将恒流泵与反应柱相连，恒流泵入口连接糊精溶液贮槽（装5%糊精液），反应柱下方出口置葡萄糖液收集槽。详见图13－4。

4. 装柱（若本步骤与实验连续做，此步骤可省略）

仍采用与实验相同的自然沉降法装柱，先将15 g湿固定化糖化酶放入50 mL烧杯中，加少许去离子水，反应柱中预先装入约10 mL的去离子水，将固定化酶边搅拌边缓缓倒入反应柱中，始终保持柱中水液面高于固定化酶床层，检查酶床中是否有气泡，最后排出多余的水，使液面高于固体床层5～10 mm，关闭柱子下口开关，制得固定化酶填充床反应器。

5. 酶催化的水解反应

本操作采用底物溶液以下行方式流经酶反应器。将装有5%糊精溶液的500 mL烧杯（即贮槽）置于55 ℃超级恒温水浴槽中预热，同时打开超级恒温水浴槽循环泵，使反应柱夹套保温至55 ℃。采用恒流泵将5%糊精溶液（pH为4.6）以1.0～1.2 mL/min的流量泵入反应柱上方入口，调节酶反应柱下口开关，使柱内糊精液面恒定，酶填充床反应器中流出的反应液由葡萄糖液收集槽收集。

6. 合格产品的收集

当5%糊精溶液在pH为4.6，55 ℃条件下，流经糖化酶柱反应的过程中，最初从柱中流出来的溶液为顶替出来的去离子水，随着反应时间的延长，糖液才由低浓度至高浓度缓缓流出，直至达到约5%（质量分数）。该变化过程的监测可使用手持量糖计测定，其方法为：首先测定所配制的糊精溶液（55 ℃下）的总糖含量，然后定时取样测定反应柱流出液的总糖含量，可观察到该值从0 L至约等于入口端糊精溶液总糖含量的数值，并恒定不变，此时可收集反应液样品，用费林热滴定定糖法测其还原糖含量，计算其DE值。若DE值≥85%，说明该糖液为合格产品，此时，可进一步收集合格产品10 min，用量筒测量体积，计算本工艺操作的生产能力。

若出现以下两种情况都应重新调整糊精溶液流经酶柱的流量：若DE＜85%，应将流量降低，直至DE值≥85%；若DE值＞90%，应将流量加快。因为，虽然该产品质量更佳，但产量降低，对实际工厂既要保证质量又要保证日生产能力，只要达到DE≥85%即为合格产量，即在保证质量的前提下，产量越高越好，经济效益才能达到最大。

7. 载体的再生

上述酶反应柱可连续运行数10 d，待固定化酶到达半衰期时，可停止酶反应，进行载体的再生。离子交换剂在固定化酶制作中因其强度较大，膨胀率很小，只要按操作标准要求，载体基本不破碎无损耗，一般可使用500～1 000次，可反复再生使用。其再生操作方法如下：

待再生的载体→大量自来水反洗（自下而上）除残糖液及杂质$\xrightarrow{60\ ℃}$5 mol/mL的NaCl溶液洗脱至流出液近无色（0.5～1 mL/min）→自来水洗去游离盐→2 mol/L的NaOH处理（2 mL/min）→自来水洗至pH 6.5～7.0→2 mol/L的HCl（2 mL/min）处理→去离子水冲洗至pH 6.0→再生载体→可用于酶的固定化

若酶液质量不佳，如染菌、杂质含量高、色素多等，或由于用完的固定化酶没及时再生处理致使其发霉、染菌、干燥等原因，使得离子交换剂颜色变为黑褐色，经NaCl溶液热处理后仍不见起色，那么该树脂中毒太深无法使用，必须废弃。因而，载体的再生很重要，应及时完成，它直接关系到企业的生产能力和成本问题。

8. 结果与讨论

（1）结果。

表13－4　固定化酶填充床生产葡萄糖浆实验结果

测定参数	稀释倍数	密度（g/cm³）	还原糖含量/mg	总糖含量/%	DE值
糊精溶液					
糖化液					
生产能力/[kg/(kg·d)]					

（2）计算公式。

①葡萄糖值（DE值）的计算：工业上用DE值表示淀粉糖的糖组成，糖化液中的还原糖含量（以葡萄

糖计算）占干物质的百分率称为DE值。

$$\text{DE值}=\frac{\text{葡萄糖含量（\%）}}{\text{干物质含量（\%）}}\times 100\%$$

$$=\frac{m}{\rho\cdot w\cdot 10^3}\times 100\%$$

式中　m——葡萄糖含量（由费林法测定求得），mg；

ρ——密度，g/cm^3；

w——糖化液中干物质含量（总糖含量），%。

②标准日生产能力计算：每公斤干固定化酶在每日生产的合格产品（DE值≥85%的葡萄糖液）的能力称为标准日生产能力。

$$\text{日生产能力}\left(\frac{kg_{\text{糖}}}{kg_{\text{干酶}}\cdot d}\right)=\frac{V\times\rho\times\frac{60}{10}\times 24}{m\cdot\left(1-w_{H_2O}\right)}$$

式中　V——10 min内收集的糖化液体积，mL；

m——反应过程中固定化酶湿重，g；

w_{H_2O}——湿固定化酶的含水量，%（约67%）。

参考文献

1. 负建民，张卫兵，赵连彪．调味品加工工艺与配方［M］．北京：化学工业出版社，2007

2. 李华．葡萄酒工艺学［M］．北京：科学出版社，2007

3. 宋钢．调味品生产与应用［M］．北京：中国轻工业出版社，2003

4. 赵谋明，凌关庭．调味品［M］．北京：化学工业出版社，2001

5. 邹友军．调味品生产工艺与配方［M］．北京：中国轻工业出版社，1998

6. 吴国峰，李国全，马永强．工业发酵分析［M］．北京：化学工业出版社，2006

7. 魏群，向本琼，桑建立等．生物工程技术实验指导［M］．北京：高等教育出版社，2002

8. 吴根福，杨志坚．发酵工程实验指导［M］．北京：高等教育出版社，2006

9. 杜连详等．工业微生物学实验技术［M］．天津：天津科学技术出版社，1992

10. 徐小静，张少斌，王俊丽．生物技术原理与实验［M］．北京：中央人民大学出版社，2007

11. 陈金春，陈国强．微生物学实验指导［M］．北京：清华大学出版社，2005

12. 王福荣．生物工程分析与检验［M］．北京：中国轻工业出版社，2006

13. 诸葛健，王正详．工业微生物实验技术手册［M］．北京：中国轻工业出版社，1994

14. 陈国豪．生物工程设备［M］．北京：化学工业出版社，2006

15. 梁世中．生物工程设备［M］．北京：中国轻工业出版社，2002

16. 陈坚．发酵工程实验技术［M］．北京：化学工业出版社，2002